U0448237

西方美学史
讲演录

邓晓芒 著

商务印书馆
The Commercial Press

图书在版编目(CIP)数据

西方美学史讲演录/邓晓芒著.—北京:商务印书馆,
2021(2023.7 重印)
ISBN 978-7-100-18138-9

Ⅰ.①西… Ⅱ.①邓… Ⅲ.①美学史－西方国家
Ⅳ.①B83-095

中国版本图书馆 CIP 数据核字(2020)第 033021 号

权利保留,侵权必究。

西方美学史讲演录
邓晓芒 著

商 务 印 书 馆 出 版
(北京王府井大街 36 号 邮政编码 100710)
商 务 印 书 馆 发 行
北 京 冠 中 印 刷 厂 印 刷
ISBN 978-7-100-18138-9

2021 年 3 月第 1 版　　开本 710×1000　1/16
2023 年 7 月北京第 2 次印刷　印张 31
定价:98.00 元

目录

首版自序 /1/

绪论 /5/

第一章 古希腊罗马的客观美学 /21/
  第一节 古希腊罗马美学的文化土壤 /21/
  第二节 客观美学的创立：对美的本质的探讨 /41/
    一、美是和谐 /46/
      1. 美是数的和谐（毕达哥拉斯） /46/
      2. 美是对立面的和谐（赫拉克利特） /59/
      3. 美是小宇宙和大宇宙的和谐（德谟克利特） /64/
    二、美是效用（苏格拉底） /68/
    三、美是理念（柏拉图） /78/
  第三节 客观美学的发展：对艺术本质的探讨（亚里士多德） /98/
    一、亚里士多德哲学的特点 /100/
    二、艺术本体论 /105/
    三、艺术的功能 /116/
      1. 认识功能：模仿论 /116/
      2. 道德和教育功能：净化说 /124/

　　　　四、艺术家　　　　　　　　　　　　　　　　　/ 127 /
　　第四节　客观美学的衰微　　　　　　　　　　　　/ 129 /
　　　　一、古典后期文化土壤的变质　　　　　　　　/ 130 /
　　　　二、普罗提诺的先驱者　　　　　　　　　　　/ 135 /
　　　　三、普罗提诺　　　　　　　　　　　　　　　/ 146 /
　　　　　1. 哲学观　　　　　　　　　　　　　　　 / 146 /
　　　　　2. 美论　　　　　　　　　　　　　　　　 / 149 /
　　　　　3. 美与艺术的关系　　　　　　　　　　　 / 152 /
　　　　　4. 艺术论　　　　　　　　　　　　　　　 / 155 /
　　　　　5. 美和艺术的再次分裂　　　　　　　　　 / 157 /

第二章　中世纪的神学美学　　　　　　　　　　　　　/ 162 /
　　第一节　中世纪美学的文化土壤　　　　　　　　　/ 164 /
　　第二节　美的忏悔：奥古斯丁　　　　　　　　　　/ 170 /
　　　　一、奥古斯丁的哲学和神学　　　　　　　　　/ 172 /
　　　　二、奥古斯丁的美的忏悔　　　　　　　　　　/ 175 /
　　　　三、象征说　　　　　　　　　　　　　　　　/ 179 /
　　第三节　感性的求索：托马斯　　　　　　　　　　/ 182 /
　　　　一、哲学和神学思想　　　　　　　　　　　　/ 183 /
　　　　二、美的本质　　　　　　　　　　　　　　　/ 185 /
　　　　三、艺术观　　　　　　　　　　　　　　　　/ 186 /
　　　　四、美感认识　　　　　　　　　　　　　　　/ 190 /

第三章　近代人文美学　　　　　　　　　　　　　　　/ 195 /
　　第一节　近代美学的文化土壤　　　　　　　　　　/ 195 /
　　第二节　认识论美学的崛起　　　　　　　　　　　/ 198 /
　　　　一、英国经验派美学：作为感性认识的美感论　/ 198 /
　　　　　1. 夏夫兹伯里和哈奇生　　　　　　　　　 / 198 /

  2. 柏克 /202/
  3. 休谟 /205/
 二、大陆理性派美学：作为理性认识的美的概念论 /207/
  1. 莱布尼茨和沃尔夫 /208/
  2. 狄德罗 /217/
  3. 鲍姆加通 /229/
第三节　人本主义美学的拓荒 /235/
 一、康德：哲学人类学的美学 /236/
  1. 哲学人类学的前提 /237/
  2. 鉴赏的四个契机 /252/
  3. 美与崇高 /258/
  4. 艺术论 /263/
  5. 审美标准的二律背反 /266/
 二、席勒：艺术社会学 /270/
  1. 人论和美论 /273/
  2. 艺术起源论：游戏说 /277/
  3. 艺术与社会 /281/
  4. 审美教育论 /285/
 三、谢林：神秘主义的艺术哲学 /289/
  1. "绝对同一"的哲学 /291/
  2. 艺术与美 /297/
 四、黑格尔：理性主义的艺术哲学 /302/
  1. 哲学："逻辑学"和"应用逻辑学" /304/
  2. 美学的总体构架 /309/
  3. 美的理想 /316/
  4. 感性的显现 /327/
  5. 艺术家 /331/
  6. 艺术史 /332/
  7. 艺术分类 /338/

第四章　现代美学的深化　/ 350 /

第一节　现代美学的文化土壤　/ 350 /
第二节　现代科学美学　/ 360 /
　　一、自然科学的形式主义　/ 362 /
　　　　1. 形式的心理—物理学基础　/ 362 /
　　　　2. 形式的测试　/ 367 /
　　　　3. 形式的意义　/ 373 /
　　　　4. 形式的语言结构　/ 376 /
　　二、美感经验论　/ 381 /
　　三、社会科学的形式主义　/ 391 /
　　　　1. 艺术形式的社会基础：形象思维和典型论　/ 393 /
　　　　2. 形式的价值　/ 399 /
　　　　3. 形式的社会结构　/ 407 /
　　四、现代艺术社会学　/ 417 /
　　　　1. 现代艺术起源论　/ 417 /
　　　　2. 艺术与社会生活的关系　/ 424 /

第三节　现代表现美学　/ 428 /
　　一、非理性主义的表现主义　/ 429 /
　　　　1. 意志的表现主义　/ 430 /
　　　　2. 直觉的表现主义　/ 438 /
　　　　3. 本体论的表现主义　/ 444 /
　　二、理性主义的表现主义　/ 455 /
　　　　1. 移情论的美学　/ 456 /
　　　　2. 精神分析学的美学　/ 470 /
　　　　3. 现象学的美学　/ 475 /
　　　　4. 解释学的美学　/ 484 /

首版自序[1]

　　本书是一部课堂实录，这是我第九次，也可能是最后一次给本科生讲"西方美学史"课。2008年，我的《西方美学史纲》（以下简称《史纲》）作为本科生教材出版，为了试用，我在2009年春季学期给武汉大学本科生开了公共选修课"西方美学史"，有学生做了全程录像。一般来说，我不太喜欢照本宣科的讲课方式，当你发现底下的听众每人手持一本书在逐句对你的口型时，你会有种被绑架了的感觉。但如果教材是自己编的，你也不可能离题太远，因为当初编教材也是费尽了心思的，每个字都经过斟酌，似乎都必不可少。所以麻烦就在于，如何在讲自己的教材时在既定《史纲》的框架中塞进更多的新内容，这些新内容不是单纯知识的炫耀和趣味的调料，而是应该确实对原理和原则有很强的解释作用和扩展作用。于是我在讲课时所下的功夫就是尽量用不同于书本上的语言、举书本上没有的例子来讲同样的话题，这其实是很费脑筋的，比没有正式教材还要难。但由于当初讲课的意图只不过是把《史纲》通俗化，使之更加丰满，所以最开始也没有想要又出一本书的念头。以前有老先生曾说，好的老师能够把厚的书讲薄，把薄的书讲

---

[1] 本书首版由湖南教育出版社于2012年出版，此次转由商务印书馆再版，未做文字上的改动。——2020年11月26日

厚。但是否有必要把同一种书出一本薄的，再出一本厚的？倒没有听谁说过。不过，每周两节，一个学期的课上下来，自己感觉还是说了不少《史纲》中没有的东西，有的还是课堂上的临场发挥。那种突然冒出来的灵感式的念头，是坐在书桌边冥思苦想所不可能写出来的。曾经有一次课（即关于英国经验派美学的一节），由于临时改了上课时间，没有来得及通知录音录像的同学，那次课就完全没有留下音频资料，以至于到后来整理成书时只好由我自己再补写一段。可是不管怎么绞尽脑汁，我也无法恢复在课堂上的那种生动活泼、随心所欲的感觉，分明记得有些很精彩的讲段，却再也找不回来了，不得不照着《史纲》的文字大段地抄了一通。虽然尽量做了一些改动，但那文字仍然可以看出与其他部分大不一样，那么枯燥和令人生厌，从内容的分量上来说，也丢掉了一大半。然而这倒是可以看作一个小小的实验，说明课堂实录和正儿八经地写文章还是大有不同的，由此而提升了我对这本书出版的必要性的自信。

现在流行将教授们的课堂录音发布在网上，以至于出版成书，与那些没有机会在课堂上听课的学子们分享他们所心仪的老师的面授。这种做法虽然不能排除赶时髦的嫌疑，但也的确给好学的青年提供了极大的方便，大大加快了思想传播的速度。对于这一新鲜事物，我是极力赞成的。现代化、高科技的通信设备放着不用，那是过于冬烘了。近年来我自己出版的讲演录已有十多本，每本都取得了很好的社会效益，产生了可观的影响。对我本人来说，课堂讲演甚至在某种程度上已不再只是将已有的知识传授给学生的方式，而且成了我自己做学问的一种方式。当然不是说直接将讲演转化成文字就可以充当专著，因为在语音转换成文字后，还有一个修改、斟酌和考订的过程，要经过反复思考和探讨，不仅从语言表达上，而且从思路上重新审定现有的文字稿，才能拿去出版。但在这过程中，毕竟有一个可供审视的带有即兴灵感和感悟的文本，甚至在正式文章中某些没有说透的问题，在这个文本中竟然轻松点破，而且原来有些隐藏着的矛盾，也在不经意间调整过来并且化解掉了。由此我深感人的书面和口头两种语言表达方式互相不可替代，但真的可以互相促进。而更妙的是，作为大学教师，正好可以把这种互补的关系运用于"教学与科研相长"，即在课堂上讲自己在书本和文章中所写的东西，而讲出来的东西并非照本宣科，而是有所发挥和创造，于是又变成新的著作和文章，这是在我们这个高科技的时代才能变成现实的情况。但它其实在古代也有其源头。例如古希腊亚里士多德的授课方式就是"逍遥学派"的方式，即边走边讲，学生跟在后面猛做笔记，整理出来就是他的著作了。否则他怎么可能一生写四百多部书？更早有苏格拉底的对话，都记录在《柏拉图全集》里了，这不仅是"讲"出来的学问，而且真正保留了口头语的风格。我其实更期望这种对话的方式，可惜很少有这样的机会，唯一记录下来的是曾主编过一本《哲学名家对谈录——英美分析哲学 PK 欧洲大陆哲学》（湖南教育出版社 2007 年），保留了一群学人三天唇枪舌剑激烈交锋的原始资料。那本书美中不足的是其中对话的人较多（8 位学者），各有思路，导致争论的脉络不够清晰。多年前我曾开过好多当堂讨论课（seminar），可惜都没有留下录音，那些讨论有的内容比我直接讲课精彩得多，当然也比较杂芜，良莠不齐。现在我已经不开那样的课了，主要是太费时间。我今年已经 64 岁了，还有几个大的计划没有完成，需要抓紧时间做出个大概来。但我仍然向往那种热烈的课堂讨论，以及与学生们直接的思想交流。人的一生真是太短暂了，能够做的事情真正说来就那么几件。

由于本书的最早来源是我与易中天合著的《黄与蓝的交响》，那本书的宗旨是由中西美学的历程引出我们自己的"新实践美学"的体系，因此在这本书中仍然保留了强烈的作者视角，即在各种人物思想的评价中都显示了作者自己的美学标准，这种标准后面是作者所建立的具有自己个性的美学体系。当然作者并不想把自己的这种"先见"强加于人，而只是想用来与历史上的文本展开一种新的"视野融合"。按照现代解释学的原理，这也是学术思想在历史中前进的唯一方式。尤其是，我们试图通过中西美学比较而形成的美学思想打破中西文化的隔膜，为中国人用自己的期待视野去理解西方两千多年的美学而打开一扇窗口，因此在讲课和行文中，本书很多地方都引进了中国传统美学观念来进行中西比较。这种比较不是为了让西方思想适应于我们传统观念的框架，而是要找到中西思想沟通的渠道，最终使两种文化达到互相理解。当然，由于本书的性质，这些问题在书中不可能展开来讨论，只是点到为止，以留待有心的学子们去咀嚼回味。另外，这也是书中最有可能引起争议的地方，我期待着来自各方面的批评指正。

本书的出版首先要感谢每次课都不辞辛苦、风雨无阻、赶早来到教室支起录像的三脚架的彭超君，再就是感谢本书录音的文字整理者、我的博士生马海宁君。最后，还要感谢湖南教育出版社的老朋友龙育群编审，多年来他对我一贯的大力支持，使我在哪怕出版最困难的时候也没有为学术书稿的出版操过心。

邓晓芒

2012 年 4 月

绪 论

好，现在我们就开始上"西方美学史"的课。这门课以前开过多次，从20世纪80年代起隔几年就开一次。我们这学期开的这个课，第一次有了一个教材。教材用的是《西方美学史纲》。以前讲"西方美学史"的课，我用的是我和易中天老师合写的《黄与蓝的交响》，这本书最开始的书名是"走出美学的迷惘"，后来在人民文学出版社再出的时候换成了"黄与蓝的交响"，副标题是"中西美学比较论"。这本书是我们1987年写成的，当时易中天负责写中国美学史部分，我负责写其他的部分，也包括西方美学史部分。但是当初用这个教材来讲西方美学史还有点不太方便，因为它不是一个单独的西方美学史的教材，而是还包括中国美学史部分和我们的一个"新实践论美学原理"体系在内。所以我一直都有一个打算，就是把《黄与蓝的交响》里边西方美学的这一部分，包括西方美学史和西方现代美学，单独整理出来出成一本教材，所以我们现在有了一个《西方美学史纲》。它的篇幅不大，比较适合于较快地掌握西方美学史发展的大体的线索和轮廓。我们讲西方美学史，如果没有一种限制，那简直浩如烟海。西方几乎每个哲学家都谈美学。除了哲学家以外，还有文学家、文艺学家、专门的美学家、美术评论家，甚至艺术家自己也谈。所以谈西方美学的材料那是铺天盖地，你这辈子都看不完。那么我们如何能尽快地把握一条基本的线索？特别是我们中国人，跟中国人的美学思想相比较，我们可以看出西方的美学思想有一种特性，有一种传统内核，那么他们的精髓、他们的主要思想表现为一种什么样的模式？这个模式在他们两千多年的历史发展中是怎么演变过来的？如果我们能在短短的一个学期之内把这样一条线索把握住的话，那以后再接触到其他的西方美学思想的材料的时候，我们就具有了把握力。首先高屋建瓴，从总体上提纲挈领地把西方美学思想的精髓、线条找到，我们这本教材的主要的目的就在这里，就是给大家提供一个线索。别看里面举的例子不多，偶尔举一两个例子，但是它们是从千千万万的例子里面提取出来的。我们不可能在一堂课上把所有的例子都讲出来，没有那么多时间。我们要迅速地对西方美学思想的总体精神加以把握，这就是我们这个课所要讲的内容。

那么首先我们要把"西方美学史"这个概念搞清楚，这个也是西方人做学问的一个通例。你讲西方美学史，那么什么是西方美学史？要问什么是西方美学史，首先就要搞清楚什么是美学史，乃至于什么是美学。当然我们这里不能展开讲。什么是美学？这个问题西方人已经探讨了两千多年，一直到今天。但是"美学"这个概念对中国人来说是一个外来的事情，中国古代是没有的。中国古人不讲美学的，中国人有美学思想，但是没有一门学问叫作"美学"。

美学的概念是来自于西方近代，特别是 18 世纪，最早提出的人是一个德国哲学家，叫 A. G. 鲍姆加通（A. G. Baumgarten, 1714—1762）。鲍姆加通被称为"西方美学之父"。为什么叫西方美学之父？他提出了"美学"的概念，也就是 Ästhetik。他用拉丁文写的书，Aesthetica，书名本来是拉丁文，但是它来自希腊文 $αισθησις$，本来的意思是感性、感觉。在拉丁文里边它变成了一个学科的名字 Aesthetica，它本来的意思就是感性学。鲍姆加通第一次用 Aesthetica 这个词来称呼有关美和艺术、美感这样一类的学问，直译就是"关于感性的科学"，或者"感性学"。这就是对于我们今天讲的美学的第一次命名。在鲍姆加通以前，在18世纪以前，西方人有漫长的美学思想史，关于美、关于艺术、关于美感的思想的发展，有两千年的历史。但是，没有一个人出来为这样一门学科做一个总体的命名。鲍姆加通第一次做了这个命名，所以我们把他称为"西方美学之父"。当然也有人不同意，说他只是起了一个名字，真正的西方美学之父可能还要再找别人。但至少他是第一次命名了，标志着西方的美学作为一门学科算是首次独立出来了，这是他的一个功劳。但是Aesthetica这个词的意思，我们刚才讲它是"感性学"的意思，感性学那就有很多意思了。我们通常讲关于感性的学问，那就有很多别的意思，比如说感性认识、感性的知识，比如说感性的心理学、物理学、经验科学，感性的认识论，这都属于感性学。当然鲍姆加通对于"感性学"的这个定义有他的解释，他认为其他的那些有关感性事物的科学都是对感性的对象加以研究，而他的感性学是对感性本身加以研究。

那么什么是关于感性本身的研究？鲍姆加通特别强调提出来，就是关于美感、美和艺术的学说，这些是关于感性本身的研究。其他的都是运用感性，去对某个对象加以认识。后来这个名称，Aesthetica，日本人在翻译的时候，不是直译的，不是直接译成"感性学"，而是考察了归于这门学问的内容，它的实际的内容是关于美、关于艺术的，因此他们把它译成了"美学"，关于美的学问，而不是关于感性的学问。当然也是关于感性，但是，是特别关于美感——感性里边的美感，而不是感性认识。在鲍姆加通那里是感性认识，但是日本人翻译过来其实有一点小小的偏离，就是说不是关于一般的感性认识，而是关于感性中的美感。所以他们翻译成"美学"，我们中国人照样接受过来了，不假思索就接受过来了。当然从内容上来说这是翻译得很准、很好的，的确，凡是谈到Aesthetica，就是关于美和艺术、美感这样一类问题的，所以你翻译成"美学"从实质上来说是对的。

但是要从它的词源来讲呢，我们就要注意有点区别。Aesthetica 本来隶属于感性学，比如说康德的《纯粹理性批判》，第一部分就是"先验感性论"。也可以译作"先验感性学"，它讲的是感性认识，先天的时间、空间，由时间、空间所形成的感性知识，在时空中出现的感性现象，研究这样一些东西的先天条件，这就叫"先验感性论"。它写出来就是 transzendentale Ästhetik，transzendental 是先验的，Ästhetik 就是感性论或感性学。那么我们有的做翻译的人不太熟悉的，就把康德的"先验感性论"翻译成"先验美学"，那就译错了。我们在"先验感性论"里面看到的是时间和空间，先天直观形式，没有看到任何一个地方提到美。而且康德特别有一个注释，说他用这个词跟鲍姆加通不一样，他认为是鲍姆加通用错了，它本来是讲感性认识的，跟美有什么关系呢？没什么关系。康德认为美的问题不是属于认识论和科学的问题，它属于心理学研究的对象。美不能成为科学，没有什么"美学"，美就是一种感受。你感受到了，就是你主观感受到了，怎么可能成为"学"呢？怎么可能有什么规律呢？要有也是心理学的规律，而不是美的规律，它可以归到心理学的立场。这是康德在写《纯粹理性批判》时的观点。当然到后来写《判断力批判》的时候，康德也有所让步。他自己也采用了 Ästhetik 这个词，用在了关于美的学问的意义上，把它的形容词形式 ästhetisch 用在了"审美"这个意义上。美学和审美，名词 Ästhetik 就是美学，变成形容词就是审美，在这个意义上来谈我们如何感受到美。这是康德在后来的一种让步、退让，他也找不到更好的词来翻译关于美的学问。

那么由此可以看出，我们今天所讲的"美学"这个词，从它在西方产生时的意义上说，实际上是转译的，是转化成不同意思的，是意译的，它原来的意思是"感性学"。但是现代西方美学有一种倾向，就是要从关于美的学问回归到它原来的意思，回归到它"感性学"的意思。感性其实就是人的感性、人的感官、人的感觉，回归感性就是回归到直接的人学，回归到感性的人学。这是现代西方美学的一个倾向，我们后面还要讲到，它是从马克思开始的。马克思就特别强调感性，人就是感性，人首先是感性。当然从这个上面也可以建立起理性，但是它的根基就是人的感性，里面就包括美。所以马克思的美学理念是立足于人的感性活动、人的实践、人的劳动而建立起来的。关于美学这个概念，我们大体就介绍这些。

那么我们再看美学史。美学成为历史，成为一种历史的发展，属于思想史的一个部分或者说一个方面。在西方思想史上有众多的学者都谈到美学问题，对美学的发展产生过重要的影响，但是并非每一个思想家都认为自己的美学思想是关于美的科学。很多人谈到美，谈到美学问题，是顺带的，顺便谈，而且，他不一定是把它当作一种科学来谈。比如说在谈哲学时举个美学的例子，为自己的哲学提供一个实例。但是他不见得认为它是一门独立的美的科学。还有一些美学家对美的问题不感兴趣，他们关心的是更加具体的，比如说艺术的问题。美感的问题有的人也不是从美学的角度来谈，而是从心理学角度。艺术的问题是很具体的，咱们知道艺术是不能空谈的，要拿作品出来，你要能够感人才叫艺术。所以谈艺术的问题往往不一定涉及美的问题。当然它可能有美，但是也可能不美。有一些艺术品很难说它能够引起美的感觉。当然这也涉及美的感觉究竟是一种什么感觉的问题了。我们通常认为美的感觉就是那种优美的感觉，或者顶多加上一种壮美、崇高。但是有的作品什么都没有，既没有优美，也没有壮美，也没有崇高。像罗丹的那个雕塑《老妓女》，它既没有优美，也没有壮美，也没有崇高，但是你会有一种感动。在大多数人看来那是令人厌恶的，很丑。但是如果你的心足够深刻、足够博大，具有一种人性的悲悯，你也许会有一种感动。它就是艺术，而且是不朽的艺术。所以很多人就谈艺术，不谈美也不谈美感。比如说黑格尔把自己的美学直接称为"艺术哲学"。黑格尔当然也谈美，他的艺术就是美，但是他对美的理解主要是艺术，离开艺术你不要跟我说什么美。大自然的美也是艺术的作用,我们看到大自然的美也是因为我们在自己内心进行了艺术创造的结果,所以黑格尔把他的美学归结为艺术哲学。当然后来约定俗成,他也不反对把自己的《美学讲演录》称为 Ästhetik,但是他实际上的理解是艺术哲学,一切美都是艺术的美,都是由人造出来的,那种客观的不以人的意志为转移的美是不存在的。这又是一个例子。至于现在的美学,大多数都已经不再谈美的问题,它们更关心的是审美意识和美感,美的感觉。美的感觉是实实在在的,任何人都否认不了,凡是人都会有美感。所以我们讲美学史,就不能够简单地说是"关于美的学说史",因为很多美学家,很多著名的美学家都不谈美,但是他们构成美学史中的一个环节,一个重要的阶段。

那么什么是美学史?美学史与人的美感和审美意识有关,要谈美学史,首先它跟"审美意识""美感"这两个词离不开。你可以不谈美,你也可以不谈艺术,但是你不能不谈美感。凡是在美学史上占据一定地位的,都没有不谈美感的。所以美感是根本的,或者说审美意识是根本的。但是一般讲美感和审美意识,如果仅仅停留在一种心理学的理解,那也还不足以概括整个美学史。因为这个一般的美感在心理学中是停留在经验的层面,不足以成为一门学科。有人否认美感可以成为一门学科,这有它的道理。因为美感这种东西是非常飘忽的,有时候你今天觉得美,明天就觉得不美了;你天天看习惯了,产生了审美疲劳,又觉得它丑,这都完全是可能的。这些飘忽不定的东西,你如何能够使它形成一门学科?所以真正的美学史,关于审美意识和美感,都必须要有一个提升。用什么提升呢?心理学当然是一种提升,但心理学的提升还不够,不足以把握美感的规律。美感有规律性,它才能成为一门学科,也才能成为美学史。那么怎样才能够提升为一门美学史?真正的美学史应该考虑的是那些经过哲学提升的审美意识的历史。经过哲学提升的审美意识史,就是美学史。所以我给美学史下的定义是:美学史就是哲学形态的审美意识史。它必须要提到哲学的层次。所谓哲学,就是关于人的本质是什么的哲学。心理学当然也是关于人的，也谈人，也是人的心理，除了有动物心理以外，主要是人类的心理。但是，心理学谈人的心理是从经验的层面上，比如实验心理学，我给你测量，进行心理测试，做问卷调查、社会心理调查等等。这些可以从统计学上、从外部的经验材料上建立一门学科。但是，它不能触及人的更深刻的本质，只有哲学才涉及人的本质。我们要谈人的本质，这个话题本身就已经提到哲学层面上了。只有哲学才能把人的美感和审美意识提升为一门独立的学科，我们要考察的美学史就是这样一种哲学形态的审美意识史。

正因为如此，美学本身我们可以把它看作哲学的一个部分，美学史也可以看作哲学史的一个分支。咱们写哲学史的时候，往往也涉及美学史的一些内容，比如说康德的三大批判。每一本介绍康德哲学的书，每一本包含有康德哲学的哲学史，里边都少不了康德的第三批判，把康德的美学观纳入进来。但是其他的哲学家也许不见得是这样。我们谈黑格尔的时候就不一定详细地讲黑格尔的艺术哲学。我们谈其他的如休谟、斯宾诺莎、莱布尼茨这些人，我们在讲他们的哲学的时候，也不一定把他们的美学思想做一个不可缺少的分析。但是你要真正研究他们的美学思想的话，没有对他们哲学的了解是不可能的，而且你对他们哲学的了解离开了对他们美学思想的了解的话也是不完整的。康德三大批判，离开第三批判，你讲什么康德哲学？就没法讲了。其他的当然也可以讲，但实际上要详细讲也是分不开的。所以美学史从美学的最高层次来讲，就是哲学史。当然你也可以把它纳入其他的方面，因为它是跨学科的。比如谈艺术史的时候，你里面也要涉及美学史。你谈审美意识，谈一个时代的审美意识状况、时代精神，这些时候你也可以谈当时的美学思想等等。谈伦理学史的时候往往也是这样，要涉及一些美学。所以它是跨学科的。而就美学的最高层面来讲，它是哲学史的一个分支。从它的最高层面、理论层面来讲，它的材料可以归到哲学史中来讲；它的最高层次的关于美的本质、关于艺术的本质这些问题，你必须纳入哲学层面来谈。因此我们看到,西方真正伟大的美学家都是哲学家,而且,真正伟大的哲学家很少不涉及美学问题。真正伟大的哲学家一般都要涉及美学问题,因为美这个东西跟人的本质的关系太密切了,跟上帝的关系也太密切了。就是中世纪的神学,这个问题它也离不了,你谈上帝的神学它也离不了对于美的启示。上帝创造的世界是多么多么地美,你要加以解释。

这个是美学史。那么什么是西方美学史?这就要涉及一个文化的差别。西方美学史是与中国美学史相对应而言的。如果没有中国美学史,我们完全不用加上"西方"两个字,就说美学史就够了。在西方很多美学史家就是这样干的。像鲍桑葵的《美学史》,吉尔伯托和库恩的三大卷本《美学史》,就是这样,直接就说美学史。他们根本就没有考虑中国的美学有另外一套。当然他们这样做是情有可原的,因为我们刚才讲了,美学这个概念是西方来的,中国古代没有听说有美学这个概念。而且中国的美学思想——当然中国有很多美学思想——历来都不关心西方美学理论作为核心的那些问题。比如说什么是美的问题,什么是美的本质、美的体验、美的根源,什么是艺术的问题。我们武汉大学哲学学院研究中国美学的陈望衡教授,在他的《中国古典美学史》里曾经说过,"中国古典美学虽然也谈到美丑问题,但显然不占重要地位。大多是谈到别的问题时顺便涉及。中国人谈这个美和丑的问题都是在谈别的问题的时候随便涉及这样一个问题,并不多做理论阐述,专门讨论美的文章甚少,零星的观点构不成贯串性的历史传统。"所以你要以美为核心来贯穿中国古代美学史,那是不成功的。有人做过这种尝试,想用美的概念来贯穿中国古典美学史,但是不成片段,搞不成,看不出有什么层次,反而把中国美学史的思想歪曲了。你不能用西方的方法来套。我们讲到中西不同的学问、不同的致思方向的时候,常常喜欢用西方的东西来套中国的东西,往往说不清楚。所以陈望衡老师在他的书中把中国美学范畴的核心归结为"意象",或者是"味",味道的味,或者是

"妙",我们讲"妙悟",悟出其中之妙。最后是以王国维的"意境说"或者"境界说"加以概括,唯有用境界、意境,用这些东西我们倒是有可能把中国美学思想串起来。虽然这个概念的提出很晚,并不是很早就有的概念,但是它确实有这方面的意思。你要串起来是可以的,是有可能做到的。那么"妙悟""意境""意象""境界",这些概念我们觉得好像都是一些很主观的概念,我们主观悟到了某种境界,达到了什么意境,好像就是一个主观的概念。而西方的这个美的概念、艺术的概念好像是一个客观的概念,西方人讲美,好像是表现在我们面前的一种景象。因此有的人认为中西美学的区别就是西方美学强调对象性、客观性,中国美学强调主观体验,这样说也有道理,但是不完全是这样。因为在中国美学那里主观的东西并不一定就是完全主观的。我们知道按照中国人的这个体会,没有绝对的主观,也没有绝对的客观,它是主客合一、天人合一的,它没有主客对立,没有说一个主观另一个客观,客观又不以人的意志为转移。所以这种对立是西方来的。中国古典美学是主客不分、天人合一、物我同一、情景交融的,所以它不是单纯的主体性的审美活动。中国美学不是说我们把主观内心的"妙悟""意境"那些内容建立起来,就是中国美学了。恰恰相反,它把主观的这样一种"妙悟""意境",都看成是天下万物的一种表现,天人合一。我在内心所体验到、所感悟到的东西,恰恰就是宇宙的本体。哪怕是极其狭窄的一种审美活动,比如说我欣赏一只昆虫,或者是我创作一件微雕,一颗米粒上面我给它雕出一幅图画来,一个核桃壳里面我给它雕出一个小船来,里面还有几个人在喝酒,惟妙惟肖,要用放大镜才能看得清,这好像完全是我自己的一种雕虫小技。但是中国人通常习惯于把这样一种欣赏立马就联系到整个自然造化,它的精妙和玄奥,在"极精微"的东西里面看到"至广大"的东西,看到整个宇宙,整个宇宙的结构在一颗极小的米粒上面就反映出来了。最小的和最大的,小宇宙和大宇宙其实就是一个,没有对立。由此就看出我们做人的道理,我们人是天地之间的一颗米粒,那么我们做人的道理自然而然就体现出来了。这是中国人天人合一的欣赏方式。当然西方人也有,比如说从有限中见到无限等等。但是西方人不是那么容易达到这种境界的,中国人则随时、当下就可以达到这种境界。西方人需要经过漫长的修炼,他的一生都在旅途中。西方美学一开始只把审美活动看成是主体对客体的一种认识,一种旁观,一种静观,他自己不投入其中,但是,旁观、静观,细心地体察辨认。所以西方人对美和艺术热衷于进行逻辑和概念上的定义,对美的性质、对艺术的性质加以严密的规定,这是西方美学的特点。当然也可以看出这种规定里面渗透着人的主观情感、主观需求。但是对这种主观他们仍然当作一种客观对象来考察,比如说当作一种心理学的规律,当作一种灵魂的规律来加以考察,在主观中他们仍然有客观态度,仍然是旁观的,而不是投入的。他们对这种主观因素做出客观的描述、限定,而且把它和其他的要素区分开来,界定它和其他要素的关系,这样他们就能够建立起一个又一个的自圆其说的合乎逻辑的美学体系。这是西方人通常采取的方法。就是用一种理性的、概念式的、分析性的、逻辑的方式,把各方面的关系理清楚,然后建立起一个美学体系,这些美学体系是合乎逻辑的,本身都有它们的逻辑结构。但是中国美学很不一样,当然你也不能说它没有逻辑结构,但是它很不看重这个,它看重的是,在任何一个概念里面都强调其中的体验,要你去感受、感悟,不是字面上的东西,而是字面之下、意在言外的东西。

由此我们就可以抓住西方美学史的特点。我们刚才介绍了美学、美学史和西方美学史这三个层次,总的来说可以看到它的特点。我们要研究具有如此特点的西方美学史,那么我们就应该有相应的方法,在方法论上面就应该首先有一个体系,有一种预设。既然它是这样一种美学史,那么在研究西方美学史的时候,就必须采取一种逻辑和历史相一致的方法。什么叫逻辑和历史相一致?在我的理解中首先你要尊重历史,你要按照历史中美学家的先后顺序,按照他们提出自己的美学观点的前后，因为后来的人受前人的理论影响。你不能把后面的摆在前面，那就没有根了，你必须按照严格的历史上的前后顺序来阐述他们的美学思想的发展，把美学思想看作一个历史的发展过程。这个在中国美学史里面是不必要的，很多天才的具有美学思想的文论家、艺术家和艺术欣赏家，他不用看那么多，他也许就是师承某某人的，他师承某某人就够了。甚至于他可以不师承某某人，可以"外师造化，中得心源"，然后用他的心得，随心所欲地任意评点历史上那些美学观点，他不需要把整个美学思想从头至尾来捋一番。而在西方美学史里面，它有一种严格的历史前后关联，它不能够异军突起。你是天才，你比别人都聪明，所以你凭这个东西马上就可以万世留名，这个很不容易，基本上没有。都是站在巨人的肩膀之上你才看得更远。所以首先你要强调他的历史顺序，但是强调历史顺序不是为历史而历史，不是仅仅停留在事实的层面，事实层面当然是不可违背的，但要从事实的层面揭示出一种内在的规律。这个人的美学思想在另外一个人的美学思想之后——这是一个事实，但是在他之后他为什么又提出这个思想来，这里头有种规律，有一种逻辑。就是说每一代的美学家之所以提出自己的美学思想，都是有一种想法，有一种意图，想要尽量克服前一代美学家在美学思想上所留下的缺陷和矛盾。前一代美学家有的地方没解释清楚，那么我就把它解释清楚，通常都是这样的。但是你要解释清楚，你首先要把他的东西搞懂了，然后你指出他的逻辑矛盾，或者他的逻辑缺陷，你用什么东西来补足它，你一旦补足，你逻辑上就上了一个层次，你就更说得通了。前人有一个地方没解释通，你解释得比他更好，于是你的美学思想就留下来了。哲学思想其实也是一样的，我们讲哲学史的时候其实也是应该这样看，每一个哲学家提出的思想其实都是为了弥补前代哲学家思想的不足，于是就留下来了。如果没有这个功夫，你是留不下来的。你重复前人的思想，或者你还不如前人的思想，那你是留不下来的，凡是在哲学史上留下来的，都是对前人有所改进、有所推进的，美学思想也是如此。

但是，任何美学思想一旦成了一家之言，成了一个体系，那么本身也有它的毛病，不可能有一个是十全十美、再也无法推进、它就是顶峰了，那是不可能的。即使他自己自认为是这样，但是后人总能看出他也有一定的局限，他也有很多事情解释不了。或者在现实生活中、在审美欣赏中又出来一个新的事例，出现了新的现象。比如说现代西方的艺术，用那种古典的美学和艺术理论就没办法解释，那么又需要推进，要扩大你的容量。以前的东西没有被完全否定，但是新的东西你必须要包含进来，于是又有人提出来一个更广泛地、更圆满地解释审美现象的美学体系、美学思想。这样就形成了西方美学史上各种美学思想不断地前后扬弃、层层推进的一种"线性的"发展。我们讲西方的学问的时候往往都是讲线性的、直线式的发展，当然不是完全直线式的，也可能是螺旋式的，但是它是往前的。它不像中国的学问通常是一种"积淀式"的。这个是中国的学问和西方的学问一个重要的区别。就像西方的社会历史是线性的，由低级到高级几个发展阶段，而中国没有，中国是积淀式的。我们可以说它循环，几千年以来都是不断循环，改朝换代，没有什么实质性的变化，这叫积淀。你说它完全没有发展也不正确，改朝换代以后毕竟有些变化，变得更加老到，更加成熟。最初的秦始皇时代那是非常幼稚、非常脆弱的，后来就很成熟了。但它是积淀的，就像酿酒一样，酒越陈就越香，积淀得越久就越成熟。而西方的美学是一种线性的发展，它体现为两千多年美学范畴的演进，每一个美学家都代表一个美学概念、一个美学范畴，后来的美学家提出来更高的美学范畴，这就形成了美学范畴的历史演进。这样，我们把握西方美学史就提出来一种要求，你首先要从概念、从范畴方面，对西方美学思想有一种逻辑的理解，有一种理论的理解。而这种理论上的理解又不能脱离对历史上的那个时代精神，包括审美精神的体会。

所以研究美学是一件很麻烦的事情，就是说你没有这种思想准备的话是不行的，不是每一个人都能研究美学的。研究美学首先要有一种逻辑把握能力，也就是哲学思维能力，但是光有这个不够，你还要有一种对于时代精神的感受力，包括对于文学艺术的感受力。我们知道时代精神首先体现在文学艺术上，文学艺术是时代精神最敏锐的一根神经，一个时代的精神、动向在文学和艺术里面，在诗歌里面，在小说里面，在画风里面首先体现出来。你有没有感受力？你有没有敏锐地从这些现象里面感受到时代的脉搏？你的感觉好不好？包括语言风格，我们今天的语言风格有很大的变化，网文，网络流行语，你从这个里头有没有一种感受？如果你没有，那你空谈美学范畴，是走不了多远的。你必须有深厚的生活积淀，有对时代精神敏锐的感悟，特别是对文学作品、对艺术作品的感悟，这两方面结合起来，才能搞美学。所以要做一个美学家其实是很难的。当然也很容易，人们常说，一个人既搞不了文学，也搞不了哲学，那就去搞美学吧。有的人是这样的。但是实际上，你要搞美学，你就既要懂哲学，也要懂得文学、艺术，你真正要做到高层次，一定要具备这两方面的素养才行。对时代精神的感受当然属于历史，所以历史和逻辑的一致也就意味着美学范畴和审美经验的一致。这两方面经常是不能协调的，有时候审美范畴走到前面去了，经验不能协调；有时候审美经验走到前面去了，范畴跟不上。但是你要尽量去协调。具体到某一个人，你的哲学领悟力，哲学思辨能力很强，但是艺术感受力差一点，那你就补吧！你就看大量的小说，你就欣赏各种艺术——"观千剑而后识器"，你看了一千把剑你就知道什么是剑了，你要不断地磨炼自己。如果你的艺术感受很好，你缺乏哲学，那你也可以加强哲学积淀，多看点哲学书。所以这两方面的矛盾也不是真正的矛盾，你从哪一方面入手都可以进入美学史的研究。所以当我们处在这样一种矛盾之中，一方面要有抽象的哲学思维能力，一方面又要有具体的审美感受。我们在这两者之间不断地循环往复，那么我们的素养就开始提升了，我们就能形成一种眼界，形成一种自己的跟时代紧密配合的美学观。

在这种美学观中，美学的范畴和历史是紧密配合的。在美学史、艺术史中所出现的那些美学现象跟这个美学范畴是相配合的，而在美学史中这些范畴在历史上出现的次序跟你的美学观中的逻辑次序也是相配合的。我们讲历史和逻辑一致，有这么一种关系，这种关系是黑格尔首先发现的。就是说我研究哲学史的时候，实际上是在研究我自己的哲学观。最早的哲学家就代表着我自己的哲学观里最初期的范畴，后来的那些哲学家就代表着我的哲学体系里的一个一个的逻辑阶段，历史的前后跟我的逻辑思想、哲学思想、哲学体系里面的范畴的上下位置是相应的。我们看黑格尔写这个《小逻辑》，他经常举哲学史上的一些例子，比如存在论，他就提到希腊哲学中的巴门尼德；本质论，他就提到亚里士多德。这就是哲学思想的逻辑结构跟历史的前后次序相一致。我们学习美学史也有这个特点，不仅仅要知道在西方两千年的美学史上有哪些美学家，他们说了哪些话；而且要通过体会和领悟他们所说的这些话来建立自己的美学观。他们的话有道理，可以说没有一个美学家所说的话是没有道理的，你不能完全否定。我们有些初学者往往喜欢做一种绝对的判断，某某人的观点是"错误的"，那我就不理他了。这其实是不对的。凡是在哲学史和美学史上留了名的，你都不能说他说的完全不对，当然具体事实可能不对，他搞错了，但是一个美学思想或者是一个哲学思想，它总有它的道理，你不要急于去判断它是对还是错。你要仔细分辨它处在美学思想的哪个层次和哪个阶段中，这才是对于美学史的一种认真的态度。我们有的人听哲学史课或美学史课可能会提这样一个问题：你讲了这么多的哲学家、美学家，这个观点、那个观点，你觉得到底哪个是对的？连老师也回答不出来到底哪个是对的。一个一个讲，你给我们挑出一个对的来，我们就听那个对的，其他的都可以不听了。这种观点其实是非常肤浅的，还停留在学问之外。凡是历史的这样一门学问我们都要考察它在历史中是如何发展出来的。为什么要这样考察？是为了形成我们自己的美学观，你要把以前曾经有过的美学思想按照不同的层次吸收在你的美学观或者是哲学观里面。按照不同的层次来把握不同的美学思想,你说它很幼稚,不要紧,它是一个初级的层次。但最初级的层次你也是跨不过去的,你不能撇开的,你是要经过这个阶段的。这样一来,学了美学史以后,你就可能会有自己的美学观了。当然要动脑子,否则学了以后只有一大堆知识,还是没有自己的美学观。你要把这些人的思想都吸收进去,像海绵一样,但是按照程序、按照逻辑层次吸收进去,你就知道他在某个意义上是有道理的,在某个意义上又是片面的。如何能够更全面?这就够你去想了。这就是素养。我们要学习美学史,就是为了要提高我们的美学修养,把自己提高到一种哲学形态的美学。当你把所有的美学思想都吸收进来,组成不同的层次,那你就有了哲学的高度,就有了底气,可以去建立自己的美学观点了。

所以我们这个课要强调的是,西方美学史有两个特点:一个是我们将会在每一个环节上面都强调它的时代特色和文化土壤。我们在每一章前面都有对文化土壤的介绍,这个是我们要明确意识到的。我们的美学不能空谈概念,我们要跟时代结合起来,要跟审美意识结合起来。另一方面,我们要强调历史上的美学思想本身有它的逻辑层次,以及这样一些逻辑层次间是怎么样转化、怎么样推移、怎么样愈来愈完善的。所以我们通过这样的学习和训练,在将来面对一个具体的艺术作品的时候,我们就不是仅仅沉浸于对它的欣赏的快乐之中——当然,一个艺术品摆在你面前,你首先是欣赏,看它能不能给你带来快感,这个美不美,有没有美感。但是这不够,仅仅停留在这个给我带来快乐、那个也给我带来快乐,那是不够的,你还必须要提升。你要反思你自己的快乐是在哪个层次上面的,属于哪种类型。我们经常看喜剧、看悲剧、看历史剧等等,我们说都感到快乐;但是如果你有美学修养,你会分析出它的层次来,在什么层次上、在什么类型上给你带来快乐,这样一来你就能够突破自己个人感受的局限性。比如说有的人就喜欢看喜剧、看小品、看搞笑,悲剧就不爱看,这就是局限。有的人喜欢看优美的,不喜欢看雄壮、崇高的。另外一些人可能相反,喜欢看那些强大的、有力的,不喜欢看那些柔弱的、柔美的，这都属于自己的局限性。你要把自己的心胸扩展开来，你就必须要突破个人感情的局限性，要打开更加广阔的快乐之门。你要欣赏所有人类能够感到快乐的那样一些对象，那样一些艺术品。凡是艺术品你都能够做出自己的评价，这样你就可能与全人类曾经具有过的审美感受发生沟通和共鸣，这就叫美学修养。一个有美学修养的人是较少片面性的，当然他有个人的爱好，但是他清楚这属于个人的爱好，不能因为个人爱好而去否认任何其他的爱好，而是要同情地理解。凡是人类的爱好我们都要理解，这个是我们的目的，通过这样一种提高，我们就可以为自己建造一种美的人生。人生每天每时每刻，其实都在有意无意地进行欣赏、进行品评、进行品味。那么如何能够使自己建造一种美的人生？在这方面学习西方美学史是不可缺少的。

第一章
古希腊罗马的客观美学

第一节 古希腊罗马美学的文化土壤

古希腊罗马的客观美学，把它命名为"客观美学"，这个当然是有我的看法的。也就是说古希腊罗马的美学基本上是把美当作客观的研究对象来考察，来分析美的本质，并且对它加以规定，把"美"这个概念作为范畴定下来。当然也顺便探讨美这样一种客观现象在整个宇宙体系中的地位，它的各种关系。这个是古希腊以来西方哲学和美学思想的一个很重要的特点。西方的哲学在古希腊一开始也是这样的，就是探讨万物的本质、本原。万物的本原就是"一"，万物都是由某一个东西产生出来的，那么这个东西我们要如何对它加以规定？在哲学上是这样的。在美学上，就是探讨美的本质，什么是美。要把它当作一个客观研究对象来进行规定，加以定义，这是西方美学的一个重要特点。就像苏格拉底曾经讲到过的，你要谈论一个东西，首先必须要弄清这个东西"是什么"，你才能够说它"怎么样"。如果你连"是什么"都没搞清楚，你说它这样、那样、怎么样，那都是空话，必将陷入模糊混乱之中。这是西方思想的一个重要特点，我们中国人往往不太重视这个。我们谈一个问题的时候，经常对这个问题不下定义，然后就谈起来了。今天学术界也是这样，大量的人谈某个问题，学者们谈某个问题，都不加定义，然后就使用这个概念，说它是这样的那样的。但是发生争执的时候，你要一追溯，就发现其实都是概念出了问题，你们讲的不是一回事，你的理解跟他的理解不一样，当然会有争论了，包括价值问题，包括美的问题，包括善的问题，很多学术上的问题，都是没有经过严格定义的，即使有定义自己也不严格遵守，都是在这样一种前提之下来进行讨论，当然就免不了出现分歧了。

西方美学一开始就富有西方思维方式这样一个特点：首先要搞清美的本质，把它当成一个客观对象来加以规定，这就是古希腊罗马的客观美学的起源，它在起点上就是这样的。就是首先对美下个定义——什么是美。这种美学有它产生的历史渊源和社会文化土壤。为什么我们讲它跟中国的思维方式有那么多的区别？我们要从它的文化土壤来加以判断才能够有一种比较深入的理解。不然的话我就说西方人跟我们不同，就完了；他们是白种人，我们是黄种人，就完了。事实上不是的，它有它的文化背景。古代希腊社会主要是一个城邦民主制社会，这个我们大家学过历史都知道了。整个古希腊世界是由一系列城邦组成的松散联盟，它不是一个整体的国家，它是很多很多小国家，有一个联盟，雅典同盟，斯巴达同盟，以谁为代表都不要紧。反正古希腊人由于共同的文化、共同的语言、共同的生活习惯以及共同的地域，结成了一个联盟，共同对付外来的侵犯。希（腊）波（斯）战争的时候，他们联合起来组成联合舰队，当时那是临时的。战争以后，以雅典为盟主，雅典向各个城邦征收联盟的基金，然后存在它的金库里。但是后来斯巴达看着眼红，为什么你就能够充当盟主？就跟雅典争霸，于是内部就打了一场伯罗奔尼撒战争。但在古希腊世界并没有像东方的专制国家那样大一统的政治高压，没有这样一个统一的、专制的、稳定的集权国家。我们中国人，东方追求的就是稳定压倒一切，一切都要稳定，我们才能够活，不然的话就没法活了；兵荒马乱谁也不愿意，谁也活不了。但是古希腊世界不是的，就是没有大一统它也能活，城邦都是一个个小的国家。但正因为如此，希腊社会就处于长期的动荡、内乱、颠覆，甚至是战争中，它们的统一主要是文化上的。在古罗马社会进到古罗马帝国时代之前，大体上也是这样，古罗马也不过是个小城邦，后来到了古罗马帝国那里就大一统了，但是在开始的时候古罗马也仅仅是一个城邦。而且那些城邦实行的大部分都是民主制，城邦民主制。有个别的实行贵族制，到后期实行寡头制、僭主制。但是在很长时间之内，很多城邦国家都实行民主制。为什么会形成这种现象？东西方如果追溯它们的差别，最早要追溯到古希腊社会跟中国古代社会的这种不同是从何而来的。

我们知道，一切人类社会在最开始的时候都是原始氏族血缘公社，都是以氏族部落的方式组成一个社会。那个时候虽然我们今天把它们称为国家，像中国的三皇五帝时代，黄帝时代，我们把它称为国家，其实它还构不成一个国家，只是部落联盟，是一个原始血缘公社。西方也是这样，古希腊在远古时代也是这样，也是一些部落。但是古希腊在某一个时期产生了一个特点，就是它的个体家庭独立出来了，家庭从氏族里面独立出来了；个体家庭的家长也作为个人从社会血缘的纽带里独立出来了，并且因此炸毁了原始血缘公社的氏族纽带，这就产生了私有制。私有制产生后，人就成为了独立的原子。我们借用德谟克利特的"原子论"，人成为一个个的原子互相碰撞，互相又由某种外在的力量联合在一起，这时个人已经是自由人。当然奴隶排除在外，这里主要指的是自由民、奴隶主、家长，他们成了一些独立的原子。他们的社会不再是按照原始氏族部落的那种血缘关系，而是按照私有财产关系、按照法律关系构成国家。一个城邦不是说由哪一个氏族的人组成的，它是由四面八方的人聚合成的。很多城邦就是商品集散地，本来就是个集市，有人住在那里做生意，于是他们后来就组建一个城邦，就说我们来选一个"市长",选一个城邦的执政官,来管理我们大家的事情。在所有这群人中没有血缘关系。你自己当然有你的血缘关系,你有你的家人,但是社会不是以你的血缘关系为纽带组织起来的。这样一来个人就成了城邦国家的公民,自由民就成了公民。为什么会发生这种现象?我们要进一步追溯,就要追溯到古希腊罗马时代发达的商品经济、市场经济。

我们刚才讲这些城邦很多都是集市,最开始是做生意,很多海外的市场,我们都跑到小亚细亚做生意,跑到埃及去做生意,那么那个聚居地逐渐逐渐壮大起来,我们就建立了一个城邦,那就是国家。但是那个城邦的人们没有血缘关系,或者即便有血缘关系也不是按照血缘关系组织起来的,而是按照法律关系组建起来的。古希腊社会的一个重要特点就是流动性——跑到很远很远的地方去做生意,然后再聚居在某个地方,就建立了城邦。所以移民、殖民是古希腊人建立城邦很重要的方式。我们这个城邦的人越来越多,太多了,我们分一部分人,有时候还是由政府组织的,到小亚细亚的海岸边去开辟一块地方,我们到那里做生意,开辟一个港口。像米利都城邦就是希腊人跑去开辟了一个港口,在那里就建立了一个城邦。那么这样一种情况呢,就使得原始氏族血缘公社那种天然的血缘关系和情感关系遭到了解构,它使得人们的社会关系和行为准则落实到了单纯的法律基础之上,形成了一些可以量化的权利和义务,这是城邦的法制带给希腊社会的一个重大改变。原来在氏族公社里有一些义务,但是建立城邦之后呢,个体就从氏族里脱离出来——我不一定遵守氏族的义务,我遵守国家的义务,遵守法律的义务。氏族的义务当然也还有一定的约束力,这是一个很漫长的、渐进的过程,但逐渐逐渐的,氏族义务的约束力愈来愈弱,而法律的义务愈来愈强,个人的独立性就得到加强。这就是法制,城邦民主制是一种法治社会,一切都要按法制。产生了纠纷我们法庭上见,我们打官司,所以每天官司不断,每天的政治行为,选举啊,投票啊,决定城邦大事啊,这样的事情每天都有。特别是有一些专职的人员,那些自由民,那些奴隶主，他们不从事生产，他们专门搞政治。那么原始的情感关系就淡化了，人就成了"路人"。我们中国人讲，亲人跟路人是完全不一样的。路人就是路上随便碰到的一个人。但是这个古希腊城邦的法律呢，它就是以路人为基础，就是随便一个人，只要他是自由民，不是奴隶，没有人奴役他，那他就是自由民。他在我们这个城邦里住了多久就可以取得公民权，那他就有权利了。哪怕我不认识他，但是根据法律，他就具有了公民权利。路人和路人之间要建立一种关系，只能是法律关系，它没有什么情感关系，我们两个陌生人相互做生意有什么情感？我又不认识你。只要我们按契约办事，按法律办事就够了，我们就可以做生意了。这些情况的发生有地理环境的条件，如果再要往前推，为什么古希腊人的市场经济、商品经济会这么发达呢？这就要涉及古希腊人特殊的地理环境。

希腊这个地方可耕地很少，但是有非常复杂的海岸线，有无数的优良的海港，海路非常畅通，它是欧亚非三大洲的一个商品交汇地、一个枢纽。从希腊这个地方到非洲埃及，到中东到亚洲，到黑海到欧洲，都非常方便。地中海沿岸都是做生意非常好的地方，适合于航海，所以这个地方成了一个绝无仅有的海上交通枢纽。很多古希腊城邦都是商业城市，不能自给自足的，它自己土地上出产的粮食蔬菜都不能满足自己，必须要从外面运进来日常必需品，通过贸易，通过商品来满足自己的各种需要。比如说从埃及进口粮食，从波斯进口日用品，从麦加拉进口蔬菜，从马其顿进口木材。所以商业和海上控制是古希腊人的命脉。希腊人的祖先是在多瑙河畔流浪的一些游牧民族，他们来到希腊半岛的时候，发现这个地方非常好做生意，就转化成了商业民族。游牧民族本来也善于经商，也是习惯于冒险和流动的，所以他们成为海上的流浪者也是顺理成章，于是就成了商人，利用航海来保证他们的生活来源，形成了特殊的生产方式。

公元前8世纪古希腊的移民运动，也就是殖民运动，最早的殖民主义者就是古希腊人。对外殖民是古希腊人的一种城邦政治体制扩张的有效的形式,有组织有计划的形式。特别是那些在政治斗争中落败的人,他怎么能够老留在这个地方制造混乱呢?于是政府就劝他到外边去殖民,你另外找个地方去,我派你到某个地方去建立一个城邦,你去当那个地方的头儿,你不要在这里瞎捣乱。这是解决他们政治矛盾的一个好办法。其实后来英国殖民地也起了这个作用,当年英国那些政治上不得志的人,包括那些宗教上被排斥的人到哪里去呢?到美洲大陆去,这是解决内部政治矛盾冲突的一个非常好的办法。商业也是这样,殖民地有利于商业的开展,并且是商业的一种经营方式。所以这些活动主要来自政治上和工商业经济上的自然需求。这样一种生存环境和生活方式造就了古希腊人的民族性格。古希腊人的民族性格,我们如果要概括说来的话,一个是崇尚个人自由、独立,一个是重视公平和正义的原则。崇尚自由和独立,要以公平正义的原则作为他的必要保障。自由独立和公平正义的法律是一体的,自由没有法律的保障是谈不上的,所以他们重视公平正义的原则。再一个就是鼓励人的创造性和探索性,你跟大自然做斗争,跟其他的民族打交道,就要探索,扩大自己的眼界。再就是向往一种超越世俗的理想境界,首先是超越血缘氏族公社,按照一种抽象的公平正义原则、按照理性的原则来支配我们的生活。你要到一个陌生的地方去,你什么东西都不了解,没有任何感性认识,那就只有一种理性的设计能够保证你到一个新地方去少犯错误。古希腊人非常重视这个普遍的原则,这个普遍的原则是超越的,几何学、数学这些东西,都是超越的。这样一种性格跟古希腊人的商品交易是分不开的,比如说等价交换的原则,手工业生产的商品,你要卖钱,那你就得做得精致,你就得有发明创造,要有工艺特点,要做得精彩,要标新立异。你老一套东西别人就不爱了,你要搞出新的东西来——这些都跟商品经济有关,与航海事业的冒险性以及人生归属的未知性都有关。航海事业是冒险,到陌生地方去冒险,那么你的人生归属——到底你死在何地都不知道了,你离开了家乡到海上去，葬身于海底或葬身于其他的陆地，你在什么地方你家里人是不知道的，所以人生归属是未知的。那么古希腊人就有一种要求，要追求一个超越的精神安慰，它不是在家族里面就可以得到安慰的。由此最终形成了古希腊人强烈的个体意识。个体意识不是我们通常所理解的自私自利、个人主义、损人利己。它是一种个体独立意识，它的基础一个是理性，一个是立法。要有个体意识你必须有理性，而且要有这样的民主法制来保证个体的独立。这是古希腊人一个重要的民族特点。

但是单个人一旦从原始公社血缘关系里面分裂出来，那么人与人之间天然的血缘关系就疏远了。我们刚才说淡化了，家庭关系也淡化了，甚至父子关系也变成了一种统治与被统治的政治暴力关系。这个在中国古代是不可想象的，至少在理论上，中国人总是为家庭保留一层温情的面纱。在古希腊神话里却有那么多的家庭暴力，比如说父子之间争夺王位。在古希腊神话里最早的天神是乌拉诺斯，乌拉诺斯被他的小儿子克洛诺斯推翻，打成重伤，并且被他阉割了，失去了生殖能力。儿子把父亲阉割了，把他丢到地狱里面去，自己占据了统治地位。那么克洛诺斯掌权了以后，有个预言说他也会被自己的儿子推翻。于是他就把自己的儿子一个一个地吞掉，生下一个就吞下一个。克洛诺斯的儿子中只有宙斯没有被吃掉，因为宙斯的母亲生下他以后就把他藏起来了，他才幸免于难。宙斯长大以后果然战胜了父亲，逼迫他把吞下的所有子女都吐出来，然后宙斯就成为了万神之王，成为了主神。宙斯掌权后又有预言说他也会被他的儿子推翻，至于被哪个儿子、怎么样推翻，不知道。于是宙斯为了得到这个秘密，就把普罗米修斯钉在岩石上，这是很有名的神话，因为普罗米修斯知道这个秘密，但他不说。于是宙斯把他钉在岩石上，每天派一只老鹰来啄食他的肝脏，第二天肝脏又长好了，那个老鹰又来啄食，就这样折磨他，把他钉了三万年。最后，普罗米修斯和宙斯达成了和解，宙斯就避免了跟他父亲一样的命运。这个是埃斯库罗斯悲剧里面的《普罗米修斯》三部曲。在希腊的神话里存在着大量的杀父情节，这在中国古代神话和历史书里是没有的，即使现实中有也不记载。杀父或者说弑父那是大逆不道的。还有一个是杀母，杀母的情节也有，像俄瑞斯忒斯，他为什么要杀死他的母亲？因为他的母亲和别人通奸，趁他父亲从特洛伊战争回来的时候，把他父亲给杀掉了，于是他为了报父仇，就把他母亲和那个奸夫一起杀掉了。后来打官司，复仇女神要追究他的杀母罪，阿波罗为他辩护，十二位法官两边各执一词，票数相等，最后是主审法官雅典娜投了俄瑞斯忒斯一票。这也就意味着法律战胜了血缘关系。因为这个杀母是血缘关系，至于母亲杀父亲，母亲跟父亲是没有血缘关系的，只有法律关系。那么血缘和法律到底哪个更高？最后的判决表明是城邦法律关系高于原始氏族公社的血缘关系。恩格斯在《家庭、私有制和国家的起源》里面举过这个例子，就是说在当时法律战胜了血缘，成了社会关系的通行原则，这个案件是个标志。

所以从那以后，社会只有依赖人和人之间订立的契约，以及为保证这种契约的有效性而建立起来的法律，才能够发生有秩序的交往活动。从此以后，这个社会不再是靠血缘、靠情感、靠亲情而凝聚起来的。我们经常说中华民族有强大的凝聚力，不错，但这个凝聚力主要是建立在原始的情感、血缘、亲情、父老乡亲、种族之上，我们汉族从炎黄子孙以来一直就是一个种族，我们是在这个血缘关系里面凝结起来的，我们的凝聚力是靠血缘情感。西方人则不同，他们已跨过了这个阶段，他们是靠理性和法律。他们的凝聚力不是光靠情感，他们是靠契约、法律，以及由法律维持的每个人的权利。有权利就有义务，他们是靠这个东西凝聚起来的。比如说美国，美国也有凝聚力，作为美国人他们的爱国主义不是作为一个种族观念，而是一个政治观念。政治观念跟经济挂钩，跟人的利益挂钩，跟每一个人的权利挂钩。所以两种不同的凝聚力跟中西之间的文化差异是有关的。在古希腊，人与人之间那种不言而喻的无声的联系，比如说和亲人和熟人之间的那种情感关系，已经失去了它普遍的效力。当然个别的还有，但作为社会联系的普遍纽带已经被置换了，置换成经济关系和社会政治关系。而经济关系和社会政治关系是一种逻辑化的、理性化的关系，它以契约、以文字、以法律和法庭作为它的依据。那么由此也形成了古希腊人的科学精神的起源。

我们经常讲西方文化跟东方文化一个很重要的区别，就是西方的科学思想，这个是中国古代文化所缺乏的。中国文化几千年来也有发达的科学技术，但是没有深厚的科学精神。中国科学技术并不落人后，甚至在以往很长的十几个世纪里面都领先世界，但是缺乏科学精神。那么古希腊的科学精神也是他们的一个很重要的特点。科学精神从哪儿来？很多人强调科学精神来自古希腊的手工业。我们刚才也讲了古希腊人在手工业商品生产方面精益求精，制造让人喜爱的商品，它才能卖钱。这个能造就他们的科学精神，这个不错。但另一方面，还要注意它的社会关系。社会关系的契约化，契约其实要用科学精神、理性精神才能制定。社会生活的契约化的趋向对科学精神的形成有着更加不可忽视的作用，也就是说不光是技术方面精益求精产生了一种科学精神。要追根究底，我们中国古代也有很精密很精巧的技术，为什么没有产生出科学精神？这跟社会生活有关。

古希腊社会生活有契约化倾向，你要定契约就必须严格按照理性和逻辑来规定，要重视语言的表达。你在契约上一个语言表达不精确就会被钻空子，你就会吃亏，就会被忽悠。为了杜绝一切漏洞，你必须要把这个契约定得非常严格。法律也是如此，法律要请哲学家来定。我们经常看到古希腊人请某某哲学家为某个城邦制定法律，为什么要请哲学家来制定法律？为什么不由那几个有钱有势的人自个儿去定呢，执政官为什么不能制定法律？就是因为法律是一件科学的事情，你要法律定得没有漏洞，要能够自圆其说，要能够做到法律面前一律平等，那就要哲学家来定。有些事情是很复杂的，特别是民法，当然那个时候还没有单独的民法，但是有很多民法关系要处理。那么你在定法律的时候就要保障所有这些关系，不要有这些矛盾，不要有漏洞，而且要长期有效，不是说这只适合于今天。中国古代则不一样，制定法律的在古代中国一般不是哲学家，不是逻辑学家，都是那些代表某种利益的，首先是皇帝，他根据自己的感觉自己的利益来定法律。那么在古希腊，请有智慧的人、请哲学家来制定法律是通例。所以古希腊很早就有一种社会契约论。像智者派，在雅典时期就提出了社会契约论，他们说法律是约定俗成的。但这个"约定"要能够"俗成"，必须要经过逻辑、经过理性才能"俗成"，才能发现它的规律。因为每个人都有理性，每个人处于不同的经济地位，每个人都会判断公不公平。他都会对这个法律发表他的见解。如果你定得没有逻辑一贯性，马上就会伤害到某一个阶层，那就是恶法了。约定俗成就是一个理性的过程。所以这样一种思想，用一种科学的方式和逻辑的方式来制定社会关系，这本身就是一种科学精神。以科学的逻辑的方式来安排社会生活，它的普遍的秩序，就像自然秩序一样，可以永远运行下去。当然实际上是做不到的，只能努力接近。但古希腊人有这个理想，尽量要把一个法律制定得像自然规律那样可以永恒地运行下去。因此它的科学精神不同于单纯的科学技术，它是一种人生态度、宇宙观，一种人生理想的追求。所谓"李约瑟问题"就是：为什么中国古代没有产生科学？其实这个问题提得不精确，严格说来应该是：中国古代为什么没有产生科学精神？中国古代有科学技术，但是没有科学精神，就是中国古代的宇宙观和人生观跟西方的不一样。西方人把科学精神当作一种人生观，它是属于人文精神的，我们不要把科学精神和人文精神对立起来，人文精神其实包含有科学精神。科学精神是西方人文精神的一个很重要的组成部分，甚至是奠基性的部分，从古希腊开始就是一个奠基性的东西。

这就是古希腊以及古罗马社会的意识形态特点、文化特点。古罗马社会受古希腊影响，我们把它也包括在内。古希腊罗马社会都有一个特点，就是以科学精神作为他们基础的人生态度、人生观、宇宙观。那么古希腊的这种宇宙观和我们刚才讲的，跟古希腊的个体意识的独立有非常密切的关系。个体意识从这个群体血缘关系里独立出来以后，成了一个一个公民；那么这些公民失去了血缘关系的纽带，怎么样才能结合成一个社会呢？就必须要通过对外部世界的科学认识。就是说我们的意见都是分歧的，我们要找一个东西能够统一起来，什么东西能够统一呢？就是对一个事物的科学知识，客观认识。你不同意这个观点，不仅仅是你的个人观点跟大家的不一样，而且你的观点是不科学的，是违背客观法则的。只有科学知识，包括客观的社会知识，才是我们达成一致意见的客观标准。所以在一个公民社会里面靠单个人的情感已经不足以维系社会的稳定性、意见的统一性。按什么标准来统一？只有按照科学知识。你要是不同意就说明你没有知识，你还停留在野蛮状态，那就需要对你进行教育。所以在古希腊社会里面它的社会纽带不是依靠一种"人同此心"、一种主观的情感认同、自然族群的亲切感，而是通过人和自然的客观关系来建立的。我在别的地方也提到过，古希腊社会文化的基本结构就是"通过人和物的关系来达成人和人的关系"。通过人和物的关系，首先是认识关系，你对这个物——自然物要有客观知识，那么我们在这个上面就可以沟通，就可以达成共识。西方社会从古希腊一直到今天，仍然是这么一种文化心理结构。而中国恰恰相反，中国是通过人和人的关系来实现人和物的关系。你要占有一个物，你要获得某种东西，你首先要搞关系，你首先要拉关系，这个是中国文化的一个产物，自古以来都是这样。没有关系你就没有对物的占有，你就达不成人和物的关系。古希腊人占有一个物是靠知识，他要跟他人发生关系也靠私有财产，财产的多少决定人在社会中的地位，并且我可以出卖我的财产跟你交换，通过人和物的关系来实现人和人的关系。当然这个里面就有理性，有契约，我们要做生意，我们建立一个契约，等等。这些造成了古希腊科学精神自身的文化土壤。

　　由上述意识形态特点以及文化特点，我们就可以窥见古希腊罗马的审美意识和艺术特色，这就要回到我们的本题了。这个文化土壤和个体意识的建立，也就是文化心理机制的建立，使得从古希腊罗马以来西方人的审美意识和他们的艺术精神具有不同于东方的特色，特别不同于中国的特色。就古希腊而言，在审美意识和艺术创作方面，古希腊人有意无意地把科学精神当作它的内在灵魂。我们讲古希腊的艺术理念反映了科学精神，古希腊人的审美意识也有科学的维度，这是他们的根本视角，他们把艺术和审美都当成对客观事物的一种认识性的把握。这样一种文化心理渗透到他们的艺术作品里面，成了他们艺术精神的内在灵魂。当然这种科学精神同时又是一种人文精神，就是我们刚才讲的，古希腊的科学精神本身具有浓厚的人文色彩。我们讲科学精神，特别是现代和后现代，后现代的反科学主义，好像科学主义就是把人文的东西排斥了。但在古希腊不是这样。古希腊的科学精神特别体现出一种人文精神、人文色彩。古希腊的艺术虽然重科学、重理性、重模仿，反映客观事物，但这个模仿、这个科学的对象是集中于对人体的模仿。我们把古希腊的艺术品拿来看，我们发现里面最主要的表现对象就是人体。这点特别体现在古希腊的雕刻艺术上，也是给人印象最深的。我们今天参观卢浮宫，我们参观古希腊的神庙，都可以发现这个特点。古希腊雕刻艺术是古希腊一切艺术的中心，黑格尔特别强调这一点，古典艺术的核心就是雕刻。这个跟中国艺术很不一样。中国古代艺术更多是山水，当然也有人物，人物画，浮雕，但是圆雕、立体圆雕是不发达的。中国的雕塑很不发达，只有宗教寺庙里面有佛像、神像，也有雕得很好的，但是一般都没有留下名字，那些雕刻师都是些工匠。而雕刻艺术在古希腊是特别发达的。在古希腊的绘画里面也很少看到什么山水画，一般都是人物。

在雕刻艺术上面的人体雕刻是古希腊艺术的核心，这样一个事实有两方面的意义，一方面表明人的自然形象被当作了美的典范和美的理想。人的自然形象就是人的身体，所以要按照精确的比例加以模仿。我们看古希腊的人体雕刻是很合乎解剖学的，按照精密的人体比例来加以模仿，这本身就表现出一种科学精神。在中国古代的人体表现里面很少看到合乎人体比例的，人体往往是不成比例的。不信我们可以下课后到哲学学院去看看那个孔子像，那个孔子头那么大，那个腿简直就不成比例。你想象如果孔子像的衣服要脱光了它是个什么样子，那是很难看的。但是它穿着衣服。中国人一般不描绘裸体，都穿着衣服，衣服是一种"礼"的象征，一种等级的象征，一种名分的象征，这些都把人本来的身体遮蔽起来了。古希腊雕刻是合比例的，而且在合比例的基础之上也有所夸张，这个是很明显的。他知道比例，但他稍微把人体拉长一点，使人体显得更加健美，更加修长。一般我们人体，头和身体的比例都是一比六点五，稍微修长点一比七，古希腊雕刻的人体，往往拉长到一比七点几甚至于一比八。拉长这样的人体当然有些夸张，但基本上是合乎人体比例的。再拉长就不像话了，但稍微拉长一点是没问题的。所以他有一种科学精神在里头。像著名的雕塑家波吕克里特，写了一本书叫《论法规》。他就说一件艺术品的"成功要依靠许多数的关系，而任何一个细节都是有意义的"。就是说波吕克里特总结自己的法规，就是要符合数的比例，每一个部分的比例都是测量出来的——一比七、一比八，他都要精确地加以测量。而一般来说，雕刻，特别是人体雕刻比任何其他艺术都更加具有模仿性，所以古希腊的艺术特别强调模仿的准确性。比如说雕刻它是三维立体的，我们所看到的事物都是三维的，雕刻也是三维的。它经常是着色的，我们今天看到的古希腊雕刻颜色都褪掉了，所以我们以为古希腊雕刻就是没有颜色的，其实它当时是有颜色的，是按照真实的颜色来给它上色。它也像自然物体一样要克服地心的引力，并且受到材料的限制，它的各个部分都有一定的数学关系和比例。古希腊人我们刚才讲，他面向外部客观世界有一种冒险精神、积极进取精神，对这样一个人来说，一个如此有真实感的雕刻摆在面前，是最能够震撼人心的。当然对另外的人，比如对中国人来说也许效果就不一样，但是对古希腊人来说它是最能够引人注目，最能够让人起一种模仿冲动的。比如说雕一个神像，如此的健美，让人羡慕。古希腊人非常强调个人的独立性，个人的能力，个人训练有素的素质。奥林匹克运动之所以会在古希腊产生，那都是由于古希腊人特别重视人的健美，个人的完善，想要达到完美。你看到那么一个健美的雕塑，你就有一种模仿的冲动，如何能够达到那样的健美？只有通过体育锻炼。一个未经锻炼的人体是臃肿的，是不美的。于是体育锻炼成风，在古希腊，每隔四年有一次全希腊的奥林匹克运动会，哪怕你在战争中也要停下来，有三天休战，大家都去参加奥林匹克运动会。在战场上我们是敌人，但在运动会上我们都是公平竞争的对手，都是朋友。所以为什么有那么多的人体圆雕？它们让人产生一种模仿的冲动。古希腊的人体雕刻中每一块肌肉都是那样的真实，都体现为一种细节的真实，都合乎解剖学的规范。虽然古希腊人并没有专门研究过解剖学，但是他们的观察非常细致。他们有大量的机会观察，希腊气候温和，人们经常可以看到裸体。奥林匹克运动会上他们也可以仔细地观察、揣摩，所以他们能够搞得那么样的真实。这个在其他民族中是十分罕见的，没有哪个民族像古希腊人那样对人体如此着迷，对人的裸体如此着迷。这是一方面，体现了古希腊人的科学精神。

另一方面，古希腊雕刻最大限度地表现出艺术的个性和人文性。人文性，就是人就应该像这样，所雕刻出来的那些人都是理想化的。神像其实也是人，是理想化的人，代表一种人文性，人的独立性，每座雕像都是独立自主的。人如果具有如此强健的体格，那么在任何场合下他都可以独立，他不需要别人，他一个人就可以战胜对象。他可以去跟狮子搏斗，就像大力士赫克里斯，体育之神，他一个人就可以打败狮子，他具有这样一种独立性。所以人体圆雕不仅仅是具有科学性的艺术，同时也是具有个体的人性的艺术，是人的个体性的艺术。所以古希腊雕刻成了古希腊人科学精神和个体自由精神的交叉点、集中点，集中体现了一个是科学精神，一个是个体的自由精神。雕刻所体现出来的是独立的人性，是不会屈服于任何力量的，是任何外来的力量都征服不了的。每座雕像都集中体现了这两点。

雕刻与其他艺术相比在这两点上都具有它的优势。在科学性上，比如跟建筑相比，雕刻摆脱了它的实用性。建筑还没有摆脱实用性，它是让人住的，或者是让神住的，如神庙是供人朝拜的，雕刻没有这些附带功能。雕刻也不像绘画那样受制于二维平面，雕刻是三维的，从各个角度都可以看。绘画只能从一个面看，你在背面就看不到了，所以绘画是受制于二维平面的。雕刻也不像音乐依赖于它的时间性。音乐一次性地演奏过了，你没听到，那该你倒霉。音乐还依赖每一次演奏的水平。同一个演奏家的每次演奏都是不一样的，他演奏得最高超的那次也许你没听到，那就再没有机会了。雕刻则是永恒的，摆在那里两千多年，即使我们把它从地里挖出来，它仍然是那么美。它也不像诗歌，诗歌是立足于语言和文字的抽象性，严格说来都属于概念和符号，语言一定要转化为形象，但是它本身是一种符号。雕刻不需要转化，它就是一个美的个体。古希腊有一个皮格马利翁神话，皮格马利翁是个雕刻家，雕了一个非常美的理想的女性，然后他自己爱上了她，于是就天天祈祷神能够把这个雕像变成一个活生生的人，最后神被感动了，就给这个雕像赋予了生命，然后他就和这个美女结婚了。这是一个很美丽的古希腊神话。这是有道理的，确实你雕刻出来的形象已经跟真人没有什么区别了，她就是不会说话，不会动。但是这更加增加了她的神秘性和神圣性，你就不知道她要做什么，你可以想象她有很多很多话语，想象她有很多很多动作。米罗的维纳斯，断臂的维纳斯，正因为她断了臂，所以你就想象她各种各样的姿态，留下了各种各样想象的余地，她比现实的人的身体更加激发人的想象力，更加美好。因此俄罗斯作家屠格涅夫曾经说过这样的话，他认为米罗的维纳斯雕像比法国大革命的《人权宣言》更加不容置疑地表达了人性的尊严。整个《人权宣言》，那么多的文字，但它一尊雕像就表达了你所要表达的全部意思。这就是人的尊严，人的个性的尊严，人格的独立性。

所以古希腊雕刻里面表达的除了科学精神以外还有这种人文精神，它把人当作一种普遍的对象对待。人的裸体表达了人的普遍性，人脱了衣服在神面前都是一样的，都是平等的。你穿衣物可以穿上一身破烂的打补丁的衣服，也可以穿上皇帝的衣服，但是皇帝也好叫花子也好脱了衣服都是一样的。说不定你皇帝还不如叫花子，叫花子比你皇帝更健美，这就是人人平等了。裸体雕刻体现了一种人人平等的思想，人性的普遍性，在神面前人人平等。人体才真正是人的形象，人的自然形象，它表达出一种活生生的人的自由主体性。所以在雕刻中，在模仿中，古希腊人并不是降低了自己，因为他所模仿的仍然是高高在上的神，古希腊人雕刻的很多完美的东西都是神像，宙斯啊，波塞冬啊，阿波罗啊，阿佛洛狄忒啊，都是神像，但是实际上他模仿的都是他自己的理想。他把自己的理想化作一个雕像，实际上是他自己的形象。因此古希腊人通过模仿把自己的人格塑造成形，使它成了一种普遍的人格。这样一种模仿所造出来的雕像，对整个社会来说有一种统一性的功能。整个社会现在已经分裂了，人作为公民都是独立的，怎么样才能够联系起来、整合起来呢？我们刚才讲了，通过法律可以联系起来，但是法律只是一方面，人除了法律以外还有另外一些需要，比如说情感。情感从氏族血缘的情感里面脱离出来以后，还有一种情感是需要建立的，就是人类普遍的情感，人与人的情感。虽然是路人、陌生人，也需要一种情感，那么这种情感通过艺术、通过雕刻达到了统一，达到了"人同此心，心同此理"。"人同此心，心同此理"不是生来就有的，而是通过艺术欣赏。我们都欣赏一个雕像，大家达到了心心相印，达到了情感的共鸣，在这方面呢，一个分裂为原子的社会在情感方面就重新恢复到了一种有机的统一。所以我们一讲西方社会就好像他们忽视人的情感，是一个冷漠的社会，一般来说，特别是同东方社会相比较来说是这样，但是你们不要忘记了这个冷漠的社会里面有一种统一情感的途径，有一种使人感动的途径，那就是艺术，通过艺术能够使人与人重新达到一种感情上的沟通。

这就是古希腊的艺术。古希腊的艺术一方面带有科学性，另一方面具有人文精神，这种人文精神使他们的艺术成了统一整个社会情感的东西。这个在荷马史诗里面表现得非常明显。有人讲荷马史诗是希腊人的"百科全书"，有这种说法，当然它不仅具有一种知识上的意义，同时也具有一种情感教育上的意义，就是人情世故，人之常情，你要到荷马史诗里面才能够体会得到。所以古希腊那些有文化的人、有知识的人经常在一起聚会就是朗诵，诵诗会，诵诗比赛，就是朗诵荷马史诗。荷马史诗是古希腊人社会生活的百科全书，你要了解人际关系、人之常情，你就必须要熟读荷马史诗。那么古希腊诗歌的主要代表就是史诗，史诗它也带有一种模仿性。古希腊的抒情诗与史诗相比是第二位的，古希腊也有抒情诗，但是不很发达。中国古代最发达的是抒情诗，史诗基本上没有，我们把《史记》看作史诗，当然那毕竟不是诗，但是抒情诗从《诗经》开始就非常发达。这跟古希腊是鲜明的对比，古希腊史诗的特点就是模仿性，抒情诗是情感表现，它不是模仿。当然古希腊人把情感表现也当作一种模仿，但是模仿的目的和表现的目的毕竟是不同的，模仿性就是要模仿客观的历史事件，比如说特洛伊战争，形形色色各种各样的英雄人物，包括他们的情感，在史诗里面都得到客观的描述。

古希腊绘画也是带有科学性的，一开始就注意透视关系，可惜留下来的不多，但是也有。近大远小，变形的关系。比如说正方形，像一张桌子，你是不能按照严格正方形去描绘的。这样一种透视关系已经在古希腊绘画里有一些表现了，在古罗马绘画里面也有，像庞贝的壁画里面很多就合乎透视关系。至于古希腊的音乐，我们通常认为音乐是种表现艺术，但是亚里士多德认为音乐也是种模仿，它是对人的情感的模仿。建筑也被看作模仿，古希腊建筑的柱式是建筑的灵魂，圆柱的式样就代表这个建筑的风格，著名的建筑柱的式样有三种式样，其中多立克式的圆柱是比较粗壮的，所以古希腊人认为它代表男性的健壮；爱奥尼式的圆柱是比较纤细、比较秀丽的，所以代表女性。人们都是用人的眼光来看待建筑的。甚至有的圆柱干脆用一个人体形象来做，像这个厄勒克西奥神庙，它那个圆柱干脆就是几个女性人体承载着整个建筑的屋顶。但这种情况比较少见，一般都是通过柱式把人体象征化了。整个希腊建筑的形体和比例，按照丹纳在《艺术哲学》里面的描述，都是配合着人的身体结构的，就像古希腊雕刻一样。丹纳说古希腊的建筑好比一个运动家的健美的肉体。而柱式就像一个活着的身体各个肢体之间的连接一切的关节。柱式是连接整个神庙的关键。最后，古希腊的戏剧，人们通常把它看作活动的雕塑。古希腊戏剧跟雕塑也有关系，亚里士多德强调戏剧人物的动作的整一性，雕塑也是这样，一个雕塑的人体特别强调完整性，不要节外生枝。后来文艺复兴时期米开朗基罗曾经讲过，一个好的雕塑就是你把它从山上滚下来，它仍然完好无损，这就是好的雕塑。它必须要整一，必须要有整体感。那么亚里士多德提出的动作的整一性，就是对人物动作的要求，在戏剧中也要注意这样一种整体性，不要分散。

在所有这些艺术门类上面都体现出了古希腊艺术的整体特点，用温克尔曼的话来说就是"高贵的单纯，静穆的伟大"。这是讲它的人文精神，是对古希腊艺术的一个概括，就是它显出个体的高贵，个人的高贵，一个人、一个独立形象的高贵。"单纯"，它没有别的束缚，单一性。"静穆的伟大"，"静穆"就是静观的科学性，合乎科学。"静穆"，它摆在那儿让你去看，去研究，让你去分析，去观摩，去崇拜。"静穆的伟大"体现出古希腊的基本风格。古罗马艺术基本上是模仿古希腊艺术，当然也有些变化。但古罗马艺术跟古希腊艺术相比比较平庸。通常对古罗马艺术的评价是比古希腊艺术要低了一个等级。但是它也有一个特点，就是比较世俗。古希腊艺术多半都是描绘英雄和神的，古罗马艺术开始描绘普通人,而且很注重描绘普通人的神气,描绘普通人的气质、表情。古希腊艺术里面很少注重表情,因为它描绘神,神不宜有过多的表情。到古希腊艺术的晚期开始描绘表情了,像《拉奥孔》,拉奥孔有一副痛苦的表情。一般评论家认为这意味着古希腊艺术开始衰落,开始降低,开始世俗化了。到了古罗马艺术就是大量地描绘表情、神态,像奥古斯都雕像,那种神态是非常咄咄逼人的,你一看就感到有股帝王之气,它那个眼睛里雕出了眼神。古希腊雕刻没有雕出眼神的。古希腊雕刻的眼睛里只有眼白,就是白白的——最初可能用色彩给它涂上了眼珠,掉了以后就成了一个白眼睛了,那个是不太传神的,即使是画上了眼珠子也不传神。但是古罗马艺术传神,它有它的好处,开始世俗化,从天上降到了地下。总的来说古罗马艺术同古希腊艺术有共同点,就是比较追求艺术的真实性,追求理想性,注重个别形象的典型性,这种典型就是个别和一般的统一。按照黑格尔的说法,所谓典型就是在一个个别形象上面表达了普遍的甚至无限的东西。那么这样一来艺术就有利于对各个个体在他们的社会性上加以统一,使他们更具有社会性。一个能够欣赏艺术的人是能够跟整个社会合作的人,在情感上是不排斥他人的。艺术的典型性或典型化就起到了这样一种作用。所以古希腊艺术就是使那些独立起来的人格仍然能够结成群体,他们在社会关系上所造成的裂缝能够通过艺术填补起来。每个人格独立了,你怎么样能够使他们结成社会?其中一种方式是通过艺术、通过美。所以古希腊人就个人来看是自私的,是放纵的,是狡猾的,是唯利是图的,但是在艺术方面、在美的方面,他们有敏锐的感受力,有深切的同情心。作为个人来说他们自私,但是遇到美的东西,他们有一种共同的心理。比如说特洛伊战争,就是因为古希腊美女海伦被特洛伊王子诱骗,拐走了,于是全希腊的城邦联合起来攻打特洛伊。打了十年,人都打老了,死了那么多英雄,最后把特洛伊毁灭了,把海伦抢回来了。有人就问,值不值得为了一个美女打十年仗、死那么多青年?最优秀的青年都死了!然后在法庭上来审判，海伦要接受审判。可是海伦一出场，所有的人都倾倒了，认为这十年是值得的，打十年仗把这么一个美女抢回来是值得的。所有人都说是值得的，所以就不判她刑，判她无罪。这就说明古希腊人对于这个美，有一种宗教式的崇拜，对美的崇拜达到类似于宗教的程度。所以为什么黑格尔把古希腊的宗教称为"美的宗教"呢？就是因为古希腊把美当作一种宗教，这样一种宗教使古希腊人能够联合起来，共同行动。古希腊人那么样自私，但是他们能够联合起来，为了美不惜牺牲自己的生命，这就是他们的凝聚力。古希腊人的凝聚力除了有社会法律以外，在情感方面他们是靠美。

所以古希腊人的人格是非常——我们今天说是幼稚的，好像孩子一样。古埃及人就把古希腊人当成孩子，说古希腊人你们都是些孩子！而且非常幼稚，非常天真。马克思谈到古希腊艺术时也是这样说的，他说"希腊艺术至今仍然能给我们带来享受，并且就某方面来说是一种规范和高不可及的范本"。马克思对古希腊艺术的评价如此之高——"高不可及的范本"。为什么是这样？他认为古希腊人处在人类的儿童阶段，而且是"正常的儿童"。另外还有早熟的儿童，有野蛮的儿童，但古希腊人是正常的儿童。野蛮的儿童就是还没有从野蛮的时代脱离出来的，还没有进入文明社会。早熟的儿童是指东方社会。中国人是早熟的，中国的儿童从小就老成，我们最欣赏的是少年老成；但是老了以后还像一个儿童，因为他基本上就没有成长过。所以中国人是早熟的，古希腊人是正常的。什么叫正常儿童？就是一切后来发展的可能性在他们那里都处在萌芽状态，已经表现出了某种痕迹，并且这种儿童不会阻碍自己的天性、潜能的发展，而是为自己往后的发展展现了无限的可能性，这就是正常的儿童。儿童就应该是这样的，他将来要发展的；但早熟的儿童过早地压抑了某些儿童的天性，使他只能在某个模式上定型。这就是早熟的儿童。野蛮的儿童就是不受任何约束，没有教养。而古希腊人不是这样，古希腊人属于一种正常的发展。但是也有的人认为古希腊人才是不正常的，中国人是最正常的，人类学家张光直先生就持这种观点。其他民族都是正常的，中国文化也是正常的，只有西方文明是不正常的，古希腊文化是人类文化的特例，甚至可以说是畸形。要回到正常就是要回到东方，回到中国传统文化。当然他有他的道理，有他的视角。但是我们也可以这样说，人类就是靠这些不正常才得以发展的。比如说人是猴子变的，人就是最不正常的猴子，正因为最不正常才变成了人。我们可以想到有很多类人猿都消失了，今天还剩下了大猩猩、黑猩猩，它们没有变成人，都是正常的猴子；但其中有一支变成了人，它在类人猿中是最不正常的。但是这并不说明它就是畸形，它把它的潜能发挥出来了，不正常才是人的正常。黑猩猩没有把它的潜能发挥出来，今天也不可能再发挥出来了，时机已经过去了，所以我们今天可以研究它，而不是由它来研究我们。古希腊人也是这样，他是不正常的，但是人就是不正常，正常就没有人了，正常就是在自然界了，就是动物了。人就是要突发奇想！鲁迅讲当年的猴子，都在树上爬，有一个猴子直立行走，于是别的猴子就容不了它，你怎么敢直立行走，就把它咬死了，所以猴子直到今天还是猴子。这是一个观点的大转换，我们可以站在张光直的观点来解释这一切，但是我们换一种角度，可能还会有另外一种解释。这是在中西文化比较上我们可以做出的这样的一些判断。

第二节 客观美学的创立：对美的本质的探讨

今天我们开始考察古希腊美学在起源的时候所提出的一些本质性的美学问题。就是说，美学在探讨什么问题，一开始就已经提出来了，首先探讨的就是有关美的本质的问题。我们前面讲到"美学"这个概念，日本人把它翻译成"美学"，也就是着眼于它所探讨的内容是关于美的。当然还有关于艺术的，但首先是关于美的。那么关于美就有一个问题——美的本质。探讨任何科学的对象，首先要对它进行本质的规定，这个是西方思想的一个重要特点。我们探讨一门科学，首先要把这门科学的对象的本质搞清楚，这种做法，东方以及其他一些民族是没有的，所以我们说科学产生于古希腊。什么叫科学？科学就是分门别类，分科，每一科有它自身的探讨对象。科学就是分门别类地探讨每一科的学问。这个学问的基础就是建立在有关这一科的对象的本质定义之上，没有这一定义便不能称为科学。我们前面讲到中国几千年来技术非常发达，但是缺乏科学精神，也缺乏严格意义上的科学，分门别类的科学。我们是什么都搞在一起，没有对某一门科学所研究的特殊对象进行定义的习惯。而这是西方思想，特别是西方科学和哲学，从古希腊以来就形成的习惯。就像苏格拉底曾经讲到过的，你要问美德方面的问题，首先要把美德"是什么"搞清楚，不然怎么谈它呢？你要讨论人，也首先要给人下个定义。如果你连这个概念代表一个人的意思都还没搞清楚，你就去探讨它的影响、作用和性质，那是探讨不下去的。首先你要有一个实体、本质摆在那里，围绕着它你再去探讨它的功能、属性、各种关系，那就顺理成章了，这就叫科学。为什么中国有很多技术，但是没有科学？分门别类的科学，science，是从西方引进的。西方人一开始要探讨你讲的东西本质上是什么东西，给它下个定义，搞清了定义之后我们再探讨其他的。美学就是这样，在古希腊客观美学产生的最初一刹那，也就是客观美学创立的时候，古希腊人首先探讨的是美的本质的问题：什么是美？一般讲什么是美，我们可以举大量的例子，说这也是美那也是美。但是这个问题提出来，不是要得出这样的回答，而是要说什么是美的本质。你要下一个定义，不要举例子，举例子不说明问题。我们中国人的习惯就是，你问一个东西的时候他就给你举一大堆例子，当然也可以理解，大致上知道你谈的是这样一类的事物，但是这一类的事物最后要归结为一个本质啊！你必须不将其他一些不相干的东西掺和进来，那么它的定义就清楚了，你就可以通过概念进行逻辑上的推理和操作。

科学之所以建立，最初就是这样建立的。

　　古希腊首先对美进行本质的定义，因为美的本质定义在很长一段时期之内人们没有去想，只是感受。我们知道只要是人就能感受美，就有美感，哪怕是最下贱的人，最贫穷的人，最不起眼的人也有美的感受。我们天天在感受的美到底是什么？我们如何用一句话把我们所感受到的东西表达出来？这个是主要的。古希腊人认为这个是生死攸关的，你如果表达不出来，那么美学便建不起来，就不能建成为一门科学。你如果能用一句话将每天都在感受的东西表达出来，那它就成立了，以后就可以对这个美进行不断的考察，对它的各方面的关系和性质进行琢磨。古希腊人在他最早的童年阶段就已经萌发了这种思想。这个我可以谈谈我自己的体会。年轻时代有一个时期我特别着迷于美的感动，欣赏艺术，阅读文学作品、诗歌，甚至写诗，画素描，做油画练习，临摹，搞过很多。但是，在看了一些哲学书后，就开始有了这样一个想法，我每天所感到的、这么迷恋地沉浸于其中的这种美，到底是什么东西？为什么我觉得欲罢不能、沉迷于其中？我能不能用我学到的哲学推理、概念，来给我每天感到的美下定义？能不能下一个准确的定义？想了很多天，想破了脑袋，最后给出了一个定义。就是根据自己的体会，美肯定是和情感有关的——这个毫无疑问。那么我就想到美可能是一种情感。但是它和一般的情感似乎还不一样，不一样在什么地方呢？于是我把它提升了一个层次，就是说它是"对情感的情感"。我认为，下了这样一个定义后，我就可以用来解释每一种审美意识现象了，至少我自己就可以解释了，而且我发现绝大部分审美现象的确都可以用这样一个定义来解释。美就是"对情感的情感"，或者说"美就是把自己的情感寄托于一个对象上面，再从这个对象上所感受到的情感"。简单地说，美是一种共鸣的情感。这是我的一种尝试，一种非常天真、非常幼稚的尝试。但后来沿着这条思路我建立起了自己的美学体系，当然已经不再是这种天真的、粗糙的方式了，而是精致化、哲学化的，但最早的那样一种感受仍然保留着。现在想起来，当初第一次对美产生好奇心，想要对美这样一种激动人心的现象下一个定义的时候，我就感受到了人类童年时代、思想的童年时代的那样一种冲动。我想那就是古希腊人在面对美的现象的时候所产生的冲动——怎么样给这个最日常的现象下个定义？当然他们下的定义跟我的不一样。古希腊人有他们的文化。我们来看看他们是怎么样解决这一问题、怎么样满足自己的这种冲动的。

中西方人对美都很早就有所感受，在他们的典籍里面都已经表现出来了。比如说中国古代的孔子就多次讲到对美的欣赏，对韶乐、对武乐的欣赏。武乐是"尽美矣，未尽善也"，韶乐呢？"尽美矣，又尽善也"。孔子欣赏的是"尽善尽美"这样一种音乐；庄子讲"天地有大美而不言"；孟子讲"充实之为美"。对美有很多种说法。但是中国人不喜欢下定义，这些描绘你都可以说是对美的现象的描述，甚至只是一种感叹，但是我们很难从里面就归纳出一个定义来。古希腊人最开始也是这样，比如说古希腊第一个哲学家泰勒斯就曾经讲过："去找出一件唯一智慧的东西吧，去选择一件唯一美好的东西吧！"这是他的一首哲理诗里面的两句话。要找出一件唯一智慧的东西，最高智慧的东西。美好的东西也是，最高的美好的东西你要去寻找，你要加以选择。

那么，你要给美下定义就需要语言，而不能满足于"有大美而不言"。我们知道要下定义就要形成命题，一个用语言表达的命题，但是这个语言不是很容易找到的，虽然人很早就有语言，凡是人都是有语言的，亚里士多德说"人是有语言的动物"。我们把这个语言理解成理性，所以亚里士多德的名言又被翻译为"人是有理性的动物"。有理性就有语言，或者说有语言就有理性。但是你要运用语言去表述不可言说的东西是非常困难的。你给外界的自然事物命名，你给某一个人取名都可以，都很容易。这个事物是什么事物，你可以命名，没有名字你可以给它取一个名字，大家约定俗成，这些东西都很容易。但是你内心那种说不出的感受，你要取个名字就很难，它说不出来。它一说出来就不是了，或者一说出来就不像了，这个非常困难。但是古希腊人在这方面有一定的特长，就是说他尽量地想要把那种说不出来的东西说出来，做出种种尝试，不断地去定义，一个定义不成再换一个。然后在不断地改换、不断地尝试的过程中，他们形成了逻辑，根据逻辑给一个事物下定义，把一个小的概念包含在一个更大的概念里面，这就是后来亚里士多德所讲的"属加种差"。或者翻译为"种加属差"，这个是翻译的问题，我们先不管。总而言之，你必须把一个小概念放到一个更大的概念里面，这个小的概念就是大的概念之中的一"种"。这是后来亚里士多德定下来的，但在没定下来之前古希腊人已经在尝试，怎么样给一个事物下定义。

在下定义之前，古希腊人有一种万物有灵的观念，就是说有些东西看得见、摸得着、抓得住，我们可以给它命名，可以说它，那很容易。但是有些东西是有灵的，那我们就抓不住它了，就看不见它了，但我们还要给它命名。这就形成了万物有灵论，也叫作泛灵论。万物都是有灵的，树木、山川、大地，任何一个动物、植物甚至于无机物都是有灵的，都有灵在里面起作用。最初这被当作一种自然科学的观点，或者说自然哲学观点。我们对于宇宙万物加以把握，通过一种有灵论的观点来加以把握。这是一种哲学，也可以说一种早期的科学。你用这种万物有灵论可以解决一些问题，人和万物之间的这种相通，这种感应，可以用这样一种观点来加以解释。我为什么对宇宙万物有一种相通，有一种感应？就是因为万物是有灵的，灵魂虽然看不见摸不着，但却是互相感应的。后来美学也就利用了这一点，人跟宇宙万物都有一种相通相感。中国古代就把它称为"齐物"，庄子讲"齐物论"，"万物齐一"，万物是一样的，是相通的。但是庄子对这种"齐物论"，包括中国古代对这样一种观点并没有进行科学上的探讨。就是说万物齐一就够了，你相信就够了。在中国古代哲人的心目中万物都是呈现为一种美学的姿态，审美的、诗化的、诗意的姿态。中国古代对于宇宙的这种观点，不是科学的，而是诗意的。诗意的观点,有了万物有灵论就够了,但是如果是科学的探讨、科学的态度,万物有灵论还不够。所以要对万物有灵论、泛灵论进一步加以规定,从科学的角度对万物进行本质的研究。这时万物有灵论最后就慢慢消亡了。万物有灵论本来是非常朴素的儿童式的世界观,通过科学的研究、本质的研究一步步地,就把这种比较幼稚、比较早期的有灵论扬弃了,逐渐逐渐地就形成了一系列的定义。哪怕是那些看不见的东西、不可捉摸的东西,感受到了但是抓不住的东西,也开始形成了一个科学系列。这就是我们要探讨的:古希腊人最初是怎么样进入到美学这样一个科学系列的?美学要探讨这样一种虚无缥缈的东西,这种虽然虚无缥缈但是又感动人的东西,怎么样使它成为科学?

一、美是和谐

1. 美是数的和谐(毕达哥拉斯)

我们现在就要接触到古希腊美学的第一个奠基人——毕达哥拉斯(Pythagoras,前580—前500)。他提出的最初的有关观点是"美在和谐"。毕达哥拉斯是公元前6世纪的人,和孔子相差不多,比孔子大个几十岁。毕达哥拉斯在古希腊是非常具有开拓精神的人,在他之前已经有很多哲学家,像我们提到的泰勒斯,出生在公元前约624年,比毕达哥拉斯年纪更大。泰勒斯是古希腊第一个哲学家,提出万物的本原是水。古希腊哲学家,他们的哲学很简单,我们听起来非常简单,泰勒斯无非就是说"万物的本原是水",就是一句话,一句话就是哲学家。我们今天想要当哲学家,那不知道要说几千几万句话,还不一定能当得了,但是早期的哲学家,第一个说出"万物的本原是水",虽然很简单,但是他第一个提出来,就很了不起,在他之前没有人想到过。我们和万物打交道,很少想到过对万物的本原做一个规定,但是泰勒斯做出了规定。在美学中呢,泰勒斯讲,要人们找出一件"唯一智慧的东西",去选择一件"唯一美好的东西"。也就是说他把智慧和美好,哲学和美学相提并论。当然那个时候还没有美学,哲学也还没有概念,还没有建立成一个学科,还在创立,但是已经有这种思想。那泰勒斯为什么不能立马给"美好的东西"下一个定义?你所说的"美好的东西"是什么东西呀?他让人们去选择一件"唯一美好的东西",有一个前提,就是他认为每个人都知道什么是美好的东西,问题在于怎么去选择。你去选择吧!但是我凭什么去选择?我选择的标准何在?我怎么识别那个美好的东西是唯一美好的东西?凭我的感觉?凭感觉那是千差万别的,也许你根本没有感受到,你感觉到的美好的东西都不是"唯一的",更不是"最高的"。所以在泰勒斯那里美学还处在一个非常模糊的阶段,还没有创立。所以他不能够教给人们一个美好东西的准则,也不能给人提供一个判断美的本质的标准。什么是最美好的?没有办法判断。为什么没有办法?我们来分析一下。

就是说泰勒斯作为古希腊第一个哲学家,他的哲学基本上还是经验的。当然"本原"这个概念不是经验的了,是抽象的,但这个概念不是他提出来的,是他的弟子阿那克西曼德(Anaximander)当初第一个提出来的。那么泰勒斯当初究竟是怎么说的?他当时还没有提出"本原"这个概念、这个词,人们怎么会说是他提出了"万物的本原是水"?现在已经不可考了。我们已经不知道当时是怎么样的了,反正是他提出来什么东西都是水,后人把它总结为"万物的本原是水",但是泰勒斯本人没有达到这样一个高度。因为水是经验的,万物都是经验的,"本原"则是抽象的。所以泰勒斯最初创立哲学的时候完全是建立在经验之上。他的弟子阿那克西曼德、阿那克西米尼(Anaximenes)比他的抽象,有了一些抽象概念。特别是阿那克西曼德提出"本原"这个概念。本原的概念我们也可以翻译成"始基",万物的"始基"是水,这个比泰勒斯高了一个等级。但是他们仍是在经验的世界里面去寻找那个本原。比如阿那克西曼德认为万物的本原是一切"无定形"的东西。水就是无定形的东西，水你把它放在什么器皿里它就是什么形状，它是不定形的。阿那克西米尼则说万物的本原是"气"，气是最不定形。虽然不定形，但还是经验的，所以早期的古希腊哲学都是经验的。这几个哲学家被称为米利都学派，他们都住在米利都，有师生关系。米利都学派的特点是立足于经验和感性的基础之上，当然已经有了最初步的抽象概念，如果完全没有，就没有哲学了，如"本原"这个概念就是抽象的。但是什么是本原？他们就在经验的世界去寻找这个本原，那个本原。水啊、气啊，一切不定形的东西啊，这些都可以在经验的世界里得到例证的。

毕达哥拉斯稍微晚一些，他有一个开创性的说法。他不在米利都，他住在另外一个城邦里，形成了他自己的学派，这个学派和米利都学派很不一样。他的学派很重要的一个特点，就是从感性的世界转向了理性。他是讲科学的，也讲万物的本原，对万物的本原进行科学的探讨，进行一种本质上的规定。但这种科学的探讨已经建立在抽象的层次上了。什么抽象的层次呢？就是数，他提出"万物的本原是数"。这就很抽象了。本原是抽象概念，数也是抽象概念，两个抽象的概念结合起来，那就形成了一个抽象的命题，里面已经没有经验的东西了。数、量这些概念是比较抽象的，它和水啊、气啊这些具体的经验的东西是完全不同的。在他之前，伊奥尼亚学派的传统，其中包括米利都学派，都是属于一个传统的，他们都是立足于感性。后面我们要讲到的例如赫拉克利特，也是很重视感性的，"万物的本原是火"是他提出来的。当然赫拉克利特也有理性了，和感性掺杂在一起，但是在米利都学派那里就完全是感性的。而毕达哥拉斯的创见，就在于他不再从自然界的物质形态里，像水、气这样一些不定形的东西里面，来寻找万物的本原，而是对感性的对象进行抽象，提出了万物的本原是数。这个数就跟感性的对象有区别了。我们讲一个苹果是一，一头牛是一，一座房子也是一；两棵树是二，两条河也是二，它们在数目上是一样的，但是在经验对象上是完全不同的。但他不管。数学只负责计算，它不管一或者二所代表的东西，当然我们在做数学应用题的时候要把这些经验的东西代入进去，但是在一般性的数学计算的时候我们用不着这些东西，我们用符号进行计算就够了，1、2、3——自然数，还有一些代数、数学公式，这些东西都是抽象的。毕达哥拉斯提出万物的本原是数，跟他在哲学上的取向有关，他特别关注数学、几何学，在几何学上他提出了"毕达哥拉斯定律"，也就是我们中国的"勾股定理"。在数学上他的造诣很高，还有很多其他方面的发现。天文学上他也有造诣，首次在西方认定了晨星和昏星是同一颗星，也就是我们说的金星。金星在黄昏的时候出现一次，在早晨的时候又出现一次，以往人们认为是两颗星，但是毕达哥拉斯通过数学计算认定这两颗其实是同一颗星，这在古代也是很了不起的。他的基本立场站在了理性主义之上，他不再立足于感性。你要断言晨星和昏星是一颗星，单凭经验是不行的。单凭经验的方法，当然你可以说这两颗星看起来差不多，但是天上的星星看起来差不多的多得很，你怎么就能认定这两颗星就是一颗星呢？这就不能通过经验的观察，必须通过理性的计算，你要计算它的轨道和周期。

　　所以毕达哥拉斯看问题的角度就从经验、感性转移到了理性之上，他基本上是从理性的角度去看这个世界。虽然他也有泛灵论——万物有灵的思想他也有，但是这个泛灵论已经有了变化。有什么变化呢？就是说他虽然认为整个空气里面都充满了灵魂，万物都充满了灵魂，但是他把灵魂分成了三个不同的层次：一种灵魂是"表象"，表象就是显现出来的那种形象，这个动物也有；另外一种是"心灵"，心灵就是 Nus，这是人的灵魂的根，它带有理性的特点，具有超越性；再一种就是"生气"，像植物它也有生命力——生气。人的灵魂同时具有这三个部分，但是唯有人的灵魂具有"心灵"，具有 Nus。人的灵魂当然具有"表象"，这个跟动物一样。动物有"表象"，"表象"就是我们通常所讲的观念，动物也会有观念，它对于外界事物有反应，有记忆。植物有"生气"，有生命力，它可以拼命地长，但是它没有观念。而人既有表象，也有生气，还有心灵。只有人才同时具有三种，只有人是唯一具有 Nus 的，Nus 就是理性的灵魂。而理性的灵魂就使人有了意识，有了自觉性。Nus 表明了自觉性，人区别于动物，区别于植物，区别于万物就在这里。这一部分，毕达哥拉斯认为它是不死的，人的理性灵魂是不死的，其他的部分都是会死的。Nus 的这一部分灵魂在人死之后可以轮回，当然他是从当时的东方——埃及吸收了这样一些观念。它不单在人与人之间轮回，而且也在人与动物之间轮回。比如说他看到人们在打一条狗，那条狗在尖叫、在逃跑，他就去阻止。他说你们不要打，人家问他为什么不让打，他说因为我从它的眼睛里看出它曾经是我的一个朋友，就是说我的朋友死了以后他的灵魂寄托在这条狗的身上了。当然这个说法有点矛盾了，狗是不会有理性灵魂的，但它又可以寄托一个理性灵魂。总之，生命力是可以消灭的，"表象"随着动物的身体消灭也将消灭，但唯有 Nus 是不死的。这样一来唯独人的灵魂是不死的，其他的都是要死的。虽然万物有灵，但是万物的灵都是要死的，这就把真正的精神、把人的 Nus 与万物区别开来。人的灵与万物的灵是不一样的，人的灵是可以轮回，可以永恒的，而万物的灵都是要灭亡的，生出来，又死去——生生死死。人的灵魂可以不死，它就可以追求不朽的东西，比如说数学，数学就是不朽的东西。所以把人的精神和自然界的万物区别开来，我们可以看到毕达哥拉斯从感性提升到了永恒的理性，结果就从感性对象中抽象出了普遍性的无限的数。他能将自然界和精神的东西区别开来，就能够将感性和理性区别开来，将万物和万物的数区别开来。据说他在发现"毕达哥拉斯定律"之后举行了一场百牛大祭，杀了一百头牛来庆祝他的科学发现。他认为这是发现了一条永恒的定律，这是不得了的事情，他将科学看得非常的崇高、神圣。

那么数构成万物，怎么构成的呢？很简单，1 构成了 2，1 加 1 等于 2；1 和 2 构成了一切自然数，因为从 1 到无限大都是由奇数和偶数、最终是由 1 和 2 构成的，一切数目都是由 1 和 2 构成的。而每一个数目都可以看成是一个点，这个点本身是没有体积的，但是点的移动就构成了线，线的移动就构成了面，面的移动构成了体，而体呢，由各种各样的多面体构成了水、火、土、气，万物都是由水、火、土、气四大元素构成的。万物就是这样来的，所以万物的本原是数，它是由数构成的。

所以毕达哥拉斯在古希腊哲学或者说在古希腊科学中是个转折性的人物，就是开始从立足于感性和经验的基地转向立足于理性和抽象的基地了。在这个转折的关节点上，毕达哥拉斯就提出了古希腊美学上第一个美学命题，这个美学命题是奠基性的美学命题，对于整个古希腊美学乃至整个西方美学史都具有深远的影响。这个命题就是："美是数的和谐"。我们讲"美是和谐"，这是一个大概，里面最基本的是：美是数的和谐。后来亚里士多德讲所谓下定义就是"属加种差"。"美是和谐"，那么是什么样"一种"和谐？你要把这个"种差"说出来，这才是定义。你一般讲美是和谐还没有把它定死，还没有定到位，真正下定义要定到位，你就必须要说美是什么样的一种和谐。一个概念是另一个概念之内的"一种"，怎么样的"一种"？毕达哥拉斯就说出了，"这种"和谐是"数的和谐"。它不是别的和谐，和谐的东西多了，但是如果是一种"数的和谐"，那就是美，他这个定义已经到位了。

在毕达哥拉斯的学派里把这一点还做了一定的发挥。比如他们教义的里面有这样的话，"什么是最智慧的——数，什么是最美的——和谐。"这正是对泰勒斯的那两句诗的回应。泰勒斯我们前面讲，他最早提出"去找出一件唯一智慧的东西，去选择一件唯一美好的东西"，但是他没有讲出什么是唯一智慧的东西、什么是唯一美好的东西，你让我们如何去选？你连什么是美好的东西都没搞清楚的话你怎么去选择？但是毕达哥拉斯学派就提出来了：什么是最智慧的？那就是数。你要找出一件唯一智慧的东西，那就是数。你要去选择一件唯一最美好的东西，什么是最美好的东西？那就是和谐，你按照和谐的标准去选择一件最美好的东西，那没错。这两句话可以说是对泰勒斯那两句诗的一个注解，就是你凭什么、按照什么标准去寻找美。我们从这里就可以看出古希腊哲学家们互相之间实际上是在一起切磋，一个人提出一个命题，另一个人加以回答，他们在对话，我们不要把它看成孤立的。当然有一些材料我们遗失了，找不着了，但是我们尽量还是要这样来看。就是说哲学家们在当时希腊的社会中，他们互相之间都有了解，他们互相之间都在对话、问答。那么这样一种回答——数是最智慧的东西，和谐是最美的东西，这样一种规定已经不仅仅是一种"寻找"和"选择"了。选择一件最美好的东西，我现在已经给出了最美好的东西的一个定义，这就不仅仅是一种偶然的选择了。选择是偶然的，但是我给出了定义以后那就不是选择了，那就是认识。我已经认识到了什么是最美好的东西，什么是最智慧的东西，数的思想就是最智慧的，数的和谐就是最美好的。这就是一种认识了，这就是对美的一种规律性的和本质性的把握。所以毕达哥拉斯派，他们的"陆地"，他们的坚实的地基，就是数以及数的关系。他们站在这样一个"陆地"上。我们把感性比喻作"汪洋大海"，感性是变动的，多变的，只有陆地是坚实的。那么数就是一个"陆地"，站在坚实的陆地上，我们就可以对所有具体事物做出精确的观察和测量。

比如说在音乐中我们就可以找到很多美的例子。还有在外形上，你把美的东西拿来我都能从数的角度加以分析。比如说他们首先发现了最美的直线形就是"黄金分割"比例的矩形，矩形中什么样的最好看？古希腊人非常喜欢讨论各种形状，几何形，比如说长方形、正方形、圆形、三角形等等。比如说长方形哪个最好看？毕达哥拉斯发现按照黄金分割率形成的矩形是最美的。黄金分割的比例就是长和宽的比是 1：0.618，长是 1，宽是 0.618，这个比例是最好看的。我们到商店里面去选商品，比如说我们选择冰箱，那么你选什么样的冰箱？选长条形的行不行？1：2 的，1：3 的行不行？那肯定是不行的。没有哪个选 1：3

的，选1∶2的也有，但是比较少，选得最多的是1∶0.618的。为什么选这个的最多呢？就是说这个东西放在房子里最漂亮，它不算"太胖"，又不算"太瘦"。1∶3就是个大长条，太瘦了；1∶1就太胖了，摆在哪儿不好看，1∶0.618是最美的。这是毕达哥拉斯的发现，当然我们后人对它有我们的解释，但是毕达哥拉斯对它的解释就是"数的和谐"。这种发现两千年来人们一直在用，一直到今天，用在商品上、用在广告上面，用在各种各样的实用艺术上面，为了更加美观。这是直线形，黄金分割率是毕达哥拉斯派发现的。那么在曲线形里面，他们认为在一切立体图形中最美的是球形，一切平面的图形中最美的是圆形。这个倒不足为奇，球形和圆形是最圆满的，"圆满"也是美学的一个标准，圆满就是美的。为什么叫圆满呢？就是说圆形比有棱有角的要更加美一些，有棱有角的它就会被碰掉一部分，圆球形不容易被碰掉，它还是保持一个圆形，所以它具有永恒的意义。一切行星的轨道为什么都是圆形的？只有圆形才能保持它在那里永远地运转，它的轨道不变。没有哪个行星的轨道是长方形或三角形的，那不可能的，那样会拆散的。如果是三角形的轨道，不等它完成三角形它就飞走了，形不成一个圆圈。只有圆形的轨道代表着永恒。

那么数的和谐最著名的一个例子就是对音乐的研究，这个也是对西方美学的影响非常深远的，就是毕达哥拉斯学派对音乐的研究。毕达哥拉斯有一天从铁匠工场路过，他突然听到铁匠打铁的声音，叮叮当当的声音，他听到叮当之间有一种和弦。当然他平时对和弦就有研究。什么样的音调最和谐最好听？我们进行大合唱的时候，就有两部、三部、多声部的合唱。那么多声部的合唱怎么样配在一起才能形成和弦，这是非常重要的，这里有一整套规律，你不能随便乱来。乱来就不和谐了，那叫噪音。和弦它有一套规律。毕达哥拉斯在听到打铁的声音时认为这是一种和弦，那么他并未停留于听到了、感到了、享受了，而且，他还调查了。他就跑到那个工场里面去调查，跟师傅说你把你的锤子拿来，一看一个是大锤子、一个是小锤子,他把两个锤子称了一下,就发现它们之间有一种比例。他认为和弦就是因为这种数的比例造成的。锤子的重量有不同的比例,它们敲打起来有不同的音高,那么这个音高就按照某种比例形成了和弦。当然他平时也弹琴,七弦琴,几个音调之间的高低取决于弦的长度和粗细,这也是一种数的关系。如果是同样粗的弦就取决于它的长度,越长的音调就越低,越短的音调就越高;如果是同样的长度就取决于它的粗细,越粗的音调就越低,越细的音调就越高。他认为音乐里有一整套的数学关系。他得出的结论就是音乐的和弦取决于发音体的量的关系或者比例。我们中国早在春秋战国时代就有编钟,我们就发现了十二平均律,编钟的大小厚薄决定了它的音高,怎么样才能找到和弦?中国古代有很多这方面的研究,可惜没有留下来。为什么没有留下来?因为中国人不太重视,看作"奇技淫巧",私人秘传的技术。毕达哥拉斯之所以能留下来是因为西方人的重视,他们认为这是与宇宙永恒的结构有关的神圣的事情,就是对宇宙的认识,他们非常强调认识。

接着,毕达哥拉斯将这样一个音响的规律从铁匠作坊里立马就推广到了天文学上,这也是非常让人惊异的。"举一反三"嘛,从一个铁匠工场里得出的数学的比例,马上就用它来考察天文学,整个天体的运行,行星和天体的运转。后来牛顿由苹果掉下地马上联想到天体运行和万有引力,这是一脉相承的。毕达哥拉斯认为天空中有十大行星,其实当时并没有发现十大行星,加上太阳月亮——毕达哥拉斯认为太阳月亮也是行星——加上这两个和其他一些行星,当时也只发现了9个。他认为这10个行星和一切运动的物体一样,它们都会造成一种声音。行星在天上——我们知道是没有声音的,是沉默的星空,我们观天象、看星星的时候,天是不说话的。孔子就讲过,"天何言哉?四时行焉,百物生焉,天何言哉?"天是不说话的。但是毕达哥拉斯认为,天虽然不说话,但是既然一切运动的东西都会发出声音来,既然在运转,它们一定有声音，只不过我们人的耳朵听不到而已。这有点像庄子讲的"天籁"，不能用耳朵去听，只能用"气"、用"心"去听。毕达哥拉斯派猜测，十大行星肯定也会发出不同的音调，为什么我们听不见？很简单，不是因为什么气、心，而只是因为我们身处其中，如果我们能够跳出天外就可以听见，而这些音调呢一定是和谐的。到底是怎么样和谐的，他们一直在研究，虽然没有成果，或者说没有保留下他们的研究成果，但是他们研究的态度是令人惊异的。研究天体运动的和谐，巨大天体的演奏、合奏，是非常激动人心的。毕达哥拉斯认定有一种天籁之音，天上有天体的音乐，整个世界天体的音乐是和谐的，每个天体都根据它们相互的距离、运动的速度以及质量和大小而发出不同的声音。所以毕达哥拉斯派的整个自然哲学包括宇宙哲学的思想都贯穿着这种美学思想。

毕达哥拉斯的美学思想在他那里是非常重要的，非常带有根本性的。你说万物的本原是数，那么最明显的就体现在"数的和谐就是美"，整个天体都是美的，这种美的世界观就是一种自然哲学的世界观，又是一种认识论、科学的世界观，当然是早期的科学。那么从美学的观点出发他们甚至对天体上不完美的地方也进行了一种主观的补充，这可以解释为什么他们只看到9个行星，却一定要说有十大行星。比如说十大行星围绕什么旋转？毕达哥拉斯提出有个"中心火"，十大行星围绕着中心火在旋转。中心火当然也是捏造的了——然后在中心火对面和地球相对呢，有第十个行星，他们把它叫作"对地"。这个是看不见的。我们每天观察，包括太阳、月亮在内我们只能看到9个，连我们的地球一共只有9个，但是这样就不完美了。如果是9大行星就不完美了，按照数学的观点，10才是最完美的。所以少一个毕达哥拉斯都感觉到不完满，他就想出一个"对地"，就是在地球对面的意思。为什么看不见呢？因为在地球对面，总是被中心火挡住了。当然实际上中心火你也找不出来，地球对面的那个"对地"也是捏造的，这就成了毕达哥拉斯学派的一个硬伤。后来的人们就嘲笑他，说毕达哥拉斯未免也太主观武断了，他没看到的东西就随便捏造一个，这当然是不对的。后来证明没有什么"对地"，也没有什么"中心火"，哥白尼、布鲁诺、伽利略等都证明了地球是围绕太阳在转，太阳也不是什么行星，我们都可以嘲笑他。

但是我们从古人的这种设想里面可以得到某种启示。就是说虽然他猜错了，但是这种精神，就是试图用我们逻辑和理性的推断来补足我们经验观察的不足，这样一种研究方式倒是值得我们思考的，这种方式是在科学中提出假设的方式，可以去尝试。现代科学哲学家卡尔·波普尔就主张"猜想与反驳"。"猜想"就是假设，胡适讲"大胆假设，小心求证"。大胆设想这是应当鼓励的，证明错了没关系，这是科学进步的一种方式。如果你没有设想，科学只能停留在既定的、已经观察到的事实上，顶多你只能追随着你所观察的事实，那就永远停留在一种朴素的阶段。那么毕达哥拉斯派想凭借理性的推断来完成一个世界观的体系，一个数学—美学的世界观系统。这是一种先验的做假设的方法，但是他们的目的是要将整个宇宙看作一个美的世界，而这种美学的眼光又是一种数学的科学的眼光，我们通常把它叫作"科学美"。很多科学家他做研究的时候，除了有扎实的理论功底和经验的观察，还要求有美的想象力。如果没有美的想象力，科学家是达不到顶级的。往往就是说，他觉得这个事情还不完美，于是就促进他寻求一种可能的假设，牛顿也好，伽利略也好，爱因斯坦也好，其实都是这样。哥白尼也是这样的，哥白尼当时提出日心说，"地球围绕太阳转"，他其实根本没有很好的观察数据，他也不看望远镜，他就是觉得托勒密的那个体系不美，丑死了！尽管托勒密最后也会得到近似的结果，但是计算过程太复杂，太累赘。他认为上帝创造世界不会搞得这么样的丑陋，上帝创造的宇宙一定是简洁完美的，没有任何多余的东西，一切都是单纯的。从这种科学美的眼光哥白尼提出了日心说。所以开始是一个美的假设，后来才成了科学的假设,并且后来被科学所证实。

那么从这里我们也可以看出,当初古希腊人最开始用一种研究的态度面对审美的对象,这个时候他们的观点是非常直观的,就是认为这个对象一定具有引起人类美感的某种自然的属性,比如说"数的和谐"。"数的和谐"可视为数量之间的一种关系,这些实际上是属于事物的属性。所以当他把美的标准定义为"数的和谐"的时候,也就将美看成是大自然客观的属性了,整个自然有种天体的音乐,天体的和谐,这种和谐就是自然界的属性。他们认为这样一种属性是绝对客观的,并且是可测量的,你不信就去测量一下!天体的大小,它的质量,它的运行的轨道和速度——每天晚上观星象你都可以做出自己的测量。但人听不见这种音乐,所以它是不以人的意志为转移而客观存在的,这就叫"客观美学"。

客观美学的创立,就是说在古希腊开始创立美学的时候,它是采取客观美学的形态。客观美学最典型的就是体现在认为美是客观事物的属性。是什么属性我们可以讨论,但是美是不以人的意志为转移的,哪怕你看不到,它也在那儿。你看不到那是你的感官的缺陷,你地球上的人听不到天体的音乐,是你的耳朵有限,而且你置身于某个星球之上,你怎么能听到整个天体的音乐呢?除非跳出整个天体之外,比如说神,也许就能听到天体的音乐,他在创造我们的星球、天体、宇宙的时候把它设计为和谐的、美的。所以美是不以人的意志为转移的,客观存在的。我们虽然在其中而不能够欣赏,不能够听到,但是它本身是在永恒地进行。这样一来,人们的审美活动就可以归结为一种理性的分析了。我们听到美的音乐,我们要了解我们为什么听到这种音乐就觉得美呢?那就要分析。我们说不出来这样一种感动是什么,但是我们有一条线索,就是分析音乐里面的某种数学的关系。审美活动最后就归结为某种数学关系,就是这种数学的关系刺激了我们的耳膜,产生了美的感觉。所以西方人自古以来,也可以说是从毕达哥拉斯以来,他们对音乐的欣赏跟我们中国人对音乐的欣赏是不一样的。我们中国人对音乐的欣赏主要是体味其中的感情，"如歌如诉如泣"；或者是欣赏它的技巧，它是多么快，多么圆润。这个弹出来像什么？"大珠小珠落玉盘"，像个什么东西，引起什么联想，中国人欣赏音乐通常是这样的。但是西方人欣赏音乐，当然这样一些东西也会有，但是最根本的是他有一种数学的眼光。后面我们要讲到近代的莱布尼茨也有这种说法，就是说我们在听音乐的时候是什么在感动我们？是数学关系，我们在听音乐的时候实际上是在不知不觉地数数。我们听巴赫的音乐，巴赫的音乐美在哪里？我们说它是华丽的，它是宏大的，它是庄严的，体现在什么地方？就体现在它的音阶和音阶之间的关系，像哥特式教堂一样，那么井然有序，有很多的偏离，但是最后，归于和谐，成为一个整体。所以巴赫的音乐，古典的音乐是最具有数学的和谐的。西方人发明了钢琴，可以用来定音。中国虽然古代有编钟，但是编钟后来失传了，中国的乐器一般都是丝、竹，定音要凭耳朵，要凭你敏锐的听觉定音。不像钢琴，它凭这个钢琴的弦的长短，钢丝的长短粗细来定音，它非常科学，所以钢琴定音是非常准的。他们把音乐当作一种科学研究的对象，因而他们把审美也当作是一种认识。审美为什么会激起人的快感？因为认识，我认识了一个东西、获得了一种知识我就觉得愉快啊！所以像后来亚里士多德说的，人天生就善于模仿，你正确地反映了对象、模仿了对象，你就会有一种模仿的愉快。当然毕达哥拉斯派还没有讲到后来的那些观点，他们是非常朴素地把审美归结为一种认识性的把握，对事物数量关系的客观的把握。所以审美的判断和认识的判断是一回事，审美就是认识已经存在于宇宙之中的那种客观的美。所以第一个古希腊的美学我们称为"客观美学"。

但是客观美学并不是说完全不考虑主观了，我们讲西方人喜欢把主观和客观对立起来，这种对立在一开始的时候并不是那么绝对的。特别是在毕达哥拉斯派那里，所谓客观里面也包含着主观，主观的东西在毕达哥拉斯看来也属于客观世界的。比如说毕达哥拉斯提出了"大宇宙"

和"小宇宙"这样一种说法，我们所看到的自然界、天空、大地，叫作"大宇宙"；我们人的内心也有天地，那是"小宇宙"。大宇宙小宇宙都是宇宙，都可以进行客观的考察。大宇宙中有天体的音乐，小宇宙里也有音乐，内部世界也有它的数学比例。所以他就讲，天体的运动是怎样的，灵魂的运动也就是怎样的；人的灵魂内部也有它的运动，而这个内部世界和外部世界是同构的，你对世界的认识，这种认识跟外部世界本身的客观存在结构是同构的，是同一种结构。所以当内在和谐和外在和谐发生共鸣的时候，我们就产生了审美的快感，也就是美感。美感是如何来的呢？是你内部世界的这样一种和谐和外部世界的和谐——这两种和谐都是客观的——当它们发生共鸣的时候，小宇宙和大宇宙共鸣的时候就产生了美感。所以人的身体就好像是一架琴，人的心灵是客观世界在人身体上弹奏的一首乐曲，客观世界当然是无意识弹奏的，但是由于客观世界本身是和谐的，所以当它在人的主观世界中发生影响的时候，这个影响也是和谐的。客观世界在人的身上弹奏的乐曲就是心灵的和谐，那就是人的美感。所以客观世界的和谐和人心中的和谐在毕达哥拉斯这里都是对数所做的一种模仿，客观世界的和谐是对数的一种模仿，人心的和谐也是对数的一种模仿，所有的和谐、所有的美都是数的一种和谐关系。所以在他们这里，已经开始有了一种模仿论的萌芽。小宇宙跟大宇宙之间，人的心灵跟万事万物之间，我们讲它们有一种同构，有一种共鸣，那么这种同构和共鸣也可以看作一种模仿了。就是说我为什么感到美呢？是因为我的心灵模仿了整个大宇宙的美、大宇宙的和谐。当然他们没有明确提出模仿说，但是大宇宙和小宇宙的这种对应关系已经蕴含了模仿说的萌芽。不过他们关注的焦点主要表现在美的本质方面，对艺术还没有来得及深入关注。

2. 美是对立面的和谐（赫拉克利特）

那么第二个阶段，就是从这个毕达哥拉斯把美定义为数的和谐以后，后来的哲学家又对他的这样一个观点进行了进一步的加工和修正。

代表人物就是赫拉克利特（Heraclitus，前530—前470），他是第二个有代表性的美学家。我们说古希腊的美学家赫拉克利特提出美的定义仍然是"和谐"，跟毕达哥拉斯一脉相承，美仍然是"一种和谐"，但是它的"种差"已经变了。因为赫拉克利特认为仅仅从数和量的方面来看待和谐太片面了，太单薄了。数的和谐固然也是一种和谐。但是自然界的和谐、自然界的美除了数的和谐以外还有千千万万，还有很多别的，很多东西都不能用单纯的数来加以解释。你把它仅仅解释为数的和谐，你就撇开了很多审美现象，不足以概括所有的美。所以这个美的定义是不周延的。为了使美的定义能够囊括所有的现象，同时又还是立足于和谐说这个基地上，赫拉克利特提出了他的观点，就是"美是对立面的和谐"。必须是对立面，必须有对立的含义，才能造成和谐，如果没有对立的含义，只有不同而已，那还达不到和谐。数，随便两个数在一起，比如235和348，它们能造成和谐吗？不见得。必须要有对立，比如说1和2，奇和偶，我们可以看出对立。但是对立的不单单是数，它除了量以外还包含质的方面。各种各样不同的质，黑的和白的，反差极大的红的和绿的等等，这样一些非常对立、形成强烈对比的东西放在一起形成"斗争"，这个时候才能构成和谐。所以赫拉克利特转而从质的方面来揭示出和谐中的差异、对立和斗争，这个在逻辑上是有一定的必然性的。西方科学精神一开始考虑定量，定量以后就要定性。为什么要定量？因为定量是一切科学，一切精密科学的基础，数学是一切精密科学的基础。但是光有数学还不够，还必须要定性，定性就需要经验了。所以赫拉克利特那里既有理性主义的成分，也有经验主义的、感性的成分。赫拉克利特提出的哲学命题是"万物的本原是火"。"火"这个东西很怪，它既是感性的，它有它的威力，能够燃烧；但是它又有它的理性，它有它的"分寸"，世界大火"在一定的分寸上燃烧，在一定的分寸上熄灭"。这个"分寸"就是所谓的Logos，Logos就带有理性的意味了。所以赫拉克利特的思想，它既有理性的成分又有感性的成分，它不仅仅是理性的抽象——像毕达哥拉斯那样，而是认为应该把感性的质的东西也考虑进去。那么由此他提出来："相互排斥的东西结合在一起，不同的音调造成最美的和谐，一切都是斗争所产生的。"他提出相反者相成，对立面造成和谐，这里头有辩证法的思想。我们常把赫拉克利特视为古代辩证法的创始人，在美学方面也体现出来，在美的方面他也采取了一种辩证的眼光。

那么这样造成的美具有相对性和等级性，一方面它具有对立面的统一、斗争、差异，特别是斗争——不仅仅是差异。中国古代讲和而不同，如孔子讲"和而不同"，完全相同就没有和谐了，1和1完全一样，显然就没有什么美了。必须是和而不同，"不同"才有和谐，但这个不同主要是讲差异。那么赫拉克利特也讲到了不同的东西造成了和谐，"不同的音调造成最美的和谐"。但是另一方面，这种不同不只是差异，而是斗争和矛盾，它使得美又具有相对性。因为只要有斗争，那么斗争中那种和谐不是静止的形态，它是动态的和谐。那么这种动态的和谐由于它内部的斗争不断激发，所以它体现为一个不断上升的过程。美的东西也是一个不断上升的过程，有不同的等级，有低层次的美，有高层次的美。所以每一种美在它的层次上，相对于更高的美的东西来说它又不美，但是它对于更低的东西来说还是美的。这是赫拉克利特提出来的辩证的关系，他举例子说，"最美丽的猴子和人类比起来也是丑陋的。最智慧的人和神比起来，无论在智慧、美丽和其他方面，都像一只猴子"。人和神相比与猴子和人相比具有同样的情况。人在神面前就像一只猴子一样，如果以神的眼光来看待人类的话他会把我们看成像猴子一样。

那么在这种相对性的层次上面，美具有一种遮蔽性，低层次的东西看不见高层次的美，比如猴子看不到人所看到的，人认为美的东西猴子不见得认为是美的。我们通常讲"对牛弹琴"，对牛弹琴当然是白费，因为牛怎么能懂得你所弹奏的音乐的美呢？所以在不同等级上都有一种对牛弹琴的现象。比如说神的美在人的眼睛里面也是无法理解的，人怎么能够理解神的美呢？人不具有神那样的智慧，那样的美感。所以神的最高层次的美是人所无法感知的，虽然在神身上肯定有一种美，但是我们无法获得美感。因此赫拉克利特提出一个命题——"看不见的和谐比看得见的和谐更好"。"看不见的和谐"虽然看不见，但是它在，而且它比你看到的要更好。猴子看不见人的美，那么人的美肯定比猴子的要更好；人也同样看不到神的美，神的美比人的美要更好。所以这都是一个相对的等级过程，看不见的和谐并不会因为你看不见就不存在，"对牛弹琴"并不因为牛不能理解，就说这个琴声它就不美。所以琴声的美，包括神的美都是客观存在的，我们讲它是客观美学，和谐说都属于客观美学。就是说哪怕你看不到、听不到，它也存在，它是客观的。你要尽量地去接近它，要去听到它，但是即使没有能接近它，没有听到它，它依然在。这就是客观美学，把美看成是事物的客观属性，它不以人是否能够欣赏到它为转移。这和后来的现代美学就有很大的不同了，现在很多美学家都认为如果你能够感受得到那就是美的，美肯定是人所感到的。但是古代的人比较朴素，比较单纯。他们认为不管你的理性多么样的精密，你的理性也是有限的，你也体会不到神的智慧。你也看不到神的美。人的理性受到感性的限制，他的理性的有限性就在于时时刻刻要受到感性的限制，而神已经没有感性的限制，所以人必须要运用理性尽可能地摆脱感性的束缚，去接近神性的美，提升自己的境界。

那么这个理性，就是 Logos。刚才我们讲到毕达哥拉斯的一个很重要的哲学范畴，就是 Logos 这样一个概念。Logos 的概念就是理性的概念，人就是逻各斯的动物，Logos 本来就是说话，在古希腊语中把它提升到一个哲学高度，那就相当于后来的人们所讲的理性。Logos 后来发展为 Logic，是逻辑理性。那么赫拉克利特特别强调逻各斯，而且认为逻各斯本身是神圣的，是神的话语，他说"你们不要听我的话，要听从那唯一的逻各斯"，我的话不算，但是唯一的逻各斯是神的话，应该听。他还说"如果不听从我本人而听我的'逻各斯'，承认一切是一，那就是智慧的"。逻各斯就是为了寻求到一个"一"嘛！逻辑也是这样，逻辑就是要前后一贯，遵守同一律，你讲来讲去到最后，你仍然要保持你的概念的同一性，你保持你的整个学说的一、同一性，这就是逻辑的作用。逻各斯也是这样，逻各斯的作用就是要寻求到一。因此赫拉克利特也是要寻求一的，他认为"承认一切是一"，一切都是保持同一的，"那就是智慧的"。那么如果达到这种境界，我们就会知道了，对于神来说"一切都是美的、善的和公正的"。也就是说在现实世界中我们看到的美都是相对的，最美的猴子在人看来也是丑陋的，最美的人在神看来也不够美，所以美在现实生活中都是相对的；但我们可以相信在神那里一切都是美的，神的美就是绝对的，但是我们看不到。如果我们不相信神的美，那么我们的一切美都成了一堆马马虎虎堆积起来的垃圾，我们所视为美的东西如果不把它联系到神性的美，逻各斯的一，它们就都不具有美的意义。由此就引向了神学，即由我们日常所看到的各种各样的美引向了神的美，如果没有最后的神作为这一切美的保证，那么我们所看到的所有的美都没有意义。

　　赫拉克利特开始把和谐论的美学运用于艺术，这是他的一个推进。在毕达哥拉斯那里还没有这种自觉，就是说毕达哥拉斯只是探讨美的本质，给它下了个定义，有模仿论的萌芽；那么在赫拉克利特那里已经开始自觉地把美的观点运用来解释艺术。我们知道所谓美学最重要的一个是美的本质的问题，另外一个就是艺术的问题，第三个是美感的问题。但是古希腊客观美学最初所接触到的只是前两个，一个是美，一个是艺术。毕达哥拉斯开创了美的定义，赫拉克利特开始将美的定义运用于艺术。毕达哥拉斯虽然用音乐作为他的美的本质的一个例子，但是他没有专门讨论艺术问题。赫拉克利特从他的自然的和谐里面推出了艺术的和谐，自然的和谐就是对立面的和谐，那么由此推出了艺术的和谐。他说："自然也追求对立的东西，它从对立的东西产生和谐，而不从相同的东西产生和谐。例如自然将雌和雄配合起来，而不是将雌配雌，将雄配雄。自然是由联合对立物造成最初的和谐，而不是联合同类的东西。"——中国古代也讲"以同济同则不济"，就是相同的东西，如"以水济水"，它是造不成和谐的，只有不同的东西才能造成和谐，"和而不同"。他又说："艺术也是这样造成和谐的，显然是由于模仿。绘画在画面上混合着白色和黑色、黄色和红色的部分，从而造成与原物相似的形象。音乐混合不同音调的高音和低音、长音和短音，从而造成一个和谐的曲调；说话混合着元音和辅音，从而构成整个这种艺术。"在艺术中他看到了不同的东西，相反的东西，相对立的东西，他用来解释艺术。这种艺术观带有辩证的眼光，就是说凡是艺术它里面总要有张力，总要表现冲突，交响乐也好，奏鸣曲也好，绘画也好，里面总要有冲突，总要有一个主题一个副题，然后相互交织，交替上升等等。西方音乐经常有这种特点——强调里面的矛盾。那么艺术的和谐是模仿自然的和谐，为什么艺术要强调矛盾呢？因为自然界就是矛盾的。我们的艺术就是模仿自然，这个是公开提出来的一种模仿论的艺术观。而且这种模仿，不仅仅是对于抽象的数进行模仿，像毕达哥拉斯也有一种模仿论的萌芽，但是他的那种模仿论仅仅是对抽象的数学、数量关系的模仿。而赫拉克利特这里是很丰富的，形式多样的，是一种质的和谐，艺术也要模仿质的和谐。所以后来的一些美学家的美的和谐说和艺术的模仿论的理解更多的是从赫拉克利特这样的理解出发的。当然毕达哥拉斯的理解是一个基点，但是这个基点太单薄了，赫拉克利特把它极大地丰富了，他比毕达哥拉斯的解释更加高明、更加清晰，并且他本身已经把毕达哥拉斯的观点作为自身的一个因素包含在自身的体系里了。一个理论从低级到高级有一种发展，后面的理论能够解释前面理论的不足，又能够囊括前面的理论，这就是一种进化或发展。西方古代的美学就是这样发展起来的。

3. 美是小宇宙和大宇宙的和谐（德谟克利特）

我们再看下一个环节，就是德谟克利特（Democritus，约前460—

前370）。德谟克利特也是古希腊一个重要的哲学家，他是原子论的创始人。美的"和谐说"，从毕达哥拉斯的"量的和谐"，到赫拉克利特的"质的和谐"，我们可以看出思想的一种深化、一种进展，但是这两种和谐说都还是着眼于客观世界本身，它的结构、它的形式。比如说数的结构、数的关系，以及对立面的统一、对立面的斗争，这样一些形式。基本上它们属于古希腊早期的自然哲学。他们也提出了人的"小宇宙"以及人的意识活动的和谐，只不过这种和谐是通过对客观世界的模仿才构成的。人的"小宇宙"有和谐，是因为人的意识对自然的和谐进行模仿才构成了他自身的和谐。那么思想的进一步发展，就是怎么样把客观世界和主观世界划分出来。客观美学它的特点就是客观的美是一种属性，是客观事物的属性，但是这个客观世界也包含人的主观在里面，比如说"小宇宙"，比如说艺术。这本来是人的主观的产品，艺术是人的主观的产品，但是也把它当作客观世界的一个部分，一个类似的部分加以描述。那么这两部分如何才能够区分开来？这个就是客观美学里面包含的一个分裂的种子，或者说客观美学里面的一个自身的矛盾性。你讲客观美学，但是你恰恰把主观的东西包含在你的客观美学里面，这就有一个矛盾。主观的东西就有一种要突破出来、跟客观的东西相对立这样的倾向。那么在德谟克利特这里就做出了这种推进，就把客观世界和主观世界做了一个划分。所以德谟克利特的美的关系就是小宇宙与大宇宙的和谐，也就是主观和客观的和谐。它不再是客观事物本身中这种关系和那种关系的和谐，而是主观与客观的和谐。

　　他在哲学上是唯物主义的原子论者，他已经完全克服了在毕达哥拉斯和赫拉克利特那里还存留的那种万物有灵论的残余，唯物主义已经超越了万物有灵。泛灵论认为一切事物都有灵魂，这在德谟克利特看来是不可能的，一切事物都是原子构成的。一棵树，你说这棵树有树精，树的精灵；一条河，你说有河神，万物有灵；但德谟克利特认为一切都是原子，那不过是一大堆原子，哪有什么神？没有什么灵。所以这个世界是没有灵魂的，自然界是没有灵魂的。在德谟克利特看来，在自然规律和人的精神生活之间有一条明确的界限，不可混淆；但其实这只不过是两种不同原子的区别。他说人是一个"小宇宙"，小宇宙就是指人的灵魂，但这种灵魂仍然是由物质构成的，仍然是由原子构成的；不过这个原子更加精细，那么这种灵魂的原子，由于它的精致和它的形状，它是能动的。比如说人的灵魂的原子是非常光滑的，因为光滑所以它非常能动。你碰它一下就可以激发它，到处乱蹦。而万物都是粗糙的原子，互相勾连，身上有很多疙瘩，也有很多钩子，互相勾着，不像人的灵魂。人的灵魂是光滑的，是圆溜溜的，所以人的灵魂非常灵活，这就是它们的区别。那么人的灵魂所表现出来的理性、智慧、美，都是其他的物质包括人的肉体所不具备的。人的肉体也是一种粗糙的物质，人的灵魂才是精致的东西。所以在德谟克利特看来美是灵魂和肉体、"小宇宙"和"大宇宙"互相结合的产物。他说"身体的美如果不和聪明才智相结合就是某种动物性的东西"，又说"那些偶像穿戴和装饰得看起来很华丽，但是可惜它们是没有心的"。没有心就没有灵魂，灵魂跟外表之差是应该严格地区别开来的。那么在这样一种关系中我们就可以把它看作主客关系的一种萌芽了。虽然在这个地方这种主观仍然是一大堆原子，这种主观灵魂仍然是物质，而不是真正精神的，但毕竟跟其他的物质有了一定的区别。什么区别呢？就是心灵是具有能动作用的，心灵那么光滑，所以它非常具有机动性、具有能动作用。它是创造美的根源，它永远发明某种美的东西，这是一个神圣的心灵的标志。神圣的心灵是永远在发明某种美的东西的。他说"一位诗人以热情并在神圣的灵感之下所做成的一切诗句当然是美的"。这里面包含有我们后来要讲到的"灵感论"的萌芽。灵感它是主观的。德谟克利特已经提到了诗人的灵感，那神圣的灵感创造的诗句是美的。

当然德谟克利特所留下的残篇很少，就是一些语无伦次的东西，他的大量的著作都被销毁了，因为当时人们不喜欢德谟克利特的这种唯物主义，人们更加倾向于像柏拉图的这样一种神圣性——宗教和信仰在古希腊的事务中是非常重要的。所以人们对德谟克利特不重视，不保护他的东西，后来也就失传了，只剩下一些片断记载和格言。有两百多条格言，但我们很难看出他到底关于美学方面说了一些什么。但这一点是比较明确的，就是他强调"小宇宙"和"大宇宙"的和谐，特别强调"小宇宙"的灵感，虽然它也是原子，但是和其他的原子是大不一样的。在艺术创作方面，刚才讲了诗人是要靠灵感，但是在艺术创作方面德谟克利特表明他更加倾向于模仿论。他认为包括音乐都是从模仿来的，他说，"人们从天鹅和黄莺等歌唱的鸟学会了唱歌"。人为什么会唱歌？是模仿鸟类。鸟类唱歌唱得多么好听啊，所以人类也学会了唱歌。这是他的模仿论的一种说法。所以在德谟克利特这里他的美的观点和艺术的观点里面有一种矛盾，美是来自于内心的灵感，它的"小宇宙"，靠内心的灵感、光滑的原子它有一种创造力，靠内心神圣的灵感来创造美。而艺术却是模仿来的，从外部自然获得一种模仿。它的这个"大宇宙"和"小宇宙"的关系虽然已经有了主客二分的萌芽，但是这个二分还不是分得很清楚，其实还是一回事情，都是原子。所以这个主客二分、"大宇宙"和"小宇宙"的对立仍然是外在的，仍然是在外部世界对立，作为两种不同的原子、两类原子而相对立。他把"小宇宙"只是看作一种更加精细的原子，所以它跟"大宇宙"之间就算要发生和谐，也是两种物质之间的和谐，本质上没有一种主客观的关系，也没有一种主次的关系。哪个为主，哪个为次，没有这种关系。那么就要解决这样一个矛盾：他既想要区别开来，但是又无法区别，"大宇宙"和"小宇宙"既要对立起来，但是它们又是同一回事。要解决这个矛盾就必须在心灵和外物之间做出主次之分，更加深刻地加以划分。就是以心灵为主体，把一切外物都统一在心灵的目的之中。以心灵为主体就是以"小宇宙"为主体，把"大宇宙"作为"目的"统一在"小宇宙"里，这样才能解决它们的矛盾，既是两个完全不同的东西但是又能够统一。

那么这种统一就是一种新的和谐,叫作效用。

二、美是效用(苏格拉底)

这个观点是苏格拉底(Socrates,前469—前399)提出来的。小宇宙和大宇宙的新的和谐关系就是效用,就是我把大宇宙的万事万物都看作对我个体来说有用的,或者是无用的,用有用或者无用这样一个标准来衡量小宇宙和大宇宙的关系。那么这样一来就超出了美的和谐说。这是德谟克利特没有做到的,但是他已经昭示了这样一个方向。后来苏格拉底就从这个方向突破了美的和谐说,而美的重心就从事物本身的一种客观上的和谐转移到了事物对人的主体的一种合目的性的关系。事物和人的主观有一种合目的关系,人为了某种目的把万物当作手段。这样的关系就是效用关系,也就是美的"效用说",或者说"美在合适"。

苏格拉底提出这样一个观点,就开始突破了"和谐说"。"美在效用"说把古希腊的美学大大地往前推进了一步。苏格拉底在美学方面的言论不太多,但是他对古希腊美学的发展却极为重要,他说的那几句话推进了古希腊美学的发展。他对毕达哥拉斯以来人们所提出的自然哲学的美学做出了一个大的反叛,使客观美学的自然基础开始转移到人文的基础之上来了。当然还是属于客观美学这个大的范畴。但是"美在效用"已不再是以自然为基础,我们说效用是对人而言的,自然界无所谓有效用和无效用之分,只有对人来说才有效用、合适,所以他把美的基础转移到了人文哲学。苏格拉底在哲学上也是代表着"伦理学转向"的,在他之前都是自然哲学。苏格拉底有很多著名的命题,比如说"认识你自己","知识就是美德",他探讨的是人的美德、人的美,正义问题、伦理问题。所以有人把苏格拉底称为"西方的孔夫子"。我们知道孔夫子的哲学是一种伦理哲学。那么西方从苏格拉底开始也进入到了一个把伦理学当作哲学的重要的成分,甚至是一个核心的东西的时代。

于是美学开始同伦理学发生了本质的联系，并且和神学发生了联系。前面也讲了美学和神学的关系，但是那种神主要是自然神。那么苏格拉底的神主要是伦理意义上的神，道德意义上的神。但是苏格拉底在自己的哲学里面也没有完全抛弃自然哲学。在哲学上面他虽然进行了一种伦理学转向，但是这个转向不是完全抛弃过去的东西。而是把过去的东西重新纳入到一个新的体系里面。比如说对整个自然界，苏格拉底也有他的自然哲学，但是这个自然哲学，不再是机械论的、原子论的或者是数学的，而是目的论的，他把整个自然界看作有目的的。所以他的宇宙观是一种目的论的宇宙观，他认为正如人都是有目的的，自然万物也都有它们的目的。他说，"你要知道，我的好青年，在你的身体中的心灵，是随它的高兴指挥你的身体的，而因此你也应该相信那遍布于万物的理智是指挥着万物，以使之对它觉得合适的"。遍布于万物的理智是什么？就是神啊。就像每个人，他的行动他的身体都是由他的心灵所指挥的，那么宇宙万物大自然也都是由神所指挥的。宇宙万物大自然就相当于神的身体，那么遍布于万物的理智呢就是相当于万物的灵魂。这是一个类比，把人和神相类比，人有他的肉体，那么神有他的自然界，这就是目的论的自然观。整个自然界都是有目的的，它符合神的目的。他举了很多例子，在自然界的例子，比如动物，动物的身体结构就是这样的，神使得动物的肌体各个部分安排得如此合乎目的，没有任何一部分多余。我们看一个动物，野生的动物，各部分是如此协调，都是为了一个目的。比如说，猎豹为了追逐它的食物，善于奔跑。各种动物都有它的目的，都有它符合这个目的的安排。老虎、狮子等食肉动物就有利爪，有利牙，有血盆大口。牛为了防御需要，它有一对牛角，如果没有牛角的话，牛被老虎狮子都吃光了。所以什么样的安排都是合乎目的的，用我们今天的话来说就是合乎生态的，它们组成一个生态链，一环扣一环。这都是有道理的。人也是这样，人的每一部分都是这样。你不要说眉毛就没有用，眉毛有用的，它可以挡灰尘啊！眼睫毛也有用的。

唯一没有用的好像就是盲肠，盲肠退化了，但是以前也是很有用的，人的肌体每一部分都是有用的。

那么在人身上除了这样一些具体的用处以外，还有一个更重要的用处就是人的理性。神赋予人理性，为什么？为什么要赋予人理性？这是人跟动物的区别。苏格拉底在这里提出了一些区别，一个是直立行走，一个是运用双手。动物没有手人有手，手的灵巧性、灵活性是人所独有的；再一个，语言，人有语言，能够说话，能够交谈。这都是非常关键的，都是苏格拉底提出来的人的特点。人之所以为人，一个是直立行走，一个是有运用工具的双手，一个是语言。通过语言人就有了理性、灵魂。灵魂是人最优越的部分，最高的肯定是灵魂，应该说人是神的最得意的作品。为什么要安排人有灵魂？那是因为人有了灵魂他就能够最适合于神的理智。神的理智是最高的，人不具备，但是人有了灵魂以后呢，它最接近于神的理智、神的智慧。其他动物都不行，其他动物都没有理性，人跟神是最接近的。那么神之所以给人安排这样一些能力，特别是他的理性能力，就是为了人能够供奉神，能够侍奉神、崇拜神。所以一切都是有目的的。动物的身体结构，包括人的心理结构，都表明神对我们的世界有一种预先设计好的目的。这些设计比任何艺术家，荷马、索福克勒斯、波吕克里特等等都要高明，它不是出于偶然，而是出于理智，出于智慧。但是不论是诗人和艺术家的作品，还是神的作品，它们都表达了客观事物和灵魂、心灵、理智之间的一种合适的关系。那么这种合适的关系，当然你也可以看作一种和谐，但是这种和谐不是客观事物的和谐，而是客观事物跟人和神的目的之间的和谐，叫作"合适"，那么这种关系就可以称为美。所以苏格拉底提出了一个新的对美的定义：美就是合适。合适的就是美的。合适就是合乎目的了，合适是就某个目的而言的。从这个定义可以看出，苏格拉底第一次不再是单纯把美看作客观事物的一种属性，而是看作一种关系，而且是客观事物对人的一种关系，就是效用。"美在效用"。美的效用对人有用，对人有用的就是美的。所以在这个意义上美也就是善，美跟善是同一的。这跟中国古代的美善同一的观点非常类似，中国古代"美"这个字和"善"这个字往往是可以换用的，美哉美哉，善哉善哉。其实都是讲的一回事。这个"美"字，羊大为美，上面一个"羊"，底下一个"大"字；羊入口为善，上面一个"羊"，底下一个"口"字。都是讲的羊，羊大也好，羊入口也好，那都是使人大快朵颐的，都是好的事情，都是善的事情。那么苏格拉底这个观点，有一点类似，但不完全是，不完全是美善同一。因为苏格拉底所理解的善，它本身其实是真，"美德就是知识"。所以它的基础还是美真同一，还是把美看作一种知识。这跟中国的美善同一稍微有一点区别。

那么这样一种美学就不再是简单的客观美学了，而是把主观的目的和用途也纳入进来的客观美学。它还是客观美学，但已经把主观的目的和用处当作一种客观的东西。当然主观的目的和用处有它的客观性，比如经济学，经济学有它的客观规律，那么把它纳入到客观的范畴里边，就把主客观的某种关系也纳入进来了。这种关系最终是客观事物与人之间的一种目的关系，万物都是以人为目的，我们讲人是万物之灵长，万物都是为人而生的。当然我们今天讲这是一种人类中心主义了，万物都是为人所用，人可以宰制万物，宰制大自然。但在古代不存在人类中心主义的问题，古人的力量太弱了。但是他把万物看作以人为目的，在当时是很了不起的。那么人又是以什么为目的的呢？人是以神为目的。所以这种目的论最后归结为神学目的论。那么人的目的和神的目的就有了不同的两个层次。对人的目的来说，一旦都是相对的，一切合适一切美都是相对的。苏格拉底举了个例子，比如说盾牌，对防御来说是合适的，但对进攻来说是不合适的；矛适合于进攻，但又不适合于防御。我们中国古代韩非子也讨论过矛和盾的关系，苏格拉底也提到了矛和盾。相对于进攻来说盾是不适合的，也就是不美的；而相对于防御来说，矛又是不适合的，不美；但是它们各自相对于各自的专长来说又是美的。

汤勺用木头做是合适的，但是用金子来做就是不合适的了。我们通常认为金子比木头要美，金子更加贵重，但是你用金子来做一把汤勺就太重了，它会把碗盘敲破。所以它不适用也就不美。合适就是美，我们今天还把它当作一个非常管用的美学原则。我们穿衣服，衣服穿得合不合适是最重要的，再美的衣服穿在你身上不合适，那也不美。所以他看到了美对人的目的的相对性。你这个东西是用来干什么的，你要考虑这个问题，你不考虑这个我们就没法评价了。这特别对于我们日常生活中间的美来说是非常实用的，很多场合都会用到"美在合适"。这是相对的美。那么还有绝对的美那就是神的目的。对神的合目的性那是绝对的合适，哪怕在人看来是不合适的自然界的某些东西，在神那里仍然有可能很合适。在自然界里有很多事情对人来说是不合适的，比如说天灾，天旱是不合适的，地震是不合适的，是不美的。但是在神的安排中一切都是合适的，我们看不出来，我们看不到。所以神的这种合适是绝对的、最高的合目的性。那么最高的合目的性是不是完全不能够理解呢？可以有一个办法去接近它，那就是人的精神。人的理性和神可以逐渐接近。那么人和神的精神关系，苏格拉底把它称为"美德"。人有美德就可以和神的精神、理智相接近，就会接近于那个绝对的美。那么这两种关系，人和自然界的关系以及人和神的关系是两种不同的合适，这两种不同的合适实际上都可以归结为同一种关系，那就是"善"。"善"我们也可以称为"好"，好的东西。对具体的目的是好的，对神来说也有更高层次上的好，更高层次上的善。这样看来人对客观事物的效用关系首先也是由神安排好的，人在现实中的这种合适，主观上觉得有效的合适，实际上客观上是适合于无所不在的神的目的的。在人看来仅仅是对我有用处、有益处的，但是在神看来就像艺术品一样是各部分都合适的，因为人是神造的，神在造人的时候已经安排好了，没有哪一部分是多余的。什么东西对于哪一部分是合适的，这都是由神安排好的。所以低层次的合适实际上是由高层次的合适安排的。那么这样一种"好"

或"善",在苏格拉底那里就变成了一种和"美"同一的东西。

显然,由苏格拉底奠定基础的这种客观美学,在这里产生了一个微妙的转变。一个什么转变呢?原来是一种自然的客观,在毕达哥拉斯那里是种自然的客观,包括赫拉克利特、德谟克利特,大宇宙、小宇宙、它们之间的一种客观的关系、客观的和谐、客观的属性,都是自然的客观。那么在苏格拉底这里呢,它开始进入到一种精神的客观,从自然的客观论转移到了一种精神的客观论,这个转移的中介就是人的灵魂。精神它最终是要通往神的,精神本来是主观的,但是有没有一种客观的精神呢?那就是神。但这个客观的精神你要过渡过去,这中间必须有人的精神,人的心灵。所以这个转变的中介必须是人,并且这个人,是集物质关系和精神关系于一身的。人既跟自然界打交道,跟肉体打交道,同时他又通过他的灵魂跟神打交道。所以人是属于中介,一身而兼二任,他既是自然存在物,又是神性的存在物。那么美学从早期的自然客观美学进入到苏格拉底以后的精神的客观美学,就是以苏格拉底对人的灵魂的强调作为一个中介。人的物质关系就是实用的合适,人的精神关系就是美的、精神的合适,也就是与神的合适关系。处于这两者之间,高于物质关系但是又低于美的、低于精神关系的就是人的艺术。艺术是处于这两者之间的,一方面人跟自然界打交道,艺术本身也是跟自然界打交道。艺术家要创作一个作品,你必须要支配自然物,画笔、颜料、琴弦,你要跟自然物产生互动。同时,通过艺术你又在跟神打交道,通过你创造的艺术品,你表达了一种精神,那么你就在跟神打交道。在这样一个两层次的关系中,它的中介就是人,这个是很重要的。

在苏格拉底那里,古希腊人最早强调了人的一种主体性,当然还是不自觉的。他强调了人的主体性,强调了人的个体意识,强调了人的灵魂的独立性超越于自然物之上。但这是昙花一现,马上就被归到神身上去了,归到一种精神的客观美学上去了。他没有通过人的主体性而产生一种主观的美学,他还是客观的美学,我们还是把它归到客观论美学这样一个范畴里。那么这样一个范畴说明，当时古希腊虽然个体意识已经独立出来了，但是个体意识独立出来后还非常脆弱，它还没有真正成为一切理论的根基，它还必须借助于神来表达它的独立性。我们知道神其实就是人，神的精神其实就是人的精神，但是采取了一种对象化的形式，或者说是采取了一种异化的形式。神就是一种异化形态的人，从神身上我们可以看出人的个体性，已经开始有它的独立性，但是它还不敢独自立足于天地之间，还需要一个神来做它的保护伞，做它的代替者。这就是苏格拉底在美的问题上所起的这样一种过渡作用，就是从自然的客观论过渡到精神的客观论。那么在艺术方面，他也从自然模仿论过渡到了精神的模仿论。

由此看来，美在合适或美在实用在苏格拉底那里最后上升到最高的美，就是神的目的或者神的实用。在神的眼睛里面，整个自然界包括人在内都是为了趋向于神，神赋予人这样的智慧、这样的能力和这样的理性，就是为了让人模仿神。所以这样一种目的论或者实用的观点就成了一种精神的目的论，或者精神的实用观。当然也是客观的，因为是神。通过人追随神，以神为目的，于是苏格拉底从一种自然的客观论转向了一种精神的客观论。美在苏格拉底之前，人们总是在自然界中去追寻它，到了苏格拉底这里有一个转向，就是人们不再到自然界去追寻最高的美，而是到神那里。这是在关于美的观点方面所发生的转变，那么由此也就影响到艺术。他在艺术论上仍然是抱有一种模仿论的观点，但这种模仿论和以往的观点有点不同，就是说不再是仅仅模仿自然界，而是模仿神，神就是人精神上最高的追求目标。所以苏格拉底认为艺术不仅仅是模仿事物的外形，而且更重要的是模仿精神方面的特质。艺术是要模仿的，这个苏格拉底自己就深有体会，因为他自己就是个艺术家。我们都知道苏格拉底他是出身于雕刻匠家庭，原来是搞雕刻的，后来从事哲学，但是具有从事雕刻的经验，他有实际动手的经验。但在雕刻中是不是应该仅仅雕刻人物的外貌呢？苏格拉底根据亲身体验认为，更应当表达的是人的神气、精神。中国人也经常讲到，绘画最重要的是描绘出对象的精神，传神，神似比形似更重要。那么苏格拉底也持这种观点，就是说描绘一种精神上的特质，比如"高贵和慷慨、下贱和卑劣、谦虚和聪慧、骄傲和愚蠢"等等。艺术主要是描绘事物的美的性格，你要描绘一个对象的美的性格，光有外貌那是不够的，要通过外形的描绘表达出内在美的性格。这种性格当然是看不见的。我们说在苏格拉底以前，毕达哥拉斯也好，赫拉克利特也好，他们都认为最高的美是看不见的。比如宇宙的和谐，人身处其中，但是他看不见，听不见。赫拉克利特讲"看不见的和谐比看得见的和谐更好"。那么苏格拉底也继承了这个观点，就是审美超越。精神是超越性的，精神不是可以在外在形体上面直接地表现出来的，它在里面，但是你要能借助外在的形体把里面的那种东西、那种看不见的和谐模仿出来，这个就是高明的艺术家了。

由此苏格拉底提出了不同于以往简单模仿论的原则，这个就是灵感说。你要模仿看不见的东西怎么办呢？必须要有灵感。光有技巧是不够的，你能够模仿得惟妙惟肖，我们今天的照相技术、电影电视，已经无懈可击，已经完全跟原物一模一样了。但是艺术家所要表现的不仅仅是外在的形象，还有内在的精神，所以要有灵感。灵感这个概念是苏格拉底使它第一次进入了一种美学理论、文艺理论的范畴。什么是灵感？苏格拉底讲到灵感并不是一种外在的推理，或者说一种外在的智慧，而是凭一种天才。一个艺术家光有推理能力、光有逻辑和计算能力那是不够的，他还必须要有天才。而天才是什么呢？天才是不能解释的，你要去解释的话你就会发现它是"失去平常的理智"而陷入一种迷狂状态。他主张一个艺术家"不得到灵感，不失去平常的理智而陷入迷狂，就没有能力创造，就不能够作诗或代神说话"。这个"迷狂"的意思在苏格拉底那里就是代神说话。为什么是迷狂？因为人的智慧是有限的，而神的智慧是无限的，神的智慧是人所理解不了的，所以你要单凭人的这一点可怜的智慧去把握神的智慧那是做不到的。但是有一点可以做到，就是说如果你有天才，那么你在某些时候可以陷入一种迷狂状态，在这种迷狂之中你可以代神说话，神能够通过你的语言来表达他的意思，但是你自己不知道。你不知不觉地代神说话，那就是一种迷狂状态。而这样一种状态在苏格拉底看来就是得到了一种灵感。我们经常讲，一个诗人没有灵感写不出来诗，于是就要等待，做点别的事情，散散心。你不要把你的精神老是集中在这一点，集中在这一点想破脑袋也想不出，那你就趁机干点别的事情。忽然有一天你获得灵感了，那你就要赶快把它抓住。灵感什么时候来这个是不知道的，无可预期，这个苏格拉底也体会到了。苏格拉底当时经常跟那些艺术家来往，这种情况他非常熟悉。就是说灵感它不是想来就来的，它是代神说话，神的意志——它什么时候给你灵感，你无法猜测，如果你能猜测你就比神都高明了。你仅仅是代神说话。所以苏格拉底把诗看作是最高的，比造型艺术要高。造型艺术它还是根据事物的外形去模仿，那么代神说话那是诗人的特权，诗人的灵感，那比模仿要高。灵感说和模仿说在苏格拉底那里可以说是两个因素，是两个艺术的原理，而这两个艺术的原理是不同的。我们讲艺术家要模仿，但是光有模仿没有灵感也不行。所以苏格拉底在以往的模仿说的理论中打开了一个缺口，灵感说发展到后来就成了近代现代的表现论、天才说、浪漫主义，这些都强调灵感，都反对那种单纯机械的模仿，反对理智，反对理性的推理、逻辑，反对用模仿得"像不像"来评价一件艺术作品，而更重要的是你表现得有没有精神、有没有灵气。没有灵气的话你是没有办法感动人的。表现论就特别强调艺术家个人的天才、特殊的气质、特殊的内心倾向和灵感，但是在苏格拉底这里还没有走到这一步，还没有走到后来浪漫主义文艺所强调的灵感。后来的这种发展当然是从他那儿来的，但相当于走向了主观论，而苏格拉底是客观论的。只是他又提出了灵感说。

那么灵感在他的客观论美学里面占据着一个什么样的位置呢？占据着的是过渡的位置。从一种模仿自然的客观、模仿自然，转移到精神的客观、模仿精神，就要通过灵感。个人的灵感，个人的才气，个人的天才，在这个中间起到了枢纽的作用。苏格拉底不是很强调个人特殊的感觉、特殊的思想、特殊的个人气质，这是后来的人、现代人所强调的。在苏格拉底那里他还是比较朴素比较客观的，他认为诗人只是在代神说话而已，他并不代表他自己的特殊性。诗人来了灵感，我们外人看起来当然觉得这个人的气质很高，他经常有灵感，所以他的诗写得那么好。但是就诗人自己来说他是不知道的，他也不知道自己为什么会写出这么好的诗，于是他就把它归之于神。神给了我灵感，那么我得马上把它抓住，记录下来，把它加以模仿，——他还是归结为模仿。所以灵感在苏格拉底这里虽然是一个新的要素，但是仍然被他归入到一种模仿论。整个古希腊美学都是在模仿论和客观论的总体框架内来谈问题的。

虽然在诗人那里"代神说话"已经很高超了，但苏格拉底对于诗人却仍然是瞧不起的。他认为诗人正因为他代神说话的时候他不知道，他是不自觉的，属于一种癫狂状态、迷狂状态，他不自觉地说出了神的意志，所以诗人是非常无知的。他虽然是在代神说话，但是他为什么会代神说话？说了哪些话？他自己不知道，欣赏者才知道。那些高层次高水平的欣赏者就知道。那么那些欣赏者是什么人呢？就是哲学家。哲学家才会知道诗人说出的话它的神圣的含义是什么。所以苏格拉底虽然对诗人通过灵感来说话做了很高的评价，但是认为诗人仍然不如哲学家，哲学家是最高的。只有哲学家才能真正认识自己。"认识你自己"当然不是他最早提出来的，很早就有人提出来了，但苏格拉底非常看重这句话。那么只有哲学家才能认识自己的灵魂，只有哲学家可以看出诗人在不自觉地表达出神意。那么哲学家也有灵感，他叫作"灵异"，Demon，"灵异"也有人翻译成"灵机"，有的人把它解释成"守护神"。苏格拉底认为每个人都有自己的守护神，苏格拉底自己也有守护神，他也有诗人气质，经常有人认为苏格拉底像个诗人，甚至是像个精神病患者。经常他的灵异来了，就把他控制了，他就站在那儿不动了。本来大家一起到一个地方去喝酒，突然发现苏格拉底没来，回头去找，发现他站在那里已经站了两个小时，问他为什么，他说灵感来了，他的灵机来了。所以他也有一种和诗人类似的属性，但是他做了区分。就是说诗人的灵感是不自觉的，而哲学家的灵机是自觉的。所以他讲，"'灵机'的确切的意思是：那种有智慧有知识的人才被称作有'灵机'感的人。"所以哲学家的灵机是一种知识，而诗人的灵感只是一种迷狂，迷狂和知识是不一样的。所以在苏格拉底看来诗人不能支配他的灵感，他只能通过一种技巧，把自己所获得的灵感忠实地模仿下来，而这种模仿恰恰模仿了神意。所以灵感说在他那里就是从自然的模仿论向精神的模仿论过渡的一个中介、一个枢纽。这是苏格拉底的观点。下面我们看苏格拉底的弟子柏拉图的观点。

三、美是理念（柏拉图）

前面讲的都是古希腊的客观美学。从毕达哥拉斯到赫拉克利特，到苏格拉底，客观美学的原则一直贯穿下来。而且，哪怕是苏格拉底的灵感说，实际上最后也归于一种客观美学，归于对客观的神意的一种模仿。灵感就是一种模仿，就是人们对更高层次的客观美的模仿。那么这套美学观点在柏拉图（Plato，约前429—前347）那里得到了一个确定的形式，可以说柏拉图是客观美学的集大成者——当然他集大成之后在他这里又产生了分化，这个我们后面要讲。他赋予了它一个确定的形式，按照这种形式，客观美学的基本精神在西方美学史上一直延续下来。柏拉图的美学形式是非常博大精深的，后来的美学都是对它的一种解释和发展，有的人甚至认为西方哲学几千年的历史都是柏拉图的注脚。那么在美学上也有这种现象，你不管讲到西方美学的哪个观点哪个流派，你最后都要追溯到柏拉图。当然还可以往前追，如毕达哥拉斯，但是柏拉图赋予这些要素以一个确定的结构，建立了一个确定的形式。不过柏拉图建立这个形式也是逐步逐步地，不是一天之内建立的。在早年的时候柏拉图还在进行探索，像在《大希庇阿斯篇》里面他对于老师苏格拉底提出的观点加以否定，比如"美在适合""美在效用""美就是善"这些观点，他认为这些观点都没说到位。但是他还没有确立自己的观点，把这些观点都否定之后他发现美这也不是，那也不是，那美究竟是什么？什么是美呢？他发现没有任何一个东西可以对美下一个定义，所以他早年得出的一个结论就是"美是难的"，美的问题很困难，也就是没有得出结论。早年他就是批判，批判以后他还没有正面地建立起自己的观点，而是作为一个问题把它暂时放在那里。一直到后来，到了柏拉图的中期和晚期，他在理论上和哲学上建立了自己的"理念论"为止。"理念论"现在也有人翻译成"相论"。Eidos 这个词在古希腊文里边就是"看到的东西"，有的翻译成相或形象，就是看到的那个东西，它不是看到的东西本身，而是在你的眼睛里面所留下的那样一个形式。所以 eidos 在亚里士多德那里我们又把它翻译成"形式"，其实就是这个 eidos。就是说你看到了一个形象，这个形象并不是那个事物本身，而是那个事物的外形，但是这个形象要比事物本身更本质。为什么更加本质呢？因为在柏拉图这里这种看不是用肉眼看，而是用心眼看，你用肉眼是看不见它的。用你的心眼去看到的东西就是事物的本质，而那个现实存在的肉眼可见的事物倒反而是一种现象，它是多变的、会消灭的。你今天看它还在，也许明天就毁灭了，就消失了，但是只要你看它的时候用了心，它那个形象还在，你已经看到了，你就总是可以回忆起来。这是非常奇怪的一种观点，中国人是非常难以理解的。这是一种颠倒的观点，如果用中国古代的"名实"关系来讲，我们讲"名副其实"，中国古代的名是一定要符合实的；但柏拉图是"倒名为实"，把一种名义上的东西看成是比现实的东西更实在的东西。比如说一个概念，我从心眼看到了一个事物的概念，一棵树，我看到的不是具体的这棵树，这棵樟树，这棵松树，而是一般树的概念。树的概念比松树、樟树都要持久，都要永恒，松树、樟树可以在这个地球上消失，但树的概念永远存在，永远存在的东西就比那种会消失的东西更加稳定，更加牢固，也更本质。这个是西方思想从柏拉图以来非常大的飞跃，就是西方开始有了一种"倒名为实"的观点，这种观点使得西方产生了最初的我们所谓的"唯心主义"，Idealism，也可以翻译成"观念论"。当然还有"唯物主义"，有"实在论"，但西方自柏拉图之后开始有了"观念论"和"唯物主义"之间的斗争，我们以前讲"唯物主义"和"唯心主义"的斗争，它确实有这个斗争。其实就是"观念论"和"经验论"也好、"物质主义"也好的矛盾。"唯物主义"我们也可以翻译成"物质主义""质料主义"，质料和形式，这是一对矛盾。那么西方自柏拉图以来就有了观念论的传统，这个传统非常博大，可以说是西方哲学精神的主流，一直到今天仍然是这样。当然它还有唯物主义，唯物主义在西方一直是支流，一直不占主导地位，到后现代是有些变化，但是在西方哲学传统里面一般来说都是观念主义占主流。而"质料主义"、马克思主义、法国唯物主义和古代德谟克利特的原子主义，这些都是支流。当然也很重要，它是"两条路线的斗争"，两种主义的斗争，但一直占上风的还是观念论。柏拉图、亚里士多德都是观念论，都是唯心主义，亚里士多德已经吸收了一些唯物主义，但是他的框架基本上还是从柏拉图那里来的，就是"倒名为实"——把一种形式化的东西，抽象的东西看得比感性经验的东西更实在。我们中国人其实从来就没有过柏拉图那种意义上的唯心主义，都是"质料主义"，我们所讲的中国古代唯心主义者，像王阳明、陆九渊等人，其实都还是质料主义的，都不是真正的观念主义的。

那么影响到柏拉图的美学，主要体现在柏拉图的中后期建立了他的理念论以后，他认为可以给美的问题做出正确的答案了。那么这个正确答案是什么呢？他认为世界的本体是理念。理念就是抽象的概念，或者一切事物普遍的形式，抽象的概念是超越具体感性的东西之上的，它在所有感性具体的东西之上，撇开感性的质料而保留感性事物里面所隐藏的普遍形式。任何一个感性事物，只要你说得出来，它就有其普遍的形式，这就叫"理念"。每一个事物、每一类事物它都有与自己相应的理念。正因为柏拉图的"倒名为实"，万事万物都是因为它的理念、它里面的这个形式而得以存在的。因为这个理念比现实存在的东西更加持久，更加永恒。那么一个感性的东西之所以存在就是因为它"分有"了这个理念而存在。比如说这一匹白马，这匹白马之所以存在是因为它分有了马这个理念，马的理念在白马中肯定有，白马也是马，具体到这匹白马和马的理念相比要更具体一些。但是白马可以消失，它有一定的寿命，而这个一般的马它不会死亡，它会永恒，哪怕所有的马都消失了、都死了，它还在。我们今天知道所有的恐龙都不存在了，但是我们还在研究恐龙，恐龙的概念还在，它会永恒。一个类的概念、种的概念它会永恒，但是具体的个别事物它会消失。所以具体的事物都是由于分有了自己的理念它才得以存在，才能称为这一类的事物。柏拉图举的例子就是床，他认为除了各种现实的床之外，除了这一张床、那一张床、木匠做的床之外，还有"天上的床"。什么叫天上的床？就是床的一般理念。一般床的理念哪怕是所有的床都被销毁了它仍然存在于天上，仍然可以被人的理智所把握、所认识。所以床的理念是唯一的，具体的张木匠李木匠所做出来的床是千差万别的，但是它们都分有床这个理念。床的理念是一切现实床的原型，或者范型，因为每个木匠在做床的时候他都是按照床的理念在做，想象中床的理念是什么样的，就做出了一张床，如果他做出的床不符合床的一般理念，做出来的不像一张床，人家就会笑话他：你这哪是一张床呢？他必须要按照床的理念、范型做出来才会被称为床。所以床的理念就是一种普遍的"共相"，或者是抽象的本质、普遍的本质。这是柏拉图举的例子。从床的例子我们可以推广开去，世上万事万物都有自己的理念，而且这些理念本身根据其种和类的等级划分，也构成了一个从低级到高级的等级系统，这就叫理念世界。理念世界就是万事万物都有自己的理念，那么在天上各种事物的理念就组成了理念世界。这个理念世界是完全抽象的，后来黑格尔称为"阴影的王国"，一个影子的王国。没有色彩，没有形象、没有气味，什么都没有，就是一个抽象概念的世界。其中最高的理念是"善的理念"。这个善和我们理解的不一样，不是指道德的意思，我们一讲善就是要做个善人、好人，那就是道德的了。但是他这个善是完善、完备无缺的意思，最高的理念是最完备无缺的，包括一切、包容一切。这就构成他的理念世界、理念论的一个体系。

从这个体系来看美的问题就好理解了。柏拉图认为我们要探讨美的本质。什么是美？我们不能靠举一些例子，你说这个美、那个美，你举了些例子，我们就知道什么是美了？他认为这不行。美的例子只是"美的"，但还不是"美"本身，美的东西跟美本身是不一样的。一位美丽的小姐、一个美的汤罐、一匹美丽的母马，他举了很多这样一些例子，但是这些例子都是"美的东西"，但是还不是"美"本身。所有这些东西都美，柏拉图也承认，但是他要探讨的是什么东西使之成为美。所有这些东西为什么美呢？一个美的小姐、一个美的汤罐是完全不同的啊！为什么我们把这两者都称为"美的"呢？这里面有个什么东西使这两者成了"美的"呢？要探讨这个东西。那么这个东西柏拉图将其抽象出来了，就是说所有这些形形色色美的东西里面有一个东西是共同的，那就是"美的理念"。什么是美的理念？就是一个最抽象最空洞，什么都不是但又是所有一切东西里面的美，这样一个抽象的共相。我们讲共相，一个东西和另外一个东西本来不相同，但是它有一点相同，一个苹果和一头牛很不相同，但是有一点相同，它们都是一，那一就是共相。很多不同的东西里肯定有相同的地方，你把相同的地方抽出来那就是共相；那么在很多美的事物里面你将美的共相抽出来，那就是美本身。万事万物里面有了这个美本身才得以美，如果你把这个美本身抽掉那它就不美了，它之所以美是因为它有一个普遍的美的共相。美是有普遍性的，当然它也有具体性，它离开了具体的东西就只能存在于天上，不能存在于人间。但是人间的万事万物的美都离不了它。这就是柏拉图的思维方式，就是说地上的东西都依赖于天上的东西，具体的东西都依赖于抽象的东西，都依赖于理念。我们把它称为"倒名为实"。

由此看来一切美的事物都是美的理念的一种反映。我们唯物主义者是倒过来理解的，就是说一切理念、一切概念都是具体事物的反映。我们说共相、概念都是特殊的东西，都是具体的感性的东西的一种抽象，它可以在更大范围之内、在普遍的意义上来反映万事万物的本质，我们是这样来讲的。但是在柏拉图那里是倒过来讲的。所有我们看到的形形色色、五花八门、多姿多彩的大千世界都是抽象理念世界的反映。这些多姿多彩的东西都是飘忽不定的，都是瞬息万变的，我们这个世界都是要消亡的，任何东西都是会消亡的；但是唯独那个抽象的概念它是不消亡的，它是永恒的，它是万事万物得以存在的牢固的根基，因此一切美的事物都是美的理念的体现。我们讲美的理念是阴影的王国，这是后来的人，像黑格尔他们是这样讲的，美的理念没有颜色、没有气味，看不见摸不着，那不就是个影子么。所以黑格尔将他的《逻辑学》称为"阴影的王国"。但是在柏拉图那里恰恰相反，他认为有滋有味的、丰富多彩的大千世界是些漂浮不定的影子，而真正牢固的抓得住的东西，能用你的理性把它抓住的，那就是理念。比如说床，一个画家要画一张床，无论他画得多么像，它也是真实的那张床的影子，总不如真实的床；而真实的那张床无论如何真实，其实都是对床的理念的一种模仿、一种影子。所以一个画家要画一张床的话，那么它跟真实的床的理念"隔了三层"，它是"影子的影子"。现实的床已经就是床的理念的影子了，画家再去画这个现实的床，他画出来的岂不是影子的影子？所以画家画的东西是最没有价值的，艺术是没有价值的，这个我们后面还要讲到，他对艺术是不太瞧得起的。但是床的理念是绝对真实的，是永恒的，美的理念也是这样。

所以柏拉图作为苏格拉底的弟子，对苏格拉底的观点做了进一步的推进。在苏格拉底那里客观美学还处在一个过渡之中，一个转化之中，就是从自然的客观论向精神的客观论转化。苏格拉底的"美在合适"，他的目的论还是一个转化、过渡，而柏拉图的美学已经完全进入精神的客观美学，不再是过渡了。它已经"过河拆桥了"，它已经走到了理念世界，它用理念世界的眼光来看待现实的东西。但是他的体系里面，他这个理论仍然包含着在他之前的那些美学家的各种因素。西方哲学、西方美学的发展都是这样的，采取的是一种"扬弃"的方式，黑格尔讲"扬弃"，什么叫"扬弃"呢？就是既否定了过去同时又保存了过去。历史的发展都是这样的，思想上的发展也是这样。你经过了这样的思想的洗礼，然后你超越了它，但是这种思想已经包含在超越之中。柏拉图超越了苏格拉底，也超越了毕达哥拉斯，也超越了赫拉克利特，但是他们的要素都包含在他的理念说之中，包含在美的理念之中。

比如说我们可以看出，柏拉图的这种客观美也是客观的，精神的客观美，理念世界的客观美，是一个从低级到高级不断上升的目的系统。他并没有把低级的东西完全抛弃，最低级的美就是自然事物的美，器具的美，万事万物的美，这些美当然是美的；但是之所以为美，要看它们里面所包含的用途，这个是苏格拉底讲的，万事万物的自然的美，它们的美在于它们的用途，那就是实用、效用、合适、合目的性。这是最低级的。在苏格拉底看来是作为美的本质的"合适"，在柏拉图看来是比较低级的或者说是最低级的美。那么还有更高层次的美。更高层次的美，就是对于人来说"凡是在天性或习惯或天性习惯上的这些文辞，或者歌曲，或者舞蹈都能投合人的就不能不从它们得到快感，赞赏它们，说它们美"。因为这样一些文辞、这样一些节奏、这样一些舞蹈都体现了心灵美，"心灵的尽善尽美"，这是更高的。自然万物当然是有美的，它适合于人的目的，但是人的心灵本身的尽善尽美，这是要达到很高的一个层次才能看出来的。所以他讲"心灵的聪慧和善良"这样一些"好性情"要更美,在个人身上更美的就是"心灵的优美与身体的优美协和一致,融成一个整体"。古希腊人很重视身体的美,身体的健美,那么身体的美在他们看来也是自然的美。自然美和心灵美的和谐,这是和谐说——这个里头有毕达哥拉斯的、也有赫拉克利特、德谟克利特的和谐说。心灵和身体的优美和谐一致,那么这就是更高的层次。在个人的身上,光是心灵美,没有身体的美与之相配合,那就还没有达到更高的层次,心灵和身体双方面和谐的美这才是最美的。而心灵本身的美,就是情感、理智和意志三者和谐,知情意三者和谐就是心灵的美。个人的美也可以扩展到社会上去,那就是更高层次的了,那就成为一种社会的美,可以用来"齐家治国",用于社会政治,比如说"正义"。这个社会的正义就是各个阶层达到一种和谐,和谐社会比个人的心灵美要更高一层。所有这些美都还没有摆脱实用的考虑,都跟苏格拉底所讲的实用、效用脱不了干系。那么是不是还有更高的,摆脱一切实用的效用,有一种绝对的美?柏拉图认为那就是美的形式,抽象的形式。比如说直线形,圆形,几何学的美,那就是美的形式了;以及单纯的纯粹的音调,这就回到毕达哥拉斯了,毕达哥拉斯最早提出来的美就是那些形式,当然他把那些形式看成是自然界的一种客观的形式,但是在柏拉图这里那些形式都提升到了理念的层次。所以他虽然是回到了毕达哥拉斯,但是他提到了理念的层次,永恒的这样一些形式——几何形的形式是永恒的。这些和谐它是不以人的具体的用途,不以人的快感,不以人的实用性、效用为转移的,所以它们是永恒的绝对的;而现实的实用也好,心灵美也好,社会的美也好,都是相对的,都是以人的目的为转移的。那么最高的美是什么?这些形式还不是最高的,最高的是美的概念,也就是美的理念本身。有一个美的理念,这是最高的。他认为,这样一个美的理念没有任何内在的矛盾和冲突,"它只是永恒的自存自在,以形式的整一性永与它自身同一"。这是天上的至善至美,也就是美的本体。什么是美？美的本质，美的本体就是美的理念。

那么在这种最高的等级上面呢，美和真是统一的。因为它是理念，理念是通过人内心的心眼，通过人的理性所看到、所认识到的。而最高的美它也是你心里直接看到的，通过你的理性能力所思考到的美的概念。所以美的概念是最美的，也是最真实的。美和真是同一的，美和善也是同一的，因为最高的善就是完备无缺、完善，完善也可以看作完美。所以真善美在这个意义上就统一起来了。像柏拉图讲的，"它是本原自在的绝对正义，绝对美德和绝对真知"。美的理念是绝对的美德，也是绝对的真知。那么这样一种美的理念呢，当然既不能用肉眼去看，也不能用手去摸，也抓不住，可谓是看不见摸不着，但是呢，它能够通过人的理智去观照。只有人的理智才能观照到美的理念，如何观照？我们的理智如何能够观照到美？美那么高高在上，我们如何能够观照到它？在柏拉图看来，这需要有一个不断上升的阶梯，就是说你要想观照最高的绝对的美，那么你就得从最低层次的东西做起。最低级的，比如说个别形体的美，自然万物的美，你要先欣赏这些东西。你如果连这些东西都没有欣赏到就想把握美的理念，那是办不到的。你要把握美的理念首先你要从万事万物里面看到美的理念，怎么看出来？首先欣赏具体的事物。一朵花，一个漂亮的汤罐，一匹漂亮的马，等等。从个别形体的美上升到一切形体的美的形式，这些美的事物之所以这样美是因为它们具有美的形式。比如黄金分割率，各种数量的比例，头与身体的比例等等这些形式，这些几何学的比例；再上升到心灵美，通过这些比例所表明的人的心灵，灵魂的各种要素，知情意各方面如何这样的成比例，如何这样的和谐；然后到制度美，就是社会美，社会的正义，各方面如何协调，如何建立一个理想的社会，柏拉图提出的"理想国"中一切都是那样的和谐；那么制度的美再提升就是学问、知识的美，知识本身它也有一种和谐——万事万物都有一种规律，万事万物的知识相互之间有各种原理；那么最后达到了一种最高的境界，他这里有一段话，朱光潜先生翻译的，翻译得非常漂亮。他说："这时他凭临美的汪洋大海，凝神观照，心中涌起无限欣喜，于是孕育无量数的优美崇高的道理，得到丰富的哲学收获。如此精力弥满之后，他终于一旦豁然贯通唯一的涵盖一切的学问，以美为对象的学问。"

"以美为对象"这样一种学问是最高的学问，但是前面那些功夫都没有白费，而且是必要的。它是"一旦豁然贯通"，但是它前面有一个漫长的准备过程。在柏拉图的学园里面就是这样做的。柏拉图的学园门口有一个题词："不懂几何学者不得入内"；一进去它有一些基础的课程，比如说音乐。为什么要学音乐呢？你要会欣赏美，欣赏那些感性的美。音乐、诗歌；然后是几何学，学习各种知识；政治学，一直提升；到最后你才能够学习柏拉图的最高的学问——柏拉图的理念论，在理念论的层次上，你才能以美为对象达到最高的学问。那么这种以美为对象的最高的学问是一种什么样的状态呢？对于学习者来说，是一种理智的迷狂状态。"理智的迷狂"，也就是一种"出神"，"出神入化"，"忘乎所以"，一种"物我两忘"，或者用我们中国的话来说就是"天人合一"，这样一种境界。人自己已经不知道是自己了，已经丧失自己了，已经忘掉自己了，迷狂了，这是以美为对象的学问。但是这种迷狂和其他的迷狂不同，它是理智的迷狂。迷狂本身是丧失理性的了，但是理智的迷狂还有理智在，它有所有前面那些学问做铺垫，做基础。它跟喝醉了酒的迷狂，跟爱情的迷狂，跟宗教的迷狂，跟诗的迷狂，都不一样，那些迷狂都没有铺垫。理智的迷狂它是有铺垫的，它有整个的知识系统作为前提的，你要一步步来。你想一下子达到理智的迷狂，喝多少酒都没用，你必须要从最基本的做起。几何学你要学，数学，自然哲学，自然知识你得知道，然后社会知识，这个国家、政治，你这些都要了解，最后你要上升到理念世界，懂得理念世界的辩证法。理念世界的关系是一个概念的辩证法的体系。所有这些东西你都把它学完了以后，最后到了它的顶点，你就可以"超升"了，可以达到理智的迷狂了。当所有这些东西你都成竹在胸，你要再往上跨一步、跳一步，这个时候就超出了你所有的知识。你会发现一个汪洋大海的世界，一个理念世界，"凝神观照"——把你所有的内心冲动都放在一边，这个时候你就会得到丰富的哲学收获。

当然柏拉图认为这种理智的迷狂不是每个人都能达到的，也不是每时每刻能达到的。它是一种精力弥满的时候，下了很多功夫之后，在一定程度上才偶然可以达到的。它有一定偶然性，但是偶然里面有必然，就是你必须要下功夫，你功夫下足了必然可以达到。但是也不是每时每刻都能够达到，有时候你功力不够，有时候你功夫下足了也要等待时机。所以要达到那个程度就要拼尽全力，把你所有的功力都发挥出来，这种机会是不多的。柏拉图举了一个形象的比喻，就是像一只小鸟不断地高飞，不断地飞得更高更高，飞到了天外，这个时候它大概用尽了最后的力气，它可以在一瞬间看到理念世界，但是马上就掉下来了，因为它坚持不了多久。人毕竟不是神，他的功力终归是有限的，所以这种理智的迷狂是可遇而不可求的。但是达到了理智的迷狂，后面这些东西都被超越了，而且在柏拉图这里有一种倾向，就是这些东西都要忘掉，超越了以后"过河拆桥"。刚才讲了，这些都是低级的东西，你一旦看到了高级的东西，你对低级的美就不屑一顾了。虽然低级的美是你的阶梯，楼梯，你搭梯上楼以后，这个楼梯就可以拆掉了。这些东西都太低级了，你要追求的不就是高级的东西吗？现在你已经都看到了，那么相形之下那些都不重要了。所以这是他的一个重要的特点，就是说他从具体的美推出抽象的美以后就割断了两者的联系，他就希望自己以后就生活在理念世界了。我们说理念世界在柏拉图那里导致了和现实世界的一种分离，理念世界和现实世界是两个世界，此岸和彼岸分离，这是柏拉图这个学说的一个重要的矛盾、一个困境。他把整个世界分裂成两个，一个是理念世界，一个是感性世界。那么理念世界本来就是从感性世界上升、提升而来的，提升以后他又把它抛弃了，所以柏拉图的唯心主义我们经常批评它太抽象，对感性的东西不屑一顾，虽然他为了证明抽象的概念，必须从感性世界入手，但是一旦上升到理念世界以后它就回不去了。这是他的一个矛盾，这个矛盾要到后来亚里士多德那里才得到解决，我们在后面还可以看到。而柏拉图认为绝对的美本身、美的理念它并不是来自于具体的美，虽然我们认识绝对的美的时候要从具体的美入手，但并不说明这个绝对的美就是从具体的美里面抽象出来、上升而来的。如果是这样的话那就是唯物主义观点了：一切抽象的事物都是从具体的经验事物里抽象出来的，它最后还是要归到经验的具体事物上面来。但柏拉图不这样看，他认为应当倒过来，一旦你认识到了抽象的美、抽象的事物、抽象概念，那么你就应该倒过来看，应该把具体的万事万物看作由这个抽象的事物而来的。不是说抽象的概念是从具体的经验概念里面得出来的，应该反过来——具体的经验世界是从抽象的理念世界得出来的。这是颠倒过来的，是柏拉图的一个很重要的特色。

所以绝对的美早已存在于理念世界中了，不是说你看到了这个美那个美以后你才把它抽象出来，而是在你没有看到它之前它已经存在于理念之中，它不管你看不看。是你从感性世界里面去追求它，你才发现了它。就像你的一个老朋友，多年不见了，但是你看到挂在墙上他送给你的一把七弦琴，每当你看到这把七弦琴就提醒你，想起来你的老朋友。那么具体的事物就像这把七弦琴，你每当看到感性事物的美，就提醒你想起了你原先在理念世界已经看到过的绝对的美的理念。这个"原先"是在什么时候呢？是在你降生为人之前。你的灵魂在投生为人之前是住在理念世界的，你已经熟悉了理念世界的所有的理念，但是你投生为人了，你有肉体，你的肉体把你原来的知识遮蔽了，你就把它们都忘记了。一个婴儿生下来什么知识都没有，其实他原来都有，但是他投生为人、具有了肉体以后就把所有的知识都忘记了。而后来他通过认识具体的事物来回想起以前曾经被他忘记了的知识，那么这样一个过程，我们把它叫作"学习",但是在柏拉图看来所有的学习都只不过是"回忆"。所以柏拉图他提出了自己的回忆说。他认为一切学习都只不过是回忆而已,回想起以前早就知道的东西,不过你把它忘记了,所以需要感性的东西来提醒你,使你回忆起你以前已经知道的那些知识。从回忆说柏拉图引出了他的先验论,就是说所有的知识都是先验的,那么感性的东西、后天的东西只不过是一种提醒,提醒你原先已经先验地具备的、天生固有的那些知识。那些知识每个人心里都有,每个人灵魂里面其实都有,但是他都把它们忘记了。这是柏拉图很重要的一个思想,就是通过回忆说建立起一个我们今天称为先验的唯心论的认识论。毛泽东讲,"人的正确思想是从哪里来的?是从天上掉下来的吗?不是。是自己头脑里固有的吗?不是",应该是从社会实践中通过总结经验而得出来的。但是柏拉图恰恰就是认为人的正确思想就是"从天上掉下来的",是"头脑里固有的",只是你在社会实践中往往被感性经验把你的眼睛遮蔽了,你要努力去追求那些你天生已经具有的思想,你才能真正把握自己的思想。

这个观点,他用苏格拉底的一个实验来证明。苏格拉底已经有这样一种思想,就是所谓的精神的接生术,就是说苏格拉底成天跟人辩论是为了什么呢?是为了把人们已经知道的知识通过一种"接生术"把它引出来。他不是说灌输给你某种知识,而是要把你已经知道的知识给启发出来,这就是精神的接生术。苏格拉底举了一个例子,他跟人家谈话,人家说精神怎么可能接生?苏格拉底就叫来一个十来岁的小奴隶,什么也不懂,什么也没学过,就问他:你说把一个边长是 2 的正方形的面积增大 1 倍的那个正方形边长是多少?让他去估计,这个小奴隶就说那肯定也是一倍了。苏格拉底就在沙地上画了一个边长是 4 的正方形,可是 $4 \times 4 = 16$,面积是原来正方形的 4 倍。小奴隶又说那就少一点,边长为 3 看看。可是画出来是 $3 \times 3 = 9$,还是不对。苏格拉底就启发他,说把一个正方形用它的对角线切成两半,不正好是两个面积为正方形一半的三角形吗？那么我们把边长是 4 的大正方形看作 4 个小正方形，把它们每个都用对角线一分为二，得到 8 个小三角形，可以拼接成两个以小三角形斜边为边长的正方形，每个正方形的面积都是大正方形的一半，也就是边长是 2 的正方形的一倍了。所以这个问题的答案是：把正方形面积增大一倍的那个正方形的边长是原正方形的对角线。换句话说，用一个正方形的对角线做成一个正方形，其面积比原来增加一倍。这本来是一个很高深的几何学题，涉及开平方问题，当然这个小奴隶没学过。但是苏格拉底不断地提问，一直提问，让小奴隶自己回答，直到最后小奴隶把正确的答案说出来。就是通过启发，通过一种提问的方法让小奴隶自己掌握了这个正方形面积的算法。这个是很著名的例子，我们在柏拉图全集《美诺篇》里面可以读到。就是说小奴隶内心早就已经对这些几何学的问题有了知识，但是你不启发他，或者说错误地用一种感性的直观的方法，你是引不出它来的，你必须通过正确的方法把它引出来。引出来你就会发现这是他本来就有的知识。毕达哥拉斯定理为什么一说出来大家都认为是对的呢？就是因为大家之前都认为是对的，没有自觉到而已。你说两点之间直线最短，你没有说出来大家其实也知道，但是没有这样说，没有形成一个命题，一旦形成这个命题它就成了公理。这说明这个公理其实人是已经知道了的，已经在人的心里，后天把它启发出来了。这是柏拉图的回忆说。其实很有道理的，不要以为他在胡说八道。当然我们不必同意他，我们可以说他这个里头有一些东西没有考虑到，或者还可以做别的解释，但是绝对不是说人的知识就像机械反映论一样，外界给了你什么你就知道什么，课堂上教给你什么你就记住了什么，那个不是知识。你的知识还是要靠调动自己的一种主观能力，你可以说这是先验，用这种能力去把握才能够形成真正的知识。

前面我们讲到了柏拉图的这个理智的迷狂，理智的迷狂是对于真善美统一的这个理念的一种最高级别的把握。就是回忆说回忆到最后，要通过一种理智的迷狂才能达到最高级别的认识，也就是最高级别的欣赏。认识和欣赏、真善美在最高层次上面是统一的。那么迷狂除了理智的迷狂以外还有一种比较低层次的迷狂，这种低层次的迷狂他称为"是由诗神凭附而带来的"迷狂。理智的迷狂是通过自己认识的努力而不断提升达到的一种忘我的境界，那么另外一种，诗神凭附那就是诗人所特有的，那就不是哲学家的了。哲学家可以欣赏到美的理念，那是最高层次的。诗神凭附，诗神附体，那就是苏格拉底所说的"代神说话"，那样一种迷狂，诗人自己不知道，也就是所谓诗人的灵感。我们刚才讲到苏格拉底的灵感说，在柏拉图这里被看成是比理智的迷狂要低一层次的一种迷狂，这个在苏格拉底那里已经有了。苏格拉底认为诗人不自觉，哲学家才有真正的"灵异""灵机"，才是自觉的，但是也有一种迷狂的形态。柏拉图也吸收了这样一个观点，并且把它发挥了。他认为诗的灵感跟这种理智的迷狂不一样，它不是在哲学家观照美的本身的时候产生出来的，而是在创作美的作品的时候诗人所具有的。诗人在创作作品的时候他具有一种诗的迷狂，诗人凭借他的迷狂可以创造出"最美的抒情诗"，而且"他的神智清醒的诗遇到迷狂的诗就黯然无光了"。就是说诗人你如果是按照自己的理智清醒地去创作一首诗，那么它远远不及他在迷狂状态之下所创造出来的那首诗。柏拉图这一点还是很明智的，柏拉图本人也是个诗人，我们看他的这个对话录里面到处都诗意盎然，他是有诗意的。当然柏拉图更推崇的是理智。但在诗的问题上他认为理智还不如迷狂。一个诗人既然作为一个诗人，就应该是按照他的迷狂、按照他的灵感来创作，而不是按照他的理智来创作。按照理智你想写出一首好诗来那是很难很难的。必须要有"诗神附体"，代神说话，代神立言。但诗的迷狂比理智的迷狂要低，或者说诗人的迷狂比哲学家的最高层次的迷狂要低。那么在诗的迷狂之下，还有宗教的迷狂，那就更低了，宗教的迷狂比如说预言，预言也是种迷狂，那就更低了。为什么呢？因为诗的迷狂它可以创作出优美的作品，它可以教育人，可以使人们"从小培养起对美的爱好,并且培养起融美于心灵的习惯",以便"到了理智发达以后他就亲密地接近理智,把它当作一个老朋友看待"。就是诗人所创作的那些诗是有作用的,它们提供一种准备,能够让人们习惯于接近理智,虽然它们本身不是理智创作出来的,但是可以使人们的心灵更加易于接近理智。在柏拉图的学园里面要学习各种各样的事物,音乐、诗歌这都是必修的功课。他认为这种艺术的迷狂、艺术的灵感类似于一种生殖力,一种性爱,性爱的原始冲动是靠爱神在人的心里激发出来的一种如醉如痴的狂热。诗的迷狂也是爱神激发起来的,他代神立言嘛,什么神呢?一个诗神一个爱神。爱神赋予他一种激情,一种力量,诗人必须要有激情,要有力量,否则的话他创作不出那样打动人心的诗来,所以诗神和爱神是激发人的诗的迷狂的。

所以在这三种迷狂里面诗的迷狂处在中间:最高的是理智的迷狂,其次是诗的迷狂,再就是宗教的迷狂。宗教的迷狂柏拉图也是瞧不起的,宗教狂热分子经常把宗教玷污了。那么诗的迷狂是处在中间。诗人虽然可以代神说话,但是诗人自己没有自觉,创作出来的作品诗人自己不能够理解,必须要由哲学家去解读,由评论家去解读。评论家按什么去解读?评论家必须按照理念去解读,去评价。诗人自己没办法评价,这是当时的一个普遍现象,其实现在也是如此。所以理智的迷狂是最高的智慧。它是理性的,是静观的,是从认识发展出来的。只有它能通过回忆来把握天上的绝对的真善美,这样一种真善美是"永远不会有尘世的诗人来好好地歌颂的"。就是说诗人他没有办法把握理念世界的真善美,只有哲学家才能够。所以这个里头包含着酒神精神和日神精神的关系,就是狄奥尼索斯精神和阿波罗精神,这个后来尼采讲得很多。但是尼采讲这些东西并不是他的发明,在柏拉图那里其实就有很多这种说法。狄奥尼索斯精神,酒神精神,它是一种生命冲动,但是这种生命冲动如果没有阿波罗精神的这样一种静观的形式,那么它就是杂乱无章的，它能够激发人但是无法规范人。尼采的狄奥尼索斯精神就是人的本能的生命力、人的生殖力、人的性爱的能力。那么阿波罗精神就是一种规范的能力。酒神是没有规范的，但是日神是有规范的，是能够协调的，它能够把这些非理性的东西变成一种文雅的东西。非理性的东西往往表现为一些野蛮的东西，但是如果有了阿波罗精神的话，就会把这些野蛮的酒神精神文雅化。这个是尼采的一种观点，但是在柏拉图那里其实已经可以看出来，已经有这个观点了，只是和尼采的侧重面相反。柏拉图对那种毫无节制的狂欢是反感的，所以他认为一味地推崇酒神，推崇酒神精神，虽然有积极的作用，但是会导致一种"剧场政体"，所有人都像演戏一样在那里狂欢，没有任何节制，整个社会变得毫无秩序。那么如果能用阿波罗精神来中和，比如说在节日庆典中按照神给我们带来的和谐的节奏来舞蹈，那么艺术才能够教育人，才能发挥它的教育作用。艺术是有教育作用，但是如果没有阿波罗精神来中和来调和这种酒神的冲动，那么也会败坏人性，起不到它的教育作用。

可见在柏拉图这里首先重视的是艺术的教育作用。艺术有它的教育作用，但是有个条件，就是它不能够一味地放纵自己的酒神冲动。因此柏拉图批评了很多艺术，他认为那样一种没有经过阿波罗精神中和的艺术是"甜言蜜语的"，败坏道德的，是引人堕落的。他对这种艺术深恶痛绝。柏拉图的时代也可以说是一个礼崩乐坏的时代。我们孔夫子处在一个礼崩乐坏的时代，想要恢复周礼，柏拉图也有类似的要求。就是在这样一个时代人们都在堕落，都在尽情地享乐，凭借自己的自然本能的冲动沉醉于各种各样诱惑人的艺术之中。柏拉图自己也很喜欢艺术，包括荷马的诗，他也读的如醉如痴，他也知道荷马的诗是有价值的。但是他反对用荷马的诗来教育青年，因为荷马的诗里面也有一些是激发人的本能冲动的。所以他出于道德的目的甚至于主张将来如果要建立一个"理想国"的话，要把诗人赶出他的理想国，不让他们来败坏人性。甚至于对他喜爱的荷马的史诗，他也这样评价，他说，"因为它们越美就越不宜于讲给要自由，宁死不做奴隶的青年人和成年人听"。他认为将来我们要建立一个理想国，那么荷马的史诗要加以禁止。这是在西方思想史上第一个提出要禁止艺术的哲学家。西方中世纪对艺术采取一种禁绝的态度，从这里有它的传统，一直到近代以来才慢慢开始突破。中国也有这种传统，有的艺术不宜于讲给年轻人听，不宜于在社会上传播，有些书是禁书，有些戏要禁演。西方在柏拉图那里已经开始了，他也是出于道德的目的，他认为这些东西尽管很美，很能打动人心，但是有必要牺牲这些低层次的美，而保全比较高级的美。什么是比较高级的美？首先是社会秩序，道德，伦理。这种说法在柏拉图那里可以说是恶名远扬，后来的人一讲到这个书报检查，这个禁书，就追溯到柏拉图，所以柏拉图在这方面得到了一个很不好的名声。但是他其实也讲了一番的道理。我们下面来看看他的道理。

他的道理一个是刚才讲的，就是说这种酒神精神败坏人性，过于放纵人的欲望，这是一个理由；另外一个理由就是这些艺术是带有模仿性的，带有模仿性在柏拉图看来就是没有用的。这还是从苏格拉底的这个效用观点来看的，就是模仿的艺术那有什么用呢？你去模仿一个东西，那还不如得到那个东西，模仿是影子，模仿的艺术是影子的影子，没有用。他说模仿一张床不如自己去做一张床，模仿一个好人不如自己去做一个好人。但是另一方面，在模仿对象这个意义上面，造型艺术一般认为比诗和音乐要更具模仿性。我们通常讲模仿性艺术就是绘画、雕塑、这些都是模仿性的。音乐我们很难说它是模仿性的，你要是从音乐里面仅仅听出一个画面来，那你还是外行，音乐要体会它里面的那个情调。但是在西方古代，通常认为音乐也是具有模仿性的，而且音乐模仿得要更深刻。比如说模仿神，模仿看不见的东西，模仿人的情感、情调。那么柏拉图就认为，诗人他可以模仿人的性格，模仿人的情感，而情感和性格往往是一些无理性的部分。一方面诗人的模仿没有用，但是另一方面，模仿会诱使人去模仿人心中那些邪恶的部分，那些非理性的部分。

所以他认为诗人比画家更具有模仿性，画家只是模仿人的表面，而诗人可以模仿人性中的那些非理性的东西。所以诗人就能够培养人性中低劣的部分，低级的部分，而摧残理性的部分。音乐家他也是模仿人的心情，而这种心情往往是非理性的，低级的。只有理性在柏拉图看来才是高级的。所以他出于理性主义的这种道德观，认为你把这些非理性的、感性的、冲动的东西模仿下来，那只会败坏人心。所以柏拉图对一切艺术出于这样一种道德目的和实用的目的，都加以否定。一个是模仿没用，一个是败坏道德，所以他认为诗人必须被赶出理想国。但是实际上，他又留了一个口子，留有余地，他认为有一种艺术在他将来的理想国里面是可以存在的。什么艺术呢？这就是颂神的诗和祭神的艺术。这些诗这些艺术是万古不变的，它们是当时古希腊社会的主旋律。主旋律的艺术是可以保存下来的，这对于一个国家的长治久安是有好处的。所以柏拉图对艺术的正面的看法也有，就是说如果一个艺术它能够在政治上发挥它的好的作用，在道德上发挥它的好的作用，那么我们可以把它保留下来。他是立足于统治者，立足于政治的角度来对音乐、对艺术做出正面评价的。所以他也不完全是把音乐家赶出理想国。就是说像荷马这样的艺术家，是要赶出理想国的，因为他不为政治所用。但是像埃及祭祀时他们所奏的那些正统音乐，他们所唱的那些正统的诗歌，那是可以保留下来的，那是可以作为理想国的正面的东西。

　　所以柏拉图把诗人赶出理想国，从根本上来说，既不是由于诗人的灵感，也不是由于诗人的模仿，而是由于他的灵感和模仿仅仅停留在低级阶段。对灵感和模仿柏拉图一般来说还是赞赏的，但是他不赞同它们停留在低级阶段，而必须要提升到高级阶段。就是你必须不是模仿自然，而是通过模仿自然来模仿理念。单纯的模仿自然，比如说模仿人的本能，这也属于模仿自然，那个是败坏人心的。但是如果你是能通过模仿自然来模仿理念，那就高级了，那就提升了。但是要模仿理念，那不是艺术家要自觉追求的，要达到模仿理念就必须通过灵感。而灵感是诗神和爱神他们干的事情，艺术家不自觉。所以他认为简单模仿的艺术只能使人得到感性的愉悦，而在道德和政治上面是消极的。就是简单模仿的艺术这个是要否定的，而模仿神的艺术那是高级的，像埃及祭祀时他们这种正统音乐，那是非常高级的，几乎和哲学等价，已经达到很高的层次，受到了柏拉图的高度赞扬。但是它还是跟哲学有一个层次上的差别。也就是说，虽然这种诗神凭附的艺术，这种灵感的艺术、模仿神的艺术几乎和神等价，但是又不及哲学，因为它是不自觉的。诗神凭附在诗人身上的时候，诗人是不自觉的，所以在这方面他认为艺术家、诗人所创作出的作品固然可以几乎和哲学等价，但是艺术家本人仅仅是些工匠，是些工具。诗神凭附在他身上，他只是诗神的一种工具。所以诗人、艺术家终归是第六等人。他把人分成等级，艺术家是第六等人，而哲学家是第一等人，哲学家是"爱智慧者，爱美者，诗神和爱神的顶礼者"。哲学家知道，是诗神和爱神凭附在诗人身上创造出来这样美的作品，所以这种作品要由哲学家来评价。哲学家是最高层次的，而诗人不能评价自己的作品，他只是一种工具。所以哲学家通过理性知识的追求和积累，最终可以达到直接观照美的理念本身，达到最高层次。

可见柏拉图对艺术不管是批评还赞扬，最终都是归结到毕达哥拉斯最初所创立的美真同一，美和知识是同一的，最终归结到这个原则。那么他在这个里头同时又采用了苏格拉底所提出的效用说，就是人的效用，人的目的，当然是异化形式的。这个效用不光是人的效用，而且提升到神的效用，神是人的异化。神其实是一个异己的人，在神身上体现出来的其实是人的理想，人追求的目标。他以这种异化的形式表达了人的目的。所以柏拉图把美与神的最高理念、就是善的理念结合在一起，他就不再是像苏格拉底那样，仅仅停留在"认识你自己"，而且是要认识神。当然完全认识神是做不到的，哲学家也只能在一瞬间摸到一点边。完全认识理念世界也是做不到的，但是可以去追求，追求认识神。

就是说认识神是美学和哲学所追求的最终目标。这是柏拉图的美学,对于美的观念和对艺术的观念。

下面我们再看一看柏拉图以后的古希腊美学的发展,着重考察的就是亚里士多德。

第三节　客观美学的发展:对艺术本质的探讨(亚里士多德)

我们前面讲到柏拉图,在柏拉图以前古希腊的美学有一个共同的思路,就是先确定一个美的本质。美是什么?美是和谐,美是数的和谐,美是对立事物的统一,美是合适,美是理念。首先确定美的本质是什么,从这个命题出发,然后从里面推出艺术。美学的两个主题,一个是美的本质,一个是艺术的本质。当然还有第三个主题就是美感。但是在古希腊客观美学里面不怎么讨论美感。讨论美感时都滑过去了,灵感说、"诗神附体"都滑过去了。所讨论的就是这两个主题,一个是美的本质,一个是艺术的本质。但是在柏拉图以前都是一个固定的模式,先把美的本质搞清楚,然后再讨论艺术的性质。先搞清了美以后,艺术的性质就好办了,那就是模仿论。所以这种美学的思路是自上而下的,美的本质问题要更高,在概念上更高更抽象,那么艺术更具体。艺术是我们每天都在做的事情,它也是技术。在古希腊,艺术和技术是一个词techne,技术跟艺术是不分的。一直到近代西方才开始把美的艺术从技术里面分离出来,或者说,从鲍姆加通、康德以后才把美的艺术作为一种特殊的艺术从一般的艺术里分离出来,在此之前是不太分的。

那么到了亚里士多德(Aristotle,前384—前322)有了改变。亚里士多德是柏拉图的弟子,但是他的这个思路在很多方面跟柏拉图是完全颠倒的。就是说美的本质在亚里士多德这里谈得很少,他已经基本上不太讲美的本质,他讲的更多的是艺术,美的本质被他看作是艺术本质的一个逻辑结果。我把艺术的本质搞清楚了,美的本质也就清楚了——艺术就是创造美。所以在他这里美学第一次成了一种"艺术哲学"。当然他自己没有这样说,但是我们可以看出来,他的《诗学》,实际就是从艺术哲学的角度、从诗学的角度来探讨美学问题。所以他的美学体系是一种自下而上的美学体系,跟他以前都不一样。他以前都是先从美下降到艺术,美既然是那样,然后艺术也就是这样。而亚里士多德他是自下而上,以经验作为基础。艺术是更带有经验性的,美作为抽象的概念更带有理性的特点。这当然也跟亚里士多德哲学的特点有很密切的关系,我们说柏拉图跟亚里士多德是很不一样的,他们两个人的哲学非常不一样,亚里士多德是比较务实的,而柏拉图高高在上,对于现实世界的感性的东西不屑一顾。我们在拉斐尔的著名的油画《雅典学园》里面可以看到,核心人物一个是柏拉图,一个是亚里士多德。亚里士多德年轻一点,柏拉图是个白胡子老头。画中柏拉图手指着天上,亚里士多德手指着地上,两个人在争论。争论什么问题?从他们的手势就可以看出来,柏拉图指着天上,是指理念世界;而亚里士多德指着地下,说你要落到实处啊,你要落在经验之中啊。所以从柏拉图的对话录中,你可以看出他是非常优美典雅、诗意盎然的,我们说柏拉图是个诗人,他的对话录就是一场一场的戏剧——戏剧诗,非常优美、非常典雅。苏格拉底和这个那个讨论问题、对话,用词非常高雅、非常优美,举的例子也都非常形象,非常带有诗意。但是亚里士多德呢,你看他写的那些著作,你几乎看不下去。他行文枯燥、烦琐、笨拙,包括他举的例子都是非常笨拙的,都是日常生活中毫不起眼的例子。但是他的思维细密、思路严谨,那是无可匹敌的。亚里士多德的特点是这样,他是非常务实的,一个东西一定要把它搞透,搞清楚,他不像柏拉图那样大而化之。

柏拉图的哲学、美学主导方向是唯智主义,唯智主义也就是理智主义,是崇尚理智的。亚里士多德也崇尚理智,但是他脱掉了那种诗一般的美丽的外衣，而展开了理智本身内在严谨的逻辑结构。一方面亚里士多德更重视经验实证，有点科学的味道了。亚里士多德不但重视实证，也很重视逻辑，严密的逻辑论证。所以他抛弃了柏拉图的迷狂和灵感这样一些不着边际的说法，他认为这都是不能验证的，迷狂也好，灵感也好，其实都是些虚无缥缈的东西，都是说不清楚的，你就用这些话来搪塞。他主张的是在柏拉图的这个形式主义的基础之上，回复到前苏格拉底。亚里士多德把前苏格拉底所有的哲学家都理了一遍。他认为早期这些哲学家崇尚感性，崇尚经验，崇尚质料，当然形式很重要，但是质料也不可忽视。前苏格拉底的那些哲学家，赫拉克利特，德谟克利特，他们也有一定的道理。他是主张回到前苏格拉底面向感性世界，所以在认识论上他带有一种经验主义的倾向，跟柏拉图不一样。我们刚才说柏拉图是先验论的，一切知识都是回忆，在脑子里面回忆就是了，回忆到你在降生为人之前你先天固有的那一套，你把它找出来，这是柏拉图的先验论倾向。那么亚里士多德有一种经验论的倾向，先验的他当然也不完全否认，但是你还是要落实在我们的经验的感性生活中，来解释具体的经验事物。所以亚里士多德在古希腊建立了第一个艺术本体论，有一种冷静的科学主义、实证主义和理智主义特点。这是亚里士多德的美学的特点，也是他整个哲学的特点，那么我们下面先来看看他的哲学。

一、亚里士多德哲学的特点

亚里士多德的哲学，如果要专门谈他的哲学的话，那远远不是一堂课可以讲完的，三天三夜都讲不完。但是我们要讲他哲学的特点，把他的特点突出出来，这个还是可以大致概括一下的。亚里士多德在哲学上和柏拉图最显著的区别我们刚才讲了，就是他的经验主义。他批判了柏拉图的理念论，认为他的那些理念都是无用的诗意的比喻。柏拉图是个诗人，当然他可以提出一个理念世界，在想象中，在幻想中，但是看不见摸不着，他的那个理念世界你无从到达，只有极个别人在发狂的时候可以上升到那个世界，但是大多数人，其实都是达不到的。它是一种诗意的比喻，想象的比喻。亚里士多德认为，柏拉图提出一个理念世界来解释地上的万事万物，就像一个人为了数清一堆事物，数了半天数不清，于是就把这个数字加上一倍，一个天上一个地下的，加在一起来数。加在一起更困难了，所以柏拉图是把事情越搞越复杂了。没有什么理念世界、彼岸世界，有的只是我们所看到的现实的经验世界，你把这个世界的事情搞清楚就不错了。所以理念世界完全是柏拉图发挥他的想象想出来的。科学研究应该从最具体的个别事物出发，亚里士多德把这些个别事物称为"第一实体"。个别事物是第一实体，张三李四，这一棵树，这一匹马，这一栋房子，这都是个别事物，有名有姓的人，我们所看到的这个事物那个事物，这是一切认识的基础。但你也不能停留在个别事物之上，你还要用科学的态度去寻找它们的"原因"。这个个别事物虽然你看到了，但是知其然还要知其所以然！你看到了它在这里，但是它为何存在？它存在的原因何在？这就是科学家的态度。如果你只承认这个事物那个事物，这就是老百姓的态度，老百姓都是这样的，承认个别事物。但是科学家除了承认个别事物以外，还要追究事物的原因，这就构成了整个宇宙的现实图景。当你追求这个事物那个事物的原因的时候，你就把宇宙的结构搞清楚了。这就是科学家、哲学家，当时哲学家和科学家还没有划分，就是一回事。

  那么这是些什么原因？万物都有它的原因，这些原因亚里士多德归纳了一下。不外乎一个是形式因，一个是质料因。每个事物都有两个层面，一个是形式，一个是质料。而形式因里面又包括目的因，还包括致动因，致动因也可以翻译成动力因，动力因和目的因都包括在形式里面，质料是另外单列。所以总的来看是质料和形式，但是分开来看形式里面包含致动因和目的因，所以就是四因。亚里士多德提出四因说来解释万事万物的原因。每一件事物都有四个原因——质料、形式、动力、目的。他举了一个例子，比如说我们面前有一尊苏格拉底的雕像，苏格拉底已经去世了。但是他的雕像放在我们面前，那么我们分析，这样一个苏格拉底的雕像，如果它是青铜的，它的质料就是铜料，但如果是石头雕出来的，它的质料就是石料。它的形式就是它的形象，你雕的是苏格拉底，而不是柏拉图，不是任何别的人，它就是苏格拉底。世上苏格拉底只有一个，刚刚死了不久，你把他雕出来了，那么这就是这个铜像的形式，这个石像的形式。形式因就是苏格拉底的形象，你是按照苏格拉底的形象雕出来的，这个苏格拉底的形象世上只有一个，只有苏格拉底长成这个样子，没有第二个人了。但是他的形式构成了这个石像的形式，把这一块石料打成了苏格拉底的那个形式。另外一种原因就是艺术家的工作，一个艺术家雕刻了这个石像。那么艺术家的雕刻的工作就是它的动力因。但他为什么要雕这个石像？如果没有个目的那他也不会出现，所以亚里士多德又加上了一个目的因：为了纪念苏格拉底而雕出来的。雅典政府经过大家一致同意为苏格拉底雕一个石像，这样一个目的是这个石像得以存在的原因。所有这四个原因是任何一个具体事物成为这个事物的原因，少一个不行。这一个事物，比如说苏格拉底的雕像，我们可以从它身上找出四种原因。

万事万物都可以这样解释，"这一所房子"等等都可以这样解释。但是他又认为质料和形式的关系是相对的。为什么是相对的呢？就是质料和形式处在一个不断交替上升的等级系列之中。质料和形式都有它们的等级，它们构成万事万物不是在同一个平面上，而是在一个等级系统之中，有低级的事物和高级的事物。低级事物的形式对高级事物来说它又成了质料。亚里士多德又举了个例子，比如说砖瓦，砖瓦对于构成它们的泥土来说是形式，砖瓦它要成形，你要烧成一个砖和瓦的形状才能用。但是砖瓦对于它所盖成的房子来说呢，它们又是质料。你要用砖瓦来盖成一座房子，那么它又成了质料，而房子对于砖瓦来说呢又构成了形式。那么房子本身作为形式来说，对于它们所组成的街道而言又成了质料，一条街道它是由很多很多房子构成的，那么这些房子对于街道来说又是质料，而街道整个来说又成了一个形式，如此等等。万事万物都可以这样来理解，都有不同的质料和形式的等级，宇宙万物都处在一个从低级到高级不断上升的这样一个等级系统之中。那么这样追溯下去，他认为必定有一个绝对的最高的形式。从质料到形式，又从更高的质料到更高的形式，不断地一个等级一个等级地往上追，最后肯定有一个形式，它凌驾于一切相对的形式之上。这个终极形式作为致动因，作为动力因，它就是万物的第一推动；作为目的因，它就是最高的至善和最终的目的。它本身再不是质料了，你把它再当作质料，往上就没有形式了，它本身是绝对的形式、最高的形式，是"无质料的形式"和纯形式。亚里士多德把这种纯形式又叫作"神"，我们也可以把它翻译为上帝。上帝是纯形式，它本身不再有什么质料，所有的质料都由它而赋形，所有的万事万物都由上帝的第一推动和创造而赋形。

那么在这样一种等级关系之中，有一种关系是不变的，就是形式始终决定了质料，形式始终是占主导地位的。一个苏格拉底的雕像，它是铜料也好石料也好，你采取什么东西都可以，但是只要你雕出了一个苏格拉底的形式，那我们就可以把它叫作苏格拉底像，不管你用的是什么材料。所以材料是无关紧要的，重要的是这个形式才构成了这个事物。一个人也是，我们从小到大，我们的身体细胞已经换了多少，已经根本不是原来的我们了，但是我们还是一个人，还是这个人。因此形式在亚里士多德看来是决定性的因素，而最高的形式就是神，他是整个宇宙的决定性因素，他赋予了万物以现实性和存在。万物之所以存在就是因为神，他是成形的，他给万物赋形，一切万物之所以形成一个等级阶梯，就是因为它们从低级的形式上升到高级的形式，不断地往上追求，最后趋向于神。在这一点上，亚里士多德跟柏拉图就打通了。虽然亚里士多德恢复了个别的事物第一实体的地位，他很推崇个别经验事物，这点跟柏拉图不同；但是通过一个目的系统不断往上追溯，最后追溯到一个无质料的形式，那就相当于柏拉图的理念了。形式这个概念在古希腊文里是 eidos，亚里士多德用这个词的时候我们把它翻译成"形式"，它本来也有形式、形相的意思；但是在柏拉图那里我们把它翻译成"理念"，实际上是一个词。但是我们要把它翻译成形式是因为亚里士多德对它的理解确实跟柏拉图不一样，它是同质料相对而言，而且跟质料是不可分的，只有到最后才可以分，只有神、上帝才是无质料的形式，而在其他所有的事物里面不可能有无质料的形式，一切质料都带有它的形式。一切形式也都带有它的质料。如果有一个质料是完全没有形式的，那么亚里士多德认为它就叫作"无"，就是什么也没有，任何质料哪怕一堆泥土也有它的形式，如果完全没有它的形式了，那就什么也没有了，那就是虚无。之所以有是因为有形式，是它成型了，它形成了，那才有。所以上帝是最高的有，但是最低级的有就是个别实体的形式，这是最基础的有，最基础的存在。但是最基础的存在它要上升，它要发现它何以存在，它逐级上升，最终发现它之所以存在是因为最高的那个神，无质料的形式赋予了它的存在。所以这点上他跟柏拉图又合流了。柏拉图就是讲他的理念是不包含现实事物的，不包含质料的，它是纯形式。那么亚里士多德在他最高的上帝身上呢，就达到了这种纯形式。所以柏拉图和亚里士多德他们都属于古代的唯心主义者，尽管亚里士多德有经验主义的因素，也有一定的唯物主义的东西，但是归根结底他们还是被称为唯心主义者。他们都是神学目的论。亚里士多德把神学目的发挥到了极致，这种观点一直到近代，像黑格尔他们都还继承亚里士多德的这样一种体系——神学目的论。万事万物都趋向于神，在这个趋向的过程中才表现出它们的丰富性和多样性。这是他们哲学上的一种模式，亚里士多德奠定了后来的哲学的一个占主流地位的模式。很多主流的哲学家，像中世纪的托马斯·阿奎那，像近代的莱布尼茨、黑格尔，他们其实都是从亚里士多德那里来的，他们的整个模式都是从亚里士多德来的。这样一个传统使得西方精神呈现出特有的特点。

二、艺术本体论

我们前面讲到过，亚里士多德的美学主要是艺术哲学，在他以前主要都是关于美、关于美的本质这样一些讨论，把这些作为美学的核心问题。那么到了亚里士多德这里，他开始有了一些改变，就是他不是很关注美的问题或者美的本质的问题，他关注的是艺术的问题。那么我们首先来看一看古希腊人所理解的艺术。

古希腊的艺术概念，前面讲过，实际就是我们今天讲的技术，techne 就是技术，是个希腊词，这个词在今天已经被特定为用来描绘科学技术。但是在古希腊，技术和艺术是一个词，就是 techne 这个词。那么什么叫 techne，就是包括一切人工制品，艺术当然也包括在内，而且还包括技术、技巧、熟练、技艺，这些意思都在里面。还包括医术，医疗技术，甚至于政治技术。政治它当然也有技术了，权术、权谋，这也是一种技术。总的来说凡是包含有人的目的活动的都叫 techne。那么到了亚里士多德这里，这个词更加扩大了，它本来的意思是，凡是包括人的一切目的在内的活动都叫作艺术活动，但是亚里士多德把它进一步扩展到不光是包括人的，而且包括神的活动。那么神的活动也是有目的的，这样一种目的叫作神的目的，我们今天称为神学目的论，也就是把这个概念推广到上帝所创造的宇宙、自然界上。本来这个概念是把人工的技术和自然物区别开来的一个概念，到亚里士多德这里把它提升了、扩展了，甚至自然物也是某种有目的的作品，那就是神的作品。所以他认为神是一个伟大的艺术家，这是亚里士多德的一个很重要的观点，就是把古希腊传统的技术、艺术概念提升到神的合目的性活动。那么这样一来，万事万物，我们通常认为非人工制造的自然物，大地、山川、河流、动物、植物等等，包括人自身，这些东西本来是自生自灭的东西，在亚里士多德的眼睛里面都被看作神的艺术作品。前面我们讲到了亚里士多德的神学目的论无所不包，任何事物都有它的质料和形式。从质料到形式,从低级的质料形式到高级的质料形式,最后上升到最高形式那就是神。而神是所有的一切万事万物的前提,一个目的,由他创造了世上的万事万物。于是这样一种世界观就变成了一种艺术世界观,整个自然界都被看作上帝的艺术品。这个艺术世界观我们中国古代也有,比如我们认为山川大地都是大自然的造化。什么叫造化呢?鬼斧神工,天造地设,就是说冥冥之中有一种造物主把这个自然界、自然万物造出来。当然中国没有西方那样的神的概念,至高无上的上帝的概念,但是也有造化的概念。那么亚里士多德的这个造化的概念呢,他有一个造物主,造物主就是神。这种艺术世界观当然在亚里士多德以前已经有它的萌芽。我们前面讲到了苏格拉底、柏拉图已经提出了神学目的论,认为整个自然的生态链它的最高顶端是人,但是更高的就是神了,万物都是为了趋向于神而被创造出来的。这样一种神学目的论到亚里士多德那里被系统化了,也可以说亚里士多德把这样一种神学目的论定了"型",就是这样一种模式。之后的基督教世界的神学目的论,以及近代,我们后面要讲的莱布尼茨、康德、黑格尔他们的神学目的论都是从这里流变出来的。那么在这个基础之上,亚里士多德建立起来一种美学的基本模式,影响了西方美学思想两千多年。他所建立的这样一种美学模式被称为古典主义美学,古典主义美学在亚里士多德这里定了"型"。是一个什么样的"型"?我们下面要来讲。

刚才讲到亚里士多德的美学跟以往的美学家们不同的就是,以往的美学家都从美的本质推出艺术的本质,美的本质是客观的,那么艺术就是对美的模仿,艺术是用来模仿这个客观美的一种手段。那么亚里士多德把这个关系颠倒过来了,就是不是从美里面引申出艺术的本质,而是从艺术的本质里面引申出美的本质。首先是艺术,艺术就是艺术,本来跟美没有什么关系。但是如果有一种艺术是专门来模仿的艺术,那么它就具有了美的属性,美是什么属性要看它的艺术、它的模仿是一种什么样的属性。所以他在西方美学史上首次把美学当作艺术哲学来加以研究。艺术的概念被扩展为不仅仅是人工的技术的概念，而且是一个宇宙论的概念，整个宇宙整个自然界都是艺术品。当然他也注意到自然的产物和人工的作品是不一样的。他说自然的产物是"为自然所创造，其所由来为物质，其所成就即自然界的现存万物"，而人工的制品"或是出于技术或是出于机能，或是出于思想"；但是自然产物和人工产品虽然有种种不同，人工产品是人为造成的，自然产品是天生的，但有一点是一样的，就是它们都有形式在里头。自然产物它自身就赋有形式，那么人工产物是人赋予它形式。既然它们都共同有形式，所以这两者有相同的地方。比如说种子的生长，种子长成一棵大树，他认为就像技术一样的，是种技术工作，因为在种子里面潜藏着形式。种子如果没有形式的话就生长不起来，它要长成一棵大树，这棵大树就是种子潜藏在里面的形式，所以种子里面就有一个目的因，它将来要长成大树的。这就像人工制品，把一堆质料拿来，这一堆质料我要雕琢出我所想到的一个雕像。亚里士多德认为这两种程序是一致的，只不过人工制品是人赋予它形式的，而自然物是上帝、是神赋予它形式的，神在创造万物的时候已经把形式埋藏在里面了，后来事物就一步一步把自身的形式发展出来了，就像一颗种子长成大树一样。因此朱光潜先生曾经有这样一句话，他说："实际上亚里士多德是把自然和神看作一个艺术家，把任何事物的形式都看作艺术创造的。"这是亚里士多德他的美学、他的艺术哲学的模式，他是这样一个定型，他定了这样一个"型"在里头。

这样一个基本模式在西方美学史上影响深远，我们来简单地对它描述一下。这样一个模式——就是万物都是神的艺术品，万事万物，自然物，包括山川、大地、树木、河流，这些自然物看起来没有人的意志在里面，没有人工的技巧在里面，但实际上是大自然的创造者——造物主有意创造出来的东西，我们说是上帝的鬼斧神工。那么在这些万物之中，人是神的最优秀的作品，这个在苏格拉底那里已经有了，人是处在这个自然界生态链的最顶端，人是万物之灵长。但是万物之灵长也不是他自己长出来的，还是上帝创造出来的。那么人的艺术就是对神的艺术的模仿。既然万物都是神的艺术，包括人本身在内，那么人的艺术、人的技巧、人的技术、人工制品实际上都是对上帝制品的一种模仿。既然是对神的艺术的模仿，因而也会带有神的艺术的特点。

而神的创造万物，他的艺术品有他的特点，什么样的特点呢？亚里士多德总结出来了，神的艺术和人的艺术共同具有的特点就是"有机的整体""多样的和谐"。我们今天讲的多样的统一、有机的统一大概可以这样来概括，这就是一般艺术的本质特征。我们要注意这里讲的一般艺术既包括人类的艺术也包括神的艺术，它是一种宇宙观，它不仅仅是一种艺术美学的观点。他的美学的观点就是一种宇宙观，整个宇宙，上帝创造它的时候都是按照"有机的整体""多样的和谐"来创造的。神的目的正是在万物的和谐、有机的联系里面看出来的，特别是在有机体里面可以看出神的目的，无机物一下子还看不出来。大自然的石头、水、沙子、黏土，这些你还不一定看得出来。但是这些东西都是要来长出树木、长出植物、长出动物，在植物、动物的基础上长出人来的。所有这些东西都具有一种有机的统一关系，这就是上帝的目的、上帝的意图。所以亚里士多德对美的本质的观点，可以从这里头引出来。既然艺术具有这样一种特点——有机的统一性，那么美也就是有机的统一性。什么是美？美就是有机的统一性。这就是美的本质，当然他没有明确地这样说。亚里士多德一般不探讨美的本质，但是这里面已经体现出来，它是从艺术的本质里面引申出美的本质。那么由于美和艺术的这样一种密切的关系，所以一切美都必然是有目的的创造物。所谓自然美，我们通常讲自然美跟艺术美不一样，我们的美学概论、美学原理都是这样讲的，自然美是自然界客观具有的，艺术美是人工的艺术品所具有的。但是这种观点在亚里士多德看来不对，一切美都必然是艺术的作品，没有艺术创造是没有美的，因为美就是有机统一，有机统一就是有意地创造的作品，是有一种意图使得它统一起来，所以一切自然美都必然是艺术美。

那么从毕达哥拉斯以来提出的"和谐",如美就是和谐,数的和谐,或者是赫拉克利特所讲的对立面斗争的和谐等等,到了亚里士多德这里对什么是和谐有了新的解释。亚里士多德的自然美是充满着矛盾和张力、充满着多样性的有机统一体,这样一种形式就是和谐,也就是美。所以亚里士多德还是继承了西方传统的和谐说,但是把它进一步深化了。而这种美的和谐不仅仅是机械的、数学的和谐,像毕达哥拉斯所讲的那样;也不仅仅是两个事物之间的外在的对立统一,像赫拉克利特所讲的;也不仅仅是苏格拉底所讲的目的和手段的合适关系。那么它是什么呢?它是一种"内在的目的性"。内在目的性跟外在目的性是很不一样的。"外在目的性"有点类似于苏格拉底所讲的合适,矛适合于进攻,但是不适合于防御,而盾适合于防御,但是又不适合于进攻,所以它取决于外部你要用它来做什么,你的用途何在。这就是外在的目的性,外在目的性又叫作外在的合目的性,合乎目的。那么合乎目的主要是人的一种实用的观点,你拿这个东西来做什么,你用一个事物去达到另外一个目的,这叫外在的合目的性。而"内在的合目的性"它是很不一样的,它是个别的事物自己把自己的那些原来分散的因素结合成一个统一体,它是这样的合目的性。它不是要到达外在的另外一个目的,而是它自己是自己的目的。比如说种子,它自己要生长起来,它要把自己内在的那些潜质实现出来,于是就把那些零散的因素,比如说阳光、水、空气、土壤,把这些因素综合起来,有机地把它们内在地关联起来,使它们促成自己的目的,就是成长、生长,这就是内在的合目的性。内在的合目的性就是有机的合目的性,外在的你可以说是无机的。你把一个工具放在那里你可以不用,它还在那里,你什么时候想用了你可以拿来用,用完就把它丢掉,没关系的,那是外在的合目的性。但是内在的合目的性一旦不用它就解体了,它内部的各个部分就散了,一个动物它的某一个肢体如果不用它就退化了,甚至会消失掉。它每一部分都是有用的,它都是为了这样一个整体的目的而服务的。所以这个内在的目的性和外在的目的性它的区分在亚里士多德这里是非常重要的。亚里士多德有一句名言，他说"砍下来的手已经不再是手了"。从整个人身上把手砍下来，那个手还能是手吗？它离开了整体它就没有手的作用，手的作用只是体现在长在他身上的时候，在为他总体的目的服务时，它才能够发挥它的作用。它跟机器不一样，机器一个零件你把它拆下来，它还是个零件，把它放在那里它也不会腐烂。手一旦脱离了它的身体，它就会腐烂，它就没有血液供应，它就坏了。有机体跟机械的、凑合的整体不同的地方：一个是内在的合目的性，一个是外在的合目的性。那么这种有机性也就是有机的整一性，有机的整体这样一个概念，包括里面所含有的和谐的概念，效用、合目的概念以及形式的概念，都被统一在艺术这样一个总体的概念里面了。

艺术是一个总概念，里面包含所有这些内容。在这种意义上，美和善就达到了一种本原的统一。凡是合目的性它跟善的概念都有关。孔子也讲："工欲善其事，必先利其器。"要达到一个目的，你就必须要"利其器"，要准备好手段。那么"工欲善其事"，善的概念跟你所想要达到的目的的概念是密不可分的，所以凡是讲到目的，这里头就有善在内。善就是好，凡是一个好的东西，包括实用的，也包括道德的，它都跟目的联系在一起。合乎目的就是好的，这个东西很好，这个工具很好用，这是一个非常好的工具，那它就是善的。那么最高的善是道德，但是在道德之下还有一些实用的东西就是合适，而这种合适在内在目的性这里，从外部的关系转入到了一种内部的关系，就是指内部有机体各个部分互相适合、互为手段和目的。任何一个有机体都是这样的。比如昆虫，它的每一个肢节都跟它的整个身体互为手段和目的。它哪个地方有破损还可以自己长出来，甚至有的动物还可以掉了一个肢体后再重新长出一个来。植物更加是这样，植物的树皮掉了一块，过几天它就长好了。树叶掉了以后它还可以到了春天又发芽。每一个部分都是互为手段和目的，树叶是为了给全体提供营养，给树干和树根提供营养，那么树根也是为全体、为树叶提供营养，提供水分，提供矿物质。整个全体为了部分，部分也为了全体。这就是内在合目的性。这种合目的性的行为就是善，而美就是这样一种善的行为的形式。所以美善同一。美就是善，美就是好。在亚里士多德以后，西方长期以来把善和美看作同义语，几乎就是同一个意思。讲善的就是美的，讲美的就是美好的，即是善的。

凡是对艺术或者是美持有一种目的论观点的，我们可以说它都将会导致美善同一。在柏拉图那里这一点还不是很明确，亚里士多德是明确把美和善看作同一的。柏拉图还有一点把美和善分裂开来的意思，比如说他认为那些美的东西不一定是善的，所以他甚至于要把艺术家赶出他的理想国。艺术有时候可以损害道德，可以危害善，这个是柏拉图的观点。到了亚里士多德，他是从经验主义出发，从艺术出发，把美和善都和人的感性联系起来，美善同一，因此他恢复了艺术的崇高地位。柏拉图很瞧不起艺术，艺术家都是工匠，都是模仿者，而模仿是最没用的。而且不单是没用，有时候还有害，你模仿了人类的那些低劣的情欲，那些感性的冲动，那就会导致对于整个政治和宗教信仰的危害，所以柏拉图是瞧不起艺术的。但是亚里士多德把艺术提高到一个善的崇高的地位，就是善的有机的统一，它实际上是跟上帝的目的最终相吻合的。上帝的目的就是至善，是最高的善。这是他对于古希腊罗马美学的巨大的贡献之一，就是把艺术提高到一个至高无上的地位。上帝创造世界也无非是艺术。那么上帝创造世界的时候所体现出来的那种形式，那就是美，所以美善同一。在这种神学目的论的基础上，亚里士多德提出了他的艺术本体论，而这种艺术本体论从神的本体下降到具体人的意识活动的时候呢就被归结为艺术的模仿。

模仿论是西方美学的一个传统，自古以来他们就是强调模仿论的，但是在亚里士多德这里模仿论讲得最全面、最深刻。他认为严格意义上的人的艺术和别的艺术有一个本质的区别，别的艺术就包括神的艺术，也包括人的其他的那些技艺那些技巧。比如说这个农民种地，工匠制造一个产品，做一双鞋，等等，这也是技巧，这也是艺术。那么人的艺术，人创造美的这样一种纯粹意义上的艺术，我们今天讲的艺术，跟所有的神的艺术和人的技巧有一个本质的区别，本质区别在什么地方？在于它的模仿性。这个神创造世界他不是模仿性的，他就是随意地创造，不需要模仿任何其他的蓝本。那么人在这个工匠制造的时候也不一定是模仿，农民种地他模仿什么呢？他播下种子然后收获他的产物，然后就拿回家里去了，然后就享用了，无所谓模仿；工人也是这样，造一双皮鞋，皮鞋模仿什么呢？他只是为了实用，考虑到人的穿着，比较适合于穿在脚上就够了，制一套衣服适合于人体就够了，他没有什么模仿。当然他开始学习的时候要模仿他的师父，但是最终成为一个工匠后他不是模仿。只有纯粹的艺术，创造美的艺术，才是模仿，本质上就是模仿的艺术。所以他把人的艺术、严格意义上的艺术归之于一种模仿的艺术，并且把它称为"诗"。Poetik 就是诗艺，它原来的意思就是制作的意思，诗的意思本来就是制作，本来跟 techne 差不多的。但是亚里士多德给它做了个限定，就是模仿的艺术才能叫 poetik，比如说史诗、悲剧、喜剧、演奏的音乐，他说这一切总的来说都是模仿。模仿有不同的方式，比如说它的不同的媒介，你是用语言文字还是用乐器还是用画笔等等。这些东西有不同的媒介，并且采用不同的模仿对象。你模仿的对象是什么？是人、是神、还是英雄，或是一个事件呢？模仿的对象不同，使用不同的方式。还有你在模仿的时候采用不同的风格，你的艺术风格，你的艺术技巧，每个人都不一样。所有的模仿都包含有这样几个因素。一个作者是否能够称为诗人，亚里士多德用"模仿"来加以区分，就是一个艺术家是否用他的作品来进行模仿，这是区分一个诗人和其他人的标准。"模仿"是诗和非诗，诗人和非诗人的划分的标准。至于诗人是不是要用格律，是不是要押韵，那倒无所谓。古希腊的这个诗歌经常是不押韵的，它跟中国的《诗经》《离骚》这些不太一样的。抒情诗，唐诗宋词，非常讲究格律，讲究音韵，但是古希腊的诗不太讲究这些，当然也有，但是不太讲究。英雄体——所谓古希腊英雄体的诗，如《荷马史诗》就不讲究音韵，它在吟唱的时候是配上音乐，配上乐器，使它具有韵律。拼音文字跟汉字不同，汉字它本身具有音韵，所以它是特别讲究押韵，特别强调要符合押韵规则的。西方当然也有这个，但是不是那么强制，不像中国的这个"四声八病"、平仄，有各式各样的讲究。西方也有讲究这方面的，在古人看起来那就是雕虫小技了。近代西方才开始比较强调这个音韵，比如说在康德的时代人们就开始强调音韵，但是在康德心目中这是一种奢华的倾向，没有那么朴素了。真正的英雄体的诗、崇高的诗，那是不讲究音韵的。亚里士多德也认为只要是模仿就是诗，至于是不是讲究音韵这个无关紧要。

亚里士多德的模仿论我们刚才讲到，它比以前的一切模仿论更加深刻、更加全面、更加细致。那么他改进的地方在哪里呢？我下面归纳了五个方面。第一个是强调艺术的模仿应该是模仿本质和规律，而不仅仅是模仿外表。要模仿事物的本质，我们今天的正统的文艺理论也强调这个，即所谓写本质。所谓写实主义、现实主义就是要写本质，要反映事物的本质，而不仅仅是外表。仅仅反映事物的外表那就是自然主义了。亚里士多德就有这个观点，一个艺术家不仅仅要模仿事物的外表，而且要模仿事物的本质和规律。这是第一个方面。

第二个方面他认为艺术应该集中模仿行动中的人，艺术模仿的对象主要是人，行动中的人。而对于人的模仿，主要应该集中于对于他的心情的模仿，注重于内在的那种精神的模仿。这个在前面已经有苏格拉底讲过了，但是没有像亚里士多德那样做出总结。在模仿人的心情这一点上，绘画不如诗歌，诗歌呢又不如音乐。所以他把音乐称为最富于模仿性的艺术，这跟我们今天的理解好像很不一样。我们今天认为模仿性的艺术就是造型艺术，主要是绘画雕塑。我们看一幅画我们马上就要想到它画的是什么？我们看一个雕塑我们马上要想到它雕的是谁？所以绘画和雕塑应该是最具有模仿性的。音乐,好像今天我们不认为有模仿性。因为你要听一首交响曲,如果你心里想这个交响曲是模仿了一种什么样的场景,这个是模仿的日出,下个乐章又是模仿在河边戏水,一群鸟儿在飞,如果你想到这些人家就会笑话你了,说你听不懂音乐。交响乐它不是模仿外在的东西,所以我们今天把音乐看作一种表现艺术而不是模仿艺术。但是在亚里士多德那里,他认为这个表现艺术也是一种模仿艺术,模仿人的心情,模仿人的情调,模仿人的情感。音乐主要是打动人的情感情绪,那么在亚里士多德看来这也是种模仿。所以他把音乐称为最具有模仿性的艺术,那当然是最高级的模仿,它就是表现。当我们说你模仿自己内心的最微妙的情绪,你把它模仿出来了,那你就是把它表现出来了。模仿和表现在这里其实就是一回事。所以我们就可以理解,他为什么把音乐看作最具有模仿性的,它不是模仿那些外表的东西,而是模仿最内在的东西,也就是那种最微妙的情调、情绪。这样一来模仿论就从那种外在的冷静的旁观走向了一种内心的情感表现。这是他对模仿论的一种非常重要的深入,把模仿论深入到不是跟表现论外在对立的,相反,最高级的模仿论就是表现论。当然他还没有这样说,但是我们可以从这里面看出来,他的模仿论为艺术的情感表现留下了广阔的余地,后世的像托尔斯泰他们的"心理现实主义"就发挥了这套理论,描摹人的心理活动就相当于表现他的心理活动。但以往的模仿论基本是外在的,当然也有一点,像柏拉图认为模仿可以模仿人的情绪,模仿人的情绪可以造成好的效果也可以造成坏的效果,已经有这个观点。但是一般来说古典主义讲模仿论都带有一种片面性,就是旁观、静观,你要原原本本地模仿,要忠实地反映客观事物的原貌,那你就不得把自己的情感和情绪加进去。恩格斯讲到现实主义文艺创作的时候也讲了这一点,马克思、恩格斯主张作者的倾向在艺术作品的创作中最好不要表露出来,隐藏得越深就越好,这是现实主义文艺的一个原则,更倾向于古典主义原则。那么浪漫主义的文艺就是要表现人的情感,表现人的倾向，比如说席勒。马克思讲"莎士比亚化"和"席勒化"的区别就在这里。莎士比亚他在表现人物性格的时候把自己放在一边，不把自己的情绪掺杂进去。但是席勒，他就是把这种表现也好模仿也好都当作时代精神的传声筒，有一种非常强烈的主观倾向，善恶美丑都非常鲜明地表现出来，有明显的评价，这个在马克思、恩格斯看来就不好了，这个层次就不高了。最高的是你几乎看不出他有什么评价，但是他又有。他不是作者评价，是你在作品上看出来的，是你体会到的，那才好。这个是第二点，艺术的模仿应该集中于模仿人的心情，人的主观的情感。

第三个方面就是说模仿的对象不仅仅是那些美的对象，也包括丑的对象。审丑的艺术，20世纪80年代、90年代国内有人提出来"丑学"，还有人写过一本书叫《西方的丑学》。好像丑学跟美学是对立的，丑学专门研究丑。其实这种理解是种误解，没有什么丑学，只有在美学里面对丑的看法。在美学里面对丑你如何看？艺术为什么可以描绘丑的事物呢？亚里士多德认为丑的东西也可以进入艺术，是因为它可以给你带来求知的快感。求知，认识论，你知道它丑，但是你看到那幅画，看到那尊雕塑以后，你就知道它原来是"这么个"丑法，你就知道它是"如此"之丑。这使你获得一种知识，于是你有一种快感，一种满足感。你光知道那些美的东西，你不知道那些丑的东西，或者说你虽然知道有丑的东西但是你没看到过丑的东西，那是有缺陷的，那是不满足的。小孩子从来没看到过死人，那他就有一种好奇心：我要看一看死人。瑞典的心理学家就主张小孩子一年级的时候就要把他们带到殡仪馆去看死人，带到医院的停尸间去看死人，还去摸一摸，感受感受体温，你死了以后就是这个样子。小孩子看了以后有种极大的满足感，他们进去看个死人很高兴。就是说丑的东西它可以带来一种求知的快感。

第四个方面就是，模仿论在以往跟灵感说几乎是互不沟通的。当然也有沟通，但是跟灵感说相互之间好像是两码事，你没办法用模仿解释灵感。所以以往对灵感的解释就把它归结为神助。所谓灵感就是神助，

"神来之笔",没法解释。模仿当然可以解释了,它是一种知识,对客观事物的反映,但是灵感没法解释,你可以把它说成是代神立言,诗人在代神立言,但是如何代神立言呢?这个过程是解释不了的。那么亚里士多德第一次用模仿来解释灵感。他怎么解释呢?他说所谓的艺术家的灵感其实是一种推理,只不过这种推理太复杂了,太快。所以你一下子来不及去反思,你就觉得是神来之笔,一瞬间冒出来的,但实际上你在心目中已经进行了非常复杂的推理。你没法一下子把它分析出来,所以你就认为是一种灵感。这样一来他就把模仿论彻底化了,能够用来解释灵感了。推理当然是一种模仿,你对自己内心的那些灵感爆发的情感,其实也在进行一种推理,推理的结果就是灵感的产生。你对自己内心的感受、感悟进行一种非常复杂的推论,复杂到你自己都没办法把它区分开来,那就是灵感。这就把模仿论彻底化了,没有什么东西是不可以解释的,凡是艺术现象都可以加以解释。

最后一个方面就是他首次把模仿归之于人的本能或者是天性,由此阐明了模仿的起源。人的本能、人的天性就在于模仿,这个特点我们下面还要具体地来谈。

总而言之,从上面这五点,亚里士多德把西方的模仿论建成了一个体系。因为以前讲艺术就是模仿,这样模仿、那样模仿,又有灵感等等,但是没有把它构成一个逻辑体系。在亚里士多德这里首次把它构成了一个体系,在这种艺术模仿论的基础之上,亚里士多德分析了艺术的功能。

三、艺术的功能

我们下面看看艺术的功能。有两方面,认识功能和道德教育功能。

1. 认识功能:模仿论

首先,在亚里士多德看来,艺术有认识功能。艺术模仿论当然首先涉及的就是模仿、反映，我们刚才讲到对丑的东西它也可以反映，那就是有一种认识功能。模仿论在柏拉图那里是用来贬低艺术的，因为柏拉图认为既然艺术只是模仿那就不是真实的东西，只是影子或者影子的影子。我们前面提到他举的那个例子，画家画出来的那张床只不过是影子的影子，这是很没用的，所以他主张排斥这种模仿艺术。但是亚里士多德恰恰从艺术的模仿论里面看出了艺术对于认识具有重要作用。艺术模仿现实，并且通过现实事物去模仿神，模仿理念，那恰恰说明艺术具有一种认识作用。在柏拉图那里，艺术正因为是模仿，所以它不具有认识作用。因为柏拉图是先验论，他主张通过回忆来认识理念世界。柏拉图认为对外部事物的模仿是感性的模仿，那模仿不了理念，那只是一些影子，不能够达到正确认识。但是亚里士多德是从经验主义出发的，他认为艺术模仿自然当然是经验的，但是自然物既然是神的作品，那么人的艺术就可以通过模仿自然而模仿神的艺术。这里有一个间接的作用，通过反映自然而反映神的艺术，模仿就是反映，反映论嘛。模仿不仅仅具有对自然的认识作用，而且具有对神的认识作用。你认识了自然你就知道，原来上帝创造这个世界就是这样创造的，那你就已经部分地把握了神的意图，具有非常重要的认识论意义。所以艺术就不仅仅是影子的影子，相反可以通过模仿自然界而反映出比自然界表面现象更深刻的东西。

那是什么东西呢？那就是"可然律"和"必然律"的东西。也就是说可能会有的，逻辑上不矛盾的都是可能会有的；还有就是必然会有的，现在虽然还没有，但是它必然会有，我们在现存的自然物上还看不出来，但是它是一定会实现出来的。那么艺术通过模仿自然界就不仅仅是停留在自然界的外在，而且可以深入到自然界的内部，深入到这种"可然律"和"必然律"，也就是可以模仿事物的本质和规律。本质和规律不一定完全在现象上表现出来，我们看到一个现象，但是本质是看不见的。虽然本质看不见，但是我们可以透过现象去把握本质，去理解本质，去掌握规律。所以他认为真正的艺术可以不受现存事物的限制，而去描写在神的目的里面它可能出现和必然出现的事物。艺术可以按照事物应该有的样子去模仿，事物应当是什么样子和它现实是什么样子，这个是不太一样的。一匹马，它也许缺了一个耳朵，但是它本来那个地方应该有一个，因此你在画那匹马的时候可以把那个耳朵补上。它应该有这耳朵的，缺了一个耳朵那是很偶然的现象。也许在战斗中它被打掉了一个耳朵，这很偶然，但是它本来是应该有的。所以他说画家"画出了原型特有的形貌，在求得相似的同时，把肖像画得比人更美"。一个画家画一个人的肖像，他可以把肖像画得比人更美。这个人他也许并不是这么美，也许在那一天没有表现出他"应该的"那种美来，或者说一个人他的外表并不能完完全全反映他的心灵美，他的气质，他的内在的气度。那么一个最好的画家就能够把他内在的东西画出来，而一旦画出来，他就比原来的人更美。加上一些理想化，也许这个人本来并不美，但是这个画家既然要画一个美人，他就可以把她"应该的"美画出来。看到一个美人就启发我想到一种理想的美人，那么我在画她的时候在我的肖像画里面就体现出我所理想的那种美，可以做到这一点。那么亚里士多德认为，之所以比本人更美，是因为它比现实事物的偶然现象更真。我们画一幅肖像可以比原来的人更美，我进行了一种对原型的加工，这种加工并不是偏离了客观事物，而是恰恰反映了客观事物更深层次的本质，所以它实际上更真。比原物更美的东西实际上是更真的东西，因为它反映的是现实事物还没有表现出来的那种本质和目的。你看出来了，你在它的形象上看出来它有内在的本质和目的，它应该朝那方面展现，但是因为有很多偶然因素，它还没有达到那一步。

因此他认为艺术的认识作用比历史要更强，这是他很有名的一个观点，就是艺术跟历史相比更为真实。历史是记载那些发生过的事情，当时有希罗多德写的历史，还有其他的一些历史学家，他们都记载了一些历史，如伯罗奔尼撒战争史，这战争怎么开始的，中间经过了哪几个阶段,那些人做了些什么事,都记下来了。人们一般认为他们是按照已经发生的现成事情的经过把它记下来的,大体上是准确的。但是亚里士多德提出了一个著名的命题,他说,"诗是一种比历史更富哲学性、更加严肃的艺术,因为诗倾向于表现带有普遍性的事,而历史却倾向于记载具体的事件。所谓带普遍性的事情指根据可然和必然的原则某一类人可能会说的话或会做的事"。这就是我们刚才讲的可然律和必然律。你能反映这个东西,那么你就体现出更加带有普遍性的事情了。不光是这件事情,而且历史中有一种普遍的东西在里头,所以不能说这个事情发生了一次以后就再不发生了。当然一般来说历史事件不可重复,发生了一次以后就再不会有了,事情已经过了。但是从更深层次的眼光来看你就会发现,尽管是一次性的事情,里头也有必然的东西,也有它的道理在里头,它不是毫无道理地发生的,那么这个道理就会反复起作用。我们经常说这个事情的发生既有它的偶然性,也有它的必然性;有它的偶然性就是它这一次发生了,是在特定情况下诱发的,以后再不会有这种特定情况了;但是它也有必然性,就是说它这种情况,一旦有一个偶然的条件,不管是什么偶然的条件,它必然会引发出来,迟早是要发生的。所以它有必然性的、带普遍性的因素在里头。

于是艺术和诗在这里被提到了与哲学相当的一个崇高的地位,他说诗比历史更富有哲学性。荷马的诗,赫西俄德的诗,欧里庇得斯的悲剧,这都是诗,但是它比现实的原原本本记载下来的那些历史更具有哲理。一个人掌握了哲理,他就能够掌握历史事件,就能够发现历史事件的本质是什么,甚至于他可以掌握历史方向,这就是哲学家了。只有艺术家才能够知其然而且知其所以然,一般有经验的人只能够知其然,而艺术家还能够知其所以然,这是艺术家通过他的作品所能够达到的境界。这就是艺术的认识功能,它远远超出历史记载的认识过程。一个人他有丰富的知识和经验,他的经历非常复杂,见多识广,我们说这就是懂得历史。但是诗歌呢,它不仅仅停留在见多识广,而且它能够把握本质，所以诗歌是一种真正的"科学认识"。把诗、把艺术当作一种真正的"科学认识"，这主要是亚里士多德的观点，以前的人都没有像他这样说过。所以在艺术模仿的对象上面，亚里士多德认为它就是认识对象，艺术所表现的对象就是认识所要认识的对象，艺术跟认识、跟知识面对着同样一个对象。所以这样一种模仿论它的范围就极大地扩展了，我们通常讲艺术的对象应该是美的事物，应该是这个事物的形象等等，这些界限都被亚里士多德突破了。

基于这种扩展了的模仿论，他认为艺术除了能够模仿情感之外，还能够解释灵感。以往的模仿论不能解释灵感，亚里士多德认为灵感和模仿两者的关系并不是并列的关系，而是包含的关系，灵感被包含在模仿之中。灵感无非是一种过于复杂的推理，我们一下子很难把这种推理表述出来，但是这种推理是对一种内心隐秘情绪的模仿。今天我们也讲作家必须遵守人物的"情感的逻辑"，这是一种很细致的推理。所以艺术的模仿就成了创作和欣赏唯一重要的原则了。我们通常说你欣赏可以通过模仿，但是创作你必须靠灵感。诗人写诗要靠灵感，这是柏拉图也早就说过的，诗人灵感焕发所写的诗要比那种通过理性或通过模仿所创造出来的诗要更高级、更成功。但是经过亚里士多德的解释呢，他们全都是模仿，灵感也是模仿。但是亚里士多德的这种解释，虽然在理论上更加自圆其说、更加彻底，但同时也有它负面的作用，就是把灵感完全解释为推理，在一定程度上束缚了灵感，束缚了想象力。灵感跟想象力应该有很密切的关系，与非理性的东西也是有密切关系的，但是在亚里士多德看来，艺术完全成了一种模仿和认识的产物，这就束缚了人的创造性。亚里士多德所提出的模仿论的文艺原则后来成为西方美学理论的正统，西方的古典主义文艺理论从亚里士多德那里奠基，长期统治着西方的美学。一直到18世纪浪漫主义起来反对古典主义，这个时候才显示出亚里士多德的模仿论具有它的片面性，需要克服。西方长期以来的模仿论传统跟中国传统美学有一个很明显的区别，就是中国古代的文学艺术，虽然也讲模仿，但是一般来说是比较强调表现的，强调灵感，神来之笔、神品、逸品都是最高层次的。一个作品是不是好？是不是到达最高层次？就看你有没有"神"，是否"逸"出了常理。而西方呢是强调模仿。所以最开始的时候西方的东西传进来，我们认为那不叫艺术，那都是模仿，是工匠的手艺。到了后来20世纪40年代、50年代以后，我们才把西方从苏联传过来的模仿论树立为我们的文艺理论正统，实际上是背离了我们的传统，放弃了情感表现的传统审美原则。

在亚里士多德看来所谓艺术就是模仿，而模仿呢就是反映，就是认识。当然这个认识里面有更深的理解，不是认识表面的东西，而是认识本质的东西，认识可能性和必然性的东西。那么这种模仿能力从何而来？他认为是与生俱来的，是人的天性，他由此探讨了艺术的起源问题。这个是以往讲模仿的人都没有讲的，模仿是从哪来的，人为什么要模仿？亚里士多德做了这样一个解释。他说："作为一个整体，诗艺的产生似乎有两个原因，都与人的天性有关。首先，从孩提时候起人就有模仿的本能，人和动物的一个区别就在于人最善于模仿，并且通过模仿获得了最初的知识。"这是第一个方面。他认为人的天性就在于人比动物更善于模仿。我们知道猴子也善于模仿，灵长类动物都善于模仿，但是人最善于模仿，人的知识就来自于人的模仿。你把它画出来，你用象形符号代表对象，然后这个画慢慢变成了文字，就是从模仿来的。人一看就知道你是画的什么动物，比如说一头牛。拉丁文的A最初来自于腓尼基文，A的原来的形象就是一头牛，一个牛的头。所以模仿是人们知识最初的来源，模仿获得了最初的知识。第二个方面他说，"其次，每个人都能从模仿的成果中得到快感"。模仿是人的天性，而且这种天性一旦得到满足，人就会得到快感，这种快感当然就是美感了，模仿得像，人们就会得到快感。这一段话，亚里士多德实际讲到了模仿论的两个方面，一个方面是它的对象，模仿的对象或者内容，就是对一件事情惟妙惟肖地模仿。他说："人们乐于观看艺术形象，因为通过对作品的观察，他们可以学到东西，并且可就每个形象进行推论。"比如说从作品中的某个人物认出就是某某人。你在一个作品中写了某个人物，读者一看，这就是某个人，由此就可以得到一种快感。这样的艺术快感完全是认识的快感，一种增加知识的满足感。至于这个对象是不是美，这个无关紧要。他说："尽管我们在生活中讨厌看到某些事物……但当我们观看此类物体的极其逼真的艺术再现时，却会产生一种快感。"这个我们非常熟悉，比如说赵本山的小品，宋丹丹的小品。宋丹丹本来一个很漂亮的女人，装一个掉了牙的丑老太婆。她把牙齿涂黑，装作缺了牙，然后装一个老太婆，我们一看，一个丑老太婆！呵，但是我们知道的人一看——这不是宋丹丹嘛！一下子认出她来，于是产生一种快感。周立波为什么曾在上海红得不得了？他经常表演单口相声、脱口秀，在上海的大舞台上，模仿布什总统，模仿奥巴马，你一看就认出来，其实不用说就知道这是在模仿他们的那种语调、那种口气，惟妙惟肖，大家哈哈大笑。并不是因为他模仿的这个人本身怎么样，也许你对他并不喜欢，但是他模仿得惟妙惟肖，你就觉得高兴。这就是一种认识的快感。这是一个方面。

另一个方面就是模仿的形式技巧，他说在这一方面，"能够引发快感的便是作品的技术处理、色彩或诸如此类的原因"。就是说除了模仿的真实性以外，还有你模仿的技巧性。模仿的技巧性有很多形式，比如说悲剧，悲剧艺术。亚里士多德给悲剧下了这样一个定义，他说："悲剧是对一个完整划一，且具一定长度的行动的模仿。"这是他对悲剧的定义。在我们今天看来，对悲剧这样定义太简单了！悲剧是对一个完整划一的具一定长度的行动的模仿，那就是悲剧呀？它的题材呢？它表现的思想呢？这样一个悲剧跟喜剧，跟正剧有什么不同？好像都没有说出来。它就是对它形式上的一种规定。当然他还做了一些说明，这些说明，后来的文艺理论家把它归纳为"三一律"，就是动作、时间和地点的统一。一个悲剧或者说一个一般情况下的戏剧，你必须在这三方面做到统一。动作要统一指一个人的行为要做完,你不能半途而废;你也不能两个不相干的动作在台上凑到一起。再有时间要统一,你不能把几十年前的事情和现在发生的事情放在一个舞台上面。如果要在一个舞台上表现你就要采取倒叙的方式,比如说用人物的嘴把它说出来。十年前你做了什么事情你就不能在舞台上表现出来,那样就破坏了时间的统一。还有地点的统一,就是说在同一个舞台,同一个场所。如果是在国外发生的事情,你也要通过人物的嘴说出来,你不能在这个台上表现出来。这是对悲剧的形式上的要求。当然亚里士多德真正提出来的是动作的统一,时间、地点的统一是后来的人引申的。人物的动作,一个事情的故事前后要完整,这是古典主义文艺理论比较强调的,一个事物的题材也好,故事情节也好,都要完整。

西方美学到了亚里士多德这里做了这样一种区分,实际上它是对艺术的内容和形式的区分。前面讲的是内容,你必须要忠实地模仿你的对象,这是艺术的内容。那么除了忠实地模仿以外还要采取一种艺术的形式,比如说"三一律"。亚里士多德是第一次提出内容和形式的划分的美学家,而这样一个划分就解决了艺术理论中的一个非常困难的问题,这就是丑的对象在诗艺中为什么可以变成"美"的?按照亚里士多德的说法,那就是因为两点。一个是真实,你能够真实地反映出哪怕是丑的对象,不管对象是丑还是美,你只要是真实地反映了客观对象,那都是可以带来审美愉快的,那就是美的。再一个就是你的描绘形式、技巧,虽然这个对象它不是美的,但是你却可以美丽地描绘,这就是说在形式和技巧方面有它的美。比如说线条的圆熟流畅,色彩的丰富,表达的自由、充满机智,音调和节奏振奋人心,结构的整一性,等等,这些都可以引起人的快感或审美愉快。

那么这样一种艺术观的内容和形式当然有不太一致的地方,内容方面要求真实,就像科学知识那样真实;那么形式方面要求那种独立的审美价值,这两方面经常有分裂的时候。这个时候就导向一种形式主义的美学，就是说光讲形式，内容当然也讲，但是讲内容的时候就不是艺术标准了，就是认识标准了。就是说讲内容的时候你要真实地模仿，那么真不真那就是认识论的标准了，那就要看客观事物是不是那样的，它的本质通过对经验事实的逻辑分析才能确定，那就是认识论标准了，那艺术跟认识就没有区别了。艺术跟认识唯一能够得到区别的就是形式。所以亚里士多德这种古典主义的美学必然要通往形式主义。你讲美学"本身的"标准那就是形式，我们今天通行的正统的现实主义美学也是这样讲的。我们讲艺术它有两个标准，一个是思想性，一个是艺术性。当我们讲艺术性的时候呢就是讲艺术的形式，当我们讲思想性的时候就是讲艺术的内容，而讲艺术的内容就跟认识，跟历史知识，跟人性的知识相关，而跟艺术本身倒是无关。一个艺术作品有没有思想性，那不看你的艺术水平，就看你的分析水平，看你能不能从里面提供对人性的知识，对社会的认识。那个就已经偏离艺术了。真正讲到艺术性，就是看它采用了什么形式、它的结构、它的统一性——它的形式技巧，它的语言、用词、表述等等。所以这样一种艺术观它最终的走向就是通往形式主义的。只有艺术的形式是专门属于艺术本身的，而艺术的内容，已经跟别的社会科学的知识、人文科学的知识混在一起分不开了，这就是我们后面要讲的现代美学的"社会科学的形式主义"，它的源头就在这里。社会科学的形式主义包括从苏联传来的所谓现实主义美学体系，包括王朝闻、蔡仪、李泽厚他们这些人的美学体系，其实都是从那儿来的，但是你要追根溯源的话，最早要追溯到亚里士多德。

2. 道德和教育功能：净化说

我们下面再来看看在亚里士多德那里艺术的道德和教育作用。艺术的道德和教育主要体现在"净化"这个概念上。"净化"，这是艺术的道德功能。我们前面讲，柏拉图禁止艺术家包括荷马在内的创作活动，理由就是他们创造的是一种"甜言蜜语"的美，它有煽情作用。煽情把人的恶劣的情绪都煽动起来了，所以柏拉图出于道德的考虑而限制了对美的创作和欣赏，美和道德在他那里处于一种对立状态。当然有些艺术他还是能容忍的，但是一般来说，由于艺术的这个模仿和煽情作用，他限制了对艺术的欣赏。而在亚里士多德这里呢，美和善的对立、美和道德的对立被克服了。他怎么克服的呢？就是通过这种净化作用。他提出艺术的这种愉悦性，美的这种煽情的魅力是对人心的净化，本身就具有道德作用。

比如说他认为音乐是最具模仿性的艺术，音乐有三大目的，一个是教育，一个是净化，一个是精神的享受。教育、净化和精神的享受，这三个都是很重要的，都是导向道德的。首先是教育方面，欣赏音乐你可以通过选用"伦理的乐调"来实现它的教育作用。这个还是从柏拉图来的，柏拉图认为有一些音乐可以保留，它们本身是一种道德的、伦理的乐调。比如说赞颂神的颂神诗，颂神的音乐，还有在祭祀的时候用的庙堂音乐。我们中国古代叫作"雅乐"，那些音乐是可以保留的。亚里士多德认为在这方面我们可以实现审美的教育作用。在精神享受方面那是柏拉图所排斥的，精神的享受无非是煽动你内心的那种求享受的欲望，即煽情。但是亚里士多德认为哪怕仅仅是感官上的享受，从道德的立场看也是值得肯定的。他说："精神方面的享受是大家公认为不仅含有美的因素，而且含有愉快的因素。幸福正在于这两个因素的结合。"美的因素和愉快的因素相结合就成了幸福、善。我们刚才讲了，善包含有日常实用的善和道德的善。实用的善，合适、效用，这方面可以带来快乐，一个东西有效就会带来快乐，你达到了你的目的就快乐，那么这种快乐就是幸福。亚里士多德非常重视幸福，他认为如果缺了幸福的话，尽管你道德上很高尚，但是也不能叫作完全的善。实用的善本身就是幸福的一个要求。你煽情，煽情以后感到满足，感到幸福，在柏拉图看来这个是败坏道德的，但是在亚里士多德看来这个是用来补充道德的。光是道德还不完善，道德跟幸福都有，那才是完善。幸福就是日常的善，就是功利的善，功利的善跟道德的善并不冲突。这是在精神享受方面导向幸福的。

再就是"净化"。净化，Katharsis。这个希腊词长期以来争论很多。"净化"究竟什么意思？有的从医学的角度来解释——医生通过净化，通过医术来治疗那些精神上有缺陷的人，这就是净化；有心理学的解释，心理学的解释就是人长期受到压抑，在内心里面积攒了一些负面的东西，阴暗的东西，那么通过欣赏艺术作品，这些东西就被排解掉了，就恢复了心理健康；还有一些是从社会方面来解释，净化是把社会上的那些仇恨、那些痛苦通过欣赏音乐排解掉，达到社会的和谐，等等。有很多这样的解释。但是不论哪一种解释，都表达了同样一个事实，就是亚里士多德认为通过艺术对人物情感的模仿、同情、怜悯等等，就导致了让现实中发生的痛苦，不管是心理上的、生理上的，还是社会性的，都可以在这种强烈的震撼作用和陶醉作用中得到缓解，得到治疗。你可以说治疗个人的精神疾患，也可以说是治疗社会的弊病，那就是道德。它对社会的稳定、社会的和谐，对人的道德境界的提高是很有好处的。所以这三个方面，一个是教育方面，通过这个音乐产生教育的作用；一个是通过精神的享受，使人达到一种幸福感；再一个使人净化，使人宣泄掉那些负面的情感，都说明在亚里士多德看来艺术具有一种教化作用是毫无疑问的。在这里他跟柏拉图有一种相反的倾向。

我们可以从这里看出来，亚里士多德的净化说所强调的正是个体性的原则，让个体摆脱那种原始冲动的野蛮性，在道德层次上得到发扬光大。他强调个体在净化中可以把内心的那些野蛮的、并由野蛮所带来的那些不良的心态——那些痛苦、压抑，把它们排除掉，从而在道德上得到清洗、得到新生，这是他的基本倾向。而所有这些艺术的道德功能都是建立在艺术的模仿性这个基础之上的，不光是艺术家在进行艺术创作的时候在模仿，你在欣赏的时候也在模仿。观众在观看悲剧的时候，在倾听音乐的时候也在进行模仿。所以这种模仿就不仅仅是一种旁观，一种描绘，而且你可以加入到这种运动之中。比如说听到音乐你就翩翩起舞，手舞足蹈，按照音乐的节拍可以支配自己的动作。特别是小孩子，从幼儿时代你就可以看出来，音乐响起来了，小孩子就情不自禁地手舞足蹈起来了。所以他的这个模仿不光是艺术家的模仿，而且是人们在日常生活中的模仿，包括人们在欣赏艺术作品的时候，在观看戏剧的时候，对它的同情，由同情所引起的那些模仿，那种情感的传达，潜移默化，耳濡目染，这样就可以逐渐逐渐提高自己精神的层次。经过这样长期以来的训练，倾听了更多的好音乐，欣赏了更多的艺术作品，那么一个人就会更具有同情心，更能够理解音乐，也更能够理解别人，这就是艺术在道德上面的作用。这是亚里士多德对艺术的道德功能所做的一种辩护，这种辩护是非常有力的。艺术欣赏是不仅仅满足了那种恶劣的情欲，而且更重要的是我们培养了自己对于所有的一般人类情感的那种感受力，这就使我们能够提升到道德的境界。

四、艺术家

最后我们来看看艺术家。亚里士多德最后还涉及了艺术家的问题。他提高了艺术和审美快感、审美欣赏的地位，这方面跟柏拉图相比做出了一种推进；但是他最终并没有提高艺术家的地位。在他看来艺术家和诗人仍然是些掌握技巧的工匠，因为他们在艺术创作中并没有表现自己的情感，而是在模仿他人的情感。这是一种技巧，模仿他人的情感模仿得惟妙惟肖是一种工匠的手艺。所以亚里士多德的艺术本体论对于人而言，它的层次并不是很高的。当然上帝这个伟大的艺术家那是最高层次的，但是作为人的艺术家仍然只是一种工匠，他掌握了一种模仿技巧，可以模仿别人的情感。所以他们的高明之处并不是由于他们自身情感的崇高和伟大，而是掌握了一种使人信以为真的说谎的技巧。这个跟亚里士多德自己有点自相矛盾了，前面讲到他认为艺术家能够表达真实的事物的本质，表达可然性和必然性，但是这是从认识论的角度来看的。从内容上来说，亚里士多德的认识论跟艺术论是合为一体的。但就艺术本身它的这个规则来说，它只是限于艺术的形式技巧。我们讲亚里士多德的艺术论必然走向形式主义。对这种形式主义，亚里士多德自己的评价是不高的。所以他认为，比如说荷马的史诗也在说谎。他说"把谎说得圆主要是荷马教给其他诗人的，那就是利用似是而非的推断"。《荷马史诗》那么样的震撼人心，但是呢，亚里士多德评价说那只是"把谎说得圆"而已，说得人家信以为真。这又跟他对这个艺术的道德功能的评价好像是有些矛盾了。但是我们要注意，当他说这句话的时候是从艺术的形式方面来说的，而不是从内容上。从内容上来说艺术可以反映本质，但是艺术家自己主要是掌握一种形式，在这方面他有他的本领。但是这个本领就是说谎的本领。

所以在模仿说这方面，亚里士多德也带有一般模仿论者共同的缺点，就是排斥了艺术中的自我表现、天才和灵感等因素。艺术家不需要什么天才灵感，他就是把话说得像真的一样，使人相信就行。艺术家仅仅被看作是一些模仿者，他们的地位顶多就是工匠的地位，只能充当某种其他的目的的工具。其他的目的尽管可以是好的，比如反映真实的本质，反映事物应当的样子，这方面应该是好的；但是艺术作为一种服务于别的目的的工具来说，那是非常有局限的，那仅仅是一种技巧或手艺。所以古典主义美学很容易就落入到一种苍白的形式主义，当它强调艺术本身的规律的时候它很可能就是一种形式主义。这个是亚里士多德美学的一种缺陷。但总的来说我们应该看到，亚里士多德美学是古希腊美学的最高峰。他把所有以往美学的各个要素都结合在一个统一的体系里面，你可以说他没有抛弃任何一个要素，并且对于任何一个在他的体系里面的要素都给予了它合理的位置。比如说，对美的本质的解释在古希腊美学的发生过程中经历了最早的毕达哥拉斯和赫拉克利特、德谟克利特的观点，把美的本质看作自然的属性。到了苏格拉底就看成是人的关系的属性——适合、效用，人与事物的关系的属性。到了柏拉图就变成客观精神的属性，美的理念，神的属性。到了亚里士多德进展到了艺术的属性，艺术的属性把前面那些都包含在内了。对艺术的本质的解释也是这样。从毕达哥拉斯和赫拉克利特模仿自然的美进展到了苏格拉底的模仿人的性格的美，到柏拉图模仿神的美，最后是亚里士多德的看法——通过对自然和人的美的、包括丑的事物的模仿，来达到模仿神的艺术。神的艺术是至高、至善、至美的艺术。但在亚里士多德这个阶段上面，人的主体性还没有发挥出来。总的来说古希腊的客观美学把人的主体性都掩盖了。有一些闪光，从讲灵感开始已经有人的主体性、人的表现性在里面，但是人的主体性的要素没有得到展开，总的来说是客观美学。

第四节　客观美学的衰微

亚里士多德是古希腊美学的一个高峰，甚至也可以说是古代的一个最高峰了。从亚里士多德以后一直到近代，或者说到文艺复兴以后的一个时期，西方再没有出现第二个可以和亚里士多德相比的思想家或美学家。亚里士多德是古希腊思想的顶峰，在美学上也是这样。两千多年中没有一个人讨论过那么多实质性的美学问题，也没有一个人制定了那么多指导艺术实践的规则。即使亚里士多德的美学达到最高峰了，他也并没有结束客观美学的发展，但这个发展是走下坡路的。到了这个高峰以后就走下坡路了。这个走下坡路的美学跟亚里士多德的美学相比又有一种不同的特点，就是亚里士多德他很少谈论美，谈到美他基本上就和善等同起来。他也很少谈美感的问题，很少谈美感的特殊性，很少谈天才和灵感以及想象力。因此他很少涉及美和艺术的关系问题。美的问题很简单，反正从艺术的特点那里引出来一种形式，就是有机统一，这就是美了。但是这种美跟艺术的关系问题是后代的美学家们继续要加以讨论的问题。我们可以看到在亚里士多德以前，人们一般讨论美的本质问题，艺术的模仿论随之而来。到亚里士多德开始探讨艺术哲学的问题，美的本质也随之而来。那么到了亚里士多德以后，客观美学的衰微阶段，人们着重开始讨论美和艺术的关系。这就是后来的话题。亚里士多德美学体系在他以后就解体了，它的各个要素被分解为一片一片的，每个美学家抓住它的一片去加以发挥。那么这些碎片相互之间有一种分裂的现象，所以后来的美学家他们所致力于探讨的就是怎么样把这些分裂的现象重新统合起来，在一个什么基础之上能够把这些分裂的碎片再统一起来。

这种分裂它是一个历史的过程，它不单是一种理论上的分裂，而且是在现实生活中、受现实生活的影响导致的一种分裂。艺术和美开始有了分裂，而在亚里士多德以前，包括亚里士多德在内，艺术和美基本上是协调的。也可以说以前人们认为一切艺术都可以表现美，一切美都可以被看作艺术，不管是人的艺术还是神的艺术，艺术和美是不分的。但是到了亚里士多德以后，艺术里面有很多不美的东西，丑的东西大量地涌现，比如说描绘丑的、怪的、滑稽的、痛苦的，描绘死亡的，大量这样的作品出现了，这些题材盖过了美的题材。当然亚里士多德已经提供了一个解释的方式，就是这些不美的东西我们也可以美丽地描绘它，但是这样的解释是一种形式主义的解释。在现实生活中出现了大量的痛苦现象，这就是在古希腊罗马社会发展的后期，特别是古罗马时代的现实状况。古罗马时代是一个充满了光荣但是也充满了痛苦的时代。要理解这个时代的美学思想和艺术理论，我们首先要追溯到这个时代的文化土壤。

一、古典后期文化土壤的变质

我们把古典后期的希腊化时代和古罗马时代统称为古典后期。希腊化时代就是马其顿帝国统一了整个古希腊,并且把自己巨大的疆土扩展到整个地中海沿岸,建立了一个巨大的马其顿帝国。亚历山大大帝到处征战,一直打到了印度,埃及也全部被他征服。这就是一个希腊化的时代,也就是把周边的那些落后的野蛮的文化,全部希腊化了,把古希腊文化带到了这些地区,把古希腊的艺术风格带到了东方,甚至于经过中亚地区传到了中国。我们北魏时期的很多佛教艺术里面就有古希腊艺术的影子,当然那是在罗马时代。古罗马时代也可以说是希腊化的,但是历史上不这样叫,实际上也是希腊化的。古罗马城邦原来是比较落后的城邦,但是他们建立了罗马共和国以后,他们崇拜古希腊文化,他们向古希腊文化学习。后来建立了罗马帝国,还是崇拜古希腊文化。所以古罗马社会以及亚历山大大帝的马其顿帝国都是靠古希腊文化来建立自己的文化土壤。这种文化土壤与古典时期的希腊其实已经有了一种深刻的区别,因为古希腊本来它的文化是极具原创性的,那么到了希腊化的时代和古罗马时代,这种原创的文化开始变质。当然一方面你可以说它扩展了,它的影响扩大了。但是另一方面,在质量上面则降低了——在版图上的扩大伴随着品质上的降低。整个古罗马帝国都是继承了古希腊文化的传统,但是它的性质开始发生质变。

古罗马人在对古希腊世界的交往中发展了它的商品经济和私有制的这样一种社会关系。古罗马人本来是一个农业民族,他们也有商品经济,只是比较简单。但是在跟古希腊世界的交往中,他们的商品经济也发展起来了,只不过带有更多的农业民族和原始的氏族血缘公社的痕迹。古罗马人跟古希腊人相比,古希腊人是做生意的,他们只能靠航海为生,古罗马人不一定靠商品经济为生,他们有很多可耕地。罗马共和国特别是后来罗马帝国统治了大片的土地,上面都生活着一些比较原始的氏族制度的民族。那么他们要把自己的这种商品经济的原则扩展到这些地方去,当然可以利用他们的这个专制统治,但罗马帝国的这种统治带有了更多的农业民族和氏族公社的痕迹,显出古罗马文化比较拘谨比较保守。当然他们很踏实，但是缺乏想象力。古罗马人跟古希腊人相比的特点就是比较保守，缺乏创造力，缺乏原创力。他们通常都是把古希腊文化的某个东西拿来，比如把古希腊神话变成古罗马神话，古罗马神话和古希腊神话几乎可以一一对应的，古希腊神话里面的宙斯大神就是古罗马神话里面的朱庇特，古希腊神话里的阿佛洛狄忒就是古罗马神话里的维纳斯，它们的故事都可以一一对应，就是这样过渡过来的，实际上是剽窃了古希腊文化。古罗马人从神话到艺术作品都向古希腊学，照样学样。所以罗马共和国以古希腊的模式就是以契约关系和法律关系来维持整个社会的运作，但是远不如古希腊社会那么灵活，那么人性化，而是比较相对固定的，元老院和传统起到了更大的作用。后来的罗马法为什么能够比较完整？现代西方的法律很多都是以罗马法为基础建立起来的。因为古罗马人比较重视自己的传统，所以他们历史上的法律都积累下来了。最初的罗马法就是历史上曾经有过的这些法律法规的一个大全。他们比较重视历史经验，跟古希腊人不一样，古希腊人是不重视历史的。古希腊人做完了以后就不管了，又做新的。

　　古希腊社会也有内部冲突，它解决内部冲突的方式就是向外移民，或者是商业渗透，到另外一个地方去做生意。我在这个城邦待不住了，一个是人多，一个是政治斗争落败了受到排挤，那么我们几个人约到一起到另外一个地方去建立一个城邦；或者把那个地方的人赶走，我们再建立一个城邦；或者到那个城邦做生意，慢慢积累力量，我们也可以成就一番事业。它是这种方式，向外殖民，即殖民主义。殖民主义我们用在今天是一个贬义词了，是一个很糟糕的词，但在当时是解决古希腊社会发展问题的一个办法。因为一个城邦发展起来，总有突破它的容量的一天，于是就要朝外面殖民，开疆辟土，建立另外一个城邦。古罗马社会不是这样，古罗马社会它有冲突，它解决冲突的方式一般是征服和镇压，采用武力。当这个共和国的版图已经很大了的时候，阶级对抗足够强烈的时候，必然就从共和国演变成为罗马帝国。为什么从共和国那么好的国家体制变成帝国了，被篡权了呢？你不能解释为某个阴谋家的道德品质败坏，他的野心很大，于是就把原来多好的制度废除了，不是这样的。因为你的这个国家的版图到足够大的时候，在那个时候唯一能够统治这个版图的就是中央集权。你要能够调得动军队，否则等你议会辩论完，那个地方已经失去了，等不及，必须要马上令行禁止，所以帝国是不可避免的一个趋势。那么在马其顿帝国亚历山大的时候呢，它是罗马帝国的一个预演，亚历山大已经统治了那么大的国家，就预示着更大的帝国将要出现，一个更持久的罗马帝国要出现了。所以总是比较落后的民族征服文明比较先进的民族，马其顿是这样，征服了雅典，征服了斯巴达，征服了很多古希腊地区。古罗马也是这样，征服了整个古希腊。都是属于落后民族征服文明先进的民族。通常这种征服不能采取共和国那种民主体制，而必须要树立独裁统治。在古希腊做一个公民意味着具有了独立人格，而在古罗马，公民也受到了压抑。当然古罗马公民拥有他的权利，但是他有很多义务。比如说从军，每个古罗马公民都有义务从军，从军你就要服从命令。所以古罗马的公民都是训练有素的，都是战士。那么在古罗马人的民族气质里面因此也就缺少古希腊人那种激情和美的感受，他们更加内向，更加具有双重人格，更加善于服从，他们从外面追求不到的东西，更加倾向于向内心世界追求。所以他们已经生活在没有个人英雄行为的社会里面。古希腊时代是充满着英雄的，不管是武力，还是精神上他们都是出英雄的。古希腊人打仗常常是自愿的，要建功立业，阿喀琉斯就是这样，不是服从哪个权威的命令。苏格拉底也可以说是一个精神上的英雄，具有英雄主义。但在古罗马时代已经没有英雄主义了，是一个世俗的社会。他们经常把日常的琐事赋予伦理道德、宗教和美的意义。在一个世俗化的时代，再也没有古希腊那种神圣的追求，而沦为一种世俗化的生活。

古罗马人跟古希腊人相比是非常世俗化的，追求世俗的金钱、荣誉、财富、爱情，把这些事赋予非常大的宗教信仰和伦理道德意义，他们的宗教是拜金主义的宗教，世俗的宗教。这个是古罗马人的一种特点。所以在这种文化土壤里面，艺术的主题也被世俗化了，而且人情化了。古希腊人的艺术是以神为主题的，是超世俗的，当然是拟人的，神人同形同性，它描绘人的时候也在描绘神，描绘神的时候它又以人的情感去附会，人神不分。但是在古罗马时代，艺术的主题完全是世俗的。当然也有讲神话的，也有讲神的。但是大量的主题都是人情化世俗化的。比如说古希腊的艺术，诗歌、绘画、雕刻、戏剧，多半都是以神话故事作为题材；而拉丁戏剧，特别是拉丁的喜剧，这个比古希腊要更发达，拉丁喜剧完全是世俗化的，有点像我们的小品，完全讲日常的生活，以人情、家庭事件，爱情这些东西为主题。对爱情的浪漫主义描写，比如说维吉尔的《埃尼阿斯》是模仿荷马的《伊利亚特》，但是荷马的《伊利亚特》主要是讲特洛伊战争，讲英雄。而维吉尔的《埃尼阿斯》主要是讲古希腊英雄的爱情，他个人的经历、个人的处境遭遇，对大自然风光的描绘等等。这个在古希腊的《荷马史诗》里面、赫西俄德的诗歌里面是很少描绘的，很少有对大自然风光的描绘。但在古罗马的诗歌里面充满着对大自然、田园牧歌的描绘，如田园诗。雕刻艺术的重点在古希腊是对人体美的描绘，在古罗马雕刻艺术转移到了对人的激情的刻画。当然也有人体美，但是主要是对激情的刻画。比如说雕刻家们特别注重眼神的表现，我们看到很多古希腊作品通常都不雕出眼神，这个是古罗马雕刻和古希腊雕刻的一个很明显的区别。这都表明了罗马时代的精神有了巨大的变化，古罗马人处在一个信仰丧失的时代。古希腊人他们有多神论，但是他们对多神是比较虔诚的，他们对每个城邦的保护神都是非常虔诚的，他们有信仰，相信有神。但是古罗马人呢，他们沉迷于物质享受，他们表面上也信神，但是他们实际上是一些唯物主义者。伊壁鸠鲁派以及他们的后人，包括早期的斯多葛派，他们都是些唯物主义者，他们看重现世的生活。这是一个信仰丧失的时代，一个堕落的时代，一个腐败的时代。他们不再沉醉于理想主义的怀抱之中，而是要睁眼观察现实生活，在现实生活中到底发生了什么事情，一切美的和丑的，崇高的和滑稽的，从里面去寻求审美的乐趣。所以在他们的美学里面产生了感性和理性的分裂，物质和精神的分裂，人和神的分裂，以及艺术和美的分裂。而这一时期的美学它的主要方向，就是怎么样把分裂的双方重新结合起来，这就引申出我们对这一段时期美学的特点的一个总体的观感。

二、普罗提诺的先驱者

我们上一节课讲到客观美学的衰微，即客观美学开始走下坡路了，这个下坡路跟古典美学的土壤开始变质有关。在古希腊古典时期，也就是柏拉图、亚里士多德那个时期，古希腊开始有了很重要的变化，就是从以往的城邦小国、小国寡民逐渐开始走向大一统帝国，从马其顿的亚历山大到后来的罗马帝国都是走向这个方向。它的文化土壤开始变质，虽然后来的马其顿和罗马帝国都是学习古希腊，但是都带有一些本土文化的色彩，不是完全照搬，而从文明的高度来说这是个下降的过程。我们前面讲到亚里士多德的美学对西方美学的影响非常深远，影响了两千多年，但是后来他的地位开始动摇。人们虽然还推崇他，但是加入了一些其他的非亚里士多德甚至于反亚里士多德的要素。经过整个罗马帝国一直到中世纪的前期，都是这样的情况，亚里士多德美学的光辉开始逐渐暗淡。那么相对而言，柏拉图的美学却得到了更多的重视和发扬。我们前面讲到亚里士多德的美学同柏拉图的美学是很不相同的，虽然他们基本的哲学立场是一致的，但是在美学方面却表现出非常不同的特点。到了中世纪的早期开始排斥亚里士多德，包括他的美学，他的整个哲学，比如说在奥古斯丁那里开始排斥亚里士多德的哲学。直到中世纪晚期，在托马斯等人那里才又开始复兴了亚里士多德的哲学，这是后话。这是整个中世纪的趋势。

中世纪早期的排斥亚里士多德，是从希腊化时期，以至于罗马帝国时代就已经开始的一个趋势。从这样一个时代交接处，我们可以看出西方的整个时代精神，包括审美意识都产生了一个大转移，有一个转向。那么转移到什么方向呢？就是从客观美学开始一步步地转向神学美学。神学美学就很难说是客观的还是主观的美学了，在中世纪以前，古希腊罗马基本上都是客观美学，那么后来越来越转向了神学美学。其中转向的最重要的代表人物就是普罗提诺，有的翻译成柏罗丁。

要想了解普罗提诺，就要先了解他的先驱者，我们先来看看普罗提诺的几个先驱人物。这个转向不是由他一个人完成的，转向的要素在古典时期柏拉图、亚里士多德那里已经有了萌芽；到了罗马时代，古罗马的哲学包括美学，可以说是对古典时代的模仿。当时出现了一大批的"新"什么的哲学：新柏拉图主义、新怀疑主义、新斯多葛派、新伊壁鸠鲁主义，很多新派的哲学。所谓"新派的哲学"就是把老的哲学拿来加工发挥，基本的要素保留了，但是加入新的解释，这种新的解释我们可以看作模仿。罗马时代的思想基本上是对古希腊思想的模仿。后来人们对古罗马思想的评价不高，也就是因为这一点。他们没有什么创见，没有开辟新的领域。他们都是就现成的思想加上了自己的理解，进行一点加工，然后又把它搬出来。但是最近一些年对古罗马思想的评价有所变化。特别是我们国内，比如西塞罗、塞涅卡，这些以往不太重视的思想家的书有了新的译本，也有了新的解释。像西塞罗这样的思想家其实还是很伟大的，他不是完全照搬古希腊的思想。但是在历史上相比较而言，古罗马时期的思想还是衰落的，这个没法否认。他们没有重建新的体系，但是他们埋头于细节；他们有坚韧的耐心、细心，不断地对一些问题寻根问底、琢磨，在这方面他们也有一些新的成果。

我们上次讲到古希腊哲学和美学中的两大精神。一个是酒神精神，一个是日神精神。酒神代表神秘主义的一方面，按照尼采的说法，酒神冲动、狄奥尼索斯冲动代表醉；阿波罗精神代表梦，梦当然也是非理性的，但是它可以朝理智的方向展开。而酒神精神是比较原始的，代表着本能性的冲动。到了罗马时代，从美学上来看更倾向于狄奥尼索斯精神。在古希腊古典时期，阿波罗精神是占上风的。从苏格拉底到柏拉图到亚里士多德，都是理性统治一切，一切都是认识，强调为了追求真理应该遵守哪些程序。这是古典哲学的精神。到了罗马时代，开始发挥神秘主义的一方面，打破理性主义的那种一家独大，独霸天下。在过渡时期，特别在古罗马人那里，这两大精神形成了它的整体精神，其中酒神精神开始起到更多的作用，但是日神精神也没有完全退场，它转变为一种纯粹的理智，来制约酒神精神的冲动。一直到基督教的早期，酒神精神已经冲破了理智的藩篱，于是就走向了神秘主义和信仰主义。所以我们看古罗马晚期，在进入基督教社会文化之前夕的一个时期，也就是我们今天讲的过渡时期的末尾，开始冲破了理性的羁绊，而进入到了一种神秘主义，并且进入基督教的信仰。在当时，犹太教和基督教的那种信仰是偏离理性的，信仰首先有一种神秘主义在里头，特别是基督教的《旧约》。《新约》里面也有，但是《新约》已经引进了一些古希腊的东西，引进了古希腊的逻各斯精神，也就是理性精神。但在整个基督教里面，应该说非理性的东西要占主导地位。信仰在先，然后哲学、知识这些东西是为信仰服务的。我们说"哲学是神学的婢女"，这是对基督教整个精神的一种总体的描述，这个描述应该说是不错的。

　　柏拉图的神秘主义，在柏拉图那里是包裹在他思想内部的，它已经有了，但是还没有发挥出来，还没有占上风。而到了这个时候，开始向基督教过渡的时候，它就异化成了一种信仰，成了基督教的信仰了。作为过渡时期最重要的代表人物，美学家普罗提诺，他的思想可以说是这个时期很多思想家的一种共同倾向的集中表现。我们要看一看他的先驱者，他们是如何转向人的内心，从客观美学注重外界、注重人之外不管是自然界还是高高在上的造物主、神，开始转向内心。在转向内心的时候，人和自然界，人和客观世界暴露出一种公开的对立，在美学方面，艺术的主体和审美的主体第一次摆脱了单纯的模仿，而有了它自身的东西。要说这段时间的最重要的特点就是这样：开始强调主体性。以往也有主体性，从柏拉图到亚里士多德也有主体性，有艺术主体和审美主体，但是都被掩盖了，被包裹起来了。那么这个时候它就开始与客观美学闹分裂，就是以主体性的方式冲击着客观美学的那些教条。

我们首先要看的第一个，就是追随亚里士多德的一个著名的文艺理论家，他就是贺拉斯（Horatius，前65—前8）。贺拉斯对亚里士多德的美学崇拜得五体投地，他认为自己是在发挥亚里士多德美学里面的思想，但是他实际上已经超出了旧框框。当然基本上他还是模仿论的，但是他已经强调了诗人的自我表现功能。他写了本书叫作《诗艺》，和亚里士多德的《诗学》有从属关系，他自认为是跟着亚里士多德的诗学来阐发诗艺的。但在这本书中有一种强烈的艺术表现论的苗头，比如说他的这样一句话很典型，他说："一首诗不应该仅仅是具有美，还必须具有魅力。""魅力"这个词是他首次提出来的，在亚里士多德那里是没有的。他认为美是不够的，还应该要具有魅力，因为诗"必须要有魅力才能左右读者的心灵。你自己先要笑，才能引起别人脸上的笑；同样，你自己得哭，才能在别人脸上引起哭的反应"。这样一种美学观点或者说文学观点，强调的是"魅力"，也就是说强调了人的情感的力量。你的作品要能够打动人，要能够引起别人的快感，你必须要投入自己的情感。你光是想要打动别人，你自己不动声色、不动情感是不行的。我们看到有很多的作家，他自己没有真正的感动，只是在那里凭理性策划，结果写出来的作品人家也不感动，觉得你没有表达出来情感。那是因为你还没有把情感完全投入到作品中，还没有把情感表现出来。这种情感的力量就是美感的力量。

那么在亚里士多德那里，美主要是形式规范，那种形式规范对艺术家的情感是漠不关心的，是"旁观"的。模仿就是你站在一边模仿。当然像音乐，它能够打动人，你模仿人的情感。但是那仅仅是模仿别人的情感，而不是表现自己的情感。亚里士多德讲，音乐是最具有模仿性的艺术，他把音乐这种最具有表现情感功能的艺术变成了一种最具模仿性的艺术，尽管模仿和表现有某种相通性，但是他的立场仍然是外在的、冷冰冰的。所以亚里士多德要求诗人自己不动情感，而是去模仿别人的情感。要模仿别人的情感，你就必须首先要认知别人的情感，要知道别人的情感是怎么回事，怎么来的。模仿别人，但是自己不动心，不动情，这个在近代、现代戏剧理论里面也有。是模仿别人的情感呢？还是表现自己的情感？技巧派和体验派，性格演员和本色演员，这些区分跟这个都有关系。一个作品的人物你是把它当作自己来表现呢？还是当作别人来模仿、来刻画呢？这个是有区别的，这两者的美学精神是很不相同的。那么贺拉斯在亚里士多德的体系上打开了一个缺口，他强调不是外在的、旁观的、冷冰冰的模仿，而是要把自己的爱恨投入进去，这样才能引起别人同样的爱恨，要打动人。这个是他的一个特点，也就是在情感表现方面，补充了亚里士多德的模仿说。

另外一位罗马的美学家是斐罗斯屈拉特（Philostratus，约176—245）。他跟普罗提诺几乎同时，但稍早。他也从亚里士多德的模仿论出发，但是他强调模仿里面的想象力，强调想象。贺拉斯强调情感，斐罗斯屈拉特强调想象。想象这个概念在亚里士多德那没有明确说出来，但是已经暗含了想象，因为前面我们讲到了亚里士多德强调艺术和诗模仿"还没发生但是可能发生、必然会发生的事情"。所谓"可能发生"和"必然发生"，现在还没有发生，那你就必须利用想象了，必须想象将会怎么样。所谓想象就是把尚未发生的事情直观地表现出来。没有发生，但是你把它直观地表现出来，或者是把过去已经消失了的，直观地表现出来。你可以想象历史，你没有经历过，但是你可以想象当时的场景，你也可以想象未来。这都是把可能的和必然的这种情况表现出来，诗就有这样的功能。这样的原则必须包含有想象的参与，并且通过想象的参与，从模仿可以进入表现的环节。表现论要表现你的心情，表现你的最隐秘的情感和情绪，最微妙的不可言说的，你都要把它表现出来，这个在古希腊其实很早就有了。比如赫拉克利特、苏格拉底他们都提出模仿，诗可以模仿"看不见的东西"。赫拉克利特甚至认为"看不见的东西比看得见的东西更好"。人的情感上的东西是看不见、摸不着的，但是你可以通过想象，用一种能够看得见的方式把它表现出来，这就是想象，通过比喻、象征这样一些手段可以把它表现出来。

斐罗斯屈拉特强调想象的作用，体现了从模仿论到表现论的过渡。怎样从模仿论到表现论过渡？斐罗斯屈拉特举出一个例子，比如说一个羊头蛇身的怪物，我们在艺术品里面经常可以发现这种怪物。古希腊的雕塑，比如说羊头蛇身，比如说人身羊腿，还有人马——人头马身，上半身是人，下半身是马，这种情况多了。描述这些怪物的艺术品，尽管是描述怪物，在现实世界中是不存在的，但是你所描述怪物用到的素材都是现实存在的，人、蛇、马、羊，这些都是存在的。因此，描绘怪物的这样一种艺术，你一方面可以说是模仿，因为它每一部分都是模仿现实中的东西。比如说，我们中国的龙，龙是鹿角、蛇身、鹰爪等等各种动物的部分拼凑出来的，没人见过它，但是它的每一个部分都是我们见过的，都是普通的、我们地球上已经有的动物。最难描绘的就是鬼，没有人见过鬼，所以你也描绘不出鬼来。画鬼最好的办法就是不画出来，或者是不画脸，那是最恐怖的，让你去想象，让你随便去想，但是又想不出来是什么。所以凡是想象都带有模仿的成分。但是尽管如此，另一方面，模仿又带有一种创造性，就是说把已经有的形象如何组合起来，这就是创造性。中国人就创造了龙这个形象，古希腊人就创造出了人马、羊人等等形象。这些形象在现实中没有，也不可能有，所以它完全是创造性的。把各种现实因素变形，把它们任意组合，这体现了想象者的意愿和他的自发的能动的创造性，那是他自由创造、随心所欲想出来的。有的想得很好，人们就说他是天才，他是独自想出来的。因此斐罗斯屈拉特认为，"想象比模仿是一位更灵巧的艺术家"，当然想象里面也包含模仿，但是想象里面不仅仅包含模仿，它是一个更灵巧的艺术家。"模仿只能造出他见过的东西，想象可以造出来他没有见过的东西，用现实作为标准来假设。模仿有惊慌失措的时候，想象却不会如此，它会泰然升到自己理想的高度。"就是说模仿它可能有惊慌失措的时候，因为他这个模仿有可能走样，偏离了事物的原貌，所以它需要补救，可能看错了、看得不准确，描绘得不准确，他就必须连忙去补救。但是想象没有这个毛病，想象可以随心所欲地上升到它的理想状态。你不需要到外界去看是不是准确，是不是反映了事物的原貌，这些你都不需要考虑。你需要考虑的是你自己的意念表现出来了没有，你的理想能否充分地原原本本地得到表达，这是想象它所要从事的。以至于他认为模仿是通过肉眼和手进行模仿，而想象是通过心眼。心眼——内心的眼睛，这是个非常重要的概念，是斐罗屈斯拉特提出的，那么用"心眼"来模仿就更加具有深刻性，更加具有本质性了。

但是想象仍然还是一种模仿。斐罗斯屈拉特和贺拉斯他们都从亚里士多德出发，都突破了亚里士多德的框架，但是他们的基本立场仍然还带有客观美学的残余，还没有完全颠倒过来。所以他认为，想象也是一种模仿，只不过是用"心"去模仿。他提出的一个观点是很有意义的，他认为这种模仿不限于艺术家，用心眼去模仿，人人都有心眼，并不限于艺术家。艺术家可能比较灵巧，他受过训练，但是心眼人人都有，所以这个模仿不仅仅是艺术家在模仿，就是普通人他的欣赏也是模仿。艺术的欣赏没有绝对的界限，比如说每一个人都可以随意地欣赏天上的白云，天上的白云你想象它是个什么它就是什么。当你在欣赏的时候就是在创造，你实际上是在进行创作。这个道理朱光潜先生也曾经说过，"每一次欣赏就是一次艺术的创造"。当然反过来每一次艺术创造也是欣赏了，但关键就是提出来每一次欣赏都是在进行创造。这是一个很重要的美学原理。所以欣赏也是想象，也是一种模仿，艺术是一种模仿，欣赏也是一种模仿。欣赏和艺术创作开始走向统一。欣赏美、欣赏美的东西实际上就是在创造美的东西，它不是完全被动的。欣赏不是说像被动的反映一样，它是什么，你就能看出来它是什么，而是你必须将自己的兴趣、将自己的创造性发挥出来，这种创造性每个人都有，多少而已。这是他们两个，一个贺拉斯强调情感，一个斐罗斯屈拉特强调想象。

第三个代表人物就是朗吉弩斯（Longinus，213—273），这个人也是很重要的。朗吉弩斯把他前面贺拉斯和斐罗斯屈拉特的情感的因素和想象的因素加以综合，并且提出了一个新的概念，就是"崇高"的概念。这个概念是对古希腊古典主义美学观的核心概念的一个颠覆。古希腊的美学核心是美，我们前面提到了，古希腊把美提高为一种宗教式的对象，所谓美的宗教，即提升为最高层次的范畴。所有的艺术欣赏都是为了美，创造美和欣赏美，这个对古希腊人来说是毫无疑问的。那么到了朗吉弩斯这里，他提出了一个新的概念，就是"崇高"。就是说艺术也好，欣赏也好，它们的最终目标除了美以外还有崇高。美和崇高自从朗吉弩斯提出来以后，就成了西方美学史上两个相对的概念，到了康德才把美和崇高统一起来——作为鉴赏。我们后面还要讲康德的美的分析和崇高的分析，在康德那里它们统称为鉴赏，它们都是属于审美的。那么在康德以前，人们把崇高和美看作对立的。不光是崇高，从崇高里面还引申出一些概念，比如说，怪诞、性格、个性。一个人虽然不美，但是他有性格和个性。他很独立，他和别人都不一样，他很怪。由崇高还引申出一套反面的概念，比如说滑稽——喜剧。悲剧表现崇高；喜剧表现滑稽、可笑，这些概念和美的概念相对，都不被看作美的概念，甚至被看作丑的概念。而这种倾向最早的始祖就是朗吉弩斯，他提出崇高的概念，这个和古希腊的美的理想开始有了偏离。就是说你们老是强调美，美的东西欣赏久了也腻了。在古罗马时代，人们欣赏得更多的是崇高，要么就是滑稽。但是索性提出崇高的概念和美的概念相抗衡，这是朗吉弩斯第一个做到的。他写了一本书就叫作《论崇高》。在这本书里面，可以说朗吉弩斯已经完全摆脱了亚里士多德的束缚，他复兴了柏拉图，他到处采用的是柏拉图"灵感说"的一些说法，特别是"迷狂"。我们前面讲柏拉图提出一种"迷狂"，美的欣赏必须要有一种迷狂——诗神附体。理智也有一种迷狂，"理性的迷狂"。"迷狂"就是那种心醉神迷，那种失去理性的心态，放任自己的情感，甚至于放任自己本能的冲动，朗吉弩斯对这一点非常看重。他认为艺术也好，审美也好，必须进入一种迷狂状态、狂喜的状态、心醉神迷的状态、出神的状态。这些东西后来在基督教的神秘主义里面也都吸收进去了。基督徒得到上帝的启示时，他达到了一种狂喜，信仰达到了迷醉的状态。用我们中国人的话来说就是走火入魔的状态。你练气功的时候就容易走火入魔，就是突破理性的束缚，走到极端的话就容易精神错乱，就是精神病，但是在把握一定的度的情况下，它可以成为艺术创作的一个很重要的来源。

朗吉弩斯也吸收了"想象"。他认为想象已经不再是一种模仿。什么是想象？他说"想象"是指这样的场合，"即当你在灵感和热情感发之下，仿佛目睹你所描述的事物，而且使它呈现在听众的眼前"。就是有灵感和热情的感发，这不是模仿。模仿人的心灵谈何容易呀！你能冷冰冰地在那儿模仿人的心灵么？你必须要有热情，除了有想象以外还要有灵感。你要抓住时机，灵感来了，你要把它赶快记下来，这当然有模仿，"好像目睹你所描述的事物"。你等待灵感的时候，它老不出现，灵感来的时候，它已经到你跟前了，你就应该马上把它记录下来，使它呈现在听众或者观众的眼前。但这种模仿是转瞬即逝的，没有激情根本抓不住。它的目的也不再是给人带来理智的愉悦。按照亚里士多德的说法，模仿之所以能给人带来快乐，是因为模仿满足人的本性——好奇心，使人的好奇心在模仿中得到满足，得到了知识——这个就是那个，然后产生一种愉快。朗吉弩斯认为这种愉快太肤浅了，艺术那种激动人心的力量完全不能用"理智的愉悦"来加以解释。它打动人内心的每一根弦，震动人的全身，它不是那么轻松的消遣，它是以惊心动魄为目的的。模仿要以惊心动魄为目的，那不是冷静地告诉你一件事情，好比这个世界上有很多事情，我告诉你一件事的知识。它是要表达强烈的感情，把感情传达给观众，使他们"如醉如狂地欢欣鼓舞"——这些都是他用的词，"心醉神迷地受到文章中所写出的那种崇高、庄严、雄伟、以及一切品质的潜移默化"。你要打动人，要影响人，必须要震撼他，影响他。不是说你要冷静地去告诉他，而是要使他整个身心受到震动。这个跟古希腊的"美"的概念就完全是两码事了。古希腊的古典的理想是"高贵的单纯，静穆的伟大"。"静穆"，安安静静的，但是很"高贵"；"单纯"，单纯到什么样子呢？单纯得像没有味道的水一样！这是后来的美学家温克尔曼提出的，古希腊的美单纯到就像水一样，没有味道的水——要那么单纯！这个"味道"是什么味道？就是情感，你要把情感抛开。古希腊的雕像，你都看不到情感，连眼神都没有。你看到那个雕像，静静地摆在那里，一万年它也摆在那里，静穆的伟大。这就是古希腊古典美的理想。

那么朗吉弩斯的美的理想完全不同，而且截然相反，要"心醉神迷""如醉如狂""欢欣鼓舞"，这才是艺术。这种崇高和美的对立引发了近代以后浪漫主义和古典主义的对立。近代浪漫主义对古典主义的反叛，就是引用朗吉弩斯的观点。近代文艺复兴到启蒙运动，最开始是古典主义占上风的，人们要回到古希腊，文艺复兴就是复兴古希腊罗马的文化，包括文学艺术。那么原原本本地就按照古希腊的原则来创造艺术，这就叫作"古典主义艺术"。但是后来人们觉得古典主义的艺术虽然美，但是不足以表达现代人的心情，满足不了人们的需求。所以他们重新发现了朗吉弩斯的《论崇高》，实际上是一种情感表现论，这就形成了浪漫主义思潮。朗吉弩斯在那么早，在古罗马时代就提出了具有浪漫主义色彩、表现主义色彩的美学原则，这是一个奇迹。为什么说是一个奇迹？因为当时客观美学一统天下——虽然衰亡了，但是很少有人能够真正超越出来。朗吉弩斯以后的人们进入到神学美学，神学美学也是非浪漫主义的。当然神学美学也有表达崇高，表达庄严这些倾向。但是它不是表达个人的"心醉神迷""欢欣鼓舞"，只有一点这个因素，但是都被客观化、异化了，主观客观混在一起。朗吉弩斯则带有表现主义的情绪在里面，在当时和以后很长时期都显得另类。因此，在朗吉弩斯提出他的《论崇高》之后，他被长期淹没，人们不知道他的美学，甚至不知道有他这么一个人，很多美学家谈美学都不提他。到公元10世纪，才重新被那些对古籍有爱好的人整理出来，把他"挖"出来，但是也没有引起轰动。一直到17世纪人文美学的兴起，才突然发现朗吉弩斯的美学这么有价值，那么早的时候就表达了一些如此先进、如此深刻的美学思想，才把他拿来大做文章。所以朗吉弩斯的美学我们可以说它超越了它的时代——"它的时代"还没有到来，他提出来以后就被人们暂时遗忘了。我们说一个人的思想，哲学思想也好美学思想也好，有时有这种情况，它超越了它的时代，他的思想在他逝世后多少年才被人们重新发现，发现它的价值，这种情况是有的。因为人的思想虽然是受传统思想的束缚，但是有时候他确实能够爆发出他的那种创造力。很多哲学家都是在他死后才出名的，文学家也是，艺术家——更多。艺术家很多都是超越了他的时代，他表达的东西人们都不理解，但是后来人们理解了。为什么后来人们理解了？因为他表达的就是后来的人的那些思想情感的早期萌芽。他比较敏锐，所以他可以超越他的时代，一个思想家可以超越一个时代，一个艺术家也可以，就看他是不是真的对人性中那些最隐秘的东西有一种敏感。朗吉弩斯可以说是这样一个典型，他超越时代，超越了一千多年——十五个世纪，这个是很了不得的。在当时虽然他的美学没有引起很大反响，但是他毕竟代表了一种倾向，就是从客观美学转入到内心世界，从外在世界转入内心的表现，这是当时的大趋势。那么这些人都为后来的普罗提诺提供了重要的思想素材。我们现在来看一下普罗提诺的思想。这是一个重要的美学家。

三、普罗提诺

1. 哲学观

普罗提诺（Plotinus，205—270）生活在古罗马时代，他本身是古希腊人，是新柏拉图主义的主要代表。当然比他更早的新柏拉图主义还有像斐诺等这样一些人。新柏拉图主义不是他创建的，但是他的思想就其丰富、博大，就其体系性而言，是新柏拉图主义理论上的主要代表。你要了解新柏拉图主义你就绕不开普罗提诺，就必须提到他。他的观点是柏拉图的理念论和神秘主义的扩展和发挥。柏拉图已经提出了理念论，但是柏拉图也提出了神秘主义的萌芽，如"理性的迷狂"说。那么普罗提诺对这两个方面进行了大胆的扩展。他的哲学对后世的基督教神学也产生了重要影响。中世纪的神学美学，我们要追溯他们的思想根源呢，许多都要追溯到普罗提诺。

首先我们看一下他的哲学观。在哲学上普罗提诺基本上接受了柏拉图的理念论，但是他做了些改进，添加了一些内容。他认为在理念世界之上，应该还有一个至高无上的"太一"。"太一"有点类似于中国古代的"一"，我们讲老子，老子的"一""守静抱一"。中国人也讲"太一"，讲"太极无极"。在理念世界之上还应该有一个"太一"，这个说法在柏拉图那里还没有。柏拉图有这样的说法：理念是逻各斯，逻各斯是一，所有的理念、概念都是为了达到一种统一性，达到一种一。"逻各斯是一"，这个从赫拉克利特就已经提出来了，但是在柏拉图那里，在理念世界之上、善的理念之上就再也没有什么别的东西了，理念世界是一个世界，人的灵魂在投胎之前住在理念世界里，认识那里所有的理念，但是理念世界之上没有什么了，没有说还有一个太一。普罗提诺认为太一是无法言说，无法理解的。你不能给它下个定义说太一是什么，太一没法说，一说出来它就不是至高无上的了。古希腊在他之前已经有人，像这个塞诺芬尼就已经提出来了，神是不可言说的，凡是能够说出来的就已经加上了人的想象了。比如说塞诺芬尼嘲笑当时的古希腊人敬神，把神想象为一个人的形象，他嘲笑说，如果是马或者狮子信神的话它就会把它的神想象成马的形象或狮子的形象，那么人当然也要把神想象成人的形象。但是实际上神本身根本就没有形象，他也不说话，也不做什么。说话也好，做什么也好，都是人自己想出来的，都是凭自己的人的经验，所以你这是贬低了神。这种神学观，后来的宗教学家把它称为"否定神学"。否定神学，或者说第一原理只能否定——你只能说神不是什么，你不能说神是什么。神不是人，神不是你所想象的精神和物质，也不是你所想的任何形象，也不是你能说出来的任何语言可以表达的。这就叫否定神学。基督教也有这个，上帝你不能够"看"他，没有人能够见到上帝。《旧约》里面讲了，凡是见到耶和华的人都得死，上帝本身你是见不到的，所以他要派他的独生子耶稣基督来拯救世人。在《新约》里面，耶稣基督是可以看见的，但是他的父——天主，人们是看不见的。所以他需要有一个代表，就是耶稣基督。否定神学在哲学上从普罗提诺开始得到了系统的表达。原来就有，但普罗提诺阐明了这个原理。中国古代也有"道可道非常道"，道不可说，道不可言，老子有这个观点。佛教也有"第一义不可说"，你说这说那都可以说，但是最高的不能说。禅宗讲"才说一物便不是"，只要你说，那个东西，它就已经不是那个东西了，"第一义不可以说"。在西方是普罗提诺阐明了这个道理。他说"太一"是至高无上的不可言说的，但是正因为如此，它是至高无上的始源，一切存在的源泉，它是真善美的绝对统一。但是它产生出世界来，并没有意识，也没有目的，你把意识和目的加到它身上你就把它拟人化了。普罗提诺认为神不是拟人化的，它就是神。

那么，它是如何产生出万物的呢？它是由于自身的无限充盈，它太丰富了，太充满了，所以自行流溢出来。"流溢"，emanation。这个词我们在西方哲学史里面经常会碰到，我们把它翻译成"流溢"。当然还可以翻译成别的，但是只要人们要诉诸它的原文 emanation，那么你就会知道它是从普罗提诺来的，意思就是说流出来了，漫出来了。就像一杯水，太满了，它就流出来，就成了宇宙，成了世界。那么如何流出来？有一个阶梯、有一个过程。最先流出来的是比较接近它的，那就是普遍理性，普遍理性也就是理念世界。理念世界的那些概念——柏拉图的理念论，所有这些理念都是由太一直接流溢出来的。然后从理念世界又流溢出人的灵魂。柏拉图不是说只有通过人的灵魂才能够回忆起理念世界吗？要通过你的心眼才能认识理念世界。那么人的灵魂就是第二个等级的。再低等级的就是感性世界，包括你的肉体，你所看到的五花八门的、五彩缤纷的这个感性世界，大千世界，自然界。这就是再次流溢出来的，那只是现象。在柏拉图那里感性世界价值就不高了，那么普罗提诺更是把感性世界仅仅看作一些幻象，一些假象，晃来晃去的，迷乱你的眼睛，迷乱你的心眼。那么感性世界再下降就是物质，物质也就是亚里士多德所讲的质料。亚里士多德曾经有这样的观点，就是说最低级的质料就是没有形式的质料，无形式的质料就相当于"无"——什么也没有。你没有形式，你拈不上，我们中文说"你拈不上筷子"，你夹不起来，它是一个虚无，它没有形式，没有什么东西可以让你夹它，所以最低级的质料就是"无"，这在亚里士多德那里已经有了。在普罗提诺这里也把它当作无。

所以整个世界是这样一个等级，是一个"退化"的过程，就是你远离了太一那你就越来越低级，最后就导致虚无，导致黑暗。"太一"可以比作太阳，太阳是绝对的光明，物质是绝对的黑暗，在这两极之中，那么太一逐步逐步地流溢出来不同等级的大千世界。首先是理念，然后是人的灵魂，然后是人的感性，然后最后变成了物质、虚无。但是在这样一个总体的退化趋势里面又有一个反向的、逆向的努力，这个主要是以人为核心的。就是说人有灵魂，人有灵魂就面临着一个矛盾，一方面他是从太一里面流溢出来的，他还记得、他能回忆起他当初在理念界的时候直接沐浴在太一的光辉之下；但另一方面，他又受到肉体的遮蔽，感性世界的蒙蔽。感性世界让人眼花缭乱，他用肉眼看世界的时候，他的心被遮蔽了。最后他如果沉溺于他的感官，他就变得什么也不是了，就变成虚无了，就成了物质。人当他变成动物，最后堕落为物质的时候就什么也不是了。所以人，他的灵魂有一种两难，有一种矛盾，他一方面还记得他的高级的本质，另一方面受到肉体的蒙蔽和拖累，于是他就在两者之间挣扎。有的人堕落了，而有的奋起向上，形成了一种逆向的努力。不光是退化，而且在退化的过程中，在人的身上总有一种要返回到自己的家园的努力，正是这样一种要返回他的太一的家园的这种倾向，导致了我们在看待感性的物质世界的时候，我们能从中看出某种美，这就进入到了普罗提诺的美学。

普罗提诺的哲学跟他的美学关系非常密切，甚至我们经常可以把他的哲学看作就是在为他的美学提供理论根据。普罗提诺在美学上的影响非常大，当然他在哲学上的影响也很大，他的那个模式，他的那个建构——"流溢说"，具体落实在美学上，就是他对美的看法。那么我们先看他的美论。

2. 美论

在普罗提诺看来，感性的物质世界的美，是人的心灵在自然界、在感性事物身上看出来的，但这种美它并不属于这个物质世界。它之所以被看作是美的，是因为它分有了更高的理念。这个观点是从柏拉图来的，美是由于分有了美的理念。那么普罗提诺把它更加扩大化，所有的美都是因为在人的身上它分有了理念，它才具有了美，所以美其实就是分有了理念的特点。理念的特点是什么呢？理念的特点是"整一性"。我们上次讲到亚里士多德对美的概念就是多样的统一，"有机的整一"等等。但是，这个普罗提诺的"整一性"跟亚里士多德的有所不同。有什么不同？他认为这种"整一性"就是赋予了物质世界某种"整一性的形式",它和质料是截然分开的。亚里士多德认为质料和形式是不能分开的,他的整一性就是多样的统一,就是把很多很多的质料统一在一个形式之下。但是普罗提诺的整一性把质料全撇开,他单取整一性。所以这个"整一性"它不是包含对立的,也不包含多样性,它是一种纯粹的统一性,或者纯粹的整一性,这就是美。这个更加回到了柏拉图的美的理念,美的理念不包含所有的具体的美的事物,它就是一个抽象的概念。所有具体的美的事物都是因为分有了这个抽象的概念才美。那么普罗提诺认为纯粹的统一性它也不包含它的内容,那些内容、那些质料是因为分有了它才显出一种整一性来。所以美本身它是没有质料的形式——没有质料的整一性形式。因此普罗提诺否认了传统的和谐说,比如说对称、合适,这些跟质料都是分不开的。你要讲对称总有两个东西才能讲对称,要讲合适必须是这个东西适合于哪一个。但是普罗提诺认为你必须把这些东西去掉,就讲合适本身,就讲和谐本身。所以他认为以前的和谐说,和谐本身是离不了多样性的。就像我们今天讲"和谐社会",它是多样性的和谐;孔子讲"和而不同",完全同就没有和谐了。但是普罗提诺就是讲"同",不要什么多样的东西。多样的东西就是因为里面显出了"同"它才美,他把"同"单独提出来,称为"美的整一性"。所以美本身在他看来是不包含对立的统一性,不包含多样的和谐。不包含对立,但是它有统一;不包含多样性,但是它有和谐。当然实际上包含多样性它才有和谐,但是他把多样性去掉了,单取它的和谐的那一点。所以在这方面他对古希腊传统的哲学原理是有所革新的。他把对称、合适、比例、匀称等等全都排除出美本身,美本身就只剩下了一个纯粹概念的形式,那就是"一"。这个一,它虽然还没有达到太一,但是它是一,它趋向于太一,接近太一,接近太一它就是美。所以大千世界各种各样的美,只有归结到一,才能得到真正的理解和欣赏。

那么如何归结到"一"呢?首先就是要归结到人的灵魂。人的灵魂就是一，每个人的灵魂它所起到的作用就是统一，就是把所有的东西归结到一起，它是起这样的作用的。所以灵魂比物质世界更加直接地分有了普遍的理念。真正说来美是内在于人的灵魂，这是普罗提诺很重要的一个观点。美内在于人的灵魂，外在的美、物质世界的美是反射着它之外的一种光辉。我们看到外面世界，大地天空如何如何美，但其实是外面给它带来的光辉，而外部世界之外就是理念，它其实是在人心之内所看到的，这光辉只有在人的内心里面才能看到。外部世界它的美是外来的——是外部带来的，而在人的内心世界里面它是分有的。那么外部世界的美，它的作用就在于提醒人们想到我们自己的内心的美。这个是柏拉图的"回忆说"——我看到墙上挂着的那把七弦琴，我就想到当年我的一个好朋友送我这把琴，他当年如何弹这把琴，回忆起当时的情况。感性世界、物质世界的美也起这样一个作用，它能够提醒我们内心的灵魂，回忆起我内心的从太一而来的美。促使我们回到太一老家。所以欣赏大千世界的美它有这么一个作用，就是使人的灵魂想起他的太一老家的情况。所以这样一种观照，对万物的美的观照，必须要凭借人的心眼，收心内视，体会自己心中那些精神的美、智慧的美。当你做到这一步的时候，你调动起你的心眼，收心内视，这个时候，他说"一旦见到自己的同类或同类的踪迹，便会为之惊喜若狂，去亲近它"。自己的同类，什么是自己的同类？灵魂的同类就是灵魂，就是理念。于是"惊喜若狂，去亲近它，因而回想到自己和自己的一切"。

所以对客观外在世界的观照实际上最后可以归结到不过是对自己主观内心的灵的观照而已。对外部的观照，我们讲欣赏，欣赏外部世界，自然界的美，实际上是在欣赏自己，是自我欣赏。但是这个欣赏必须要下一番修养和提高的功夫，才能够真正达到它的目的。那就是使自己回想起理念世界，把自己提升到理念世界，接近太一。那么你就必须要下一番修养功夫，他是这样说的："怎样才能看到好人的心灵美呢？把眼睛折回到你本身去看。如果在你本身还看不出美，你就应该学创造美的雕像的雕刻家那样：凿去石头中不需要的部分，再加以切磋琢磨，把曲的雕直，把粗的磨光，不到把你自己的雕像雕得放出德行的光辉，不到你看到智慧的化身安然坐在神座上，你就决不罢休……心灵也是如此，本身如果不美也就看不见美。所以一切人都须先变成神圣的和美的，才能观照神和美。"

这段话非常有特色地表达了普罗提诺的美的思想，可以说是最深层的美学思想。也就是说，他提出了一个非常重要的美学观点：把人的自我修养比作一种艺术。人要想看到美，你必须首先心灵本身要美。心灵本身如何美呢？就要像一个艺术家雕刻一个雕像那样来打磨自己的心灵，雕琢自己的心灵。人的自我修养就是一种艺术，你在欣赏外界美的时候就是在进行一种心灵的打磨。一个野蛮人，他不懂得美，一个小孩子他没有学会欣赏，那么我们就要教育他，就要拿很多美的事物给他看，打动他，熏陶他。这个对他的美的心灵是一种修养，一种打磨，他自己也应该自觉地进行这样一种打磨。然后打磨到一定程度，他才能看到真正的美。所以心灵的修养就是一个艺术的过程。

3. 美与艺术的关系

前面我们介绍了普罗提诺的美论，他的美论很有特色，其中一个非常重要的特色就是他把美和艺术在心灵这样一个基础上统一起来了，心灵的美就是心灵的艺术。普罗提诺把人的审美能力看作一种自我修养，那么这种自我修养是一门艺术，这种艺术的目的就是要造出心灵美，就是要美化心灵。而这种美化心灵的艺术是最根本的艺术，其他一切艺术都是由这种最根本的艺术而来的，或者说都是分有了这种美化心灵的艺术而来的。他说"其余如行为和事业之类的事物之所以美，是由于心灵所授予它们的形式，而物体之所以能称为美，也是心灵使然"。心灵美造就了一切美，包括艺术和自然美，因此一切美都是心灵的艺术的作品，所有的美都是心灵的艺术的产物，都是由"艺术"所放进去的理念。心灵的艺术从理念世界里分有了理念，然后把它放到物质对象上，使得物质世界呈现出美来。这种理念在你看到外界事物之前，已经在你的心里面了，理念世界只要你回忆就会发现已经在你的心灵里面了。所以这种理念存在于艺术家的心中，他分有了这样一个理念。不是因为他有眼睛和双手就分有了这个理念，而是因为他的艺术创造。他把自己塑造成了美的心灵，也就是塑造成了包含有丰富的理念的心灵。当然整个理念他本来就有，但是他忘记了。艺术就使他把这些理念重新回忆起来，使自己的心灵变成了蕴含有丰富理念的这样一个主体。所以艺术品的美也是这样，艺术品的美并不在于它的物质本身，比如说大理石，石头，石头哪有美呢？但是人对它进行加工，有了艺术家的心灵的参与，它才能够美。因此心灵美和心灵的艺术品就是一回事，是同一个过程，是在艺术家的内心所发生的。艺术品的美就来自于艺术家的心灵。这个艺术品是广义的，不仅仅指我造出了这个雕像，而是包括我欣赏到的自然物、大自然，万事万物的美，其实都是艺术家创造出来的，它们都来自于艺术家的心灵。那么反过来我们可以说，艺术品的美就是因为艺术家的心灵把自己的美表现在艺术品上。因此他提出了一种表现论，不再是模仿，可以说已经是包含着表现论的美学。最初的表现论是在普罗提诺那里深刻表达出来的。

所以美和艺术在他这里达到了一种统一。他认为美和艺术都有两个层次，一个是高级的层次，一个是低级的层次。美有高级低级的层次，艺术也有高级低级的层次。美的高级层次是先验的、理性的，那就是高级的美，纯粹的统一性。低级的是包含感性的那个美，包含感性就是低级的。艺术也是这样。高级的艺术是心灵的艺术，低级的艺术就是艺术家通过他的艺术创造所表现出来的。当然这两者，高级和低级不是分开的，艺术家在创作艺术的时候，他的心灵的艺术是最主要的、最根本的，他把它表现在他的作品里面已经降低一个层次了。所以他有两个层次，一方面是心灵的美和心灵的艺术，另一方面是感性物质的美和感性物质的艺术创造。但是，不管在哪种场合，一切美都是艺术的产物，而且归根结底是心灵的艺术的产物,是高级的艺术、内心的艺术的产物。而艺术的唯一的使命就是表现美,仅仅是表现美,这还是古典的观点。刚才讲朗吉弩斯认为艺术不仅仅表现美,还要表现崇高,而且更重要的是表现崇高。那么普罗提诺认为艺术和美是不可分的,凡是艺术都是表现美的,凡是美的都是艺术所表现出来的。美和艺术的这样一种本质上相互依赖、不可分割的关系在以往的模仿论里面是不可能提出来的。他首次提出了艺术和美的本质上的不可分性。当然以往也有艺术和美关系非常密切的说法,说美是客观的,艺术是模仿美,但这种关系还是外在的。那么内在的、根本上的不可分性,这个是普罗提诺提出来的,以往的模仿论是不可能提出来的。比如说模仿对模仿对象的美丑是无所谓的,丑的东西也可以模仿;但是按照普罗提诺的说法,艺术就是模仿美的东西,不可能模仿丑的东西,因为艺术模仿的对象归根结底就是心灵的美。因此传统的模仿论最大的难题就是艺术和美有一种割裂,艺术和模仿它可以不必模仿美,它也可以模仿丑的东西,而普罗提诺把这两者统一起来了:艺术本质上只能模仿美的东西。当然在现实的艺术作品中,在低级的艺术里面,你可以模仿丑的东西,但是从高级的艺术来看,模仿丑的东西实际上还是在表现艺术家的心灵美。这就把这两者又统一起来了。模仿论的艺术和美本身是分裂的,你要讲模仿论,那么那些"丑的艺术"——悲剧、滑稽剧、喜剧算不算艺术呢?如果算艺术的话那丑的东西也应该纳入进去。但是如果把艺术的本质归结为艺术家的心灵美,模仿的对象归结到模仿者的心灵美,模仿丑的东西也是为了表现艺术家的心灵美,那么艺术和美就真正统一起来了。这个是普罗提诺在理论上真正解决的问题,实际上是立足于艺术的表现论来解决艺术和美的关系问题。按照以往的模仿论,一说美和艺术就必然分裂,但是如果一切艺术都是为了表现心灵的美,一切美都是心灵的艺术所造成,那么艺术和美就第一次很好地统一起来了。这个是艺术和美的统一关系,是普罗提诺的主要贡献。

4. 艺术论

所以在普罗提诺看来艺术的最本质的功能就是表现人心中的美，而人心中的美是要回到太一的。人心中为什么会有美呢，是因为你在通过心灵的艺术提高修养，使自己越来越接近太一，抵抗那种沉沦的趋向、退化的趋向。万物都在沉沦，但是人不可以沉沦。人必须要回到太一，回到神。但是他并没有完全抛弃模仿，我们刚才讲他已经提出一种表现论，但这种表现论仍然保留着模仿论的一个外壳。他认为造物主的产品肯定比造物主本身要低，比如说太一。太一所流溢出来的万事万物都比太一的等级要低，太一是造物主，创造这个世界的。这是一个"退化"的过程。那么人的艺术品也是一样。我们可以把人比作是一个小神，而太一作为一个主神，是一个真正的神，它创造万事万物，它创造出来的东西要低于它本身。人作为一个艺术家创造出一个艺术品的时候，这个艺术品也必然会低于他的构想，也就是低于他的心灵美。艺术家心中有一个美，他要把它表现出来，他要创造出一个作品来，但他总是不满意的，总是没有达到他理想的高度。这就像上帝创造世界一样，它是一个"退化"的过程。艺术家创造具体的艺术品，这个具体的艺术品没有摆脱感性的束缚，所以它跟纯粹的艺术家心目中的美的理想相比还是低级的。因此一个艺术家不可能用这种物质的手段，比如打造一个大理石的雕像，做一个青铜的雕像，这都是物质的手段，不可能用这种手段完全表达出艺术家心中的美的理念，那是不可能的，那肯定要比你的美的想象中的那个美要低。咱们中国古代美学也讲过"言不尽意，意在言外"，你说出来的东西，总是表达不尽你所想要表达的东西，不管你是诗歌还是小说、戏曲，它都有这个问题。还有绘画，你想象的东西，你没有办法用物质的手段把它完完全全地表达出来。这就像太一一样，人心中的那个完美的理念是无法完全表达的，只能够拙劣地模仿。所以柏拉图讲艺术品是影子和影子的影子，是有道理的，讲到这个影子的问题，艺术品总是赶不上它的原型的。但是柏拉图提出的这个观点在普罗提诺这里把它进一步引申了。影子的影子之所以是影子的影子，是因为艺术品想要表达美，但是它和艺术家心目中的美相比又不是一样的。柏拉图是说一张床的画是一张床的影子，这张床又是天上的理念的影子，影子的影子是这样来解释的。但是普罗提诺变了一个方向，就是说艺术家创作的一个作品，它不是床的影子，而是艺术家心中的美的理念的影子，它显然赶不上艺术家心中的美。他是朝这个方向来解释的。因此这一点，艺术作为影子，并不能像柏拉图那样用来作为贬低艺术的理由。柏拉图用这个影子说来贬低艺术，说艺术是无用的，只是影子而已，与其画一张床，我不如自己去造一张床，与其造一张床，我还不如想一想那个床的理念，这是柏拉图的说法。所以艺术和艺术家在柏拉图这里地位是很低的。但是在普罗提诺这里，艺术家的地位没有那么低，艺术品的地位也不低，因为它毕竟是对艺术家心中的美的模仿。如果说它是一个影子，它也是在一定程度上表达了艺术家心中的理想，当然完全表达是不可能的。所以艺术家的艺术在这方面至少比自然物要优越、要高级，自然物不会自动地去表达艺术家心目中美的理念。如果艺术家在自然物上看到了美，这也是艺术家创作的结果，不是自然物本身，自然物本身是堕落的，是走向物质、走向虚无的。艺术品是在自然界里面由艺术家创造的不至于堕落的一种力量，所以艺术家他又获得了自己的地位。

但是要注意一点，"艺术也绝不单纯是模仿肉眼可见的事物，而必须回溯到自然事物所从出的理念"，要回到它的理念。你要是单纯的模仿，外在的模仿，形似而不是神似，那你就误解了艺术的使命。艺术的使命就是要让人们回到万事万物它的来源、它的根源，就是理念世界，回到理念世界的整一性。那么人的艺术它可以自觉地在模仿自然界的时候模仿人的心灵，而模仿心灵归根结底还是为了模仿理念世界，而自然它不能达到这样一种自觉的模仿。艺术虽然是模仿自然，但是它又可以高于自然，它可以补充自然界的不足，在这个地方艺术品的地位就被确定了。他的艺术论为艺术做了一个这样的定位，不是像柏拉图一样高不成低不就，一方面把艺术家赶出理想国，另一方面又要保留某些正统的艺术品。那么从普罗提诺的艺术论里我们可以看到他的表现论并没有完全取消模仿论，而是充当了一个把模仿论提升到精神的模仿论的中介。当然这种做法在以前，像苏格拉底、柏拉图那里都有了，都已经在做，但是他们在做的时候是不自觉的。在普罗提诺这里，它成了一个逻辑结构，它成了一个自觉的理论体系。他的构想通过一种表现论使得模仿论提升了它的层次，使它成为一种精神的模仿论。模仿论和表现论之间，如果加入了心灵美，那么它们的融合是非常自然的、必然的。比如说我们讲一个艺术家模仿自己的心灵，这个时候他同时也是在表现自己的心灵，当然还可以有不同的角度。你从模仿的角度看，你说他是在模仿；你从表现的角度看，也可以说他同时就是表现，随着你的角度的不同而有不同的看法。

5. 美和艺术的再次分裂

所以模仿和表现在这里形成一种互相转化，可以从模仿转到表现，也可以从表现转到模仿。而在普罗提诺这里呢，他最后又重新转回到了模仿。所以我们还是把普罗提诺划到了客观美学，尽管客观美学已经衰微，但它还是客观美学。最终还是归到了模仿论，模仿什么呢？模仿太一。太一本身当然不可模仿，但是要尽量模仿太一所创造的理念世界。这是普罗提诺的归属。因为普罗提诺的立足点仍然不是人的主体性，他的表现论虽然提出来了，但是没有主体性给它支撑，所以必然地，他最终转向了神学。要到近代主体主义的原则确定以后，主体性才有了它哲学上的支撑，才立得起来。而在普罗提诺这里还没有完全立起来，虽然他提出了表现论的原则，但是他最后还是归结到了精神的客观美学，跟柏拉图和亚里士多德的归属是一样的。他的艺术观还是最终把表现论归结为模仿论，把模仿当作是一个总的名称，来称呼为了审美享受的目的而创造美的形式和意境的活动。这是普罗提诺的美学最后的归属。那么在这个归属上面我们可以看出，美和艺术在普罗提诺这里达到过一种暂时的统一。我们前面讲到，美就是为了艺术创造的，而一切艺术都是为了创造美，在普罗提诺那里已经提出了一种美和艺术的统一性。但是这种统一性它又再次分裂，也就是说这种统一性是对人而言的。对人来说，人的艺术就是为了创造美，人所看到的美都是艺术所创造的艺术，因此在人身上艺术和美是统一的。但是在最高的太一身上就不是这样了。因为他最后要追溯到太一，追溯到神，在最高的神学那里就不是这样了。人的美都是艺术的结果，人把自己的心灵打造成一个美的心灵，那么太一是不是也把它自己打造成美的心灵呢？不是，太一不再对自己的心灵加以雕琢，它不需要了，它是一切的本原。所以太一本身的美、它所表现的美绝对不再是有目的的作品，它是一切艺术所根据的蓝本。太一就是存在本身，它的美是因为它存在，不是因为它的艺术，不是因为它拼命地把自己造成一个艺术品，不是的。它仅仅是因为它存在，就不得不美。而丑就是由于非存在或者不存在，或者缺乏，缺乏的东西就是丑。我们说一个东西丑，就是因为它缺某种东西，缺胳膊少腿，这个东西就不美了，就是丑了。而真正的存在——太一、神、全在，没有任何缺乏，所有的都完满无缺，那就是美了。这样一来，太一本来是真善美的统一，这个统一因此也就分出了等级。分出什么等级呢？他说："美就是善，从善那里理性直接取得它的美。"美是源于善的，善要高于美，在真善美的统一里面，善是在美之上的，他说"神就是美的源泉"。再一个就是真，他说"真实就是美，异乎真实的自然就是丑"。所以真是美和丑的标准，要用真来衡量美和丑，所以真比美更高。善和真都要比美更高。

虽然真善美是统一了，但是其中真和善都要高于美。真是美的标准，善是美的根源。那么这三者的次序在普罗提诺看来应该是这样的：善是第一，其次是真，最后是美。那么善第一，在什么意义上第一？在太一存在的意义上第一。但是从普罗提诺自己的这种方法上来说，还是真是第一。就是说艺术和美最后都是通过对太一、对善的认识才回归到太一的。从本体上来说善是最高点,但是从方法上来说,从认识上来说,是通过认识才回到太一的,所以从方法上来说真是第一位的。客观美学中认识总是第一位的,不管他们怎么样标榜,但是他们都像苏格拉底所说的——美德即知识。就是说知识、认识是第一位的。虽然他不一定这样表述,而是把善看作是第一位的。那么善是通过什么来认识的呢?是通过认识能力,通过理性。所以认识在方法上是第一位的。因此在普罗提诺的表现论和神秘主义的外衣之下,他的美学还是透出了古典主义美和真的统一这样一个基本框架。这个又走回来了,我们说他有他的突破,但是在基本的框架上他仍然是传统的。这个框架在古希腊和古罗马都是没有突破的,一直到基督教。基督教把信仰凌驾于认识之上,这时才有了根本性的突破。所以他的美可以说成是一种理念,说成是一种统一性,这也说明他仍然是一种重理性的美学,虽然他把一些非理性的东西吸收进来了。但是这种重理性的美学已经开始走向异化。

异化这个概念很重要。所谓异化就是一个事物自由地、自发地把自己表现出来以后,所表现的东西对于它来说变成了异己的东西,这就叫作异化。异化在很多领域都表现出来。特别是对人来说,人的异化,人的本质的异化,例如人把自由的本质表现出来,然后把表现出来的东西看作上帝的产物。上帝其实就是人,上帝的本质其实就是人的本质,但是对于人来说成了异己的,它压迫人、命令人、否定人的一切,这就叫异化。我们多次要运用到这个术语,这是一个很重要的术语。所以在普罗提诺这里,这种美学开始异化。本来是人的表现论,人的美的心灵,但是一旦回归到太一,这个太一就不再是人的心灵了,不再是人的本质了,它是神秘主义的,它不可言说。但是所有人的一切都是由它来的,都要服从它,服从一个异己的东西,一个你所不熟悉的东西,那就是太一,太一是一个非常陌生的东西。当然它在人的心灵内部深处,但是你不可描述，你只能向它接近。所以这种太一的理念已经不是日常事物的理念，而是一种神秘主义的、迷狂的对象。人要通过神秘的迷狂来追求一个彼岸的目标，太一处在人的彼岸，我们只能信仰它。这里头已经包含了基督教的信仰主义、神秘主义的萌芽。我们说基督教是从新柏拉图主义和新斯多葛派发展出来它的教义。当然基督教本身是来自于《圣经》的，但是《圣经》里面有很多思想，特别是约翰和保罗，他们把许多古希腊的东西纳入进来；再加上普罗提诺，普罗提诺的神秘主义导致了基督教的信仰。基督教的信仰一开始是反理性的，基督教的教父德尔图良有一句名言："正因为其荒谬，所以我才相信。"它不荒谬那你就不用相信了，用理性去分析就够了。正因为其荒谬，你用理性分析不了了，所以你就只有靠信仰了。这是基督教的很重要的一个信仰主义的精神。那么在普罗提诺这里，他把柏拉图的迷狂发展到这个高度，太一只能通过迷狂来信仰、来体会。

总之，普罗提诺的美学，我们可以说他比以前所有的美学家都更加深入到了审美和艺术创造的主体性的问题。我们刚才提到主体性，他虽然没有建立起主体性，但是他深入到了主体性的问题——表现论，心灵美的表现这样一些观点。但是他最终还是没有超过古希腊罗马的客观美学的范畴。在他看来美是主客观的统一，他已经很好地把它统一起来了。但是最终统一于客观精神，太一是一种客观精神，它不是人所能理解的，而是客观的，它不以人的意志为转移。美和艺术的统一是统一于最高太一的美，但最高太一的美与艺术就不统一了，又重新分裂了。模仿和表现统一，但是最后统一于对神的理念的模仿。所以开始是为统一做了很多的工作，但是最后一步导致了统一性的分裂，美和艺术的再一次的分裂。他的这样一系列的观点，特别是关于人的主观精神和客观相统一的观点，对于后来的中世纪基督教美学产生了重大的影响，特别是他的柏拉图主义对奥古斯丁产生了重大的影响。但是，在他这里还是一个过渡，还没有真正进到中世纪的美学。因为在宗教哲学上面，他还没有达到基督教的一神论。基督教我们都知道它主张一神论,唯有一个上帝。基督教、犹太教、伊斯兰教它们三教同源,都是主张一神论的,而其他的很多宗教一般都是讲多神论。那么普罗提诺是介于一神论和多神论之间,他有这样的说法,"众神即一神",或者说"一神即众神",多神和一神是一回事。那么这样一个立场使得他的美学不至于完全屈从于神学,他介于多神和一神之间。他的太一当然是一神,但是太一所表现出来的理念世界也可以看成是多神的,甚至是泛神论的。他并不完全屈从于神学,他还有哲学的余地。到了基督教那里,哲学就完全成为了神学的婢女了。随着基督教一神论的确立,这种人间的美学、给人间留下广阔余地的美学最后就消失了。一切的审美活动只有在上帝那里才能够得到承认。这个是普罗提诺的美学,我们就讲到这里。

// 第二章 //
中世纪的神学美学

我们上次讲到宗教就是人的本质的异化，上帝本来就是人，上帝的本质就是人的本质，但是他是异化形态的人的本质。早期的古希腊神学，它跟理性主义是相冲突的，理性跟古希腊宗教的关系始终是外在的。我们讲古希腊宗教是美的宗教，苏格拉底想把这种宗教变成一种理性的宗教，苏格拉底做了这种尝试，柏拉图也做了这样的尝试，但是都被看作异端。苏格拉底被处死了，他们的理性宗教不被普通百姓所认可。柏拉图也只形成了一个小集团，它没有变成古希腊的宗教。所以古希腊的理性和古希腊的宗教长期并存，有时候有冲突，但是它们各自有各自的地盘。这表明了古希腊宗教本身就不成熟，古希腊的多神教，每一个神都被雕塑成那样一个个形象，那样的形象固然很美，但是作为宗教它是不成熟的。那么从苏格拉底和柏拉图以来他们提出了目的论和理念论，提出了一个新的神学学说，但是这样一种新的神学学说使古希腊的理性也开始变质了，目的论和理念论，特别是柏拉图的"迷狂说"——"理性的迷狂"——已经超出了传统古希腊的理性精神，超出了在他们之前的那种清明的理性，朴素的理性，已经掺进了一种神秘主义的东西，只是并没有完全消除那种理性主义的基础。他们已经开始培养一种宗教神秘主义的情绪，当然基本上他们的宗教原理本身还是理性的，还是清明的，还是清清楚楚的。柏拉图也好，亚里士多德也好，苏格拉底也好，他们在讨论神学问题的时候，还是用理性在考虑，还是清清楚楚的。在普罗提诺这里，他已经被看作神秘主义者了，但是他仍然是理智的。普罗提诺在当时的古希腊人看来已经非常不理智了，他经常处于一种出神状态。据说，他要见到太一，见到理念世界很困难，他要经常地打坐、冥想。他说他一辈子也只见过六次太一，但是马上就消失了。他要集中自己的注意力、要"收心内视"、要修炼、要练功，他才能够窥见神。这是非理性的一种生活态度，但是他仍然基本上还是崇尚理性的，具有泛神论的色彩。就是"众神即一神，一神即众神"，从众神流溢出整个世界，从一神流溢出众神。整个世界都是通过流溢，所以在万事万物上都可以看到神的样子，这个叫泛神论。我们在讲泛神论的时候最早要追溯到普罗提诺，后来还有布鲁诺、斯宾诺莎这些人，都是泛神论者，但是最早的是普罗提诺。他提出一种泛神论，万事万物都有神的影子，但是众神又是一神。所以从他这里可以看出从多神论向基督教的一神论开始过渡了，但是真正的一神还没有成为基督教的"人格神"。基督教里面讲"三位一体"，三位神都是一体的，都是一个人格。这个人格有意志，他能够下命令，他能够要人做这个做那个，能够给人规定戒律。上帝本来是人的本质，我们把他想象成一个人格，虽然不能够像圣像画上画的那样是一个白胡子老头，不能那样去理解，但是你得把他理解为人格。他能说话，上帝的道，就是上帝的话，上帝的言，"言成肉身"，"道成肉身"。怎么讲？上帝说的话成了"肉身"。上帝派耶稣基督来拯救世人，这个耶稣基督就是言成肉身，是上帝的话派生出来的。所以上帝在基督教里面是人格神，但是在普罗提诺那里是非人格神。不过他已经做了一些工作，就是把善的理念凌驾于理性的原则之上。我们刚才讲了，普罗提诺的真善美，善是至高无上的，而且它只能通过一种神秘主义的方式来接受。太一它本身不再是一种理念，它是凌驾于理念之上的。理念作为抽象概念是可以用理性把握的，但是太一不能用理性把握，所以它凌驾于整个理念世界之上。普罗提诺以不可知的太一的名义把善提升到了理性之上，而这恰恰是基督教的原则，基督教的原则就是从善的原则开始的。这就过渡到我们这里要讲的中世纪的神学美学。首先要讲的是关于神学美学的文化土壤。

第一节　中世纪美学的文化土壤

中世纪的神学美学是从古希腊文化里面脱颖而出的，那么它是怎么样产生出来的？我们首先要看看中世纪美学它所产生的文化土壤。中世纪美学的文化土壤是在罗马帝国时期形成的。古希腊罗马，我们前面讲到它是一个一贯的过程，通常把古希腊古罗马放在一起来讲，古罗马主要是模仿古希腊文化的各种成就。那么到了罗马帝国晚期，在古罗马从共和国到帝国的这样一个过渡时期，西方的基督教产生了。我们知道基督教产生于公元1世纪前后，那个时候正是罗马帝国的时代，进入到罗马帝国时代就进入到了培养中世纪基督教的文化土壤的这样一个时期。那么基督教在这样一个土壤里面生长起来，它为什么到后来能够占统治地位，并且把以往的古希腊文化扬弃了、超越了，甚至排斥了？这个是有它的道理的，它不是一个偶然的现象。基督教最开始那么弱小，犹太民族那么一个小小的民族，凭借一部《圣经·旧约》，然后逐渐地扩大它的影响。到耶稣诞生，公元1世纪，通过《新约》的方式，通过福音书的方式把它的思想传播开来，这个里头有它内在的必然性。有什么必然性？就是因为当时的古希腊罗马文化里面，虽然它创造了灿烂的文明，艺术、科学、哲学、政治、民主制度，都是成就非常高的，在人类历史上是其他民族所不可企及的。但是，它有一个致命的缺陷，就是缺乏道德的根基。当然它也讲道德，但是它的道德是植根于知识的基础之上。我们前面讲到的苏格拉底，他提出来美德是知识，什么是美德？那么最后追溯到美德是一种知识，凡是有知识的人他就不会做坏事，凡是做坏事的人都是因为缺乏知识，这基本上是古希腊古罗马的道德的最终根基。但是道德本身它缺乏自己的根基，因为它要以知识为基础。那么我们知道一个有知识的人，并不见得就不做坏事，有的人有了知识，如果没有道德的话他做的坏事更多，作的恶更大。

但是基督教的原则跟古希腊罗马有一个很大的不同，就是它以道德为本，人的知识被贬低了；或者说，知识被归到上帝那里，智慧是上帝的特权，人类不配享用。所以《圣经》里面传说，在伊甸园，亚当和夏娃吃了知识之树的果子，就触犯了上帝的专利，所以被罚下人间。那么把这样一个知识的专利归到上帝那里，人还剩下什么，人剩下的只有遵守上帝的律令，遵守道德。道德的根据不是被放在知识的基础之上，而是被放到信仰的基础之上，道德是基于信仰。那么既然如此，在人世间就是道德为本，信仰是对彼岸的信仰，跟人世间有一个很大的距离。人在世间生活他必须要追求彼岸，那么他就必须要按照道德生活。所以，当基督教上升为罗马国教，就强调了这一点，就是道德为本，而古希腊的科学精神和艺术精神，在基督教里面被当作道德的对立面而被抛弃了。就是说科学也好艺术也好，它们都有可能通向不道德，至少它们都不是根本性的，不是本原性的，只有道德才表明你是信上帝的，科学和艺术那些东西，它们有可能败坏人们的德行。在罗马帝国，最开始的时候基督教是被镇压的，甚至长期以来被罗马帝国残酷镇压，但是后来为什么又升为国教了呢？是因为基督教在它发展过程中间加入了一些能够被统治者所容忍的东西，甚至于能够被他们所利用的东西，就是加入了一些忍让、温柔、谦卑、来世报应，这样一些东西。早期基督教这些东西还不是很明显，早期基督教推崇的主要是诚实、博爱、慷慨、贞洁，这样一些美德。那么经过保罗等人的改造，加进了一些能够被统治者所接受的教义，于是到了罗马帝国晚期，阶级斗争比较激烈的时代，统治者看到这样一个宗教非常便利于把全体国民在意识形态上统一起来，同时又不伤害他们的统治，所以就把它提升为国教，成了一个意识形态的工具，基督教从此就走上了发展壮大的道路。但是基督教的教义虽然对古希腊罗马的思想有一种批判，有一种排斥，把它们称为异教，然而在教义上面它是有一种渊源关系的。早期基督教不太讲教义，早期讲的就是神话、诗篇、奇迹故事，但是在基督教成熟以后，在《新约》里面讲了很多道理，而这些道理有它的思想渊源，那就是古希腊罗马的哲学。比如斯多葛派的哲学家塞涅卡就被称为基督教的"叔父"，新柏拉图主义的神秘主义者斐诺被称为基督教教义真正的父亲。这是布鲁诺·鲍威尔讲的。不管他怎么说，总而言之在古罗马时代，斯多葛派以及新柏拉图主义这两大哲学流派对基督教教义产生了巨大的影响。不知不觉地，有时候人们需要讲道理，既然他要讲道理，他就要引进哲学，那么他们想到的就是这样一些哲学。所以基督教和古希腊的文化，很多人说它们之间是一种断裂的关系，一种完全的抛弃，从表面看是这样。基督教把那些神像，作为异教的神像摧毁了，他们的神庙也被拆掉或者被改造，大批的那些雕像，都是大理石做的，被打碎来烧成石灰，用来盖基督教的教堂。异教的偶像全部被打碎，但这都是表面的，基督教骨子里头还是继承了传统的古希腊的哲学，当然它不明说，实际上是这样的，像保罗书信，约翰福音，里面都有很多古希腊哲学的痕迹。我们要分析的话就可以看出来，这些人都熟读古希腊经典，都是非常熟悉古希腊罗马哲学的，所以他们讲起基督教的哲理来那就是一口的古希腊罗马腔调。他们自己可能都不觉得，他们认为道理就是这样的。但是后人分析起来，实际上是古希腊的精神，古希腊的文化不是被抛弃了，而是被吸收了。它腐烂了，特别到罗马帝国晚期，纵欲主义，物欲横流，这样一个状态之下，古希腊罗马文化再也立不起来了，再没有发展前途；于是这个处于一种衰落和腐烂阶段的文化就成了新文化的肥料，被新鲜的基督教文化所吸收，建立起了一种新的宗教文化，以上帝为根据的道德文化。

这个里头，肯定产生出了一种异化形态，如果以上帝为一切的本原，那么上帝对人来说就成了一个异己的东西，高高在上，人对上帝只能够顶礼膜拜。但是上帝再也回不到人间，人间跟上帝有了一道鸿沟。但是人又必须崇拜上帝，所以这就是一种异化，上帝成了一种高高在上的权威，可以来支配人，来威胁人，人只能遵守不得违抗。我们上次课已经讲到了什么叫作异化，上帝是人创造的，人自己创造出来的东西，反过来成了威胁人和压迫人的东西，上帝就是人的个体意识的异化形态，上帝压抑了每个人的个体意识。这个异化形态在古希腊已经有它的萌芽，比如说我们前面讲到柏拉图的哲学，已经体现出来它的一种异化形态，柏拉图的彼岸世界、理念世界跟此岸世界也是隔绝的，已经有这种倾向。但是古希腊城邦社会它有一个好处，就是它随时可以把这种异化了的对象，把神的东西变成人间的东西来加以沟通。古希腊的神，它不是高高在上的彼岸世界，它都是很有人情味的。古希腊的艺术、古希腊的城邦政治活动，古希腊的科学、经验，知识的传播，审美的情感共鸣，等等，所有的这些活动，都可以把彼岸的神化为人间的东西，来消除异化。它是不断有异化倾向，但是又可以不断地把这种异化化解掉，还没有使这种异化走向一种截然的对立。古希腊是这样的。所以我们今天看古希腊的文化和早期罗马的文化，我们觉得它是非常和谐的，里面没有什么不得了的冲突。当然也有悲剧，但是悲剧最后达到的是净化，使人的灵魂净化了。它整个都是非常和谐的一种文化，文学、艺术、科学、政治、伦理道德，这些东西成为一个统一体。有异化，但是随时又把异化吸收了，溶解掉了，回复到了个体意识的独立性。但是罗马帝国后期，以及后来的基督教的教会，它们是有意识地加强了异化，把个体意识的内容完全剥夺掉，抽象掉，寄托到上帝那里。个体所想到的一切人间的东西，都把它抽掉，放弃，放弃你人世间的一切快乐、一切享乐、一切知识，甚至于人间的公正，你都要寄托于上帝的最后的公正。你不要跟那些暴力相对抗，你不要跟专制、不要跟暴政做抵抗，你要驯服，要温和、要温柔、要忍耐，一直到最后，相信上帝会进行公平的审判。这是基督教的一种异化的极端现象，把人间所有的人性的东西都放弃了。在基督教这里，个体意识当然已经被强烈地意识到了，因为每个人跟上帝沟通都是通过自己的灵魂，自己的灵魂跟别人的灵魂互相之间都是独立的，灵魂只有跟上帝的关系才是不独立的。所以个体意识被强烈地意识到了，但是个体意识还非常软弱，在它最初产生的时候它不能够自立，因此它必须要寄托于上帝，靠上帝来支撑它。基督徒的精神就是这样，要靠上帝来支撑它，它就表现出个体的独立性。它在社会生活中，在人与人的世俗关系中，它表现得非常独立，它唯一不独立的就是跟上帝的关系。跟上帝的关系与跟人世间的关系是两码事，在现实生活中，没有任何凡人能够代替上帝迫使他放弃自己的意志。所以基督教实际上是培育了基督徒的那样一种自由意志，但是是以异化的形式，不是以他本来的形式。

那么这样一来，中世纪的美学就成了一种反美学的美学。我们刚才讲，人在世俗生活中的一切，包括艺术，包括美，这些东西都被放弃了，都被转到了上帝身上去了，所以你要谈美学，那就只能是一种反美学的美学。也就是取消人间的一切美、一切艺术，否定人的一切美感和艺术享受，最后寄托于上帝的绝对美，它是神的美学而不是人的美学。但是，由于神的本质最终不过是人的本质，神的本质是人想出来的，是人建立起来的，所以我们仍然可以说中世纪还是有一种美学，以上帝的名义它还是建立了一种美学，这种美学强调人和神相对立相分离，但同时又承认人和神在本质上是具有同一性的。基督教的神和人那是天人之别，有无限的差别，人把人之间的所有的一切都转给上帝，他才能够跟上帝发生关系。但是实际上在承认这种绝对对立、绝对遥远的鸿沟的同时，人和神本质上又是同一的，就是说人具有神性。人之所以能够信仰上帝，能够向往上帝，就是因为人本质上还是有一种神性。上帝是按照自己的模样来创造人的，当然不是按照表面的模样，外在的模样，而是按照上帝的心灵，按照上帝的精神而创造人的。人也是有精神的。那么这就说明人有神性，人在自己的精神里面可以体会到上帝的神性。所以在这样一个时期，这种美学你可以说它是客观美学，因为它是上帝寄托在客观精神那里；但它同时又是主观美学，因为客观精神，上帝只能通过人的主观精神与之沟通，外在的感性的东西、物质的东西、世俗的东西，都不能沟通。但是人有精神，人可以凭借自己主观的信仰，信、望、爱，即信仰、希望和爱，来跟上帝沟通。所以它既是客观的美学同时又是主观的美学。

这样一种既是客观的又是主观的美学，在前面我们讲到的柏拉图和普罗提诺的美学那里也已经有类似的结构，或者说有了一种萌芽。就是人通过一种主观内心的心眼，内心的直观，可以达到上帝，达到神。但是在柏拉图和新柏拉图主义那里有一点，就是说他要达到上帝，他必须要处于一种出神的状态，也就是一种所谓的迷狂的状态。这种迷狂的状态带有一种心理学的味道，就是当你处于出神状态，物我两忘，忘掉自己，你才能跟上帝在迷狂中达到一种同一。所谓的狂喜，所谓的心醉神迷这样一种非理性的状态，类似于病态，那么要经过这样一个状态，你才能够跟上帝相通。而这种状态是你无法支配的，你的理性无法控制，你在理性方面尽可能去获得各种各样的知识，尽可能把自己提高，以便为迷狂状态做好准备，但是迷狂状态什么时候到来这个不由你支配。所以它是一种非理性的状态，而通过非理性达到上帝，那个上帝对你来说当然就是客观的了，你把你主观的意识都排除了，才能让你和客观的上帝合一。所以到普罗提诺为止，古希腊罗马美学仍然是一种客观美学，虽然已经有主观的东西，很多很浓厚的主观因素。但是到基督教这里就不太一样了，基督教这里已经排除了那种心灵的迷狂，那种心醉神迷，而变得沉思默想。基督教的信仰它最后达到的境界不是那种狂乱、狂喜，不是那种醉态的不知所以，不知自身何在的那种状态，基督教是不主张这个的。当然也许有的基督徒或者有的教派的教父和神学家喜欢追求这种状态，但是一般来说基督教的教义它是排斥这种东西的，基督教它不是狂热。在基督教发展的两千年一直到今天,都有一些基督徒追求这种狂热,但是按照基督教的教义来说,它是排斥这种狂热的,特别是按照《新约》,按照经过希腊哲学改造以后的这种基督教的教义,它是排斥狂热的。它崇尚一种冷静的沉思、一种静观、静思,不主张人们受到情绪、感性的这种干扰。它把世俗的东西都排除了,所以对于感性的情绪的干扰,对生理上的那种错乱状态,那种心醉神迷的状态,基督教一般认为那是异教的特点。基督教里面很多被判为异端的,都是由于走火入魔,都是由于这种情感的、情绪化的、狂热的东西,所以被教会谴责。

因此,基督教的信仰它是主体的一种冷静的选择,一种自由意志的选择。基督徒他超然于自然宗教的那样一种物我不分、那样一种物质和精神相混杂的状态。自然宗教,我们前面也讲过,古希腊早期的那些自然宗教,往往是物质和精神不分,把自然物、把偶像当作是精神崇拜的对象,这就是偶像崇拜。我们知道基督教最反对的就是偶像崇拜,你把一个物质的东西当作精神的东西来崇拜,那就是物我不分,那就是精神和物质不分、精神和自然不分。但是基督教超越于这样一种自然宗教,成为了一种纯精神性的宗教。基督教是纯精神性的,这个后来包括马克思在内都承认这一点,就是基督教是一种最高级的宗教,它已经排除了感性的东西、物质的东西,完全是精神性的。所以我们把这样一个时期的美学称为神学美学,神学美学它不一定是客观美学,但是它也不是主观美学,它既有客观美学也有主观美学的成分,它是神学的。那么神学美学的最早期的最典型的代表就是奥古斯丁。

第二节　美的忏悔:奥古斯丁

奥古斯丁(Augustinus,354—430)是基督教的一个教父,后来被封为圣·奥古斯丁。公元1世纪,耶稣基督诞生,他传教,然后被钉上十字架，他的使徒们记载基督的言行——《使徒行传》《福音书》，造成了很大的影响。但是在最初这几个世纪里面，基督教开始传播的时代是西方文化最黑暗的年代。古罗马已经走向衰落，并且时时受到外来的威胁，不断有异族野蛮人入侵，所以年年征战，内部又互相打来打去，闹分裂。而上层人士、贵族们处于一种腐化堕落状况，每天沉溺于享乐，没有信仰，所有的信仰都是假的，都是做样子。罗马共和国号称是"黄金时代"，罗马帝国也有过"白银时代"。但是即算是这个时代也不能跟古希腊文化的高度相比拟。在这个时候，人们开始有一种贬低艺术、贬低人为的倾向，艺术因为是人为产品，而且助长奢华，也遭到鄙视。这个时候有一批人开始产出一种厌世、逃世、避世的心理，他们认为现实生活太残酷，物质追求太卑鄙，政治生涯太险恶，包括上层人士在内很多人都开始羡慕那种无忧无虑的古代田园生活。有一段时期人们热衷于面向大自然，追求自然美，厌倦宫殿、雕像、壁画这样一些人工的东西，向往乡村，向往乡村生活。当然这样一种态度，使得当时的城市文明、各种艺术受到了贬斥。但是逃到大自然去是不是就能够解决罗马人的心灵问题、归属问题？人们逐渐发现也不行，他们需要摆脱的不仅仅是城市的危机四伏的生活，而是整个现实世界。罗马的乡村也不平静。不但城市生活到处充满着钩心斗角、充满着危机，乡村也时刻处于动荡中，一旦打起来了，兵荒马乱了，惨遭蹂躏的就是那些农田、那些农舍。所以他们开始产生出这样一种社会思潮，一种社会情绪，就是要抛弃这个正在崩溃着腐烂着的现实世界。这种思潮在基督教那里找到了代言人，得到了体现。我们刚才讲基督教的文化土壤就是从这里头产生出来的，它代表了当时的时代精神，要追求超越的东西，要抛弃此岸的不堪忍受的世俗生活。早期最著名的基督教教父哲学家圣·奥古斯丁就表达了这样一种思潮，它是时代精神的产物。

一、奥古斯丁的哲学和神学

奥古斯丁是柏拉图主义的信奉者，和当时的许多教父一样，他利用新柏拉图主义的哲学来阐述基督教的教义，建立起了一个基督教的神学体系，这个体系在西方统治了几百年。基督教早期最伟大的圣徒就是奥古斯丁。在理论上，在基督教的教义上，在基督教的神学方面，一直到今天，我们要探讨基督教的神学都不得不回到奥古斯丁，看他怎么说的。基督教的那些神学家要读奥古斯丁的书，这是一个基本的功课，当然还有其他的，但最重要的首先就是奥古斯丁的书。

奥古斯丁在一神论的名义下克服了柏拉图的两个世界的对立，就是理念世界和现实世界在柏拉图那里是分裂的，但是在奥古斯丁这里，他提出一神论，认为上帝是全知全能全善的主体，上帝从虚无中创造了整个世界。当然这个在哲学上是有柏拉图和亚里士多德，包括普罗提诺的前提，就是认为最终的无形式的物质就是虚无的。我们前面讲亚里士多德的时候已经讲到，如果一个物质没有形式，那它什么也不是，什么也没有。那么上帝就是全有，一切有，就是从这种什么也没有里面创造了整个世界。在基督教的《旧约》里面也是这样讲的，上帝是通过说话——上帝说"要有光，于是就有了光"；上帝不是用一个什么材料来造出了整个世界，造出了光、天地、万物，不是的，他不用任何材料。他就是说，他只说话，说话当然是什么也没有了，我们中国人叫作"讲空话"，但是上帝就凭借说话，从虚无中创造了整个世界。这个是奥古斯丁对于《圣经》的一种解释，当然不是他首次提出来的，很多人都这样说过。那么上帝创造这个世界，这个世界从创世到堕落然后需要拯救，按照基督教的《新约》，就是上帝派他的独生子耶稣基督来拯救这个世界，耶稣基督就是上帝。那么上帝就有几种解释，一个是上帝本身；一个是上帝的道，道就是说，就是说话了；再一个就是耶稣基督，

"道成肉身"，耶稣基督就是上帝的说话所成就的，上帝派他的独生子，实际上就是说话，就是靠他的道而形成了耶稣基督。那么这三者，一个是上帝本身，天父；一个是上帝的道，说话；一个是耶稣基督，道成肉身，这三位是一体的。所以基督教的三位一体，就是指圣父、圣子、圣灵，这是奥古斯丁提出来的基督教三位一体说。好像是三个位格，三个人格，好像是三个东西，但实际上是同一个，是同一个人格，是同一个上帝的化身。当然这里头有一些解释不通的地方，是神秘主义的，基督教里面也包含有神秘主义的东西，三位一体，三个东西，圣父、圣子、圣灵怎么可能就是同一个人格呢？同一个位格，同一个 person。Person 我们有时候翻译成"人格"，有时候翻译成"位格"，有时候还翻译为"个人""人身""人"。我们每一个人都有他的人格，都有他的人格面具。Person 本来的意思是面具，就是古罗马在戏台上面演戏的时候，每一个角色都要带一个面具，这就代表他，代表这个角色，不能跟其他的角色混淆。所以用这个 person 来代表这个人的人格，它的前后一贯性。这个面具在台上是不能取下来的，要到戏剧结束以后才能取下来，人生就是一个大舞台，每个人在这个舞台上面都扮演一个角色，所以这个 person 就被西方人理解为一个人的代表，一个人的人格。但是上帝他的人格，他的面具或者他的代表，他是三个同时又是一体，他有三个面具，但是这三个面具都是同一个人格。

  这是奥古斯丁的"三位一体说"，他用这样一种神秘主义代替了普罗提诺的"流溢说"的神秘主义。他把其中的泛神论的因素清除掉了，就是三位一体它不是泛神论，三位都不是自然界，都不是世俗的东西，耶稣只是以世俗的面目出现而已。耶稣基督生于一个木匠的家庭，圣母玛利亚无性受孕，好像是肉体的世俗生活的东西，但却是奇迹，是上帝创造的奇迹。这样一种神秘主义它已经脱出了"泛神论"，神是远远超出于自然万物之上的，虽然他创造了万物，但你绝对不能从世俗的物质的经验事物身上直接地看到神，那是看不到的，所以流溢说已经被排除了。一般来说奥古斯丁他的神秘主义是被理论化了的,或者说是一种理性化了的神秘主义。三位一体怎么回事,当然他搞不清楚,没人能搞清楚,他也有神秘主义,三位怎么可能是一体?但是他是明确把三位一体归之于人的理性所不能把握的这样一种问题,因为人的理性有限。他在这里做了非常清晰的解释,你想要把这样一些问题解释清楚,你的理性是不够的,这个秘密只有上帝才能够解决。所以他虽然也包含有古代的这种神秘主义和非理性主义的因素,比如说古希腊的酒神精神,俄耳甫斯的神秘教的影响,这一点跟柏拉图的神秘主义有共同的来源,都是神秘主义。但是基督教的神秘主义跟柏拉图的神秘主义有本质的不同,就是说柏拉图和普罗提诺的神在此岸世界他不可认识,只有少数的哲学天才才能够偶尔把握到;但是基督教比如说奥古斯丁的这个神,是每个凡人都有可能感到的。当然像三位一体这样一些奥秘,你不能通过理性的分析把它解读出来,这个你不能解释。但是每个凡人的内心里面他都有一种信仰的可能,只要你信,你就能感到这样一种神秘的真理。他认为这取决于人的意志而不是人的能力,只要你愿意信上帝,而不在乎你的理性有多高。你想把握这样一些神秘,上帝怎么从虚无中创造出世界,这个用理性能解决么?上帝三位一体能用理性解决么?这都不能解决,但只要你信,你就会认可,你就会接受。所以这种感受的方式是神秘的,但是并不是只有少数人通过一种神秘的迷狂、神秘的灵感才能够感受到的,而是每一个人,只要你信,都可以感到。一切人都可以通过信仰而达到上帝,这有点儿像佛教里面讲的"人人皆能成佛",基督教也是,每个人只要你愿意,你就可以信上帝,你就可以跟上帝达到沟通。这也是一种神秘主义,这种神秘主义可以跟上帝在精神上面相通,但是前提就是你必须要决然地斩断人和世界的感性联系、物质的联系,你要跟世俗生活切断联系,你才能够跟上帝相通。所以它不是一种醉生梦死的神秘主义,迷狂,不是那种神秘主义,而是在清醒的理智支配之下对信仰加以坚持,或者说,从坏的方面讲我们可以说它是一种有意识的蒙昧主义。

基督教带有蒙昧主义或者说反智主义倾向，但是它是理智控制下的反智主义，它有意识地反智，有意识地蒙昧，一种理性的自我阉割，就像德尔图良的那句名言："唯因其荒谬我才相信。"基督教的一些教义是荒谬的，上帝怎么可能从虚无中创造出整个世界来，这在人类来说是无法理解的，上帝怎么可能跟圣灵、圣子又是一体？三个怎么是一体？这个是人所不能理解的，是荒谬的，但是德尔图良说，正因为荒谬，我没办法用理智去对它加以分析了，所以就只有通过信仰了，只有靠信仰来把握。你没有信仰怎么能够相信呢？你没有信仰你怎么能够把握呢？你单凭你的理智，你没有信仰，你是绝对无法理解上帝的奥秘的。所以，他这句话有的人说完全是一种不讲道理、蒙昧主义的说法；但是我们要注意，他这种蒙昧主义恰恰是通过理智有意识地造成的，人的理智认识到人的智慧的有限性，然后自觉地把自己的知识限制在自己能理解的范围之内，而在这个范围之外的东西则诉之于信仰。既然你理解不了，你就把它交给信仰吧。这是奥古斯丁的哲学或者是神学，就是这样的。

二、奥古斯丁的美的忏悔

在美学上面，当然奥古斯丁的美学是必然要摒弃一切现实世界的美的。但是奥古斯丁本人在他的美学思想发展过程中，在他的早年，青年时代，也曾经一度相信过柏拉图的、古希腊的那种美学观点，新柏拉图主义的美学观点。比如说他接受了新柏拉图主义的"悦目的颜色"，新柏拉图主义讲悦目，当然这是一个比喻了，因为柏拉图和新柏拉图主义把善、太一或神比作太阳，把上帝比作太阳。这个比喻是基督教一直都有的，例如后来的但丁，他也是把上帝比作一个太阳，比作一个最强烈的发光体，这个发光体悦目。悦目不是使我们的肉眼感到快乐，而是使我们的心眼感到快乐，但是他采取了"悦目"这样一种比喻，一个哲学的比喻。这是他的早期。奥古斯丁早年还写过一本美学著作叫《论美与适合》，并沉溺于对古希腊艺术和戏剧的欣赏中。但是他后来皈依了基督教。奥古斯丁早年信奉过希腊哲学，信奉过斯多葛派，信奉过柏拉图主义，甚至于还信奉过摩尼教——这是当时另外一种异教。但后来他终于皈依了基督教，他走了很长的一段弯路。所以他著名的代表作叫《忏悔录》。《忏悔录》里面很多都是忏悔他早年在信奉各种各样的对象的时候所陷入的困惑。那么皈依基督教以后，他就把早年的这些东西抛弃了，把这些世俗的看法放弃了，或者说把它提升了、神学化了。有些东西他还在说，有些命题还在讲，但是他已经从基督教神学的角度来说了。他认为万物之所以美，是因为它们都是上帝的创造物，而上帝之所以能创造出万物的美，是因为上帝是至高的美、至善至美。他说"一样东西的存在和美丽不是一件事情"，万物的美，并不是因为万物在那里就美。这个跟普罗提诺有点区别。我们前面讲到，普罗提诺认为存在和美是一回事情，丑是因为不存在，非存在就是丑，存在就是美，这是普罗提诺的新柏拉图主义的观点。那么奥古斯丁认为那不是一回事情，世间存在着的东西不一定都是美的，美是来自于上帝，世上万物它存在着，而只要它表现出美，就是来自上帝。

那么丑的东西怎么理解？丑也是上帝创造的，既然它存在。那么奥古斯丁采取了一种超越世俗的解释，就是说你从世俗的眼光来看，那当然世俗万物，有的丑，有的美，我们从人类的眼光来看是这样的；但是从上帝的眼光来看，上帝看到的是万物的总体，万物的总体在上帝的眼睛里面是和谐的，虽然里面包含有丑的东西，特别是在我们人看起来是丑的东西，但是如果没有这些丑的东西，怎么能造成和谐呢？丑的东西正是为了衬托出美的东西。所以从总体上只有上帝有这种眼光，人只能看到个别的东西，受苦受难，人世间的丑恶，但是上帝从总体上来看，整个世界是和谐的、是美的。所以我们不应该因为具体事物的丑恶而怨恨上帝，因为具体事物的丑恶跟具体事物的美一样，其实都是微不足道的，在上帝眼中都是微不足道的，我们必须由具体事物的丑也好美也好，来联想到上帝的总体的美，上帝的总体的和谐，离开具体的事物上升到彼岸，我们才能够真正地发现什么是美。你不要以为你看到世间的美，一个美的雕像，一件美的事物，那就是美了。你如果沉溺于具体事物本身，那你看到的这个美，实际上很可能是丑。你沉溺于美的享受，就像奥古斯丁早年沉溺于古希腊的那些艺术、那些戏剧、那些文学，但是他皈依基督教以后，认为那些东西都不足以称为美。你必须要上升，你如果"背向天主"去欣赏美，那么只能导致罪恶。所以他主张，我们不能背向天主去看人世间的美，我们要"面向天主"，要从人世间的美转向天主，否则的话你沉溺于世俗的美，就会导致犯罪。

所以整个宇宙，作为上帝所创造的最大的艺术品，才是真正美的，才是和谐的，才是单纯整一的，才是在色泽上最为"悦目"的。这些传统的概念奥古斯丁都吸收了，但是他把它们做了神学的改造。比如说亚里士多德讲的单纯整一，普罗提诺讲的单纯整一，柏拉图讲的悦目，这些东西奥古斯丁都吸收了，但是他把它们仅仅用在上帝的最伟大的艺术品、宇宙整体的和谐上面。具体事物的美，包括人造的艺术品的美是次要的，而且它是与最高的美相对立的。他早年沉溺于这些具体的美，古希腊的艺术，古希腊的审美、美感，但是，他的《忏悔录》里面对这些东西加以忏悔，他认为只有对这些次要的美不屑一顾，一心向往上帝，人的灵魂才能达到至善至美的境界，你才能欣赏到真正的美是什么样子的。《忏悔录》有很大一部分就是干这样一件事情，即自我忏悔。所以他认为只有上帝本身才是人们应该追求的，上帝的至善至美它不是通过一种迷狂，也不是通过心灵的一种出神，如心醉神迷，凝神观照，而是要通过信仰，通过一种爱。信仰本身他认为也体现为一种爱，有没有信仰就看你是不是爱。这种爱是一种虔诚的、平和的意向，不是那种激情的男女之爱，你对上帝的爱是一种圣爱，是一种心平气和的、理智的、虔诚的爱。信和爱然后带来希望，信、望、爱，这是奥古斯丁非常强调的基督教的三个主德，基督教的三个德目就是信、望、爱。他认为这是每一个人都能够做到的，哪怕你是一个非常堕落的人。比如他自己，他就认为他自己曾经一度非常堕落，比一般人的道德更加低下，所以他要忏悔。他认为只要你忏悔，你就可以做到信、望、爱。所以他的忏悔是发自内心的，而且是极端虔诚而痛苦的，这样一来他在美学上的消极影响更大。他如此虔诚，每个人读到他的《忏悔录》都会被他打动，但是打动的结果就是对世俗的美加以否定。当然从积极方面来说，他把人提高了，提高到一个彼岸的上帝的精神；但是从消极的方面来说，他把人世间的一切美都否定了。他对一切合乎人之常情的思想、隐秘的思想进行了严酷的批判，表现出一种表面上是圣洁的，但是实际上又是反人性的禁欲主义的倾向。

在奥古斯丁的美学观上最鲜明地体现出人把所有的丰富的本质奉献给了神，奥古斯丁自己就是一个榜样。他早年体会到了丰富的美的感受，他非常精通各门艺术，音乐、戏剧、诗歌，他的文笔非常优美，雕刻绘画，他样样精通，可以写出非常精确到位的评论。但是所有这些东西，包括丰富的感受，他在《忏悔录》里面完全把它批判掉了，为了上帝而牺牲掉了。在这里，他通过上帝表明人已经开始意识到了自己纯粹精神的本质。牺牲世俗的美，牺牲世俗的艺术，在人的精神发展的某个时期是有必要的，只有把这些东西排除掉，人才能显露出他真正的精神在哪里，他真正的精神是什么。他意识到了美不是客观物质世界的某种属性，而是纯精神的属性，上帝就是纯精神。但这种纯精神恰恰是一种客观化了的精神，一种抽象化了的精神，人的精神本身被掏空了。我们知道人由于精神和肉体相统一，所以人的精神才有他的丰富性。但是你把人的肉体、把人的感性全部排除以后，人的精神就被掏空了，人就被抽象掉了。禁欲主义把人抽象化了，上帝越是崇高，人就越是卑贱，上帝越是完美，人就越是丑陋。所以通过奥古斯丁的这样一种美的观点，把美归于上帝，西方基督教走上了一条否定古希腊艺术、取消古希腊审美的道路。

三、象征说

当然奥古斯丁对具体事物的美也不是完全抛弃，我们刚才讲了具体事物的美，在他看来，你如果背向上帝去欣赏，沉醉于其中，那它就是丑恶的；但是如果你面向上帝，那么它就可以成为上帝的美的一种象征。所以奥古斯丁提出了一种美的象征说。"象征"这个概念在基督教的美学和艺术里面是非常重要的，可以说是一个核心的概念、一个关键词。在象征的意义上面，奥古斯丁对具体事物、万事万物的美保留了一点容忍。虽然他采取禁欲主义态度：一切你都不要放在心上，一切事物的美你都要放弃，然后你要看到上帝的美；但是如何看到上帝的美呢？当你转向上帝以后，你会发现上帝创造的这个世界也是美好的，如果你不转向上帝，你背向上帝，你是看不出来的。所以奥古斯丁以后基督教的艺术越来越具有一种象征的色彩。比如说建筑，建筑是典型的象征艺术。后来黑格尔在谈美学史的时候，把建筑艺术直接就称为"象征型的艺术"。再就是装饰，装饰也是非常有象征性的，你可以不描绘任何具体的东西，你可以仅仅用一些花纹、线条、几何图案来装饰，它没有任何具体世俗生活中的形象，但是它也可以表现生活中的美，那么这种美就具有象征性。伊斯兰教的教堂是没有任何形象的，它就是阿拉伯式的花纹，那种装饰就完全是象征性的。基督教也强调象征性，把一切偶像全部赶出去，把一切模仿说加以否定。模仿说是对于偶像的一种模仿，对于形象的一种模仿，但基督教认为，凡是对形象的模仿都是邪教，都是异教，都是罪恶的，所以模仿说被否定了。不过基督教跟伊斯兰教又有一点不同，一走到基督教教堂里面你还是可以看到很多形象，比如说圣母玛利亚、耶稣受难图、耶稣钉十字架的雕塑等等。我们今天在基督教的教堂里面都可以看到很多形象,但我们到伊斯兰教的教堂里面看不到任何形象。为什么会有这种区别呢?

当年基督教也曾经有过捣毁圣像的运动,有过好几次,大的有三次,就是那些原教旨主义者们主张要把教堂里面所有的偶像全部清除,包括耶稣基督的像、上帝的像、圣母玛利亚的像。但也有人不同意,通常是拜占庭皇帝支持捣毁圣像,但皇后支持恢复圣像。直到公元9世纪,皇后支持下的教会才明令宣布,圣像是必须要保存的,因为崇拜图像是一回事情,从这个图像中了解他所崇拜的东西又是另外一回事情。就是崇拜形象不一定就是偶像崇拜,关键在于你如何理解,如何解释圣像。当然教会这样宣布也是有它的目的的,就是担心基督教如果没有图像,它会失去很多教众、很多信众,因为当时大批的老百姓都是文盲,都没有文化,你要用语言去打动他,你要让他去看书,他不识字,那么只有通过图像才能够打动他,才能够吸引他。那实际上就是说只有通过世俗的美才能打动他,我们今天看到世界上所有的教堂,建造得最美的就是基督教的教堂,我们一到基督教教堂里面就会震撼,当然伊斯兰教教堂也不错,但是还没有那种震撼力,伊斯兰教教堂给人以圣洁、干净、明净、静穆的感觉,但是没有那种震撼力。你进到基督教的教堂里面,你看到耶稣基督受难,你看到圣母玛利亚,你看到圣父圣子那些形象,你感到一种震撼力。所以基督教认为,这样一种形象,这样一种美,对基督教来说也是不能完全放弃的,关键看你怎么去看。你如果背向上帝去欣赏,那你就错了;但是你面对上帝去欣赏,这些东西是有作用的。所以教会在制止了捣毁圣像运动以后,赋予了神父很大的作用,就是神父们应该把那些不识字的老百姓逐步逐步地引入基督教真正的教义,你要去解释。你不要以为上帝就是那么个白胡子老头,耶稣基督就是钉在十字架上面那个三十多岁的年轻人,圣母玛利亚就是那么一个少妇,你不要简单地这样认为,因为上帝本身是无形无像的,他是一种精神。这是神父们所应当做的,在布道的时候应该讲清楚的。所以基督徒每个礼拜都要到教堂去听神父讲经布道，他不能自己去欣赏就完了，他必须要进教堂，进教堂表示他的虔诚。那么进教堂以后他就被神父们灌输了基督教的教义，知道这个表面的东西、美的东西是引进门的，引进门以后你要提升到更高的精神。

所以这就是一种象征，人世间的美、形象、图像都是一种象征，你不能停留在这个象征物之上。象征它保留了模仿的一面，它是偶像，你要雕得像嘛。早期基督教比较倾向于禁欲主义，所以它的图像雕得不像，它不符合人体比例，人的形象也很丑陋。到文艺复兴以后开始改变了，模仿论开始占支配地位了，它就把人的形象雕得非常美，画得非常美。这个我们还要讲到文艺复兴的那些大师们，表现美、表现人体，那是完全模仿。但是在早期的基督教，它是象征。这个象征里面有点模仿，就是它毕竟还是有点形象，这个是谁，这个是圣母玛利亚，那个是谁，那个是某某圣徒。它有时候不一定像那个人，但是它可以在旁边写上，这个是玛利亚。它用这个标注的方式表明这是谁、那是谁，所以它还是有一点模仿论的影子。但是这个模仿，它不是跟对象直接地一致，而是要建立在人的主观的理解之上，所以它又有表现论的因素，象征说里面既包含有模仿论的因素，又包含有表现论的因素，它可以说是模仿论和表现论的一个综合。

我们谈到"象征"，就要注意它这两方面，一方面它有形象，另一方面它又不止于形象，它必须要你用心去体验，去猜它象征着什么。那么象征说的提出是这样一个时期的文艺理论，这个时期的艺术要表现主观的东西，但是又只能够把这种主观的东西当作客观的东西来表现，这就是象征说。奥古斯丁在这方面功劳最大，他对基督教的象征和基督教美学里面的象征说，贡献了他的一种理论上的解释。到奥古斯丁以后，西方进入到了一个冬眠时期，奥古斯丁的禁欲主义提出来的时候还是遍地都是纵欲主义的时代，但是他提出来以后，基督教逐渐占上风以后，就进入到了一个禁欲的时代。禁欲的时代我们也可以说是一个冬眠的时代，人们说是黑暗时期。但实际上它是一种准备，它这个黑暗时期虽然没有新的艺术和科学的成就、哲学和思想的成就，但是它在做准备。它把人通过禁欲主义提高到一种纯精神的程度，至少是给了人一个圣洁的理想。现实中当然不可能人人都做到圣洁，但是它给了人一个圣洁的理想，这样一个阶段是必要的。人意识到在世俗生活之上，还有一种纯粹的精神生活。所以它使希腊人从古代那种物我不分的自我意识里面彻底超越出来了。古希腊已经有自我意识，特别是像苏格拉底——"认识你自己"，"未经反思的生活是不值得过的"，这都是苏格拉底的名言，说明他已经有自我意识了。但是，最后在柏拉图那里，人的精神还是没有跟自然意识区分开来，他的"迷狂说"作为一种自我意识的丧失被推崇为最高的精神状态。但是奥古斯丁使得自我意识彻底从自然意识里面超越出来，进入到了纯精神的一种境界。在这样一个起点上面，西方人才有可能把审美意识再提高到一个完全不同的层次，来打破传统的局限。

第三节 感性的求索：托马斯

我们再看中世纪美学的第二个最重要的代表人物。前面我们讲了奥古斯丁，他是早期的，到中世纪的后期，最重要的美学代表人物就是托马斯·阿奎那（Thomas Aquinas，1225—1274）。托马斯·阿奎那是在13世纪建立起他的学术地位的，到这个时候，西方已经结束了最黑暗的时代，13世纪的时候已经开始有一点点松动，类似于解冻，基督教的一种解冻。在基督教早期，柏拉图-奥古斯丁是一个神学的传统，在几百年间，柏拉图-奥古斯丁的理论统治了基督教的神学。但是到13世纪已经产生了另外一种景象，就是以亚里士多德为主要理论根据的新兴的神学-哲学，即托马斯的基督教神学，他的理论根据主要是亚里士多德。

亚里士多德在基督教早期是失传了的,被视为异教文献而丢弃了;柏拉图主义则被融入了基督教早期的正统教义哲学里面。亚里士多德的那些作品被抛弃,是因为它们太过于感性和世俗。我们前面讲了,亚里士多德强调经验,强调感性,那么在很长的时间,差不多一千年中,亚里士多德的著作在西方失传了。但是呢,有一些希腊学者把亚里士多德的作品带到了阿拉伯世界,带到了拜占庭。阿拉伯世界那时出了很多阿拉伯的优秀学者,研究亚里士多德,如阿维森纳,阿维罗依,这些都是著名的亚里士多德研究者,他们用阿拉伯文写作和翻译。到了12世纪,阿拉伯文的亚里士多德著作才重新传入西欧,西方人才突然发现,原来在古希腊还有这么丰富的哲学思想!所以在那个时候,他们又重新发现了亚里士多德,又把亚里士多德从阿拉伯文翻译成拉丁文。当然还有一些古希腊文的文献,被阿拉伯人保留了,后来也流传到西欧。人们开始学习亚里士多德,认为亚里士多德好像比柏拉图更适合于解释基督教的教义。基督教的教义在它好几百年的发展过程中也暴露出来有很多理论上的问题,用亚里士多德来解决好像更加恰当。

一、哲学和神学思想

托马斯·阿奎那他就做了很多这样的工作,就是把亚里士多德的作品经过注经,逐字逐句的注释,再加以阐发。他的著作数量非常的庞大,托马斯·阿奎那的著作简直不得了。我前几年在台湾,买到他的一部亚里士多德《形而上学》评注的中译本,有一百二十万字,亚里士多德《形而上学》翻译成中文只有二十万字,他做了一百二十万字的评注,这么厚的两巨册。但那只是他著述很小的一部分。托马斯·阿奎那只活了四十多岁就死了,但是他的《神学大全》《反异教大全》,还有对亚里士多德做的各种各样的评注,那是不得了的,我们知道基督教的那些神父们从很小的时候就开始读经,然后又不结婚成家,成天搞学问，所以他们的能量非常惊人，我们今天来看，简直不相信那是一个人能弄出来的东西。托马斯·阿奎那具有非常好的古典哲学、古典文学的基础，在思维的能力方面和思想的细腻方面也是超出常人的，他被教会授予"精敏博士"称号。但是在早年他是被排斥的，因为奥古斯丁的传统影响太大了，他被当作异端，被排斥。但是到了晚年他又被接受，教会觉得他这套东西比柏拉图的更好、更全面，更加符合于当时已经解冻了的时代精神。所以，从托马斯开始西方中世纪开始转向另外一个方向，不再是原来奥古斯丁的禁欲主义，而是恢复了经验和感性的地位，所以托马斯·阿奎那的美学主要是提出了这方面的看法，他对美学的核心的贡献就在这方面。

托马斯跟奥古斯丁相比，他带有一种经验主义和唯智主义的倾向。经验主义比较注意感性，唯智主义就比较重视知识。奥古斯丁不太重视知识，他是反理性主义的，他是神秘主义的，他是信仰第一的。托马斯当然也是信仰第一，但是他毕竟留了很大的余地，就是说你要信仰你必须要有知识。所以在神学中他提倡，我们要尽可能地实证，要通过逻辑推理，通过经验的证明，来证明那些神学的道理。比如说上帝存在，上帝存在在他以前已经有了像安瑟伦的本体论证明，还有自古以来的目的论证明。阿奎那在《神学大全》里面提出了五种证明，又称"五路"，能否证明上帝的存在？他提出了五种途径，其中包括第一推动力证明、动力因证明、必然性证明、完善性证明、目的论证明，总而言之把所有经验上可能有的证明都归纳起来，提出对上帝存在有五种证明。这五种证明里面大部分都是从经验事件里面提供证明的，比如动力因证明：我们所看到的经验事件里面，万事万物都有推动的原因，那么我们可以设想一下，整个宇宙是不是也应该都有个原因，我们没有看到任何一个东西是没有原因的，那么整个宇宙也应该有个原因，否则怎么理解宇宙的运动？整个宇宙肯定有个原因。从经验的事物推出去，那么就推出了上帝，上帝就是推动这个宇宙的原因。这个就是所谓的宇宙论证明。当然这个推理是很荒唐的，后来在康德那里被推翻了。康德通过比托马斯更严密的论证，认为这种推理不合法，你在经验世界看到的原因只是经验，你要推出经验之外，那怎么可能？经验之外的东西完全有可能不遵守经验世界内部的规律，比如说因果规律，所以这个推论是不合法的。但是在当时，托马斯这样一个推论显得无懈可击，比奥古斯丁立足于人单纯的盲目信仰要更加能够说服人。所以，从中体现出托马斯已经试图要把感性和信仰结合起来，把知识和信仰结合起来，把事实的经验和彼岸的信仰沟通起来、连接起来，使得感性事物本身也沾上神圣的意味。上帝创造了这个世界，他创造的这个世界肯定是美好的，我们应该面对事实，我们不应该完全背离现实，要认真地来考察、观察、研究这个现实生活。所以在他这里产生了一个根本性的转变。

二、美的本质

在美的本质上面，托马斯也提出了一个新的看法，虽然一般来说他没有很多独创性，但是他所提出的一个最根本的改变，就是他回到了感官本身，从天国回到了感官。所以美的定义他还是沿用了传统的所谓和谐、适当、整一性、悦目、明亮的光辉这样一些说法，但是所有的这些规定，现在都是建立在感官本身之上，不再是从上帝的眼光来看，而是从人的眼光来看了，是人的肉眼的悦目，在人的眼睛看起来具有和谐、适当或者整一性。所以他有一句话说"凡是一眼见到就使人愉快的东西才叫作美的"，什么是美的？"一眼见到就使人愉快"，那就是你的感官，你的眼睛！他说，"感官之所以喜爱比例适当的事物，是由于这种事物在比例适当这一点上类似于感官本身"。比例适当——感官就喜欢比例适当的东西，就不喜欢比例太错乱的东西、太离谱的东西，喜欢比较和谐的东西，这是因为感官本身的结构就是这样构成的，感官就是一个和谐的结构。这个创见是非常突出的，也可以说在西方的美学史上，托马斯·阿奎那第一次联系人的肉眼、人的感官，来给美下定义。关于"一眼看到"，普罗提诺也讲到过"用眼睛来看"，但是普罗提诺讲的是"心眼"，心的感官。而托马斯讲的是"肉眼"，他回到了人的真正的感官，其中听和看他认为是最重要的欣赏的感官。所以他提出来，美就存在于万物的多种多样性中。从普罗提诺到奥古斯丁都认为，多种多样的东西是应该排除的，应该保留的是和谐本身。但是这种说法本身很吊诡，没有多种多样怎么来和谐？但是他们还是认为多种多样不等于和谐，上帝的和谐就是和谐本身，上帝的美就是和谐本身。而多种多样呢？你不要看多种多样，你只看到和谐就够了。托马斯则认为美必须用"美感"来定义，要给美下个定义你必须要联系到"美感"。他说，"美的本质就在于只需要知道它和看到它，便可满足这种要求"，"美的事物一被察觉即能予人以快感"。这是托马斯的所谓的解冻的一种说法，它代表当时的一种社会风气、社会思潮开始注意感官了。整个中世纪一千年几乎都不重视感官，都认为感官是邪恶的，是堕落的，是应该排斥的，应该超越的，但是托马斯第一次立足于感官本身——快感来解释美。当然最后这个美本身还是要追溯到上帝那里去，因为托马斯毕竟还是基督教的一个神学家。但是，至少有感官，主要是眼睛和耳朵所直接感受到的感性世界本身的美，在他这里已经得到了承认。在感性世界中，人所直接看到的美得到承认，这是一个很大的飞跃。由于对美的定义有了这样大的改变，那么相应地，他对于艺术的理解也有了很大的拓展。

三、艺术观

首先我们看到，他改变了奥古斯丁对于艺术的否定性的评价。奥古斯丁对艺术是不屑一顾的。虽然他对艺术有很高的造诣、很高的修养，但是他在《忏悔录》里面对于他早年对艺术的依恋进行了一种彻底的批判。亚里士多德在托马斯的这个理论里面起到了很大的作用，亚里士多德的目的论的宇宙观、目的论的艺术观被托马斯借用了。托马斯认为一切自然的东西都是由神的艺术所创造的，可称为上帝的艺术作品，这个在亚里士多德那里只是表现出来，但是亚里士多德自己没有这样明确地说，而托马斯做了这样一个明确的说明。他经常把人的艺术和上帝的艺术相类比，就是说上帝创造了整个世界，整个世界是上帝的艺术品，那么人创造的艺术品也有一点跟上帝类似，人在创造艺术的时候就在模仿上帝，在做同一件事情。实际上，人的艺术就被看作对上帝艺术的模仿了。但是也有不同的地方，就是上帝的艺术可以产生出实体的形式，可以成就万物的本质；人的艺术的功效不像自然那样伟大，只能改变或改造现有的世界。这个我们也可以理解，就是上帝从虚无里面创造出了世界，整个世界从形式到质料都是上帝创造出来的；那么人呢，他只能改变现有的材料。一个画家，他可以运用材料，运用颜料，运用画布，创造出一幅油画来，但是这个油画的颜料和画布不是他创造出来的，他只是利用它们；一个雕塑家，他可以创造出一个铜像，但是这个铜料不是他创造出来的，艺术家怎么能创造铜料呢？怎么能从虚无里面变出铜料来呢？而上帝的艺术就可以，上帝可以从虚无里面变出一个东西来，变出的这个东西都是上帝的艺术品。而人只能在上帝已经提供的这些材料的基础之上来改变它的形式，来赋予它新的形式，但是质料他是没有办法创造的。当然改变形式也是一种艺术，它能符合于人自己的目的。所以他恢复了亚里士多德的艺术的模仿论，他说"艺术的过程必须模仿自然的过程，艺术的产品必得仿造自然产品"。自然的过程，自然的产品，那是上帝的作品，人是通过模仿自然的产品而模仿上帝的艺术，所以他在这一点上恢复了亚里士多德的模仿论。但是他比亚里士多德又更加细腻。就是亚里士多德的这个神的目的是神的一种形式，这种形式它是固定的、确定的一个规范、一种模式；但是托马斯的这种模仿，他不是模仿上帝的现成的形式，而是模仿上帝的创造过程，模仿上帝创造宇宙、自然界的过程。人是模仿过程，而不是仅仅模仿那样一个后果。人通过模仿艺术品的结果而模仿上帝创造世界的技巧。"巧夺天工"，自然景象就像是人的技巧所造出来的那样，我们欣赏的主要是"天工"，是那种技巧，而不只是结果。那么反过来，人模仿上帝也是模仿一种技巧。既然上帝创造的自然物、自然景色好像是人的技巧，那么反过来，在托马斯看来人的创作技巧也是在模仿上帝的技巧。

由此推出，模仿上帝的技巧也就是模仿上帝的"艺术家的心灵"。上帝创造世界，上帝是一个最大的艺术家，那么他的技巧出自于他的心灵，他的产品当然也是他的作品。但是我们人要模仿上帝，就要模仿上帝的心灵，就是他怎么样创造出这个作品来的。不是简单地模仿他创造的作品，而是要模仿他在创造这个作品的时候他是如何构思的，他是如何创造出来的。这个是托马斯对于亚里士多德的一个更深层次的发挥，也可以说是创造性发挥。亚里士多德还没有这个思想，虽然都是讲模仿上帝的艺术，但是亚里士多德就是模仿上帝的艺术品，而在托马斯这里就是模仿上帝创造艺术品的技巧以及上帝创造艺术品的那颗艺术的"心灵"。

所以他认为，"人的心灵着手创造某种东西之前，也须受到神的心灵的启发，也须学习自然的过程，以求与之相一致"。这也表明了，人在模仿上帝的时候，实际上是模仿上帝的心灵，受到上帝心灵的启发，所以在他这里艺术创造是一个灵感和模仿同时进行的过程。你要模仿上帝的心灵你必须从上帝的作品那里获得灵感，上帝的心灵是艺术家的心灵，上帝那艺术家的心灵，通过他的作品，通过启示，通过灵感，传达给了人间的艺术家。那么这种灵感和模仿如何能够结合起来呢？他利用了奥古斯丁以来的象征说，通过象征说把灵感和模仿两者结合起来。他认为模仿是为了取得象征而采取的一种比较贴切的手段，模仿不仅仅是模仿外形，它是一种符号，符号就是象征，他是把事物的外形当作一种符号，symbol。Symbol 就是象征，它是一种符号手段。那么这种符号不是仅仅停留在这种表面的形象，你要深入到形象后面的意味，它的意义。如何能够深入到形象背后的意义呢？必须通过灵感。你要有灵感才能创造，甚至于你才能欣赏。一个没有灵感的人，只认外在的形象符号，停留在外在的形象符号，不深入到符号的内容、意义，那他是欣赏不到艺术的美，也欣赏不到自然界的美。所以要够格的欣赏者才能够欣赏艺术家的作品。所谓够格的欣赏者就是，不光艺术家要有灵感，欣赏者也要有灵感，你要透过外在的形式去欣赏到里面的内容，这就是"启示"，你欣赏里面的内容你就受到了"启示"。这个"启示"就是艺术家传达给你的上帝的"启示"——上帝就是这样创造出作品来的。所以他讲，"事物之所以美，是由于神住在它里面"。一个事物之所以美，你看到这个事物很美，那不是因为它外部的形象使它美，而是由于神住在它里面，问题是你能不能看出来，你能不能体会出来。所以象征主义被托马斯发挥到了极致，并且打破了在奥古斯丁那里的那种僵硬的特点。象征主义不再是僵硬的了，在他看来，我们不一定是面向上帝，不管我们是否面向上帝，美本身就已经启示着上帝了。你面向艺术品，面向事实生活中的美，这本身就已经是面向上帝了。虽然在奥古斯丁那里要区分你在欣赏美时是背向上帝还是面向上帝，背向上帝那你尽管得到了美感，那美感也是丑恶的，是诱使人堕落的；只有你面向上帝，你在欣赏具体事物时才能真正发现具体事物身上的那种美，那是真美。这是奥古斯丁的区分。在托马斯这里打破了这种区分，面向艺术品本身就是面向上帝。象征主义这样一来就由一种单纯的欣赏方式变成了一种艺术创作的原则，变成了艺术家的原则。艺术家的创作当然是面向具体事物了，按照奥古斯丁的说法那就是背向上帝了，你面向具体的感性事物，你掌握感性材料，你专注于你的作品，你就已经背向上帝了。但是在托马斯这里不是，当你掌握感性材料的时候，艺术家在创作的过程中，他已经面向上帝了。所以艺术家在这里重新得到了肯定，在这种意义上，通过艺术创作的原则，托马斯重建和提高了传统的模仿论。你在一心一意创作的时候,你是在模仿,但是你是通过模仿感性事物而模仿了上帝的心灵,你模仿了上帝的心灵,你就通过象征的方式灌注了你的心灵,灌注了你的灵感。那么这样一来,人们就可以面向着自然界,面向着感性世界,人们恢复了理性的地位。艺术家在创作的时候他有一种理性的态度,他不需要一种神秘主义,一种神魂颠倒,一种迷狂,不再需要灵魂出窍,不再需要非理性主义,理性主义的审美的原则就重新和神秘主义的审美原则相对立,相抗衡了。在奥古斯丁那里他是个神秘主义者,尽管他的神秘主义是静观的,不再是那种狂热的神秘,但是它是不可理解的,它必须要抛弃你能够理解的世俗生活中的一切。但是托马斯恢复了理性的地位,他不需要抛弃。理性不是最高的,但是理性是可以接受的,世俗生活、世俗世界、感性世界都是可以接受的,不需要完全抛弃。

四、美感认识

所以托马斯把美感规定为一种认识。我们注意这个地方,出于理性的审美原则,他把美感规定为一种"认识",当然是一种"感性认识"。感性和理性在他这里统一起来,就是说感性也是一种认识,而理性无非就是追求知识。理性可以通过感性来追求一种认识,认识本身就是理性的态度。所以我们把托马斯的美学看作具有理性主义审美原则的美学,是出于认识论的,它不再是一种单纯的信仰,它有"认识"在里面,有理性在里面起作用,而理性起作用也是通过感性认识来起作用。"感性认识"不是一种情绪化的东西,不是一种狂热的东西,也不是一种神秘的东西,而是一种认识性的东西,这本身就是一种理性的态度。当然感性认识和理性认识还不一样,但是它们两者都是"认识",在这个意义上是理性主义的,一切认同感性认识的哲学家在更广泛的意义上都还是理性主义的。理性主义有不同的层次,重视认识的,我们可以说他在广义上就是理性主义的，不管他是从感性认识，还是从理性认识来重视认识。但是认识领域里面，当然也有感性认识和理性认识之分，你着重于感性认识的，我们就认为是经验主义；你着重于理性认识的，我们就认为是理性主义，这个理性主义是比较狭义的。广义上来说，经验主义和理性主义都是理性主义的。那么托马斯就是基于这样一种理性主义，他认为美感是一种认识。但是它不是像普罗提诺讲的那种"心眼的认识"——"心眼的认识"比较带有神秘色彩、非理性色彩，以内心的眼去认识——而是"肉眼认识"，我们刚才已经提到了。但是他又不是简单的模仿，对事物表面形象的反映。一般讲感性认识是对于外部形象的一种把握，这个东西是红的，那个东西是绿的，这个东西是三角形的，这个外部形象的把握也是一种认识。但是托马斯认为感性认识不仅仅是这样一种单纯的表面形象的反映，而是通过这种对象的形象对于神的理性和美有一种象征性的把握。你不要只在这个对象上看到红色、绿色、三角形、圆形，你要从里面看出来这个象征的意义，这是通过肉眼可以看到的。所以他把人的眼睛和耳朵称为"为理智服务的感官"——人的眼睛和耳朵是为理智服务的。他特别重视眼睛和耳朵，音乐和美术，美术包括绘画、雕塑、建筑，这都属于眼睛观看的；音乐要通过耳朵来听、戏剧要通过耳朵来听、诗歌要通过耳朵来听。所以眼睛和耳朵是为理智服务的感官，为理智服务就是说它可以为理智的象征意义的认识提供素材，你不能停留在仅仅是感官的认知，你还必须从感官认知里面看出它里面包含的意义。所以作为一种"认识的美感"，在托马斯那里被纳入美的定义本身，那么这样一种美的定义，就跟知识对应起来了。

所以美是一种知识，他认为美只涉及认识功能，与感觉是一种对应，每种认识能力都是如此。他说美属于形式因的范畴，美是一种形式因。形式因是亚里士多德的术语，亚里士多德认为万物都有它的形式。我们前面讲了，亚里士多德的"四因说"，其中最主要的就是形式因，形式因就是给万物赋予形式。美是属于万物的形式，属于万物的形式也就是属于万物的本质，亚里士多德就认为万物的本质就是它的形式，任何一个事物它的本质都在于它的形式。那么在这种意义上，它的美也包含善，因为美和善都是以形式为基础的，善也是一种形式，我们通常来讲善的东西是一种形式，道德的东西不在于你做什么，而在于你怎么做，你怎么做的这种形式使得这件事情成了道德的。

　　但是美和善的关系，托马斯认为美要更高，美比善更高，因为善它还涉及质料。我们说一个善的东西，一个合适的东西，一个好的东西，它总是涉及这个东西本身的质料，它的材料——最后你的目的是否达到了，最后要追究它的目的在质料上的实现。而美可以不考虑这些东西，美只在于它的一种形式，它可以不考虑它的质料，也可以不考虑它的目的。善必须考虑它的目的，你要做好事，最后做出来没有？你要追求一件幸福的事，你追求到了没有？如果没有追求到，那你还不够完善，你的形式就不完美。但是美可以不考虑这些，就算是追求不到，就算是空洞的内容，甚至是虚假的内容，美就是一种形式，甚至有的人把它看成一种幻觉。但是美本身不考虑这些内容。它更高超，它考虑的就是怎么表现出来的，在这个意义上面，美要高于善。美向我们的认识功能提供一种秩序的东西，它提供一种在善之外和善之上的东西。所以在托马斯那里，美比善更高。当然这个善的概念在西方有不同的含义，比如最开始在苏格拉底那里，它是非常世俗的，所谓善就是健康、幸福、财富、地位、荣誉、爱情，这些东西都可以说是善。凡是人所需要的东西都是善，它是适合于人的，凡是适合于人的目的的都可以称为"善"，称为"好"。到了柏拉图那里，"善的概念"作为最高的理念已经包含有道德的含义，最高的善就是含有道德。在托马斯这个地方，"善"当然也有道德的含义，但是主要是包含了日常的实用的善，就是"适合"——实用的善，所以美要高于善主要从这个角度来理解，道德的含义也包含在内。道德在托马斯看来也是高于它的目的，人间的道德都是在于它的目的是否实现。但是，你有一个道德的意图如果没实现出来，这个行为还不能说是善的，所以它仍然着眼于这个功利、着眼于它的效果。而美完全超然于它的效果之上，所以美要比善更高。但是美比善更高，它最后还是归结为认识，它是认识功能，因此真比美又更高。所以在托马斯那里这三个东西，真美善，真还是最高的，然后是美，第三才是善。

当然托马斯的这种排列法已经大大违背了基督教的传统模式。我们前面讲了，基督教弥补了古希腊罗马的一个很重要的方面就是它的道德性，它的道德要求，善的要求，认为善是第一位的，因为有善所以才有信仰，而不是诉诸知识，也不是诉诸美。一个人要善，要做善人，要做道德的人，他必须要立足于信仰，而不是因为他有知识，也不是因为他是个艺术家。到托马斯这里已经开始背离了基督教的这样一个思路。就是说最高的是真，然后是美，第三才是善。这样一个思路已经预示了一个新时代的即将到来。托马斯的这样一个思路，居然被基督教设立为正统，在托马斯的晚年还被确立为正统基督教神学。直到今天托马斯主义还是属于正统基督教的学说，但是跟他以前的基督教的传统已经大不一样了。当然在托马斯这里，他还是基督教的神学家，所以在真善美之上还有一个东西就是"圣"，圣洁，神圣，上帝的神圣。所以他还没有脱离最后的这个东西。这也可以解释基督教为什么把他树立为正统，也不是完全反基督教的，它还是在基督教的范围之内，没有超出基督教的基本原则。但是他已经悄悄地开始了一种颠倒，这个是人们不太察觉的。现在的很多研究托马斯的人都已经看出来了，就是说西方的文艺复兴，虽然从14、15世纪开始，但是在托马斯那里就已经有它的苗头了，这个当然还是要进一步加以研究的。

后面的但丁我打算把他略过去，不是但丁不重要，但是从理论的纯粹线索来说，他只是一个补充性的环节，他的这个拓展主要是把抽象的美学理论运用在他的具体的艺术实践中。我们都知道但丁是个诗人，伟大的诗人,他被看作中世纪最后一个思想家和新时代的第一个思想家,他没有系统的美学理论,也没有系统的哲学理论,但是在他的文学作品里面包含着大量的美学和哲学思想,所以严格说起来我们还是不能忽视的。我们的《西方美学史纲》对他,特别是他的代表作《神曲》进行了哲学和美学的解释,大家有兴趣的话可以自己去读一读。

第三章
近代人文美学

第一节　近代美学的文化土壤

从托马斯和但丁的时代开始，西方社会进入一个转型期。经过这样一个时期，西方文化跨入了近代。转型期的思想文化，是从中世纪漫长的黑暗时代走出来的，当然现在也有不同的说法，说中世纪也不一定就是那么"黑暗"，它还是留下了不少文化遗产的。至少，它逼迫西方人把自己的精神生活提升到了一个纯粹的神圣境界，使他们知道在世俗的利益和争斗之上，还有一个彼岸的光明和宁静的所在，这就有可能超越世俗生活而考虑一些更加有意义的问题，如自由意志的问题，真善美的问题，终极归属的问题。所以中世纪也可以说是西方文化提升自己的层次的一门必不可少的功课。但是不可否认，中世纪对人性的压抑是严酷的，我们看雨果《巴黎圣母院》的小说或电影就可以看出，克罗德神父把爱丝梅拉达的世俗的美视为邪恶而加以打压时，他并不能完全抛开自己自然的爱美的人性，而是将这种人性扭曲为一种嫉恨和施虐狂，以上帝的名义来掩饰自己内心畸形的情欲，形成了一种典型的伪君子和犯罪人格。雨果所描写的时代正是文艺复兴时代,那个时代随着新大陆的发现,世界交往的扩展,商品经济的蓬勃兴起,市民阶级开始以独立的姿态走上历史舞台,整个西方文化突然之间大开眼界,突破长期基督教神权政治的阴霾而重新发现了自然、发现了人。那个时代,民间的人文主义者成了历史思潮的主角,他们在学术研究上打破禁区,返回到古希腊罗马"异教"学问的浩瀚经典中寻求自己理论上的同道;在道德取向上他们反对基督教的伪善,解除压抑,伸张人的自然本性,鼓吹享乐主义,颇有点类似于礼崩乐坏,但总体上是健康的、开朗的;在文学艺术上他们打着复兴古代的旗号宣扬着个人主义,以自己灿烂的才华和过人的精力描绘人、刻画人、歌颂人,涌现了一大批至今令人为之惊叹的天才人物。那是一个人人追求成为完人的时代,是一个"需要巨人而且产生了巨人"的时代,那个时代的学者也好,艺术家也好,都是多面手,而且都以自己没有师承为骄傲。他们没有老师,也没有专业分工,但是他们在每个方面都做出了远远超出专家的成就。例如达·芬奇既是科学家、发明家,又是伟大的艺术家;米开朗基罗横跨建筑、雕刻、绘画三个领域,而且还是诗人,阿尔伯蒂是有名的建筑家,同时又是音乐家、画家、作家和人文学者,甚至还是体育家,据说他能够双脚并拢跳过一个人的头顶。无怪乎莎士比亚要借哈姆雷特之口发出这样的惊叹:"人是多么了不起的一件作品!"

与此几乎同时,在欧洲也进行着另一场洗心革面的思想运动,这就是宗教改革。宗教改革是针对罗马天主教的虚伪和腐败而发起的一场思想变革。正如文艺复兴把僧侣变成了俗人一样,宗教改革把俗人变成了真正的僧侣,把上帝放进了每个人的内心。如果说,人文主义者们是用常识来抨击宗教教条而打开了人们世俗生活的新视野,那么宗教改革家们则是在宗教本身的范围内为宗教生活奠定了新的个人主义的根基。这两大思潮在当时的理论交锋十分激烈,然而这正促使欧洲人迅速摆脱中世纪教会的僵硬束缚，而以活泼的生命力在创造新时代的新人类这一道路上高歌奋进。文艺复兴和宗教改革是近代西方文化驶向一个崭新时代的不可缺少的双轮，它们从两个不同的方面，一个是从人的自然的感性和理性能力的方面，一个是从个人的人格在信仰问题上的独立性、因而在一切问题上的自我决断方面，为建立一种以个人为单元的普遍人性论或人道主义而积累着材料。

这一积累过程达到一定程度，便开始向更高层次飞跃，这就是在哲学上提升到有关自然和人的认识关系的层次。近代哲学的核心是认识论，讨论的是思维和存在的关系问题。这一问题从一开始就分为殊途同归的两个方向，一个是经验主义的方向，一个是理性主义的方向。这两个方向都是立足于人与客观世界的对立，并且从人自身的认识能力方面寻求接近和把握客观事物的手段。经验派找到的是人的感性经验，探讨如何合理地运用自己的感官来对后天获得的经验做出判断；理性派找到的是人的理性推理能力，试图借助于逻辑和数学的必然性来先天地推断出客观世界的本质结构。早期的经验派和理性派都带有对客观世界的某种朴素的信念，因而带有古希腊科学主义的决定论色彩，如笛卡尔、斯宾诺莎和霍布斯等人试图用机械论和古典欧几里得几何的方式来解决人的身心关系和思维的本质问题；但随着研究的深入，人们开始意识到问题的复杂性，发现主客对立的思维方式不足以把握客观真理，于是转向对人自身的主体认识结构的探讨，由此涉及对人性和人的本质问题的反思。从洛克、莱布尼茨到休谟，他们把这一反思从认识论一直推进到人性论，并由此揭示了人性深处尖锐的内在矛盾，如现象和本质的矛盾，自由和必然的矛盾，感性和理性的矛盾，应然和实然的矛盾，等等。而在这一过程中生长起来的认识论美学，构成了我们统称为"人文美学"的近代美学思想的第一道风景。

第二节 认识论美学的崛起

我们前面讲到托马斯·阿奎那的美学时,已经提到他的美学中具有浓厚的认识论色彩了,他认为美感是一种肉眼的认识,亦即感性认识,这也是近代认识论美学的共识。近代经验论美学理所当然地把审美看作一种感性认识,甚至理性派或者说唯理论的美学家们也不否认这一点,只是他们还想进一步追究这种感性认识后面的理性根基而已。但是毕竟,经验派和理性派的美学是与近代哲学中经验论和唯理论的分野紧密相关的,这两派美学从同一个基点出发,却走向了两个完全不同的方向,形成了两种完全不同的美学思想。在这两种不同的认识论美学走向趋同和融合,最终被下一阶段的人本主义美学吸收之前,我们先来考察一下它们各自做了哪些开拓性的探索,以及它们自身所走过的历程。

一、英国经验派美学:作为感性认识的美感论

英国经验派美学在哲学上都深受洛克(Locke,1632—1704)的影响,这是因为,在西方哲学史上,洛克第一个给经验论的哲学做出了最为系统的概括。他的代表作《人类理解研究》开始对经验认识的主体进行了最为细致的分析,提出了一系列对于美学具有关键性意义的概念和命题,其中最重要的是关于"第一性的质"和"第二性的质"的区别,以及"感觉的经验"和"反省的经验"之间的划分。这两对范畴可以说奠定了英国经验派美学的基本理论框架。

1. 夏夫兹伯里和哈奇生

这两个人物都是洛克的忠实信徒,夏夫兹伯里(Shaftesbury,1671—1713)当过洛克的秘书,哈奇生(Hutcheson,1694—1747)则是

夏夫兹伯里的学生和辩护者。不过他们都对洛克的认识论有所取舍。他们不同意洛克把人的内心看作一块没有写字的"白板"的观点，认为这是与他所谓"感觉的经验"和"反省的经验"相矛盾的。因为洛克认为，人的经验有两种，一种是凭感觉所直接接受到的，另一种是在前一种的基础上通过反省而获得的，例如通过分析、比较、抽象、组合等等而形成的经验；那么他们认为，既然如此，人心就不可能是一块完全干净的"白板"，而应当具有某种内在的直观能力或者感觉能力。这种能力，夏夫兹伯里沿用新柏拉图主义的说法，称为"心眼"，但与新柏拉图主义理解为抽象理性的心眼不同，他理解为某种内部感官的心眼；而哈奇生则直接将它称作"第六感官"。他们还认为，通过内感官而认识到的也不是客观事物本身固有的样子，而是它在人的感官中呈现出来的样子，这就又要用到洛克所提出的"第一性的质"和"第二性的质"的区分了。洛克认为我们通过感官所认识到的不是事物本身的第一性的性质，而只是它作用于我们的感官而在我们心中所呈现出来的性质；前者如体积、广延、数量、形状、运动等等，是属于客观事物的，后者是色、声、香、味等等，是由第一性的质激发人的感官而呈现出来的，它们是属于人的感觉的、取决于感官本身的特点的第二性的质。那么夏夫兹伯里和哈奇生认为，由此我们也可以把美、丑等等这样一些性质就像色、声、香、味那样作为"第二性的质"归于人的主观观念，它们同样都不反映客观事物的性质，而是反映了主观的内感官的性质。而这种性质，夏夫兹伯里认为就是西方传统美学所说的"和谐"，只不过这不是客观事物的和谐，而是心灵的和谐。他说："美的、漂亮的、好看的都决不在物质（材料）上面，而在艺术和构图设计上面；决不能在物体本身，而在形式或是赋予形式的力量"，"真正的美是美化者而不是被美化者"。这已经完全是一种主观论的美学了。而心灵的这种和谐同时也就与善和道德是同一的，美的形式也就是善的形式，它们都植根于人类自然天生的社会情感之中。

哈奇生进一步从认识论上把夏夫兹伯里的观点向经验论的方向做了更明确的阐述。他认为人们用来审美和做道德判断的内感官与其他的五官感觉是处于同一级别的"第六种"感官，只是在强度上更大，也更为精细而已，而没有新柏拉图主义的"心眼"那种神秘性和抽象性。因此，美感所感到的美就是人心中所获得的一种感性认识，这种认识不是"对象所固有的一种属性"，而是我们从对象中所"认识"出来的某种"一致与变化的复比例"。他这里所说的认识也与洛克对认识的规定有关，洛克认为认识有两种，一种是"观念与对象的符合"，另一种是"观念与观念之间的和谐一致"，或观念与观念的符合，"知识就在于我们任何两个观念是否符合的知觉"。哈奇生的美感的认识不属于前者而只属于后者，它是我们从对象本身里面所认识到的，但却并不一定是"符合对象的"。这样一种"符合"可以包括很多不同的内容，它可以是联想和想象，例如象征、比喻、同情感等等，也可以是合适、有效、有价值、善和道德等等，而美的感觉当然也属于此列。所有这些都必须凭内感官来判断和评判，而不是用抽象的推理可以推出来的。

这样一种建立在经验论的认识论原则上的主观论美学，已经开始在美学上体现出一种偏离客观美学和模仿论而向人的主体性进军的倾向，并且实际上体现出与亚里士多德以来的传统认识论格格不入的矛盾。亚里士多德认为，正确的认识就应该是观念与客观对象的符合，观念与观念的符合最终也还是为了要更好地符合客观对象，例如形式逻辑和数学都是认识对象的工具。这是西方哲学两千年来公认的认识论原则，即使柏拉图的理念论和回忆说也没有超出这一模式，因为先验的真理毕竟本身还是客观存在的。现在，经验论的认识论，包括经验论美学提出一种认识，根本不需要与客观对象相符合，而只需与主观的某种观念或心情相符合，这样一种认识如何还能够称为一种"认识"？只有一种可能，除非这是一种对人性的认识，就是把人自身作为认识的对象。但这种认识与原来的认识意义已经不同了。哈奇生颠覆了以往把认识看作对某种绝对客观存在的东西的反映的看法，他认为并不是有一种"本原美或绝对美"不与人的意识相关地存在于对象上，等待着人们对它进行认识；相反，美"像其他表示感性观念的名称一样，严格地只能指某个人的心所得到的一种认识"。为此他提出了自己所理解的"绝对美"，并把它与"相对美"做了比较："所以我们所了解的绝对美是指我们从对象本身所认识到的那种美，不把对象看作某种其他事物的摹本或影像，从而拿摹本和蓝本进行比较；例如从自然作品，人工制造的各种形式，人物形体，科学定理这类对象中所认识到的美。比较美或相对美也是从对象中认识到的，但一般把这对象看作另一事物的摹本或与另一事物相类似。"绝对美是对对象本身的认识，相对美是对对象模仿得像不像的认识，前者以音乐为例，后者以造型艺术为例。但它们都不是对象本身，而是认识本身的某种形式，即多样统一的形式。音乐的和谐就是多样统一，科学定理的美也是由于多样统一，而造型艺术的模仿也是因为在不同的东西中看出了一致性才是美的。这看起来与客观美学所谓"有机的整一性"是相同的，但哈奇生的原则已经不是那种客观属性，而是由内感官所获得的某种整一性的感觉，它不是物的原则而是人性的原则。

因此经验论美学所提出的认识论表明了西方美学从客观美学和神学美学走向了一种审美自我意识，而这正是人文美学的最根本性的标志。不过，人文美学在经验论的这个阶段上，仍然还留在认识论的大框架内，就是说审美自我意识仍然还被看作一种认识，仍然是"从对象中认识到的"。所以夏夫兹伯里和哈奇生在艺术观上也就并未完全否定传统的模仿论。哈奇生认为，模仿正是"观念与观念的符合"的一种形式，所以在艺术中，除了那些"非模仿性的"艺术如音乐之外，所有那些造型艺术，还有移情的艺术、象征的艺术，都是借助于模仿，它们要求艺术的逼真性，也就是"蓝本和摹本之间的符合或统一"。并且，也正是通过模仿，艺术和美就与道德发生了关系，因为模仿可以"用来代表我们最关心的人的情绪和情境"，"面貌，风度，姿势，动态中那种最有力量的美起于想象的表现人心中某些良好道德品质的标志"。这与亚里士多德关于模仿和道德的关系的论述如出一辙，并启发了后来柏克的审美同情说。

2. 柏克

夏夫兹伯里和哈奇生主要是从人的自然天赋的内感官来研究美感的心理、生理基础，柏克（Burke，1729—1797）则把重点放在了人的某种社会性本能即某种社会情感之上。他在其美学代表作《论崇高与美》中，批评了夏夫兹伯里和哈奇生的"内感官"学说。他指出，人心中除了五官感觉、想象力和理解力之外，并不存在所谓的"第六感官"，要解释人的美感的来源，不能到人的生理构造里面去找，而应该到人的社会性的特质中去找，也就是到人的"社会生活情欲"中去找。所以柏克的美学是一种社会心理学的、主情主义的美学，这是对夏夫兹伯里和哈奇生的主观论美学的进一步深化。

柏克认为，人类的基本情欲有两种，一种是"自体保存"的情感，如安全感、恐怖感，一种是"社会生活"的情欲，如同情心、模仿心和竞争心。前者涉及个体生命的维持，后者是柏克最重视的，它涉及种族的延续和社会的维持，包括两性间的追求和人与人之间的社交要求，这就是"爱"。与动物不同，两性之爱包含着社会性的观念，社交也主要是为了"摆脱寂寞"的社会冲动。在社会生活的情欲中的"同情"，使得社会生活的情欲和自体保存的情欲双方联系起来了。他说："由于同情，我们才关怀旁人所关怀的事物，才被感动旁人的东西所感动。"我们设身处地，使自保本能转化为社会本能。而模仿则能够使社会行为达到一致，是"社会的最坚牢的链环之一"。至于竞争心，则是推动社会进步的力量。所有这些都属于社会生活的情欲，它们共同把个人提高到了社会性的高度，而其中最基本的则是同情原则，即由己及人、由内到外的原则。

由这样一种主情主义出发，柏克第一个大胆打破了从古希腊以来从来不曾动摇过的美在比例、适合、完善等形式主义方面的金科玉律，从美中排除了理智的考虑，使之完全限定在纯感性中。他对美的定义是："我所谓美，是指物体中能引起爱或类似爱的情欲的某一性质或某些性质。"由此他使美与人的社会性的情感紧密结合起来了。在他看来，美就是基于对感性事物的一种"爱"的情感，即社会性的同情感。这种审美同情说是他对西方近代美学的最重要的贡献之一。柏克的另外一个重要的贡献就是重新激活了古代朗吉弩斯的"崇高"概念。他继朗吉弩斯之后第一个深入研究了崇高感的本质。他认为美首先涉及的是社会性的情感（爱），然后才具有了自体保存的意义；而崇高则是首先涉及自保本能。人们在面对威胁到自己生存的恐怖、危险的对象时，首先产生出一种痛感，然后再通过社会情感如同情（自居作用）和竞争心（战胜危险的想象），产生出一种"痛快"的自豪感、胜利感。这种分析后来极大地启发了康德的崇高论，也给当时开始萌芽的浪漫主义文艺思潮提供了理论上的根据。

　　柏克认为，美感与崇高感都是立足于人的一种社会性的情感，而美与崇高本身则可以看作客观事物中能够引起这种社会性情感的性质，它们都是客观事物的社会属性，也就是洛克曾提到过的"第三性质"。洛克曾说到事物的两种性质，第一性的质是客观的，如广延、运动、数量等，第二性的质是主观感觉的，如红、气味、声音等；此外还有第三性质，如"在心中产生了热底感觉或痛底观念"的性质。柏克发挥了洛克这种观点，把美和崇高看作对象能够在人心中产生出某种感觉的能力。所以，崇高的对象具有"可怖性"，如大、强力、晦暗、空无、荒凉、无限、突然等等，美的对象则具有"可爱性"，如小、明亮、光滑、渐进性等等，前者引起我们的崇敬和竞争心，后者引起喜爱和怜悯。他的这种规定表面上看来是极不确定的，十分牵强附会，尤其是将美塞进一个如此狭小的范围内，"小的就是美的"，不仅是削足适履，也显得可笑。但不能因此认为，柏克想通过这种方式给美和崇高规定一些纯客观的属性，以为凡是小的就是美的，凡是大的就是崇高的。实际上，他只是想举例说明美的"能引起爱"这一本质规定，以及崇高"能引起恐怖"这一本质规定。这种例子其实还可以无限举下去的，只要它符合"能引起爱或恐怖"的原则。因此美以及崇高其实最终都取决于人心的特点，而不是对象的特点。

　　柏克的同情原则在艺术论中得到了广泛运用和极大的发扬，被他看作文艺创作，特别是审美欣赏的心理基础。他说："主要就是根据这种同情原则，诗歌、绘画以及其他感人的艺术才能把情感由一个人心里移到另一个人心里，而且往往能在烦恼，灾难乃至死亡的根干上接上欢乐的枝苗。"例如悲剧就是如此。这样，他就从社会心理的角度，解决了亚里士多德从人的生理上所提出的"模仿本能"的问题，这种解决在今天看来原则上仍然是正确的。他认为，所谓模仿，其实是一种变相的同情，而这样来理解的模仿，就使亚里士多德关于描写丑的艺术因为模仿而可以是美的这一原理获得了新的含义。也就是说，描写丑的艺术之所以感人，不是因为对象本身，也不是由于对它的认识，而是因为作家、艺术家对这一对象的同情（即模仿），或者说，不是由于认识性的模仿，而是由于同情性的模仿。正是这种同情在观众心里造成了共鸣，引起了社会性的快感。艺术模仿本质上是将作者对一个对象的同情表达出来，并借这个对象在别人心里引起同情。因此，通过对同情说的发挥，柏克建立起了模仿论和表现论的真正中介。古罗马朗吉弩斯作为天才思想闪光的情感表现论，在柏克这里首次得到了系统的论证，这一论证至今需要修改的地方还不多。

　　柏克和哈奇生在认识论美学的基本点上是一致的，只不过他们各自发挥了认识论美学的两个不可分割的方面。哈奇生发挥了内部方面，即人的美感感官方面；柏克发挥了外部方面，即美感对象的"性质"方面。这两方面的核心思想都是有关人的本性的学说，即"人性论"。而这正是休谟所着力探讨的问题。

3. 休谟

休谟（Hume，1711—1776）在哲学上是一位开拓性的大师。他的怀疑论是洛克哲学所包含的主观唯心主义因素彻底化的结果，但正因为这种彻底性，他以一种犀利的眼光，刺穿了英国经验主义到洛克为止的盲目的乐观主义，不再相信人的认识可以把握外部世界本身，而是从外部世界退回来，转向了认识论在人性的深处所隐藏的根基。这就使哲学从孤立地研究认识论，或者将认识论与人性其他领域分离开来研究，而转入了对整个"人性论"的研究。首先，他同意贝克莱的观点，将洛克所说的"第一性的质"和"第二性的质"全部归于人心中的知觉印象，把人的一切有关对象的知识都化为人的主观感觉和心理习惯；然后，他否认人能认识在他之外的对象，甚至对这个客观对象的存在本身都表示怀疑，这就把认识论归结为了心理学。这是休谟认识论的两大基本原则，也是他的认识论美学由以出发的根基。认识论美学由此而不再是对客观和主观的关系的研究，而只是对主观中各种心理因素之间的关系的研究，因而成为对"人性"的研究了。

由于休谟在哲学上彻底解构了传统的认识论，认识不再是对客观对象的反映，而是主观的一种"习惯"，因此他就使认识论美学遭到了釜底抽薪式的倾覆。这样，休谟的美学就不再像柏克那样，在把美归于客观事物还是归于主观感觉这两者之间动摇，而是想通过从一种主观即作为认识的主观感觉，向另一种主观即非认识的主观情感的过渡，来确定美的本质。在《人性论》第二卷"论情感"一开头，休谟就把人的一切"印象"分为了"原始的"和"次生的"两类，前者是"感觉印象"，包括人的一切自然科学、物理学和日常感觉经验的知识；后者是"反省印象"，包括情感和情欲；美丑感正属于后一类。美感作为次生的反省印象，是以原始的感觉印象作为媒介，而由某些原始印象发生的。休谟的这两种"印象"之间的关系颇类似于洛克的两种"性质"之间的关系，而他对美的本质的规定也颇类似于哈奇生、柏克对美的本质规定:"美是一些部分的那样一个秩序和结构,它们由于我们天性的原始组织,或是由于习惯,或是由于爱好,适于使灵魂发生快乐和满意……因此,快乐和痛苦不但是美和丑的必然伴随物,而且正构成它们的本质。"就是说,美就是美感。所以,"同一对象所激发起来的无数不同的情感都是真实的……美不是事物本身的属性,它只存在于观赏者的心里"。美只标志着人的心理功能之间的某种协调关系,即他特别强调的"同情感"。这一切都是对哈奇生、柏克已经提到过的见解的发挥。不同的是,休谟所说的"对象"、对象的"秩序和结构"等等,已不是霍布斯、洛克等人所说的客观存在的物质实体,而只是指"原始印象",即人在被动状态下所接受(不知从何处)来的一些知觉、观念,它有别于人由自己内心的特殊性格和情感气质所产生的那些"反省的印象";美不是人从客观对象中"认识出来"的,而是他从自己的原始印象"反省到"的;他把洛克的"感觉经验"和"反省经验"的区别从认识论中搬到了心理学中,却保留了它们的级差。整个英国经验派的认识论和美学都被休谟在"人性论"的旗帜下彻底主观化了,他坚决抛弃了哈奇生、柏克等人残留的客观属性说,而完全转向了人的主观心灵。这样,英国经验派美学便开始突破自身的认识论美学的局限性,而跨入人本主义美学的领域里去了。这才是休谟美学的真正的积极意义之所在。

因此,休谟在美学上的巨大贡献就在于,他在一个更为彻底的哲学认识论基础上,明确宣布美"只存在于观赏者心里",并建立起以"同情说"为核心,包括艺术、美和美感在内的"审美趣味"的学说。他认为,美感因人而异的这种相对性就足以证明美是主观的,它取决于个人的利益和效用;凡有利于人的便使他感到愉快,因为它与他自身的"人性的本来构造"相协调。不过,由于人性的本来构造及其功能在人与人之间又有天生的共同性,因此人们可以借助于同情,设身处地地感受到别人的愉快和美感。所以,人甚至可以将自身利益带来的快感也扩展到那些与自己本来没有直接利益关系的事物上去,扩展到只有想象或联想的利害关系的事物上去。"建筑学的规则也要求柱顶比柱基较为尖细，这是因为那样一个形状给我们传来一种令人愉快的安全感，而相反的形状就使我们顾虑到危险。"休谟和柏克几乎是同时把同情说看作审美欣赏最重要的心理基础，但柏克却并未把这一原理扩展为审美趣味的最终根据，反而从霍布斯、洛克哲学中的理性主义因素出发，认为审美趣味（鉴赏力）的普遍标准在于理智的判断力。休谟则把经验主义的同情说贯彻到底，认为人的审美判断力最终取决于个人的情感气质。由于人的想象力和敏感性天生的不同，也由于人的教育、习俗、偏见、心境的差别，人的美感或美的价值判断都是相对的、因人而异的；但审美趣味的普遍标准却仍然可以找到，这就是人们的自然的心灵本性在大体上仍然是趋于一致的判断；但因为每个人在欣赏的充分性、感受作品的细致性和深度上的千差万别，所以趣味标准的裁判人只有由少数最敏感又最无偏见的人来担当。可见，休谟自始至终没有离开个人的感性及其自然趋同性，在他那里，美、美感和审美标准归根结底都是一回事。

英国经验派美学从哈奇生（和夏夫兹伯里）到柏克，最后到休谟，呈现出这样一个发展过程：在美感论的研究方面，他们从一种自然感官感觉上升到社会性的感觉，再进入个人特殊的快感；它是以美的本质被越来越明确而坚决地归之于人的主观为哲学背景，而直接指向康德的审美心理学的。这一派美学最直接的理论成就，是从美感的直观性和相对性出发，摧垮了西方传统客观美学和神学美学中占统治地位的形式主义，即那种把美归结为与人无关的和谐、比例、适当、多样统一、有机整体、光辉等观点，从而打开了人的内心世界的大门。

二、大陆理性派美学：作为理性认识的美的概念论

前面我们讲了英国经验派的几个人物：一个是夏夫兹伯里和哈奇生，他们算是一派的，主要是讲哈奇生；第二个是柏克；第三个是休

谟。哈奇生、柏克、休谟在近代美学里面是非常重要的。现在我们来介绍大陆理性派的美学。

1. 莱布尼茨和沃尔夫

先介绍一下莱布尼茨（Leibniz, 1646—1716）的哲学，他的美学是在哲学的基础之上建立起来的。莱布尼茨的哲学有一种调和的倾向，就是调和经验派和理性派这两派哲学，尤其体现在他的美学思想上面，他也是一种调和论。但是这种调和它的基础还是基于理性派的哲学理解，就是认为世界的构成都是合乎逻辑的。但是尽管世界的构成是合乎逻辑的，我们还是不能够单凭理性和逻辑去认识它，因为我们人的理性有限。如果我们人的理性跟上帝一样，有上帝那样高的智慧，那么我们就可以完全用逻辑和理性把握世界，因为每一件事情，它都是有前因后果的，都是严格合乎逻辑的。但是由于人的理性有限，所以我们有的时候只能够依靠我们的感觉经验来把握那些逻辑关系过于复杂的事物。所以他提出来，对于人来说，世界上有两种真理，一种是"事实的真理"，那是偶然性的，一种是"逻辑的真理"，那是具有必然性的。人当然也可以把握"逻辑的真理"，但是在很多事情上面他往往分析不出那么细的逻辑关系，所以他只能凭借感觉来认识，这时候就有"事实的真理"。但"事实的真理"从理性的立场上来看应该说它最终可以还原为"逻辑的真理"，比如说在上帝面前，在上帝看来一切偶然的事情后面都有必然的因果联系。所以莱布尼茨最后归结到一种宿命论，就是一切世界上的事情都是逻辑上严格规定好了的，没有什么偶然，没有什么意外，一切都是"前定的和谐"，是上帝前定了的。上帝在创造世界的时候就已经把每一件事情都规定好了，然后世世代代的人类经历了这些事情，对人来说显示为一种偶然的事件，但实际上并不是偶然的。这是莱布尼茨哲学的总体的一种构想。那么我们来看看莱布尼茨的美学。

我们讲莱布尼茨对感性、对经验做了一定的让步，虽然他从理性出发，但是他认为人的理性有限，所以对人来说，我们要把握真理，我们还是要借助于感性。那么在美学里面也是这样，虽然美的现象它可以最后还原为一种逻辑关系，但是我们仍然要从美感出发来把握美。所以他在美学里面，跟以往的那些理性派有点不一样，跟笛卡尔、斯宾诺莎他们那些人有一点点区别，他给予了美感更多的位置，认为我们欣赏美的现象，当然要从美感入手。但是，仅仅凭着美感又不对，他认为应该从美感深入到美感底下所隐含的规律性，我们在欣赏一个美的事物的时候，我们应该深入到美的现象、美感、引起我们激动的那些东西的后面，看它到底有一种什么样的规律在刺激我们、在激发我们，要把这个东西搞清楚。他认为，在创作和欣赏中，人的观念是处在模糊和明晰之间的边界上，例如当我们画一幅画，或者我们欣赏一幅画的时候，我们的观念就处于模糊和清晰的边界之上。莱布尼茨的"模糊观念"是他的一个很重要的概念。"模糊观念"就是说在人看起来是模糊的，但是背后其实有很清晰的逻辑关系，但是我们只能够模糊地把握它，因为人的认识能力的有限性，人的肉眼的分辨力很差。但是在审美的过程中间，美的观念是处在边界之上，既模糊但是又有清晰性。这些感性的印象，这些美感的印象，美感的知觉，合起来很清楚的，但是分开来看是混乱的，怎么理解？我们可以举西方的油画为例。西方的油画就是这样，你远看非常清晰，非常生动，但是你走近看就是一团乱七八糟的油彩，你看不出什么东西，好像是胡乱堆在那里的。艺术家在创作的时候，画出两笔他还要退后几步再去看，观看它的总体效果，一看总体效果就清楚了，但是你如果贴近看，你什么也看不出来。我们在创作和欣赏的时候，我们对这些感觉之间的关系完全没有概念，我们不知道它们到底是什么关系。所以构成美的表象的是一些难以名状的东西，或者说"我说不出的什么东西"。油画就是这样，画家在落下每一笔油彩，画上每一笔颜料的时候，他是说不出什么东西的。他只凭一种感觉，凭一种直觉，或者凭一种灵感，那种灵感里面有一种逻辑关系，他搞不清楚的，他只追求总体的效果，最后的那种激动人心的效果，那个他可以感觉得到，但是他必须要退后几步才能够看出它的效果。其他的艺术也是，在诗歌创作的时候，灵感冒出来了，爆发了，但最后它能造成什么效果，这个要写成了以后才能够表现出来，在当时的那一瞬间，他是预计不到这个效果的，这是一种非理性创作。

所以莱布尼茨把这样一种灵感性的东西归结为"我说不出来的什么东西"，可以意会而不可以言传。但是这并不是没有理由的，每一笔油彩，每一个音符，每一个词汇，它后面都有理由，莱布尼茨把它称为"充足理由"。莱布尼茨提出的"充足理由律"是一条逻辑规律，但它跟逻辑上的"矛盾律"和"同一律"是不同的，虽然都是逻辑规律。也就是说，在上帝心目中，每一件偶然的事情，看起来是偶然的，实际上背后都有充足的理由，但是我们人把握不到。我们人只能尽量地去追求尽可能充足的理由，但是完全充足的理由，我们人类是不可能把握的。所以每一种偶然的现象后面都有它的充足的理由，只有上帝才能够弄清其中的来龙去脉。尽管我们人不可能把握后面的充足理由，但是我们可以尽量去把握。因此，我们人所感觉到的所有美的感受在莱布尼茨看来都是可以分析的。这个很奇怪。我们中国人讲妙不可言，只可意会，不可言传，一首诗，一个音符，一幅画，你怎么去分析它？没办法分析。我们中国传统认为创作完全是不涉理路的，没有理性和逻辑的，它必须要凭一种直觉，这种直觉就是整体把握，不要去分析，你一分析就完了。一个艺术家，一个诗人，如果陷入到了分析，那他就创作不出东西来了。有的人搞了一辈子也没有成为艺术家，如果他反思自己的思维方式的话，他就会发现，他可能是过于喜欢分析。有些东西是没办法分析的，它就是一种灵感，一种直觉的感受。但是莱布尼茨他不认为感觉是不可分析的，因为他是个理性派的哲学家，他认为一切感觉，包括美感都是可以分析的，都是由它背后的某种逻辑结构所决定了的，只不过这种逻辑结构对于人来说太复杂，他分析不了，但是是可以分析的。所以在艺术家或者欣赏者看起来是任意幻想的东西，哪怕个人的、临时感受到的、偶然冒出来的东西，原则上都可以归结为它底下的那种逻辑形式。

他有一句名言，就是欣赏音乐的时候，当我们受到感动的时候，我们下意识地在数数。在数什么数？就是那些音符，那些音乐之间它们的比例关系，我们暗中在估摸它的比例关系。所以他讲："音乐就是意识在数数，但是意识并不知道它在数数。"这个里头有点弗洛伊德潜意识的意思在里头了。当然他不知道弗洛伊德，弗洛伊德的学说是20世纪才产生的。但是他已经意识到了，就是说人除了有意识之外，还有潜意识，人有时候做的事情，他往往不是自己直接意识到的，但他实际上在做。比如说欣赏音乐，我们前面曾经讲到过，西方人欣赏音乐跟中国人很不一样的，西方人欣赏音乐他是从数学关系来理解的，音乐是流动的建筑，建筑是凝冻的音乐，建筑跟音乐有非常相通的地方，那就是数的关系，数的和谐。所以我们中国人欣赏西方的音乐，包括交响乐、奏鸣曲这些东西，我们往往觉得很难进入。那么你就要了解一个跟中国文化很不相同的秘诀，就是说他们实际上是把它看作一种数学的和谐、一种数量关系。它有数量关系在里头，像古典音乐，巴赫的音乐，那种音阶，那种音阶之间，它都是有很精确的数量关系的。但是整个数量关系的体系组织起来构成了一个华丽的乐章，就像一个哥特式教堂一样，每一部分都是那么样成比例，整体显示出一种和谐。你要从这个角度来欣赏，可能就会找到入门的地方，否则的话你老以中国人欣赏《春江花月夜》的心情去听，听到一个曲子你就想到春天的江水，这个花和月亮，就想到这些东西，你就很难进入到西方音乐的深处。表面欣赏一下也可以，因为西方也有一些标题音乐，如《梦幻曲》《月光曲》，但那些标题是很表面的，有很多是无标题的。贝多芬第几交响曲，你怎么去把握它的形象？没有形象，你要从数学关系去把握它。当然不完全是数学，但是它有这个维度在里面，有这个基础在里面，他们西方的音乐思想是从这个上面建立起来的。也可以加上很多别的东西，贝多芬的《英雄》《命运》，有这些东西，但是他的整个音乐在构成方式上是按照数学模式建构的。但是莱布尼茨认为我们在欣赏音乐的时候，不会直接用理智去分析那些数学关系，当然不会。西方人也是沉醉于音乐之中。他不是在做数学练习，不是在做数学计算，否则的话有些乐曲为什么百听不厌呢，一遍一遍地做数学题，那太枯燥了，他也不是那样。他从里面得到感受，得到感动，但是他的理解就是说，给我这些感动的恰恰是底下的那些隐含着的数学关系。用莱布尼茨的方式来解释就非常的顺理成章了，就是说我们人类的理性有限，我们下意识地在数数，但是我们在意识中只是以我们的全身心在感受。

那么什么是美？由此，莱布尼茨就得出了有关美的想法，他认为所有的美就在这样一种抽象的基本结构之中，一首乐曲的美就在它的数学结构关系之中，在数学的和谐之中。这种关系就是事物的秩序，多样统一，和谐或者完善，他引进了这样一些古典传统的概念，但这些概念都是在背后的那个理性结构的基础之上提出来的。这种宇宙的完善和谐是上帝前定的，所谓的前定就是说上帝在创造世界的时候已经预先把一切都计划好了，整个宇宙自古以来，一直到永远，都是上帝按照预先定好的曲谱所演奏的一首恢宏的乐章，一部大型的交响乐。那么这个交响乐的每一个音符都是上帝在最初创造世界的时候已经设计好了的，这就叫"前定的和谐"。一个哲学家如果他的理性足够强的话，他就可以在一定层次上通过推理把它推出来。当然实际上哲学家不可能做到像上帝那样，但是他可以接近。然而当他的理性太弱的时候，他就可以通过情感在审美中感受到，比如说我们仰望星空，感觉到整个宇宙的和谐，通过这样一种审美的欣赏，我们可以大体上把握上帝所创造的这个乐章，它是多么的和谐。所以审美的情感实际上被看作一种混乱的或者模糊的认识。"混乱的认识"，或者译作"模糊的认识"，这是莱布尼茨的一个很重要的观点。举例子说，就像我们听到了大海的波涛，震耳欲聋，但实际上这个波涛是由每一颗水珠的破裂声组成的，在这个涛声中，我们听不到每一颗水珠的破裂，但是我们可以听到整个波涛的巨大的轰响。这样一种巨大的声响我们是可以凭借耳朵听到的,但是每一颗水珠我们根本听不到,我们只能通过理性分析出来。这个波涛有多少分贝,那么我们分解到每一颗水珠的破裂声,我们就可以算出来每一颗水珠的破裂声有零点零零几个分贝,我们可以通过理性来计算。但是我们实际上是感觉不到的,这就是所谓模糊的认识。我们通过整体的波涛声认识到它是每一颗水珠的声响的总和,但是我们并没有计算出每一颗水珠的声响。所以对这个波涛的听觉是一种"模糊的认识",是一种"混乱的认识",它没有被条理化。

而这种认识是达到哲学认识的一个初级阶段。最初我们是从感官来认识这个世界上的每一件事物的,就像海涛,我们在没有通过理性来分析的时候,我们暂时用感官来加以接受,来认识。所以他这里讲的是认识论的美学,即认识论的美学原理,它跟古代的客观主义美学和神学美学在这点上有相通的地方,但是古代的客观美学和神学美学没有专门探讨认识论。莱布尼茨的美学的特点是他专门从认识论这个角度来探讨,当然他对美的看法是客观的,甚至于是神学的,跟上帝有关,上帝的"前定和谐"。但是他把这一切都纳入人的认识机制这个角度来加以考虑,如感性认识和理性认识,人的感性的有限性,人的理性的精密性,用这种关系来解释审美现象。所以它是一种认识论的美学,而不单纯是客观美学,也不单纯是神学美学。这种认识论的美学已经把审美的感性认识的地位确定下来了,但是最后他还是要归结到理性认识。所以在他这里是把英国经验派的美学和大陆理性派的哲学结合在一起,结合为莱布尼茨自己的大陆理性派的美学,它是一个折中和调和的产物。但是折中和调和的基础还是大陆理性派的,还是理性主义的。

我们再看看他的得意弟子克里斯蒂安·沃尔夫(Christian Wolff,1679—1754),沃尔夫是莱布尼茨的门徒,当时莱布尼茨-沃尔夫派是德国的一个占主流地位的哲学学派,我们一提起大陆理性派首先想到的是莱布尼茨-沃尔夫派。当然在莱布尼茨-沃尔夫派以前还有荷兰的斯宾诺莎，更早还有法国的笛卡尔，他们都是属于大陆理性派的。莱布尼茨的哲学没有什么体系，虽然暗中有一个体系，但是在文本上面，他就是有一些手稿、书信。他写的最系统的《人类理智新论》是跟洛克论战的，但是他写好以后洛克已经去世了，他就不发表了，一直到他死后才发表出来。《人类理智新论》可以说是他的一个认识论的体系，但是整个形而上学他并没有构成一个体系，唯一比较完整的是他的一篇文章《单子论》，可以说是一个体系大纲，但是他大量的思想都没有被整理出来。有大量的书信，我们几乎可以看见他成天在写信，不是跟这个就是跟那个来回往复地讨论问题、论战。2012年9月份，德国莱布尼茨档案馆的几个德国专家到武大来访问，莱布尼茨的专家们展示了他们现在在整理的莱布尼茨手稿，说一个人如果每天按时工作不干别的，每天读它，要读20年才能读完。罗素说他有一个"秘传的哲学"，就是说他很多没有发表的手稿，里面隐含着非常多的东西。但是他的弟子沃尔夫跟他不一样，沃尔夫没有他那么深刻，但是沃尔夫把他的基本的思想体系化了，所以后来的人都称为莱布尼茨-沃尔夫体系。我们先看看沃尔夫的美学方面，其他方面太多了。

　　沃尔夫根据莱布尼茨的美学思想给美下了一个明确的定义。莱布尼茨是没有定义的，虽然他知道美应该在事物的基本结构之中，和谐的事物底下那种秩序、那种理性的逻辑结构，但这只是一种看法。沃尔夫则给美下了一个定义，"美就在一件事物的完善，只要那件事物易于凭它的完善来引起我们的快感"。我们注意这个定义里面，一个是美在于一件事物的"完善"。什么叫"完善"？"完善"的意思指的是一个事物的完整无缺，整体和各个部分互相协调一致、和谐。所以"完善"里面包含有和谐的意思，一个是完整无缺，没有任何一个地方缺了一块，即完备无缺，每一部分都有，该有的它都有，这就叫完善、完备，没有缺陷。那凭借什么东西来判断它有没有缺陷呢？凭借和谐，这个地方是不是和谐，我们在演奏一首乐曲的时候，如果哪个音符掉了，音乐家一听就知道。这个地方掉了个音，为什么知道掉了个音？不和谐了。本来每个音符都在，都是互相和谐的，所以这个乐曲应该是完善的，完整无缺的，你那个地方掉了一个音符或者没有演奏到位，人家一听就知道。所以这个"完善"里面包含和谐的意思，包括整体和部分，及各个部分和谐、协调，而且各个部分完整无缺、完满。完满也就是满了，没有任何一个地方是空的，都满了。一个圆我们说它涂满了颜色，有一块没有涂，你一下就看得出来。这就是"完善"的意思。再一个我们要注意的是，"那件事物易于凭借它的完善来引起我们的快感"。"完善"是可以通过理性分析出来的，完不完善呢？你通过理性一分析，如在逻辑上这个地方应该画成一个圆圈，你没有画完、画对，它就不是完善的。另外一个就是引起我们的快感，这是一个条件。就是说光是完善还不够，还要那件事物可以引起我们的快感，这个"完善"它不是单纯的一种逻辑关系，它当然必须要有逻辑关系，但它还必须要能够引起我们的快感，它跟人的主观有关系。客观的完善要能引起我们的快感，如果不能够引起我们的快感，那我们还不能够判定它美。我们可以说它很合乎逻辑，但光合乎逻辑的东西它不一定引起我们的快感。当然有时候所谓的科学美也可以引起一定的快感，就是我们看到一个论证非常完满，合乎逻辑，比如说一个几何学的命题被证明了，我们有种科学美的快感。所以"完善"它跟人的快感必须合起来看，我们才能够给美下定义：什么是美，一个是必须在客观上是完善的，再一个是在主观上是能引起人的快感的。或者我们换一句话说，就是美是感性所认识到的完善。所谓美，就是把我们的感性快感作为一种认识，它对事物的把握不是一种理性的把握，而是一种感性的把握。它具有这样一种性质就是完善，我认识到这个东西使我愉快，这种被认识到了的完善就是美。所以，所谓的美就是感性所认识到的完善。感性所认识到的完善仍然是一种客观的美，即由我们主观的感性所认识到的那个客观的完善。那个客观的完善，它具有一套形式规范，比如说传统美学的形式主义的概念，整体和部分的协调、和谐、成比例等等。但是这种客观的形式它必须联系到主观的快感来谈，以往的形式主义美学过分客观化了，因为那个东西是客观的，我们感觉不感觉到它美，好像不是很重要。但是沃尔夫认为，所谓的美一定要以主观快感作为条件，或者说客观的这种形式和主观的快感是互为条件的，光有主观快感也不行，光有客观的和谐的形式也不行。作为"完善"的美就是主观和客观的相互一致。

那么这个里面对美感、对快感的强调表现出在沃尔夫那个时代的文艺思想、美学思潮里面，已经有一种浪漫主义的倾向。当然这还没有完全发挥出来，只是开始突破古典主义的形式主义，强调人的直接的快感的重要性。包括莱布尼茨也是这样，莱布尼茨的"双重真理"中，一个是"事实的真理"，偶然的；一个是"逻辑的真理"，必然的。古典主义比较强调逻辑理性，而浪漫主义比较强调感性、强调偶然、强调模糊认识。这点在沃尔夫的美学里面也有所表现，可以说是当时浪漫主义文艺思潮对于古典主义的美学原则发起的冲击。那么沃尔夫的美学观点，在一定层面上表达了这样一种冲击，这样一种倾向。但是浪漫主义和古典主义的对立在他这里还只是一种萌芽，后来才发展为公开的冲突。我们知道18世纪的时候，浪漫主义对古典主义有一个很大的冲击。两种不同的审美趣味，一种是欣赏古代，特别是古希腊、罗马那种优雅、典雅、秀美，认为那就是美；但是浪漫主义它不讲求那个，浪漫主义讲求的是有个性、强烈、怪诞、滑稽、崇高——我们上次讲柏克对于朗吉弩斯的崇高做了大量的发挥，这就是浪漫主义的一个标志。当时的浪漫主义首先是在英国经验派里面得到支持，英国经验派强调感性、强调天才、强调不和谐、灵感。只要有个性的东西，那就是美的。不一定是那种古典的美，而是一种现代的美，现代的美包含有个性。这在理性派的美学里面也有所反映，一般来说古典主义是理性派所支持的，经验派的美学支持浪漫主义，但是在理性派里面本身也已经体现出这两大原则的分水。下面我们要讲的狄德罗，他正是体现了这两大原则的对立。

2. 狄德罗

狄德罗（Diderot，1713—1784）是个法国人，他的美学里面反映出近代的这种浪漫主义美感的冲击力，对古典主义的美学原则造成了震荡。狄德罗的美学从哲学上来看，应该说他受英国经验派的影响是比较大的。在法国哲学里面，既有大陆理性派的传统，同时又有英国经验派的强烈的影响。大陆哲学家有很多都是非常推崇英国人的，推崇英国经验派的思想以及审美的趣味。像卢梭、伏尔泰、爱尔维修，这些人都是。爱尔维修完全就是大陆经验派的，他受英国的思想的影响。英国是走在前面的，最早发展起来的。当然最开始还有荷兰，但是荷兰是比较理性的，加尔文派的宗教改革也是理性主义的，这个有它的传统，从笛卡尔开始的理性主义传统。但是到了18世纪，英国人的影响非常大，影响了一大批的启蒙思想家，狄德罗是其中之一。他在哲学上还是从笛卡尔和莱布尼茨的理性主义出发的，但是吸收了大量的英国经验派的要素，在他的美学中，这点表现得非常突出。他的主要的美学论文，其中，一篇长篇论文就是《关于美的根源及其本质的哲学探讨》。我们只要从这个标题，一个是"美的根源"，一个是"美的本质"，就可以看出这里头有两大原则，一个是根源，一个是本质。可见他是作为两个问题来讨论的。首先要探讨美的根源，在美的根源方面他基本上是理性派的，而在美的本质的问题上面，他倾向于经验派。从这里我们可以看出他的调和经验派和理性派两大美学原则的一种倾向。

首先我们来看看美的根源问题，他怎么样从理性派的基本立场来探讨美的根源？在美的根源问题上，他接受了莱布尼茨的比喻，就是像音乐和数学之间那样具有一种潜在的关系，你要追究到美的根源，你就不能只看它的表面现象。表面现象是我们在欣赏音乐的时候被它所打动，我们如醉如痴，我们陶醉于其间，我们忘记了一切。没有人说我在欣赏音乐的时候，是在那里做练习、进行演算，把每一个音符和另外一个音符加起来，当然没有人那样做。但是潜在的它有一种关系，即在你如醉如痴的时候背后有种数学关系，这个是非常理性的了，就是透过你的感性沉醉，透过审美的这种表面现象，去挖掘出背后潜意识中的那个基础，那就是美的根源。所以莱布尼茨就认为，正因为我们在欣赏音乐的时候我们不知道它背后有一种什么样的数学比例，所以我们就想象我们所感觉到的美仅仅是情感问题，而不是理性问题。当然言下之意是实际上它是理性问题，但是我们不知道，我们以为它是情感的问题。那么为什么发生这种情况？狄德罗通过人们的习惯来加以解释。就是说，我们从小都习惯了计算，习惯了理性原则，一加一等于二，我们不必思索；二加二等于四，我们不必去想，我们已经习惯于这样一些理性的计算、理性的原则，因此我们在欣赏的时候把它撇开，我们不去计算，但实际上已经计算了。当人家问你，二加二等于几，你张口就说二加二等于四，不像幼儿园的小孩子要一个手指头一个手指头那样去扳，然后说等于四；我们大人张口就可以回答，因为我们已经习惯了，不假思索。审美也是这样，审美之所以看起来是像感觉到的，实际上是因为我们习惯了理性，所以我们习焉而不察。所以真正说来，只有知性或者理性才能判定一个物体是否美。

但是狄德罗的这种理性主义跟莱布尼茨又有所不同。我们前面讲了：莱布尼茨讲到理性的计算，讲到理性的数学的和谐、比例、次序、多样的统一、圆满等等，这些原则还是古典主义的和谐原则。但是在狄德罗这里，他对这种理性主义做了一个突破，他说，底下的这种关系不必一定要是和谐的，理性所计算出来的东西不一定是要和谐的，不一定是二加二等于四，也可以二加二等于五，任何关系都可以。所以他认为实际上我们应该把这个理性主义的基础扩展开来，不一定要局限于所谓的和谐、比例、完善，这些东西当然也有，但只是一部分，还有很多，还有很多不和谐的东西，也是理性可以把握的。所以他说，那就不如把这个范围扩展到包括那些不和谐、不成比例、不完善，甚至不合适、冲突的、互相矛盾的东西，你都可以把它包括进来。那么什么东西可以把这些东西都包括进来呢？那就只有一个概念，就是"关系"概念。所有这些东西都是"关系"——和谐当然是一种关系，不和谐也是一种关系，冲突和矛盾也是关系，那么这就把浪漫主义的很多东西都包含进来了。古典主义只强调那些和谐的东西才美，但是浪漫主义包含那些不和谐的东西，崇高、滑稽，甚至于丑。丑的东西都可以包含进来，它造成了矛盾，造成了冲突，它包含了丰富的关系。一个丑的人物，你把他画出来，如果他是包含有丰富的关系的，那么这个丑的形象是有个性的。他虽然不美，但是吸引你。我们经常看到西方的油画肖像画，有些形象并不美，有的甚至可以说是丑陋的，但是它吸引你，为什么，你看过一眼以后你就忘不了，因为它有个性。它有丰富的关系在里面，比如说饱经沧桑、锐利、强悍，都是关系。例如乌东的伏尔泰雕像，应该说这个雕像用流行的审美标准看是有点丑的。这个雕像很著名的，我们在美术学院里面，橱窗里面都可以看到，伏尔泰嘴角带着一缕讽刺的微笑，像个老太婆。你看他瘦瘦的，一点都不美，但是你看过一眼你就难以忘怀，你就记住了：这就是伏尔泰，他喜欢讽刺人，他有丰富的社会阅历，他的眼光锐利，谁也干不过他。你知道这些，你就会喜欢他，欣赏他的智慧、优雅，这就是所谓的个性。那么在狄德罗看来，这种个性也可以把它包括在美里面，不局限于古典主义的那种清丽、秀美，那种美当然也是美，但那只是一部分。米罗的维纳斯那当然是美的，但是伏尔泰的雕像也是美的，同样美。

所以美这个概念就是关系的概念，狄德罗说："我把凡是本身含有某种因素，能够在我的悟性中唤起'关系'这个概念的叫作外在于我的美；凡是唤起这个概念的一切，我称为关系到我的美。"这句话有一点不太好理解，我们可以解释一下。什么是美？"凡是本身含有某种因素，能够在我的悟性中"，悟性就是知性，大而化之也可以说就是理性，悟性就是知性、理性。在我的理性中，在我的知性中，"唤起关系的概念",能够唤起关系概念的,叫作"外在于我的美"。这个"能够"有一点受洛克的影响,洛克的所谓"第三性的质",我们前面讲过洛克的第三性的质就是把所有的主观的东西都用客观的方式表达出来,说它"能够"引起什么,那就是一种客观的性质了。比如说,这个植物,它是"能够治病"的,这个植物就有一种客观的属性,就是"能够治病"。但是能够治病并不是这个事物的客观属性,它是对我的主观目的而言的一种可能性,但是我把它改换成这个植物的客观属性,我们把它称为"能治病的"。我们经常说这个草药,它的药效如何,好像这个药效就是这个草药本身的一种固有的属性,但是如果离开了病人,这个药效毫无意义。那么"能够引起美感的",跟"能够治病的",都是属于洛克讲的所谓"第三性的质"。我们前面讲到过洛克的"第一性的质",是客观事物本身的性质,比如说空间、广延、形状、大小、数量、运动,这是客观的;"第二性的质",如红色、绿色、冷和热、粗糙和光滑等等,声音的刺耳或者是悦耳,这些都属于第二性的质,它是带有主观性的,但是也是被看作客观事物的一种性质。我们说这个东西是红的,当然实际上它不是红的,它只是反射了红色的光波,但是我们仍然根据我们的感官,根据我们的眼睛的构造,视网膜的构造,我们把它称为红色,所以"第二性的质"有主观性。"第三性的质"就更加在于主观性了,我们说这个草药是能治病的,好像是种客观的属性,实际上只是在我们主观这里达到它的药效的一种可能性。用这样一个关系来理解狄德罗的这句话,"能够在我的悟性中唤起观念的这个概念的就叫作外在于我的美"。就像我们说,这个植物它能够治好这个病,我们就把这个药效归之于这个植物本身,叫作外在于我的、植物本身的一种药效。这当然是一种客观的说法,能够引起我的主观反应的似乎就是一种客观的属性,一种客观的作用——"能够"。

那么下一句讲,"凡是唤起这个概念的一切,我称为关系到我的美"。这个就没有"能够"了,就是它不光有能够,而是已经唤起了这个概念，美的概念。我们说这个东西是美的，这个时候我就称为关系到我的美，这个时候就不能脱离我来讲了，就不是外在于我的了，它就是跟我不可分割的。严格说起来美是跟我不可分割的，所谓外在于我的美，那只是我的一种说法，我把它"叫作"一种客观的美，把它"称为"一种客观的美，但是是不是在客观上就真的有那么一种东西呢？你用物理的手段或是化学的手段，或者是解剖学的手段去分解一下，有没有那个美的东西呢？分解不出来。就像你分解一下，有没有"药效"这个东西呢？没有。有没有"能治病"这样一种东西呢？没有。你可以分析出它的某些分子结构，你说这是能治病的，但是你不能说这个分子结构就是能治病的，只能说，它在这个情况之下它对我的效果、主观效果是能治病。美也是同样的情况，你可以在对象上面把它的原子分子结构分析出来，但是你不能说这个原子分子结构就是美了。物理学家，化学家都用不到美这个词，用不着说这个分子结构是美的结构。我们把它叫作美的结构，说它是能够引起美的，那么一旦它引起美的概念，我们就称为关系到我的美，就是把美和主客观的关系紧密结合起来了，它们是不可分的。所以美的根源就在于关系，这关系是很泛的，很模糊的。但是，这不意味着说美就是关系，说美的根源就是关系不等于说美就是关系。我们往往有时候误解了，说狄德罗认为"美就是关系"，其实不是的。狄德罗从来没有说过美就是关系，他只是说美的根源在于关系，只是说美具有客观的根源。我们经常听到人说狄德罗的美学是"唯物主义美学"，其实是一种误解，没有那么一种唯物主义的美学。他认为，这种关系不是单纯客观的，这种关系可以增长，可以改变，千变万化；但是这种增长、这种千变万化都取决于人的接受能力，它不是一种客观增长和千变万化，而是随着人的处境、要求不同，随着人的欣赏能力的不同而千变万化。这种关系完全是人赋予它的，人把它叫作在我们之外的关系，好像是一种客观的关系。所以美这个概念是我们"称为美"，而关系是我们"称为美"的一种性质，是以美这个概念作为标记的一种品质。但是这个美的概念、这个标记是我们人提出来的，我们人给它标上的。比如这样一幅风景画，我们给它标一个题，叫作"美"；但这幅风景画对于客观风景的那种模仿本身，无所谓美不美，如果没有欣赏者，那个东西就在那里，那个美也看不出来。如果你请一个化学家来分析这幅油画，它就是一大堆颜料，哪里有美。所以这个美是欣赏者加给这个客观的关系的。客观的基础本身并不是美，正像我们在欣赏音乐的时候，各个音阶之间的那个数学比例不能叫作美，也不能叫作音乐，只是我们听了觉得美，我们才把它叫作音乐。所以美的根源和美的本质是很不一样的，美的本质就是要探讨美本身到底是什么，美是什么；美的根源是说美是从哪里来的，这是两个不同的概念。所以美本身并不是关系，而是我们用来称呼某种关系的一个字眼或者是一个概念，美和美的概念不同，我们用概念来称呼某种事物，某种形式，但是这个概念本身它有它自身的含义。美的概念并不等于就是这些客观事物的形式、结构、关系，它当然来源于这些关系，但是它本身有它的含义。那么这个含义就是美的本质，它有另外一种解释。

我们来看看他关于美的本质的解释。对于美的本质，狄德罗不是把它归结为"关系"，而是把它归结为"对关系的感觉"。这个规定非常有意思，美不是"关系"，而是"对关系的感觉"，由于"对关系的感觉"，我们形成了"美"这个概念。"美"本身又是一个概念，它的含义就是对于关系的感觉，它的起源、它的根源是关系，但是它本身所表达的是我们对这种关系的一种感觉，那这种感觉当然是主观的了。也就是说美的根源是客观的，是客观的关系；而美的本质是主观的，是我们对这种关系的感觉。所以美的这种对关系的感觉具有相对性，就是说在各种不同的主观情况下，受到各方面的影响，这种感觉也会不同。比如说人们在对关系产生一种感觉的时候，它会随着不同的角度，不同的标准，不同的心理状态，不同的知识积累而变化。每个人的知识积累都不一样，你以前见过没有，你看过多少；以及感官的缺失，比如说有的人有色盲,他的感觉就要受到损害;还有语词的歧义,同一个语词在诗歌里面肯定要有不同的歧义;还有这个时间的推移,再好再美的艺术品,让你天天欣赏,你感觉也会起变化,会审美疲劳;还有联想,你突然有个联想,那么你突然觉得这幅画非常美;再一个命名,你看它的名称,有标题的音乐,你有个先入之见。所有的这些情况都会导致我们对于同一个关系的美感判断产生差异。他列举了12种影响,都可以造成我们对于一个事物的美的评价完全不同。俗话说"一千个观众就有一千个哈姆雷特",一千个观众在那里看《王子复仇记》,看哈姆雷特,但是每个人的感觉可能都不一样,因为在所有这些方面它都可能有点不同。但是尽管美感有千差万别的相对性,但是他的对于美的本质规定仍然是通用的。他说:"无论是哪些原因使我们产生判断的分歧,我们毫无理由认为真实的美,即寓于关系的感觉中的美是虚幻的。"我们没有理由认为真实的美是虚幻的,真实的美它的定义,就是对关系的感觉始终是对的。当然具体来说每一种感觉都是相对的,不是绝对的,但是它这个定义是绝对的。

所以狄德罗把美的本质归结为主观相对性的感觉,这里头包含有经验主义美学的因素。但是他仍然把这种感觉和纯主观的快感区别开来。他认为,这种对关系的感觉不是一个抽象的概念,不是一个空洞的概念,而是包含有丰富的关系、冲突和矛盾,把所有的浪漫主义所推崇的那些个性、滑稽、崇高、怪诞都能够包含在里面。但是"对关系的感觉"它本身还是一个概念。我们说"美",这本身还是一个概念、一个词、一个语词,我们用来概括对关系的感觉,但是这个"美"的概念本身并没有卷入到感觉的冲动、感觉的变化之中,它永恒地在那个地方。所以在这方面,他还是坚持了一种理性主义的原则,理性主义强调概念、强调抽象,美的概念是一个抽象概念,它是永恒的。虽然它的含义可以变来变去,但是它本身不变,它里面的美的感觉随着冲动、各种各样的矛盾、个性、崇高、滑稽的变化,它的内容可以变来变去,但是它本身作为一个永恒的标准却具有某种客观性。美的概念有某种客观性，什么样一种客观性？他区分出来，"我们见到的美"不一定就是"客观真实的美"，真实的美和见到的美是不一样的，我们通过感觉让每个人都见到了美，但是，是不是这些都是真实的美，是不是都是客观的美呢？那还不一定。见到的美是见仁见智，相对地，而客观的美哪怕我没有见到它，它仍然是美的。这就有一种客观主义了，或者甚至于有一种唯物主义了，但是实际上它并不是唯物主义，我们来看他的解释。他认为所谓真实的美，"只是对可能存在的、其身心构造一如我们的生物而言"，就是说见到的美是我主观的，但是真实的美我也许没有见到它，但是它对于那种可能存在的生物，只要它的身心构造跟我们一样，那么对于那些生物而言，它可能是美的。我没有见到，但是别人能见到，或者说外星人能见到，或者说其他的不同于人类的类人，他们可以见到。也就是说对于具有人性的生物而言，普遍的可以见到的就是真实的。所以他这个客观不是指的物质世界，并不以任何人和类人生物的意识为转移的那种客观的美，而仍然还是在一切有意识的存在者眼睛里面有可能感到的美。所以这个真实的美在狄德罗那里就是一种社会的可能被感到的美，而我们能见到的美，那是我们个人主观的，那是相对的。所以社会的那个美它是具有绝对性的，你今天没有感觉到，你觉得不美，但是过了几百年说不定人类突然又发现它是精品，这种现象多得很。很多艺术作品就是埋没了好几百年，最后被人们挖掘出来，发现是艺术的极品、精品。那为什么当时没有感觉出来？当时的人受到限制，受到时代的局限，而作家超越了他的时代，这种情况也有。甚至于哪怕我们整个人类没有人能够见到它的美，但是我们不排除可能有外星人，他们的历史跟我们完全不一样，他们的经历乃至于他们的感官跟我们都不一样，也许他们就会感觉到。只要是跟我们类似的这样一些存在者，他们就可能会感觉到的。所以狄德罗还是有客观美的一种残余，但是他的客观美还是建立在普遍的主观之上的。这种思想后来被康德发挥出来了,叫作"主观普遍性",现代人叫作"主体间性"。主观的东西不光是我个人的东西,它有可能是普遍的东西,你觉得美的东西,可能他人也觉得美,它就可能会扩展开来具有一种普遍性,对个人来说就相当于客观性了。在狄德罗这里已经有这样一个意思在里头。

可见,美的根源和美的本质在他这里是被分开来加以研究了,他这是为了调和当时的理性派和经验派两派美学的冲突。总的来说他是这样来理解的,就说美是运用于物体之上的一个知性的概念,是一个抽象的概念,但是这个抽象的概念的含义是什么呢?它的含义是表示人对这个物体的关系的感觉,这就是美的本质,美的本质就是对关系的感觉;但是这种关系的感觉并非没有客观的基础,——好像又是概念,又是感觉,好像完全是主观的了——但是它有客观的基础,这个客观基础就是关系。对关系的感觉,你必须有关系你才感觉得到,所以它的基础是关系;但是这个关系只是它的基础,还不是它自身,不是美自身。这个基础不叫作"美",叫作关系,那么在美的概念和关系之间它隔着一个中介,就是感觉,这个感觉就是美感,也就是美的本质。所以他在美学上的特殊贡献主要就在这里,就是说他的"美在关系感觉"这样一个说法打破了莱布尼茨-沃尔夫派他们仍然保持的古典主义美学传统,如和谐说,形式主义。在莱布尼茨那里,在沃尔夫那里仍然有形式主义,认为这样一种和谐的形式就是美的。狄德罗则把不和谐的、冲突的力,力量,甚至于野蛮的、混乱的东西,都纳入了美的范畴。美在关系的感觉,如果你感觉到一种关系那就是美了,哪怕那种关系根本就是在古典主义看来不美的东西。比如说当时莎士比亚的戏剧在古典主义美学看来,那是不美的,莎士比亚的戏剧传入法国,当时伏尔泰写了评论讥讽他,说莎士比亚是一个"喝醉了酒的野蛮人"。莎士比亚的戏剧当然不完全是浪漫主义的,但是里面有很浓厚的浪漫主义的因素,即便如此,伏尔泰也觉得忍受不了。伏尔泰的审美观基本上是古典主义的、形式主义的。那么在狄德罗这里,他放宽了尺度,狄德罗比伏尔泰要更加宽容，要更加欣赏这种浪漫主义的要素，莎士比亚的戏剧后来在法国站稳了脚跟，就是因为有一大批人拥护他，形成了一大批粉丝，对于浪漫主义觉得可以接受。这是一个时代精神的转向，到了狄德罗这里就开始为它提供了一种正式的理论基础。浪漫主义在他这里已有一席之地，当然他的基本的理论构架还是理性主义的，但是已经容纳了浪漫主义文艺思想的要素。

我们下面再来看看狄德罗的艺术论。狄德罗在当时是法国百科全书派的领袖，他主持了人类历史上第一部百科全书，这部百科全书包括了当时所有知识的领域。狄德罗自己也是一个大家，就是什么都了解，包括艺术，包括戏剧，包括绘画。他对于当时的绘画有很多的评论，对当时的戏剧也有很多的评论，他对艺术完全是内行。他又是个哲学家，这个是很了不起的。那么上面讲的这些美学观点可以说奠定了狄德罗的艺术观。他的艺术观也是双重的，正像他的关于美的学说是双重的一样。就是说，他对美的根源的研究主要确立了他在艺术观上的古典主义的模仿论原则，我们今天的美学原理把这个原则称为现实主义的模仿论原则，其实就是古典主义的模仿论原则。我们知道古希腊的美学一直都强调模仿论，在艺术上就表现为现实主义，有的翻译成写实主义，就是对对象忠实地模仿。那么美的根源既然在于客观的关系，那么艺术就是要反映这种关系，这是毫无疑问的。但是他对于美的本质的考察又提供了他浪漫主义天才论的理论根据。浪漫主义强调天才，狄德罗受了很多浪漫主义的影响，在这方面他是通过美的本质这样一种学说来为之奠定基础的。所以他的艺术论的基础有两个，一个是模仿论，另一个是天才论或者表现论。天才、表现、灵感，这些东西他也强调。模仿论是立足于理性主义的认识论美学，狄德罗还是属于理性主义的认识论美学，他主要是讲模仿论，这方面他比较传统。但是古典主义、形式主义的"和谐说"也在他这里有一种扩展，就是把和谐论看作一种关系，并且把和谐的关系扩展到不和谐的关系、一切关系，这就表现了一种突破传统的感性的因素。一切关系都要通过人的感觉来感知，只要你感觉到有丰富的关系，那就是美的，这种关系越丰富就越美。古典主义的那当然也是一种美，但是那种关系还不够丰富，浪漫主义的关系最丰富，有很多意想不到的关系，可以发挥人的天才、灵感和想象力，有你能想得出来的各种各样的关系，这样所形成的关系就更美。那么这两方面的贯通和衔接表明大陆理性派的美学在狄德罗这里已不再是单纯地强调客观论和模仿论，而是开始以人为中心来进行探讨。以人为中心就要强调人的主观感觉，当然首先还是人的认识，一种理性认识，但是已经开始以人为中心了。

所以他是立足于理性主义认识论美学这样一个基础，并通过美的本质论、美对关系的感觉，吸收了大量的感性因素，特别对于艺术家的创作心理进行了深入的考察。在这方面狄德罗有他独特的见解，就是认为艺术家在创作的时候有一种独特的心理。一种什么样的心理？他对艺术家的创作个性进行了一些个案分析，比如说狄德罗对于戏剧深有研究，他有一次去看在法国上演的莎士比亚的《奥赛罗》。他就观察这两个演员，一个男演员一个女演员在舞台上对白。奥赛罗是个黑人将军，非常魁梧，非常粗暴，这个苔丝狄蒙娜是非常弱小、非常娇柔的一个女子。据说戏演到高潮的时候，在台上奥赛罗的粗暴的声音动作把女演员吓坏了，一时间吓得几乎要晕倒了，这时演奥赛罗的演员对这个女演员做了一个几乎看不出来的手势，就是提醒她这是在演戏，我不是真的要把你掐死，使这个女演员恢复了理智。狄德罗在台下注意到了这一点，非常钦佩这个男演员，就是说在如此激情爆发的时候，他仍然能够控制自己的感情，仍然能够用理性来指导剧情的发展，这是非常了不起的。他用这个例子来表明，一个好的演员，甚至于在最激烈的情感表演中也要保持绝对冷静，你不能被自己的情感冲昏头脑，你不要当真。所以这就表明了，演员实际上是在用理智控制自己的情感表现。他的确是情感表现，但是这种情感表现是用理性控制着的，实际上不是要表现演员自己的情感，而是在模仿角色应该有的情感。我们今天也经常讲到，有的演员适合于本色表演，我们叫他本色演员；有的演员叫性格演员，他可以表演任何性格。演员最高的理想就是成为性格演员。演员最开始出道时总是表演自己的本色，表演本色最容易，他是什么人他就表现什么人；但是你要表现和自己完全不同的人那就比较难了，那就是到了性格演员的层次了。所以一般来说，演员总是当他出名了以后，他就追求成为性格演员。但是我们的导演在挑选演员的时候，往往是从本色这个角度来挑选的，就是你这个人适合演什么样的人、适合演什么样的角色，我就挑选你去演那个角色。有时候这种挑选往往让人觉得你选错了人，观众就会觉得你选错了，演员也会觉得你选错了人；但是有经验的导演他可以看出来，有些演员自己也没有意识到的自己的某些方面潜在的素质，他就挑她。比如说张艺谋挑选演《秋菊打官司》中的秋菊，挑中了巩俐，巩俐原来是演《红高粱》中那样一个角色，小家碧玉的那样一个角色，但是让她演秋菊那样的一个农村妇女，她也能演出来，而且演得相当棒。张艺谋挑得还是非常不错的，巩俐也想突破自己。所以演员的最高理想是要做性格演员，这个是毫无疑问的。

那么认为演员应该做性格演员的这种观点是比较理性主义的，特别合乎法国的理性主义模仿论，合乎古典主义原则。到了俄罗斯的斯坦尼斯拉夫斯基的理论体系里面，倒是突破了这一点，就是不一定要性格演员。斯坦尼斯拉夫斯基主张要本色演员，就是你要投入，演员要投入自己的情感，演员的情感激动到不能控制自己的情感了，那是最好的。斯坦尼提出一个观点，就是不要去有意识地控制自己的情感，你就是要设身处地，你就是要把自己当作真的那样的去演。苏联时代的现实主义理论是这样的。但是法国的现实主义跟苏联的现实主义还不太一样，法国现实主义主张要模仿情感而不是表现情感，俄国现实主义已经带进了一些表现情感的浪漫主义因素。所以俄国的现实主义对浪漫主义是比较包容的，把它吸收进来了，就是要如实地表现你当时当地的情感。当然也不能过分，斯坦尼也不是说就可以完全忘乎所以了，那也不行。演对手戏的两个人如果在舞台上真打起来了，那就破坏舞台的效果了，不能真打起来。在中国20世纪40年代的解放区，据说演《白毛女》的时候，底下的一个民兵开枪把那个演黄世仁的演员打死了，有的说是他要开枪时被人家阻止了。就是说到了这样一个程度，观众和演员都不能过于投入，忘记这是演戏了，还是要有一定的控制力。斯坦尼也认为要有一定的控制，但是他比较起来更加欣赏那种投入、忘乎所以，那是最能够激发人的真情实感的。这个里头有很多细节可以讨论的。那么在这里，狄德罗的"美"还是一种知性的概念，它基本上是一种概念，他认为这种概念不能够完全受感觉和情感的支配，而必须要妥善地安排这些感觉和情感，所以狄德罗的艺术理论和他的美的理论虽然包含有矛盾，他在理智和情感、模仿和表现这两者之间动摇，但最终是立足于理性主义模仿论之上的。

3. 鲍姆加通

鲍姆加通（Baumgarten，1714—1762）是德国人，也属于莱布尼茨-沃尔夫派，受到莱布尼茨-沃尔夫派的正统的影响。他和狄德罗是同时代人，只相差一岁，但是要把他放在狄德罗后面来讲，是因为他的思想的逻辑是在后的，他更加突出地表明了当时的时代的趋势，就是整个时代已经从那种逐渐僵化的古典主义的教条转向了浪漫主义的新思潮，整个文艺思潮已经转向了。狄德罗已经初步体现了这样一个苗头，那么狄德罗的美学思想在当时的欧洲，不光是在法国，已经扩展到很多地区，包括德国也受到了这种思潮的影响。当然他不一定读过狄德罗的东西，但是他受到了这样一种时代精神的影响，就是从古典主义开始转向浪漫主义。这种影响的一个最突出的标志在鲍姆加通这里体现出来，就是他把莱布尼茨的关于美的定义做了一个关键性的修改。在莱布尼茨-沃尔夫那里，我们前面讲了，对美的定义是把它规定为"凭借感官所认识到的完善"，美是什么，美就是凭感官认识到的完善。这个里头当然包括感官、感觉在内,但是还是落实到我的感觉所感到的、认识到的完善,那就是美。这是传统的定义,由沃尔夫提出的。那么鲍姆加通也是沃尔夫派,他早年也曾经赞同过这样一个定义,但是后来他把它做了一个修改。修改成什么呢?修改成:美是"感性认识本身的完善",注意,不是"感性认识到的完善",而是"感性认识本身的完善"。这个修改非常的关键,他已经把一个包含客观美学、神学美学残余的认识论美学的定义,改造成了一个包含有人本主义美学萌芽的定义了。因为感性认识本身的完善,它是以感性认识本身为本,不再是感性所认识到的一个客观的完善,而是认识本身。它还是认识论美学,他讲认识,但是这个认识论美学也已经不是致力于我所认识到的那个美,而是认识本身的美。

莱布尼茨曾经讲审美是一种"混乱的认识",一种"模糊的认识",但是莱布尼茨认为这个认识所要揭示的那个对象并不混乱。比如说音乐背后的数学关系,我的音乐感觉是很模糊的,也可以说是混乱的,非理性的,不能推理的,但是这个感觉背后的那个音调之间的比例关系是清晰的,是可以推理的,这是莱布尼茨的观点。但是到了鲍姆加通这里,美和完善本身都被归入了这种"混乱的认识",也就是"感性的认识",这是他的一个大的变革。现在,不管是清晰的也好,混乱的也好,都被纳入了感官本身、感性认识本身。那么纳入感性本身,就被投入一个不和谐的、充满了冲突和矛盾的骚动不安之中。感性这个概念包含很广,感性本身包含有人的情感、情绪、欲望、冲动、意志、任意性、内心的矛盾、内心的冲突,这都是感性的,都属于感性。你把它们归为感性,那就不再是平静的,不再是和谐的,不再是永恒的,而是瞬息万变的。那么这样一种瞬息万变,相当于狄德罗所讲的那种无限丰富多彩的关系。狄德罗已经涉及了关系,这种关系无所不包,包括不和谐,包括冲突。但是鲍姆加通跟狄德罗又还有不同之处,虽然也包括不和谐,也包括冲突,但是鲍姆加通还是试图把所有这些关系都纳入一个统一的认识能力之中,也就是"统觉"之中。统觉是莱布尼茨提出的一个观点,就是说人的意识中有一种统摄的能力,有一个统摄的最高点,这就是人的自我意识。那么鲍姆加通认为不管感觉多么样的丰富,多么样的包含有复杂的矛盾和冲突,但是它有一种自身的完善性;但是这个完善不再是那种和谐平静的、静止的完善,而是一种动态的完善。但它还是一种个体的完善,就是说我的个体的感觉可以从大的方面把所有的这些冲突包含在内,把它统一起来。这样一种完善,那就是美,它同样完整无缺,是各个部分的协调,在冲突中的协调,这就是感性认识本身的特点。感性认识本身就是这样,你在冲突中,你在内心矛盾中、动摇中痛苦不堪,但是你用一个总的感觉来把握,你觉得你的感觉是丰富的。人生也是一样,人生充满着痛苦和矛盾,不断的选择,不断的动摇动荡,但是你到了晚年的时候,回顾自己的一生,你觉得这一生真美,这一生真丰富,你没有白活,你没有白过一生。这种感觉就是感性认识本身的完善,它是种更高层次的完善。所以他有这样一段话,他说:"认识的丰富性、大小、真实性、明晰性、可靠性和生动性,按其在统一知觉中的协调一致的程度来看,或按其相互协调的程度来看,……以及按认识的各种其他要素与其协调的程度来看,能够赋予任何意识以完善,给感觉现象的能力以普遍的美。"也就是说他把狄德罗的那种"关系"的矛盾,那种主观概念与客观根源的关系相脱离的矛盾,全部明确地纳入主观之内来加以解决。在狄德罗那里是有矛盾的,这个美的本质跟美的根源是有矛盾的,美的根源是客观的,美的本质又是主观的,那么这两者如何协调起来呢?鲍姆加通干脆把美的根源也纳入了主观领域,这样就没有矛盾了:关系就是感觉本身的关系,各种矛盾冲突,各种和谐与不和谐,都在感觉里面,都是感性认识本身的完善。

那么这样一来,美学就跟客观事物的属性脱离了关系,也和对这种属性的把握,比如说理性认识,没有关系。如果美是客观的,你就必须通过理性认识超越你的感觉去把握;但是现在都进入了你的感觉里面,那就不需要理性认识了，就是感性认识本身的完善就够了。鲍姆加通作为一个理性主义哲学家，在这一点上突破了理性主义的基本的底线，就是他认为美学就是"感性学"，αισθησις是一个希腊词，它本来的意思就是感性，感觉、情感都包含在内。这个概念是比较泛的，情感、情绪、感觉，包括五官感觉、内心的感觉，包括内感官，自我感觉等等，所有这些东西都是感到的。那么鲍姆加通把这个词拿来作为美学的命名，来专门探讨美和艺术的问题，认为可以形成一门"感性学"，Ästhetik，它就是探讨感性的，它跟理性没有关系，就是关于感性认识的科学。所有这些感性，当然他还认为是感性认识，情感、情绪这些东西都属于感性认识，它们都属于感性认识的学科，他明确地把它们纳入感性学里面来加以讨论。于是感性学就和逻辑学以及伦理学成为并肩而立的三大学问了。当然鲍姆加通还是个理性派的哲学家，他把美学归结为感性，但是并不包括其他的方面，在逻辑学方面还是关于理性认识的科学。虽然感性学是关于感性认识的科学，但更基本的、更根本的学问还是逻辑学。鲍姆加通的逻辑学在当时也是通行的、占主流地位的。还有伦理学，也是关于实践的科学。从这个划分里头我们可以看出康德的三大批判的影子。康德后来讲三大批判，《纯粹理性批判》是关于先验逻辑的，《实践理性批判》是关于伦理道德的，第三批判是关于审美的。而在鲍姆加通这里有三门并列的科学，一门是感性学，一门是逻辑学，一门是伦理学。这三门科学都是关于人的，我们要注意这一点，人的感性、人的理性和人的道德，这都是关于人学的，所以这种划分的方式本身就给后来的人本主义美学提了一根弦，埋下了一个伏线。更重要的是，美学作为一门独立的学科，自从鲍姆加通用 Ästhetik 来给它命名，就诞生了。以前也有讲美学、讲艺术、讲美的概念，但是都没有一个学科来专门探讨美学问题，都是哲学家在别的领域里面涉及美的概念，顺便谈到美的问题。像休谟的《人性论》，在谈感性认识的时候，延伸到谈人的情感，谈论一些美学的问题。其他的很多美学家都是顺便谈谈美学问题，谈谈艺术的问题，谈谈欣赏的问题，谈谈鉴赏标准的问题，每人发表自己的见解。但是自从鲍姆加通以后，美学独立起来了，这是一个标志性的命名。美学不再是自然科学的附庸，不再是神学的附庸，不再是认识论的附庸，不再是伦理学的附庸，也不再是工艺学的附庸，而是有了自己独特的形而上学的研究领域。所以鲍姆加通从此被称为美学之父，自从鲍姆加通的命名之后，西方的美学作为一门独立的学科就诞生了。

虽然鲍姆加通突破了莱布尼茨的局限性，用"感性认识本身的完善"这一概念迈出了巨人的步伐，但是他跟莱布尼茨派的理论并没有完全地割断联系，他还是属于莱布尼茨-沃尔夫派的，基本上还是属于理性主义的美学。因为他的哲学准备还不够，所以在哲学上面他并没有完全突破理性派的基本原则，他没有为自己的"感性认识的完善"这样一个突破性的命题做好充分的准备，完全突进到人本主义美学的这个领域里面来。他的感性认识被克罗齐讥讽为"既是感性的又不是感性的""既是理性的又不是理性的""既是情感的又不是情感的"。因为他的感性认识本身就不是很清晰。这个感性认识，你如果认为完全是感性的话，那就不是认识了，如果完全归于人的主观感觉、主观情感里面，那还叫什么认识呢？所谓认识，它肯定就是有一个主客二分的结构在里头。就像理性派的美学家和哲学家所说的那样，你要讲美，那就是要反映客观的某种美的关系，那才是认识。现在你把认识的根源和认识的本质一股脑都放到感性认识本身里面来，那这个感性认识就不叫认识了。但是他还是认为这是认识。如果突破这个认识论底线，那么这就是一种人本主义了，或者是一种心理学了，你就不要讲认识了，认识归结为人的一种心理能力，你就谈这个就够了。但是鲍姆加通还没有做好这个准备，他基本的立足点还是理性主义的。这就遇到了这样一种矛盾，就是说既是认识，但是又跟认识对象无关，是各种认识能力之间的一种主观的关系，而不是认识能力和客观认识对象之间的关系。于是鲍姆加通就采取了一种变通的办法，就是把"认识"和"真理"这些传统概念的范围扩大。就是说你们理解的认识太狭隘了，就仅仅是一个认识和它的对象之间的符合，那就叫认识？应该把"认识"概念扩大。什么是"真理"？要把"真理"的概念扩大开来。扩大成什么呢？应该包含审美的真实。审美的真实就是逼真，应该包含逼真的概念。逼真就是好像是真的，应该把这个概念也包含进来。审美的真跟科学的真是两种不同的真，但它还是真；还是真，那就还是认识。他还是认识论美学，而且是大陆理性派的认识论美学。他要坚持这样一个立场，他就要采取一种方法，把真理和认识的概念扩展开来。现代美学也有这种做法，像卢卡契就认为审美的真跟科学的真当然不一样的，但它们都是真。真理本身有三个方面，一个是"真"，原来意义的认识论上的真；一个是"善"，道德也是真；再一个是"美"，是作为美的真。所以要把真的概念扩大，这是后来很多人都采取的变通方式，为了坚持自己的认识论的立场或者理性主义的立场，把认识论的基本概念加以改换、改变，来容纳已经超出传统认识论的那样一些观点，鲍姆加通就是采取这种办法。

这个当然是有他的思想渊源的，比如说在亚里士多德那里就已经讲到了"审美的真实"是或然性和可然性，甚至于必然性，现在没有发生的、不真实的东西，但是它可能是真实的，也可能存在。在亚里士多德那里也已经讲到了，诗比历史更具有哲学意味，诗比历史更具有真理性，因为它能够反映可然性和必然性的东西。诗当然要想象了，但是它是合乎逻辑的想象，它是可能会有的，必然会产生的，尽管它现在还没有产生。这个是亚里士多德那里已经有的思想，在鲍姆加通这里把它更加发挥了。所以在这方面，他仍然在背后想方设法转回到他的理性主义的立场。审美是感性学，但是逻辑是理性认识，这两者之间的区别是很大的，而且是互相不可取代的，他承认这一点。逻辑不能代替审美，不能代替感性；感性也不能代替逻辑。但是感性毕竟只是一种低级阶段的认识，这一点他又回到他理性主义的基本立场了。感性学毕竟只是一种初步的、初级的认识，为将来的理性认识提供一个出发点，提供一个基础，最终还是要理性认识来加以决断。所以美和真两者之间，尽管美也是一种真，一种"逼真"，但是两者之间不能并列。"逼真"的东西跟真正的真理怎么能够并列呢？逼真只是接近真而已，你说它是一种真理，但是它是一种减少了分量的真理，它没有那样真正的真实的分量，真正有分量的还是理性和逻辑。审美只是真的一个品种，一种表现形式。

但是无论如何，鲍姆加通是一个划时代的标杆，作为大陆理性派的认识论美学，他是一个最后的代表，他标志着这个时代的美学已经向下一个更高的阶段即人本主义美学过渡了。鲍姆加通自己虽然没有走进人本主义美学，但是他撞开了人本主义美学的大门。当然海峡对岸的休谟也做了同样一件事情，我们前面讲的休谟的人性论已经开始向人本主义美学过渡，那么大陆派的鲍姆加通他也开始向人本主义美学过渡，他的三门并列的科学，一个是美学、感性学，一个是逻辑学，一个是伦理学，这三门科学都已经是人学。那么这就已经开始超出了认识论美学的狭隘性。而在理论上真正完成了这样一个转化过程的是康德。康德可以说是近代人本主义美学的拓荒者，所以我们下面第三节就来讲人本主义美学。

第三节　人本主义美学的拓荒

我们刚才讲了西方近代认识论的美学，它是沿着两条平行的道路，一条是感性，一条是理性，但是殊途同归，最后它们都汇合到了人的主体精神，汇合到了人的问题、人本主义美学的问题。当然西方美学思潮的这样一个转移是西方近代精神大转移中的一个方面、一个部分，近代哲学本身也体现出这样一个转移，就是人的挺立。人本主义原则经过了文艺复兴、宗教改革和启蒙运动。特别在启蒙运动里面，人站立起来了，人具有了他的独立性，具有了他的主体性。人本主义美学在这方面表现了这样一个转移的过程，那么在这样一个转移的过程中，从认识论美学过渡到人本主义美学特别体现为德国古典美学。我们前面讲的莱布尼茨和沃尔夫、鲍姆加通都是德国人，德国古典美学如果要算上它的先驱者的话，那就要算上莱布尼茨、沃尔夫和鲍姆加通。但是真正严格意义上的德国古典美学是从康德开始的。从康德到费希特、谢林、席勒、黑格尔，这一系列大家才构成德国古典美学。所以人本主义美学的拓荒我们首先主要是要探讨德国古典美学，在当时可以说也是占统治地位的美学。首先是康德美学，然后是黑格尔的美学，在一个时期之内他们都是占统治地位的，影响了整个西方，包括欧洲大陆和英国。那么先来看一下康德的美学。

一、康德：哲学人类学的美学

康德（Kant，1724—1804），我们把他划为哲学人类学的美学。他的美学是建立在哲学人类学之上的。现代西方的哲学人类学往往要把自己的理论根源追溯到康德。康德的哲学叫批判哲学，整个批判哲学都是围绕着人而来的，三大批判讲人的认识能力、人的意志能力和人的情感能力，很明显地可以看出来这里面知、意、情的人类学三维结构。鲍姆加通的三种划分方式已经表现了这样一个方向，感性学、逻辑学和伦理学，也是表现出了知、情、意三分结构。知、情、意是人的最根本的三种能力，那么探讨人的这三种能力、它们的根据以及它们的关系，这就是哲学人类学。人类学有很多，有文化人类学，体质人类学，人种学，社会人类学，等等，它们的最高层次就是哲学人类学。哲学人类学从人的知、情、意这三个方面来探讨人的本质、人的哲学本质，它属于形而上学，其他的都属于具体的科学。社会人类学、人种学这些都是要通过田野考察，通过社会调查，通过一些实证的研究来得出它们的规律，只有哲学人类学它是超越这些实证研究的，它必须要引进哲学的思考。那么从这个角度，我们可以把康德的哲学归结为一种哲学人类学，或者是一种先验的人类学。康德通常被称为批判哲学，但是从另外一个角度我们可以把它归结为一种先验的哲学，也就是哲学人类学。

1. 哲学人类学的前提

在美学上，康德是英国经验派美学和大陆理性派美学的集大成者。康德也是个调和的大师，他把经验派的哲学和理性派的哲学结合在自己的体系里面，取其精华去其糟粕，吸收对他有用的东西，两方面都不亏待。他认为经验派讲的有它的道理，理性派讲的也有它的道理，问题是怎么样把这两派结合起来，他就做了这样一个工作。但是结合的同时他肯定也是批判的，对经验派和理性派他都有批判。他自己出身于大陆理性派，早年也是莱布尼茨-沃尔夫派的信徒，鲍姆加通的信徒，他是从这里出道的。但是他跟他的前辈们很大的不同就是，他更加放开尺度，大量吸收了经验派的思想。在美学方面更是这样，一方面吸收，另一方面批判，或者说在批判的前提之下吸收——批判他们的不足之处，吸收他们的合理部分。所以他站在一个新的高度去"回顾"以往的美学，经验派美学和理性派的美学。在哲学上，他是受到经验派的启发，比如说休谟的怀疑论，他说是休谟的怀疑论把他从独断论的迷梦中唤醒了，他自己的原话是"多年以前休谟把我从独断的迷梦中唤醒"。"独断论"是他用来描述理性派的一个贬义词，理性派太独断了，超越经验之上去断言有这个有那个，通过单纯的逻辑形式的推理来断言某个事物，这个是太独断了，不考虑经验。而康德是要考虑经验的。一方面，休谟是一个经验论的怀疑论者，经过休谟的怀疑，理性派的很多命题都站不住脚。比如说对上帝存在的证明，休谟已经把它摧垮了，比如说对人的灵魂的一些理性的推断，休谟也把它摧垮了，还有对整个宇宙的一些理性派的断言，如宇宙是有限的还是无限的等等这样一些问题，在休谟那里都不成为问题,不应该提出来的。另一方面,休谟的这个人性论把人的知、情、意——知识、情感和道德作为人性的各个部分加以研究,这个对康德也有启发。我们刚才讲到鲍姆加通对他有启发,包括鲍姆加通的感性学、逻辑学和伦理学。那么休谟其实也是这样的,休谟的人性论里面包含三个部分,一个是人类的理解、理智;一个是人的情感;一个是人类的意志。它包括人的认识、审美和伦理道德。这些都对康德的人类学思想产生了建设性的影响。所以康德的批判哲学,他的最终的目的就是要能够在一个更加坚实的基础之上建立起某种哲学人类学的体系。康德设想他将来要建立两大形而上学,一个是自然形而上学,一个是道德形而上学。自然形而上学他最后没有来得及建立,他只写了一本《自然科学的形而上学基础》。道德形而上学他是写成了的,李秋零在《康德著作全集》第六卷已经翻译出版了《道德形而上学》。康德写了一部《道德形而上学奠基》,同时还写了一部《道德形而上学》。他的理想就是,自然形而上学和道德形而上学最后都归结为有关人的先天能力。他最重视的当然是认识和道德,认识能力和道德实践的能力。而这两者之间就是判断力,第三批判、《判断力批判》就是沟通这两大领域的一个桥梁。在这个中间部分他就建立了情感能力的先天性原则,包括他的美学。所以在知、情、意中,情是中介。这三大能力都有它们的先天原则,而这三大能力的先天原则所构成的体系,我们可以把它称为"哲学人类学"的体系。那么这个体系究竟是怎么样的?

我们前边讲到鲍姆加通,他给美学第一次命了名——Ästhetik,所以有人把鲍姆加通称为"美学之父",西方美学作为一个独立学科的创始,要从鲍姆加通算起。但实际上,真正使美学能够独立起来,从认识论脱离开来,成为一个专门的独立的哲学研究领域,那还是从康德开始。所以又有人把康德称为美学的真正的父亲。只有到了康德,才把美学从认识论彻底地独立出来,使它自成体系。从此美学和艺术并不是什么感性认识或者低级的认识,也不是认识的一个阶段,而是它有它自己的位置。这个位置就是哲学人类学里面的一个分支，它不再是认识论的一个分支，而是哲学人类学的一个分支。前面讲了，哲学人类学从形而上学的层次上面来讨论整个人类的哲学本质，我们当代的哲学，除了有一些专门技术性的哲学分析以外，基本上都是跟人相关的，不管是人格主义、生命哲学、存在主义、精神分析学，包括西方马克思主义哲学，法兰克福学派，这些都是跟人相关的。所以哲学人类学应该是西方现代当代哲学的一大流派。但是他们往往都要追溯到康德。康德写过一本《实用人类学》，那都是一些经验的、社会的常识，从现实生活中发现的人的为人处世的一些经验特征，他把它们加以总结归纳，那就是实用哲学。但是康德还有一个哲学人类学，那就是关于人类的那些最高的机能，知、情、意，认识能力、情感能力和意志能力，这是任何人都有的，不管哪个民族。一般来讲，人类的知、情、意从哲学角度来加以探讨就构成了哲学人类学。当然康德没有正式提出这样一个说法，但是他已经有这样的一种倾向，他在留下的手稿里也有"先验的人类学"这一提法。康德的美学也就是建立在他的这种哲学人类学的理解之上的。

　　康德哲学在西方哲学史上是以"批判哲学"著名的，我们用"批判哲学"来命名康德哲学，甚至我们只要一讲"批判哲学"大家能马上想到那是康德的。因为康德的主要代表作是"三大批判"，《纯粹理性批判》《实践理性批判》和《判断力批判》，而这三大批判恰好就对应着人类的认识能力、意志能力和情感能力，"知情意"或者"知意情"，这三大能力的先天原则就是康德在三大批判里面所要讨论的问题。首先当然是在认识论领域里的一种变革，这使得康德的批判哲学名声大噪。我们知道康德的哲学是从大陆理性派的认识论发展而来的，但是康德哲学已经不局限于认识论，他更重要的贡献在道德行为原则上。在认识论的形而上学的基础上他建立起了一个更高的道德的形而上学，这是康德的哲学跟以往的任何哲学不同的地方，因此也带来他的美学跟以往的不同。在认识论中，我们通常说他完成了一个"哥白尼式的革命"，什么叫"哥白尼式的革命"？哥白尼我们知道，他对于天体理论从古希腊传下来的托勒密体系做了一个颠倒，以前是"地球中心论"，哥白尼提出来"太阳中心论"，认为不是太阳围绕地球转而是地球围绕太阳转。康德在认识论里面也有这样的颠倒，就是以往人们总以为认识是对客观对象的一种符合、一种反映，不管是唯物主义还是唯心主义。唯心主义也有这一点，就是反映，虽然反映的对象也可能不是物质世界，也可能是精神对象，也可能是上帝。唯物主义和唯心主义在康德以前，反映论、符合论是占主流的一种认识论观点。到了康德，他把这个问题颠倒过来，不是我们主观的观念符合于对象，而是对象要符合我们主观的观念。当然这里讲的对象是我们的认识对象，也就是我们能够认识的对象。能够认识的对象他认为是现象，我们所能够认识的都是对象向我们显现出来的，这个现象之所以成为一个对象是由我们的主体把它建立起来的，我们主体建立的对象就是在我们的科学里面、在我们心目中所显现出来的一个自然对象，这样一个自然界就是那么个样子。它是由主体建立起来的，当然要符合于主体的先天框架了。但是这些东西都是现象，现象底下还有自在之物，那个是不以我们的意识为转移的，因此也是我们不能认识的。所以康德的哥白尼式的认识论革命主要是在现象界，他把关系颠倒过来了，现象的客体是由我们的主体通过接受一些感性的材料以后、我们把它加以整理而建立起来的，它构成我们看到的形形色色的大千世界——这些都是现象。在现象底下有还未认识的东西，或者是不可能认识的东西，那个叫"自在之物"，或者叫"物自体"。物自体不可知，我们所知的是现象，这是康德哲学的一个很重要的特点，也就是通常讲的"不可知论"。"不可知论"并不是说所有的东西都不可知，现象是可知的，但是事物本身、自在之物是不可知的。所以在认识论上康德有一种二元论的倾向，我们有时把康德的理论也叫"二元论"，这种二元论就是认识论上的二元论，现象和自在之物这两者，现象可以认识，本体、自在之物不可认识。

那本体不可认识它有什么用呢？我们不是可以把它抛弃吗？康德认为不行。我们必须要保留本体，保留本体为了什么？为了信仰。对于本体和自在之物，它是信仰对象，我们相信在现象底下有那么个东西。有了这种信念，有很多事情就好办了。比如说人的自由，自由这个东西是不可认识的，凡是能够认识的都不是自由的，凡是能够认识的那都是自然律、都是因果必然性，纳入因果必然性那就没有自由了。一切东西都能说出它的原因，那就没有自由了。自由就是没有原因，自由本身是原因，但它背后再没有原因了；或者说自由是终极原因，是自发的、始发性的原因，这个原因我们当然没办法认识。要是还可以认识那它就不是自由，那就还要为它进一步去追溯一个更早的原因。自由之所以是不可认识的，就是因为它再不能追溯了，它就是终极原因。再比如上帝，上帝在自然界我们没有看到，我们把上帝赶出了自然界，但是我们还得相信一个上帝，不是为了认识，而是为了信仰，是为了道德。我们要想做一个有道德的人就必须相信上帝。所以自在之物虽然不可认识，但它是有用的，应用于什么？应用于行动，应用于实践行动。所以这两者，一个是现象，一个是自在之物，它们分别对应于人的认识和人的实践。通过认识我们建立起了理论理性，通过实践我们建立起实践理性。实践理性的对象都是不可认识的，但是可以去做，不可知，但是可行。我们通常讲"知其不可而为之"，明知道自然界按照自然规律这是不行的，但是我们可以去做，因为我们是自由的，是有道德的。我们不管后果如何，我可以按照自己的法则、自己的立法、自己的自律来做这件事情。康德的整个体系就是这两大体系，一个是理论理性，通过《纯粹理性批判》建立起了所谓"自然的形而上学"，也就是认识论方面的形而上学，现象界的形而上学；另一方面是实践理性，通过《实践理性批判》建立起了"道德的形而上学"。所以康德对以往的形而上学有一种重新建构。以往的形而上学就是一个，既是自然形而上学也是道德形而上学，"是什么"和"应该怎么做"是一个东西，现象和物自体不分。但是到康德把这两者分开来,"是什么"和"应该怎么做"是两回事,那就可以"知其不可而为之"了。"知其不可而应当为之"——"应当"和"是"是不同的。所以他的体系最后归结为两个形而上学,他有双重的形而上学,一个是自然科学的形而上学,一个是道德形而上学。康德毕生所做的努力就是要把现象和自在之物严格地划分开来,这两者不相干。现象可以知,但是在知识领域里面是没有自由的。你如果仅仅有知识领域里边的理性,那我们就跟动物跟机器没有什么区别。但是,本体可以行,实践理性可以行,但是不可知,你不能把你的道德理想看作客观世界的规律,你如果把道德看作客观世界的规律,这个道德就会被客观世界污染,就会考虑它因果性的、功利性的后果。真正的道德是不考虑功利的,也不考虑科学规律,不计后果,那才是真道德。

那么这样一来这两个领域里面就有一个断裂,理论和实践、科学和道德,这两者分属于现象和物自体这两个领域,这两个领域完全不相干。但是康德又看到作为人来说他是一个统一体,你不能把人切成两半,人既有感性的方面也有理性的方面,既有科学知识的方面也有道德的方面,他是同一个人。所以康德到了晚年他又提出第三批判,作为这两大批判之间的过渡的桥梁,来调和它们的对立。就是虽然这两者不相干,但是我们仍然可以找到蛛丝马迹把它们联系起来。自然界我们通过某种知识可以从它联想到道德,通过某种感性的经验我们可以对我们的道德抱有信心。所以这两者之间虽然是截然不相干的,但是康德还是试图使它们之间有一种沟通。沟通不是说它们的矛盾、它们的对立就消失了,不会消失的,但是康德试图从里面找到一种暗示、一种类比、一种隐喻,就是说在自然界、在现实世界、在经验中我们看到有些东西,在某种意义上是象征着人类的道德,象征着我们的实践理性的。那么研究这种类比和象征的中介就是第三批判。第三批判它的主要的部分、基础的部分就是康德的美学。美学在康德体系里处于一个中间的、桥梁的地位,它本身并不构成形而上学。他还是只有两大形而上学,一个是自然形而上学，一个是道德形而上学，那么美学它只是在这两大形而上学之间起一种沟通作用。美学的作用在这里。尽管只起一种沟通作用，但是它还是有它的先天原则，那就是情感能力的先天原则。认识能力的先天原则是属于知性的，意志能力的先天原则是属于实践领域的，情感能力的先天原则就是属于判断力的。这三种能力，一个是知性能力，就是认识，一个是理性的能力，纯粹的实践理性，那就属于道德实践，属于道德，中间这个判断力它属于审美，属于美学。

当然判断力本身是属于人类认识能力里一个必要的环节，从古代亚里士多德以来形式逻辑已经有这样的划分。所谓形式逻辑，我们一提到形式逻辑就知道它讲概念、判断、推理，这是形式逻辑所讲的三个话题、三个层次。概念是知性的能力，知性能够建立起概念；推理是理性的能力，理性能够从有限的东西一直推上去，通过追溯它原因的原因一直追上去，追到最后的一个终极原因。通过有条件的东西进行理性推理，可以追溯无条件的东西，这是理性的部分。判断则属于概念和推理之间，知性和理性之间。形式逻辑已经做了这样一种划分。康德把这种划分用到他的整个体系，知性主要是讲概念和命题及其原理，这是知性的能力。那么理性的能力就是推理，就是你给我一个原理它就有一个前提，可以由这个前提推出结论；大前提是假定的，但是推理可以把这个大前提通过另外一个大前提推出来，另外一个大前提又可以继续往上推、往上追溯，理性就有这样一种无限追溯的能力，这就是严格意义上的理性。当然知性在某种广义上也可以叫作理性，但是在比较狭窄的意义上知性和理性是不同的。在康德那里，他分出来了：知性是我们一般的提出概念、建立命题这样的能力，而理性是不断地进行推理的能力，这是它们一种比较狭义的区别。那么在两者之间就是判断力。知性要形成判断、形成命题也要借助于判断力，判断力在知性中间也是属于不可缺少的一种能力。但是判断力它本身并不建立概念，它也不进行推理，它只是把知性提供出来的概念加以联结，或者把知性和感性的东西加以联结。感性是一种低级认识能力，知性、判断力和理性都是高级认识能力。判断力可以把知性的概念加以联结，并且可以把知性和感性加以联结，在《纯粹理性批判》里面对判断力是这样规定的，判断力是一种联结的能力。那么什么联结呢？通常在知性里面、在认识里面要加以联结，他通常是采取这样一种方式，就是先有了一个普遍的概念，然后把这个普遍的概念运用于特殊的事物身上，这就是联结。比如说知性的范畴，因果性、实体性等等12个范畴——他不是有12个范畴嘛——他的范畴表，多数性、单一性、肯定性、否定性等等，所有这些范畴我把它拿来运用于一个具体的经验对象、运用于特殊对象。对于一般的判断力是这样来运用的，康德把这称为"规定性的判断力"，就是用这样一种范畴去规定特殊的东西。"规定性的判断力"是在认识中所使用的判断力，通常我们要形成一个认识，我们首先就必须要有一个概念，比如要有一套范畴体系。我们说《纯粹理性批判》里面的范畴表实际上是我们认识的一面网，一面"认识之网"，每一个范畴就是这面网上的纽结，我们用这面网像捕鱼一样去捕捉那些经验的对象，网住那些经验的对象，以便形成知识。这是在《纯粹理性批判》里所使用的判断力，它是起这样一种规定性的作用。但是在第三批判、在《判断力批判》里面，康德提出判断力除了这样的运用以外，还有一种反向的运用。所谓反向的运用就是说不是去自上而下地"规定"，而是先由底下提供了一些特殊的、具体的感性经验对象，然后自下而上地从这些对象里寻求某种普遍性。规定性的判断力是先有普遍性、概念，然后运用于特殊对象之上。概念体系是一面网——就像渔夫打鱼时有一面网在手里，然后看到哪里有鱼就把网撒出去，于是就形成了理论性的知识。但是判断力还有另外一种运用，就是说，我手里没有网，只有首先进入我的视野里面的那些特殊的对象、特殊的事物，我现在要做的是为这些特殊的事物去寻求它们的某种普遍性，从特殊里面寻求普遍。那么这种普遍不在对象之中，普遍的位置还是在主体之中。我要去寻求普遍，但是这个对象是特殊的，那么我从哪里去寻求普遍呢？只有返回到自身，所以他称为"反思性的判断力"。规定性的判断力是从主体规定客体，反思性的判断力是从客体上反思到主体，客体是一个个别的对象，是一个特殊的对象，那么再看它在主体里面是否有普遍性的东西，这种普遍性的东西要通过反思而获得。

这种反思性的判断力首先是一种审美的判断力，审美的 ästhetisch，它是从 Ästhetik 来的，Ästhetik 我们前边讲过，它的意思就是"感性学"，在古希腊语里就是"感性学"，那么 ästhetisch 是它的形容词，本来意思是"感性的"，但是康德在这里用它不是指单纯的感性的，单纯感性的它有另外一个词 sinnlich，这两个词很相近，sinnlich 是个德文词，它就是指的感官上的、感觉上的，ästhetische 它也是属于感性的，但是它包括情感上的。当然 sinnlich 有时也包括情感上的，但是希腊文 ästhetisch 的含义要更广一些，所以当初鲍姆加通把它用在美学上是有他的道理的，它的含义更广，它把情绪、感觉、情感都包括在内。前面绪论中说到康德在第一批判中曾经批评鲍姆加通把这个词用于美学，而主张它只能用在认识论上，代表感性认识，"先验感性论"是讲认识的，不是"先验美学"；但是现在他改变了看法，自己也在美学的意义上用了这个词。康德在第三批判里用的这个词我们通常把它翻译成"审美的"，但是我们要注意，它这个"审美的"底下还是包含有感性的意思，所以我们在翻译的时候往往把两个意思都标出来，在括弧里面注上"感性的"，它跟"逻辑的"logisch 是相对的，"感性的"和"逻辑的"相对。但这个"感性的"又作"审美"的意思。反思性的判断力是一种审美的判断力，也就是它首先从感性入手，首先我们感到了一个特殊对象，我们就这个对象来寻求它的普遍性。本来感性只有个别性、特殊性，感性的东西没有普遍性的，但在审美的意义上我们可以为它在主体里面寻求一种主观的普遍性。感性本来是主观的，你感到怎么样、他感到怎么样，这是没办法相通的，但是有一种是可以相通的，就是审美的普遍性。虽然你是你个人感到的,我也是我个人感到的,但是我们却可以相通,而且先天地就可以相通。这种情况在康德以前是没有遇见到的。

所以康德回顾他的思想历程时就讲到,在写完了《实践理性批判》以后,他突然发现还有一个领域没有展开,那就是鉴赏的领域,就是审美的领域。所以他晚年致力于第三批判,要把这个问题展开,这也是他改变对 Ästhetik 这个词的用法的原因。审美的判断力或者说反思性的判断力跟认识是不一样的,它跟认识领域里边规定性的判断力方向是相反的,它不是拿一个现有的范畴去规定一个具体对象,而是从具体对象里面反思它先天的普遍性。先有特殊,再反思到它的普遍性,而不是先有普遍性然后规定特殊性。比如说我们讲"这朵花是红的"或者"这朵花是植物",这样一种命题都是属于规定性的判断力。这朵花当然是特殊的,"这一朵"特指昨天别人送给我的一朵玫瑰花,是红的,那它是很特殊的,但我说它是"红的"就已经有普遍性了,因为红色的不光是这朵花,那朵花也是红的、红旗也是红的、血也是红的、火也是红的,但"这朵花是红的",我就把这朵花用一个红色的普遍概念加以规定了,这朵花是红的,而不是黄的。红的我们都知道是什么,但这朵花我们没看到它之前我是不知道的,我看到它以后可以用"红的"来加以规定。"这朵花是植物"更加是"种"和"类"的关系,这朵花是个别的,但是它属于某一种植物,种类关系也是用普遍的概念去规定一个特殊的个别事物。但是另外一种命题,比如说"这朵花是美的",情况就完全不同了,它表面上形式上好像跟"这朵花是红的""这朵花是植物"之类也差不多,"这朵花是美的",好像这个"美"也是一个普遍的概念。但是康德提出不是的,"红色"和"植物"都可以是普遍概念,唯独"美"不能是普遍概念,"美"一定是个别的,一定是你所感到的美,是你说"这朵花是美的"。所以它是没有概念的,"美"这个概念我们也把它称为一个概念,但是它是不带概念的,它完全是依赖于感性，依赖于美感。如果你没有感觉到美，那就没有美。尽管有一个"美"的抽象概念，那不叫真正的美。所以我们说"这朵花是美的"，这时候它是非常个别的，这个"个别"没有概念、不能推出来，你不能说"一切花是美的，所以这朵花也是美的"，或者说"这朵花是美的，那朵花是美的，所以一切花都是美的"，这个没有办法推的。每朵花都需要你自己去看，所以它有个别性。但是这种个别性同时又有普遍性，这种普遍性不是概念的普遍性，不是从概念推出来的普遍性，这种普遍性是一种同感，你感到它美，人家也会感到它美，所以康德把它称为一种"主观的普遍性"。我们讲普遍性好像都是客观的，人人都如此，但是一般的"人人都如此"是因为有概念，有概念在那里推理，你不承认也得承认。但是这种主观的普遍性，你不承认它当然就不存在，但是你如果承认了，它就有一种普遍性，就是人人都会同意、人人都会有同感，你感到美，人家也会感到美，你一说人家就会有共鸣。你要是到九寨沟去，回来说很美，凡是去过九寨沟的人都会同意，为什么？因为美这个东西它是有普遍性的，这种普遍性是一种情感上的共通、同感。所以它不是概念上的普遍性，不是你认识到了九寨沟属于美，九寨沟是美的就被推出来了，不是的。没去过的，你怎么说我也体会不到，我必须自己去看我才会承认。那么这种与人共鸣的、愉快的感受就是美感。我们说"这朵花是美的"引起了一种内心的愉快，而这种愉快带有普遍性，凡是一个有起码审美能力的人都会承认的。这就是反思性的判断力，从特殊的事物身上反思到主体中的某种主观普遍性，所以叫"反思的判断力"。

　　反思的判断力除了审美以外，还有一种就是用于自然界的有机体，和整个自然界的目的论，在这方面也可以是反思性的判断力。就是说我把整个自然界看作一种有意图的作品，比如说有机体，有机体我们把它看作一个有意图的作品，像艺术品一样，我们把审美里面的艺术原理推广到自然界上去，我们就可以把有机体当作一个有意识的作品来看待。

一切有机体都是合目的的，都有它的目的。一只鸟，它身体构造的每一部分都是为了它的生存目的，所以我们看它的各部分那么样的协调，没有任何一部分是多余的，都是有用的，每一部分的构造都是有道理的。你要去分析的话，它每一根羽毛的排列都是合目的的，它的骨头为什么中间是空的？为了减轻重量、便于飞翔。所以它的每一部分，心脏、每一根血管，都是合目的地组织起来的，就像一个精密的艺术大师。当然和艺术大师还不一样，比艺术大师更高明，我们可以把它看作上帝的作品。那么有机体这样有目的，整个自然界的生态链条也被看成有目的的。我们今天讲"环保"、讲"生态"，生态链条都是一环套一环，中间断了一环，那其他的就活不了了，生态链是不能断裂的。每一部分都有目的，你看起来好像没有目的，看起来好像有些物种应该灭绝，它是害虫，害虫应该灭绝，害兽应该杀光，但是一旦杀光，你的益虫、你的益兽也活不了。所以它是一个有机的整体，这个有机整体的观点就叫目的论判断力。目的论判断力跟审美判断力有联系，它中间的联系就是那种艺术品的概念，我们后面要讲到从鉴赏、审美推出的艺术的观点，推广到自然界中去就形成了目的论判断力。目的论判断力把整个自然界看成有目的的，最后看成是趋向于道德的，所以康德判断力批判最后推出来整个自然界都趋向于人类的道德，由此就构成了理论理性向实践理性的过渡，自然形而上学向道德形而上学的过渡。

那么在审美里面也有这一功能，我们也可以把审美看作道德的象征，这个我们后面还要讲。因此在审美的判断力里面，当我们判断一个事物是否是美的时候，我们是在寻求这个事物的合目的性。一个个别事物放在我面前，从客观上来说这个事物当然没有目的，我们不可能说它有目的，因为"目的"这个概念是人才有的；但是我们可以从中反思到人的这种目的，我们用目的论的观点去看待我们面前的这个事物，为它寻求一种合目的性，合乎某种目的；但是到底合乎什么目的，又说不出来，因为这个东西它不一定是合乎我们的目的的，如果是合乎我们目的的那就是功利了，就是有用性了，那就不是审美的态度了。我们用一个审美的态度对待一个审美对象的时候，我们从中看出某种合目的性，但是它又没有目的。我们为什么有这种合目的性呢？是因为我们有一种人类普遍性的情感，也就是所谓的共通感，一种共同拥有的普遍的情感。美的对象在面前，我们有一种欣赏的兴趣，我们感到愉快。我们特别喜欢美的对象，在这种愉快的心情之下，如果我们对它加以分析，我们就可以发现，这种愉快实际上是由我们的主体中各种认识能力相互之间的一种自由协调活动引起的。我们为什么会感到愉快？是因为这种对象引起了我们各种认识能力的自由协调活动，比如说直观、想象力、知性、理性，这都是我们人的主体中的一系列的认识能力，我们在认识事物的时候就要运用感性、直观、时间、空间、知性、理性、判断力、想象力，这些认识能力我们都在运用。但是在面对一个美的对象的时候，我们所有这些能力都在一起自由协调地活动。这种自由协调活动我们运用自如，所以我们感觉到愉快。所以审美愉快是由这样一种自由协调活动所引起的。凡是我们人类的认识能力的自由协调活动都引起愉快，审美当然也会引起愉快。当我们审美的时候我们运用的实际上是我们的诸认识能力，我们的各种认识能力。

所以在我们审美的时候好像是在进行一种认识，我们中文翻译成"审美"也带有这种意思。我们通常讲审美，什么是审美？审美就是"看一个对象是不是美"，审，审查、考量这个对象"是不是美"。这就像一种认识，如我们考量一个事物的长短，是不是够长；审视一个事物的运动，它的速度如何，那么我们审视一个事物的美，看它是不是美，好像也是一种认识。为什么我们觉得它好像是一种认识？是因为我们运用了我们的认识能力。但是实际上，我们在这里运用认识能力不是为了认识，审美活动并不是真正的认识活动。在审美的时候，我们的目的不是要规定下来一个对象是不是美，而是要通过这个对象来激发我们自己的情感。当我们运用认识能力去认识对象的时候，我们是不需要情感的，我们反而要把情感克制住，即你不要带有情感。我们经常说"你下判断不要带情感、不要情绪化"，这才是科学的态度，才能把握真理，你如果带上情感你就扭曲了对象。但是审美恰恰相反，它就是为了要引起人的情感。它也有普遍性，但它这个普遍性是个人情感的普遍性。情感与情感有不同，有的情感是私人具有的，但是有的情感虽然个人感受到了，却是普遍的。私人具有的情感不属于审美，审美就是要激发那些普遍具有的情感，这种情感有很多。如果我偏爱某种东西，比如美食，我偏爱吃辣的，有的人偏爱吃甜的，有的人就不喜欢，这个东西没有什么讲究，你不喜欢就不喜欢，你不能说你不喜欢你的口味就很差，不能这样说。湖南人喜欢吃辣椒，未必湖南人口味就最高，其他人不喜欢吃辣椒，也未必就判定他口味低，不能这样说，它完全是私人的。西人有句谚语，"口味面前无争辩"，口味各有所好，你不能指责他。但是审美就可以批评，如果一个人对最美的美景都无动于衷，我们就觉得这个人人性上可能有欠缺。马克思也讲过，"贩卖矿物的商人对于宝石的美丽无动于衷，忧心忡忡的穷人对于最美丽的景色也视若无睹"，这都是在人性上有了欠缺、受到了伤害、受到了损害。一个人就应该对美的东西有所感动，这才是人。对美的这样一种感动具有普遍性，每个人都应该具有这样一种感动，所以这样一种情感上的普遍愉快就成为了审美判断的美的标准。美不美的标准就看你是否有这种情感上的普遍愉快产生，这个是从概念推不出来的，必须要你亲自去看、去感受。所以审美判断力虽然它是感性的，但是它也有它的先天原则，它的先天原则就是情感能力的主观普遍性原则，主观的情感能力本身有一种先天普遍原则。

这样一来，三大批判都有它们的先天原则了，《纯粹理性批判》里面有认识能力的先天原则，《实践理性批判》有人的欲求能力或者意志能力的先天原则，《判断力批判》里面也有情感能力的先天原则，而且《判断力批判》里这种情感的先天原则从某种意义上来说更带有根本性。为什么更具有根本性？因为即使认识也是起源于一种审美的，比如我们知道按照亚里士多德的说法，古希腊的哲学起源于"惊异感"。人为什么要搞哲学？由于最初对大自然感到惊异，这种惊异感就是一种美感、惊奇、震惊，对这种震撼感到有趣、有兴趣。一个研究科学的人他是有兴趣的，如果没有兴趣，他就是一个没有创造性成果的操作员，仅仅是一个机械工作者。但真正的科学家必须要有兴趣，兴趣就是因为惊异感，要有好奇心，这就是立足于美感的。比如说在小孩子上学的时候，老师给你们上比如说数学、物理、化学等等这些自然科学的课，好的老师就会激发孩子们的兴趣，他在黑板上写数学几何学的演算的时候，他要把数学几何学的这种美感传达出来，这就是好的老师。学生在学习的时候如果能体会到这一层，就会马上激发出对数学几何学的兴趣，那他就有一种成为科学家的可能性。如果没有这种兴趣，完全是机械式的背诵，那是不可能成为科学家的。为什么中国人老是得不到诺贝尔奖，跟这个有很大的关系，从小就把这种兴趣扼杀了，老师讲课就是照本宣科，然后让你记住、背诵、大量地做题，对不对、打多少分，就是这样一套应试考试，不是激发学生对于科学本身的兴趣、美感。我们通常讲"科学美"，科学它有一种美，它是科学的入门。同样道德意识也是这样，道德意识首先产生于美感，首先要有美感。一个小孩子不懂什么道德不道德，那么父母首先就是这样教育他——"你看看你成了什么样子！""你丑不丑啊？""难看死了！"用审美的眼光来教育孩子。应该说所有的道德教育最初都是这样的，都是从审美入手。所以康德认为审美判断力的批判是"一切哲学的入门"，自然科学和伦理学、道德学，都要从审美入手。这样一来，认识和道德就通过审美结合起来了，通过美感而沟通起来了。

当然审美既不是认识也不是道德，但是认识和道德都要靠它入门，都是通过它得以结合的。人在审美的愉快中一方面感到一种超利害关系的自由，我在审美的时候不考虑利害的问题，感到了自己自由，同时又象征性地实践自己的自由，比如说艺术创造。审美在某种意义上也是艺术,也是一种艺术创造。那在这个意义上,我在实践自己的自由,当然这种自由还是象征性的,这种自由还是一种通过类比、通过暗示而象征的。但尽管如此,审美以象征的方式构成了从认识到实践的、从必然到自由、从感性到理性、从现象到本体的一种过渡,它就成了一个桥梁。我们刚才讲审美是一个桥梁,是认识和道德之间的桥梁,也是现象和本体之间的桥梁,所以这样一来它的整个体系就完成了,就是知、情、意三部分构成了一种先验的人类学体系,这个不是经验的人类学,不是实证的人类学,而是哲学人类学,又叫作先验的人类学。"先验的人类学",康德有过这样的提法,虽然他没有展开,他的体系实际上是从先验意义上来考察"知情意"、关于人的三大能力的一种先验哲学。

2. 鉴赏的四个契机

下面我们看看关于他的鉴赏力,也就是他的对鉴赏、对审美的分析,即鉴赏力的四个契机,这是他审美学说的核心部分。这四个契机相当于《纯粹理性批判》里面的四大类范畴,相当于《纯粹理性批判》里面的范畴表。范畴表也是《纯粹理性批判》里的核心构架,这个范畴表是我们人类的认识之网,我们用这面网来捕捉我们的认识材料,来建构我们的自然科学知识体系。这个范畴表是四大类,每一大类有三个,所以有十二个范畴。第一大类是"量",第二大类是"质",第三大类是"关系",第四大类是"模态"。那么这四个鉴赏力的契机也是按照这四个范畴表建立起来的,它的第一个契机是属于"质",第二契机属于"量",这个跟《纯粹理性批判》里稍微有点不同,不是先讲"量"后讲"质",而是先讲"质"后讲"量"。这个稍微有点不同,是因为它是反思的判断力,它先有具体的东西、特殊的对象,然后再去为它寻求普遍性,所以它是先"质"后"量"。第三个契机相当于"关系",第四个契机相当于"模态"。这样的划分是康德特殊的划分方法。四个契机,所谓"契机"、moment,在西文里面有"瞬间"的意思,有"因素"的意思、"要素"的意思。在康德这里所讲的"契机"、moment

就是促成我们鉴赏力得以形成的四个主要的因素。

第一个契机是"无利害关系的自由的愉快"。审美鉴赏是愉快的，这个是毫无疑问的，凡是审美我们都感觉到一种美感、一种快感，那么这就叫作"鉴赏"。鉴赏，德文为 Geschmack，这个词也可以介绍一下。所谓"鉴赏"，我们也翻译成"鉴赏力"，它本来的意思是"口味""味道"，但是我们把它提高来理解，就是"品味""鉴赏"。我们说这个人没有品味、这个人没有鉴赏力。"鉴赏力"比"口味"要高级一些，口味就是美食家所讲究的，这道菜口味好不好，口味面前无争辩。但是如果把它作为一个哲学的概念、哲学的术语来运用的时候，它更多是表达了品位，用口腹之乐来比附我们更高层次上的愉快，就是审美愉快、鉴赏愉快。"鉴赏"就是审美，它的第一个契机就是"没有利害关系的自由的愉快"。它是一种愉快，但是这种愉快是无利害的，无利害的也可以说就是自由的，摆脱了利害的束缚。这种自由跟道德上的实践的自由不一样，它仅仅是一种摆脱，摆脱了利害关系的考虑，这个时候就带来一种愉快。这个观点后来对西方美学的影响非常大，当然它也不是康德最初提出来的。我们前面讲到哈奇生，他的第六感官就包含道德感，也包含审美；我们前面讲英国经验派美学的时候强调了这一点，哈奇生的第六感官也是超功利的。它虽然是经验主义的，强调人的感官、感觉，但这种感觉跟一般的享乐、幸福、功利都不一样，它是超功利的。这个东西跟我没有什么利害关系，但是我可以静观它、旁观它，我站在旁边看，我就感到一种心理的愉快。看戏、看电影，它给我带来什么好处？没有什么好处，我还得花钱去买票，但是我愿意花这个钱，就是它给我带来一种静观的愉快。但是哈奇生没有把这一点发挥出来，这是我们从中分析出来的。我们后边还要讲后来英国人提出一种"距离说"，我们讲"距离产生美"，一个美的东西你如果贴得太近了，你如果想拿它来做什么用，那它就没有美感了。但是你保持一定的距离，它跟我没有关系，至少没有利害关系，我可以欣赏它，这个时候就产生美感。这是从康德这里来的，就是"无利害关系"的自由愉快。"无利害关系"有两个层次，一个是功利、利益，另外一个是善和道德。道德虽然不讲功利，但它还是有一定的兴趣。Interesse 这个词可以翻译成"利益""兴趣""关切""利害"，都是这个词，这个词是非常麻烦的。"无利害关系"也包括没有那种道德兴趣，没有那种道德的关切。道德关切它还是要关心那个对象存在的，比如你做了一件道德的事情，做成了没有？它要关心这个东西。虽然康德的道德是"为道德而道德"，他不管后果，但是你在做道德的事情的时候你还是要设想它有一个后果。这后果成不成你先不要考虑，但是你还是要设想尽可能达到你的目的。所以道德的行为都是有目的的。但是审美和这个不一样，审美是不考虑目的的。他要达到什么目的呢？他就是要看电影，他觉得好奇，他想看一看，他没有什么目的，他就是休闲，他现在闲得没事干所以看场电影。所以，无利害关系就是包括功利的利害考虑以及道德的目的，他都不考虑，总而言之是对于对象的存在不加考虑。对象存不存在他都不考虑，哪怕这个对象根本就不存在，只是一个幻觉。我们看电影的时候哪会想到这个电影上的人物到底存不存在啊？都是虚构的。有的电影一开始就打出片头："该电影纯属虚构，请不要对号入座。"先告诉你这是虚构的，但你还是要去看。甚至反而更加激起你的好奇心，你要看看那个虚构的东西到底怎么回事。这个跟看纪录片是不一样的，纪录片反而没有那么大的兴趣，虚构的故事更加有味。所以他对这个对象的存在是不在乎的，他只是考虑它能够给我带来什么样的愉快，这是鉴赏活动的第一个契机。

第二个契机是，尽管是每个人都只是为了自己愉快，但是这种愉快具有一种人类的普遍性，也就是大家都喜欢去看。为什么一个电影院里面有那么多人去看，没有买上票的还觉得后悔、觉得遗憾，就是说这种审美的愉快具有人类的普遍性、共通性。而这种共通性不是通过概念的推理而找到的，而是一种"无概念的主观普遍性"，这就是第二契机。

前面第一契机是针对经验派的，经验派通常把利害关系考虑在内，即使不考虑功利也要考虑道德。哈奇生不考虑功利，但是他还是考虑道德，他的第六感官既是道德感官也是审美感官。而康德把它们严格区分开来，道德和审美是两回事，审美是完全不考虑功利的，包括道德上的功利。这就跟英国经验派的美学划清了界限：它是无利害关系的一种愉快。而这里的第二契机则是跟理性派划清了界限。理性派讲"完善"，完善是一个概念，"完备无缺"。在鲍姆加通那里，不管是感性所认识到的完善还是感性认识本身的完善，总而言之要符合"完善"这个概念，从这里面就可以推出来这个东西是不是美，即使人家都觉得很美，但是我从概念上推出来这个对象还不够完善，不够完善我就可以否定它。但康德认为这种否定是抽象的，它不是感性的，不是审美。审美的普遍性不在于完善不完善，只要是大家都认为是美的那就是美的，这是主观普遍性，无概念的、非概念的主观普遍性。这是对理性派美学的一种反驳。第一个是对经验派的反驳，第二个是对理性派美学的反驳，这两个契机都是消极性的、反驳性的。

第三、第四两个契机是积极的，是正面的阐述。前面是讲"无利害关系""无概念"，没有利害，没有概念，都是否定性的一种表达，后面两个契机都是正面的表达。第三个契机和第一个契机可以对照来看：第一个契机是"无"利害关系，那么它"有"什么呢？你说它无利害关系，那么它本身是什么呢？它本身是一种"主观形式的合目的性"。这是第三契机正面的表达。"主观形式的合目的性"，它没有目的，但是它有合目的性。"无利害关系"也可以说是无目的，没有目的，所以没有利害关系，它不是要拿这个对象来做什么、完成什么，它不考虑这个。但是它又具有一种主观合目的性的形式，也就是说虽然它没有目的，但是它好像使人的各种认识能力趋向于某个目的那样，使它们处在相互的自由协调活动之中。人的各种认识能力都被调动起来了，都被用于某个对象，那么这些认识能力在积极地活动，好像是趋向于某个目的，但实际上没有目的，它只具有一种合目的性，形式的合目的性。它的活动形式好像是合目的一样那么的协调，但是它没有把对象当成目的，没有目的的内容，它最后无非是通过这种协调的形式引起了一种超功利的愉快。对个体来说这是审美的一种个体心理机制，所以是一种主观形式的合目的性。我们在审美的时候考虑我们的主观，我们在主观上实际上是一种形式的合目的性，但是它又排除了一切目的、一切功利、一切道德的考虑，只考虑一种自由协调活动的形式。好像趋向于某个目的那样，我就愿意这样一直下去，沉浸在审美之中就够了，不用有什么客观内容或结果。我愿意每天沉浸在这种审美之中，沉浸于音乐之中，沉浸于这种美好的景象之中，陶醉于其中就够了。

那么第四条契机，就是所谓的"共通感"，这也是正面的表达。就是说按照第二契机，我们在审美的时候没有概念，但是我们有普遍性；那么这种普遍性是什么普遍性呢？第四契机就说，这是一种共通的情感。情感本身有一种社会的共通性，所以虽然是我们本身的主观形式的合目的性，是我们主观的一种审美机制，但是人人如此，人同此心、心同此理。你既然撇开了你的特殊的目的、功利、你的考虑，而且着眼于这种形式的合目的性，那么你跟他人就具有共通性了。因为你跟他人之间没有什么特殊的目的来阻碍，你的特殊的功利、你的特殊的利益、你的自私的考虑，不会阻碍我们相互间的沟通。所以主观形式的合目的性虽然是主观的，但是它具有普遍性，这是因为情感是共通的。Gemeinsinn，这个共通感的概念很重要，这是一个关键的概念。人的情感先天就有一种共通性，而审美的先天原则就是建立在人类共通感这样一个先天原则之上的。人先天就有共通的情感，这种情感由于摆脱了功利和概念，成为了一种共通感。当然你如果局限于功利，那情感可能是不相通的，因为每个人都是自私的，你的自私自利要损害他人，那你们的情感不是相通的。同时在道德上，有的人可能是不道德的、有的人可能是讲道德的，在这方面他们的情感也可能是没有共通性的。但是如果对这些都不加考虑，对功利性甚至连道德性也不加考虑，而只是考虑具体的对象能引起我们什么样的情感，那在这种情况之下我们的情感就具有一种相通性。哪怕对于一个不知道道德的人，比如小孩子，我们为什么可以通过审美来培养他的道德，就是因为审美附着于人类先天的共通感，它是在一切道德之前就能够造成一种普遍性的。道德的普遍性是在后来才建立起来的，道德的普遍性当然也有先天的普遍性，但是要通过教育、通过启蒙把它启发出来。审美的普遍性几乎是天生的，小孩子稍微懂事他就懂得审美，他就懂得人家的夸奖，人家夸他漂亮他就很得意。所以这是人的一种先天的共通感。

所以也可以说第四契机从正面提出了审美的一种社会心理学的原理。如果说第三个契机是审美心理学一种个体心理学的原理、个体心理机制，那么这里形成的是一种社会心理机制。那么这两种，一个是个体心理机制，一个是社会心理机制，它们同时也反映了当时文艺理论里面所流行的两大流派，一个是古典主义，一个是浪漫主义。古典主义强调形式，强调主观形式的合目的性，那么这个形式是什么形式呢？那就是古典主义的形式。共通感强调的是浪漫主义的人之常情，人类在情感上面的互相激动。所以这两个契机也表达了当时的这两大流派的原则，它们都有当时的审美意识作为背景。当然康德自己并没有把它们看作心理学的原理，而是归结到先验的原理，但他的确是用心理学的例证来说明的。

这四个契机都是就美的纯粹概念来加以规定的，凡是符合这四个契机的都是美的。审美当然很复杂了，前面讲的四个契机是就审美在最单纯的情况之下来奠定鉴赏基础的。在这个基础之上它还可以附加上一些其他附带的因素，而用来解释形形色色的审美现象。比如说有的审美不是那么单纯的，它带有道德的考虑，有的审美带有功利的考虑，有的审美带有实践的考虑、目的的考虑。但纯粹的审美它是非功利、非道德、无目的、无概念的一种形式合目的性，它只着眼于我们的共通感，这是纯粹的美。这种"纯粹美"又称为"自由美"。为什么叫作自由美？因为它摆脱了所有那些附带考虑以后，单纯从共通感本身、从合目的的形式本身来考虑，所以叫作"自由美"。那么在这个之上，掺杂其他的那些考虑，比如实用的、道德的、科学的、知识的等等考虑，它也可以形成一种美，那叫作"附庸美"，或者译作"依存美"。康德的分析方法是首先把纯粹的东西分析出来，纯粹的东西应该是怎么样的，然后把那些附带的东西一层一层地加上去，那就可以用来解释所有的审美现象了。但是如果纯粹的东西搞不清楚，你也就无法透彻地解释其他那些审美现象。这是他一般的分析方法。

3. 美与崇高

好，我们下面再来分析一下康德对于美以及后面要讲的崇高都做了一些什么样的具体的规定。我们前面讲到，所谓审美鉴赏力，就是人类诸认识能力自由协调的活动，那么这种自由协调活动表现在什么方面呢？比如说在审美的时候，在对美的欣赏的时候，它是哪些认识能力在自由协调活动？在康德看来，我们在欣赏美的时候，是知性和想象力，主要是这两种认识能力在自由协调活动。我们在审美的时候，一方面有想象力，想象力是一种鼓动的能力，自由的、自发的能力。审美的时候，我们的想象力可以任凭它到处去驰骋，放纵自己的想象力。我们看到一个对象的时候，如果没有想象力的话，那就没有鉴赏力，所以鉴赏力必须要有想象力在里面起作用，在里面鼓动，通过一个事物马上联想，想象了很多很多。所以丰富的想象力是审美的一个很重要的条件。但是光有想象力又不够，光有想象力，你胡思乱想也形不成一个美的对象。要形成一个美的对象，另一方面还必须要有知性的能力。知性的能力，我们前面讲到，在认识领域里面，在理论理性里面，它是可以建立起对象的。我们讲到认识的对象是由人的主体建立起来的，那么这个建立的功能主要就是知性，知性通过它的那些范畴，把这个对象，通过它的实体性，它的因果关系，它的交互关系，它的单一性、多数性，等等，把它的经验材料规定下来，那么这个对象就呈现出来了，这个对象就被我们所获得了。所以对象主要是由知性建立起来的。那么在审美领域里面也是这样，知性它的作用就是要建立起一个对象，但是这个时候它是审美的对象，它不是那个客观的认识对象，而是在我们想象中，对我们的想象力加以约束，凝聚成一个对象。想象力不能漫无边际，当你通过想象力来想象一个对象的时候，你必须有一定的程序，使它能够栩栩如生地站在你面前，这就需要知性的能力。而知性在这个时候它好像是起了一种认识的作用，它建立了一个对象，当然实际上它并不是认识了一个对象，而是诉诸我们主观的情感。所以知性在这里头好像在进行认识，但实际上不是在进行认识，它只是在辅助我们的想象力进行活动，而我们的想象力是受我们的情感所驱使的，你有什么样的心情，你就会对这个对象采取什么样的想象，这是受我们的情绪所支配的。

因此知性在这样一种活动中它好像是客观的，它所建立的好像是一个客观的对象，但实际上它建立的是一种主观的普遍性。你在想象中建立起一个对象以后，你就可以用这个对象来感动他人，来实现一种情感的普遍传达，它是起这样一种作用的。人类共通地都具有这样一种情感，你通过想象力激发了他人同样的想象力，引起了同样的情感；但是如果没有一个对象，没有一个成型的东西，如果不是通过知性形成了一个成型的东西，那么你的想象力是不会被别人所了解的。你胡思乱想，天马行空，谁能跟得上你呢？但是如果你把它想象成一个东西，想象为好像是客观的那么一种形式，你就可以激发他人的想象力。所以想象力和知性在这个里头采取了一种协调和互助的方式在自由活动，而这个对象好像是采取了客观的形式，其实只是为了表达一种主观的普遍性而已。我们在欣赏的时候，实际上是我们的主观有一种普遍性的要求。我看到一个对象，比如说我欣赏一部电影，我觉得很好看，那么我希望所有的人都跟我有同感，我希望跟看过这部电影的人讨论一下这部电影，来传达我们的美感。我们看到很美的东西，被震撼了的时候，我们会有一种冲动想要告诉别人，想要引起人家的共鸣，这个时候我就采取了客观的方式。你会说，我们来分析一下，这部电影哪里哪里美，说这个电影客观上是美的，你不能不承认。通过这种方式，我其实是在传达我对它的美感，并不是说电影客观上真的有一种什么概念、有一种什么性质可以把它规定成美的。采取这种客观的方式，其实传达的是一种主观的普遍性。主观的普遍性要能够成为现实的普遍性，它就必须采取一种客观的方式。我们说这朵玫瑰花是美的，就好像这朵玫瑰花具有一种美的属性，其实它并没有美的属性，美也不是一种客观属性，这只不过表达了我们大家都喜欢这朵玫瑰花，就好像玫瑰花有美的属性一样。我们采取这种方式来表达一种主观的普遍性。所以这种审美机制实际上是一种社会心理机制，就是人具有一种社会性，人感到了美的东西他总是希望告诉别人，引起别人同样的美感，引起大家情感上的共鸣，这个时候他就觉得自己的美感被肯定了，觉得自己的境界被提高了，不再是自己的一种私人的怪异的感觉，而是合乎人性的，大家都能够有同感的。所以，审美它本质上是一种社会心理机制，一种社会共同的情感，是共通感而不是你私人的情感。

  这就是对美的分析。那么另外一种审美的对象就是崇高，康德也进行了类似的分析，但是这个分析层次更高。就是说，为什么我们会感到崇高，这个从古代朗吉弩斯那里就已经提出来了，他把崇高和美加以区别，崇高使人心醉神迷，神魂颠倒。这跟美还不一样，对美你可以静观；当你面对崇高时，你必须集中起你的全部身心投入进去，你不能旁观。当然实际上还是旁观，但是你要设想你自己已经投身于你的对象，要么是以它自居，要么是战胜它。你在面对崇高的对象的时候，你浑身都有反应。那么这是一种什么样的机制呢？康德认为，在欣赏崇高的时候里面肯定要包含某种痛苦，什么痛苦呢？就是说，当你在这个时候，你想用知性去把握崇高的对象，就像对于美的对象一样，你要运用你的知性，将它把握成一个具体的对象，这个时候你就发现你无能为力。因为崇高的对象都是一些无限的对象,比如说大海、飓风、海上的暴风雨、高耸的崇山峻岭、喜马拉雅山、一望无边的沙漠,就力量和体积来说,你的知性都是没办法把握的。它超出了你的知性把握的范围。我们的知性只能够把握有限的东西,这个东西,那个东西,但是不能把握无限的东西。无限的东西要通过理性才能把握,理性才具有一种无限推理的能力。那么当你用你的知性没办法把握这个对象的时候,你就感到一种痛苦——无能,感到一种无能的痛苦。但是这种痛苦在你的欣赏态度之下,它激发你向更高的层次提升。我用知性已经把握不了了,这个时候我就必须动用我的另外一种更高的能力——理性来加以把握。那么我的想象力在这个时候就极大地膨胀起来,超出了我的知性的范围,但是通过理性可以继续对它加以约束,这个时候想象力和理性都处于无限之中,而在无限之中造成了更高层次的协调活动。这还是各种认识能力的自由协调活动,但是这一次,是想象力和理性。在面对美的对象时,是想象力和知性自由协调活动;而对于崇高的对象,是想象力和理性自由协调活动。但是对崇高的欣赏要有一个过程,就是首先,你要有一种失败感,有一种沮丧,你的知性已经不够了,感到一种痛苦;在这之后,你用你的理性来提升你自己。

所以崇高是一种痛快感,一方面有痛苦,但是一方面又有愉快,它不是第一眼就可以带来的愉快。那么这样一种协调活动它就跟人的更高层次的情感相协调,它不再是一种一般的愉快,而是一种带有道德性质的愉快、崇高、无限,它意识到人的无限性,人的无限性是什么无限性?那就是道德。所以崇高更加接近于道德。美的欣赏更加体现为人的自由,暗示着人的自由,而崇高更加象征着人的道德。自由和道德都是康德的实践理性的话题,当然康德的道德就是自由的道德,就是道德自律,自由意志的自律就是道德,道德是真正的自由。但是在审美里面呢,美和崇高在两个不同层次上面分别象征着人的自由和人的道德,这体现出崇高和美都是从人的认识向道德的过渡。审美运用人的认识能力,在认识能力的自由协调活动中趋向于人的道德,趋向于人的道德情感,崇高感,它跟这个敬重感是属于类似的情感。在《实践理性批判》里面康德在讲敬重感的时候也提到崇高。敬重,对什么敬重呢?对道德律的敬重,对道德律为什么敬重呢?因为道德律比所有世俗的这些爱好、幸福、功利都要无限地高,比所有的情感都要高。所有的情感在道德律面前都会感到一种痛苦,都不值得一提,所以人在道德律面前感到一种谦卑,就像在审美时的那种崇高感,"高山仰止,景行行止",觉得自己太低下了,而那个东西太高大了,这也有一种自卑的痛苦。然后我对它加以欣赏,因为我也有理性的无限能力,我就可以对它自居,把它的无限看作自身理性的无限性的象征,这就是"数学的崇高";或者我想象我自己的人格、我的理性可以战胜大自然的无限,因为大自然是无理性的无限,而我是理性的无限,这就是"力学的崇高"。所以康德最后说"美是德性的象征"。这个"美"里头其实也包括崇高在内,美和崇高都是德性的象征,它是向德性过度的。

总而言之,审美活动是诉诸人的共通感,诉诸在人与人之间的普遍交流情感,来达到全人类的一致,所以在这个意义上它属于哲学人类学所考察的一个很重要的对象,它使得个体意识到自己所具有的人类的普遍性,把个人提高到对自己的道德本性的意识。所以,什么是鉴赏?鉴赏的本质,康德认为就在于人和人之间情感的普遍传达。这个传达不是一般的情感互相交流一下就完了,而是说通过这种普遍传达我们可以把自身提升起来,提升到接近于道德。所以他讲:"我们甚至可以把鉴赏定义为对于那样一种东西的评判能力,它使我们对一个给予的表象的情感不借助于概念而能够普遍传达。"鉴赏的本质就在于情感传达,这一点是我们在看待康德的美学的时候要特别抓住的一个核心的东西。我们也可以说康德的美学实际上是一种情感传达的美学,"传情论"的美学。人与人之间的"传情论",它跟"移情论"还不一样。移情论是在人和对象之间,我把情感转移、寄托在一个对象身上;传情论是我把情感跟别人的情感相互传达、相互共鸣,这就是鉴赏。这是人的一种心理结构,社会心理和个体心理结构。但是这种心理结构如何能够在经验中、在现实社会生活中实现出来?要靠艺术。只有通过艺术,才能把这样一种内心的活动用经验的手段体现出来,所以我们下面看看他的艺术观。

4. 艺术论

前面讲过,艺术的概念在西方它本来跟技术是同一个词,techne,就是技术,在德文里面,Kunst 本来也是手艺、技艺,当然它也有艺术的含义。康德特别把"美的艺术"跟其他的手艺、技术区别开来。艺术技术本身就是一个词 Kunst,techne,它本来就是艺术和技术不分的,但是康德把"美的艺术"区分出来,其他的都是技术、技艺,熟练技巧。到了美的艺术,那就是康德所讲的艺术了,所谓艺术论我们主要就是在这个意义上讲的。我们现代人今天讲的艺术,那就是美的艺术,但在康德以前这个是很难区分开来的。康德第一次给它加以明确的划分,提出美的艺术跟其他的技术是不同的,是层次更高的,因为它有它的先验的基础。美的艺术它的先验的基础就是鉴赏力,前面讲的鉴赏力,讲的都是审美心理,这个审美心理跟人的本性、跟人的各种先天能力有关。艺术建立在这样一种鉴赏力的基础之上,那么鉴赏力和艺术就是不可分割的一种关系。但是它们又有区别,就是鉴赏力更多地涉及人内在的心理本性,而艺术尽管是美的艺术,层次已经比其他的技术都高了,但是它还保留有技术的要素。技术的要素就是外在的经验的一种制作,我们讲艺术创作、艺术作品,这都是一些经验的后果、经验的事实、经验的过程,包括行为的过程。艺术家创作一个作品,首先必须要经过一个长期的艺术技巧训练,你才能达到艺术家的水平;其次你要做出东西来,一个艺术家,你说你有技术,但是你没有任何一件作品,那么你这个艺术家还不能叫艺术家。你要有高超的艺术水平,同时你要创造出高水平的艺术作品来。但是在康德看来,他不太重视这些,康德一般来说对经验的东西不太重视。艺术水平的提高当然要跟训练结合在一起,需要长期的训练，长期埋头沉浸于某一门艺术门类的基本功里面。

再一个就是要有天才，艺术家必须要有天才，凡是艺术家都是爹妈生的，都是大自然所造就的，而大自然造就天才是偶然的。所以康德也讲艺术的天才，天才可以建立起艺术的法规，但这个法规它不是那种概念的法规，它是一种典范，艺术典范就是艺术的法规。我们今天要学绘画，那么我们就必须观摩以往的天才艺术家他们所创造的作品，那是典范。你要学油画，你必须要参观卢浮宫，你要学国画，你必须要参观故宫博物院。那里面有大量的艺术作品，你都要仔细地去揣摩。那么艺术家所做出的这些典范成了后来艺术家观摩的对象，但是你不能仅仅凭着模仿。如果你仅仅是模仿，那你还成不了艺术家，你必须有自己的天才，每个艺术家都必须有自己的天才。然后在吸收典范、观摩典范的前提下，你能够突破典范，创造出你自己的典范，那你就是艺术家。但是所有的这些都取决于一些经验的后天的要素。一个是天才，天才当然我们说是先天的，但是从整个大自然来看它是后天的，它是大自然偶然给人类提供的。再一个要有后天的训练，你不训练，你有再好的天才你也成不了气候。最后，一个艺术家他必须带有他的目的，就是要做出一个艺术品来，要创作出他的艺术作品，没有作品的艺术家不叫艺术家。所以你要创作艺术作品，你就必须要有很强的目的意识。你在那里搞什么呢，你最后要搞出什么东西，你画画也好，雕塑也好，建筑也好，你的作品在哪里，你要拿出来。所以它有很强的目的性，它跟那个纯粹鉴赏的无目的的合目的性形式已经大不一样了。艺术跟鉴赏的区别是一个很重要的区别，就是鉴赏它是无目的的，它只讲究一种合目的性形式，而艺术它要有目的。虽然有的艺术家说我没有目的，我这是偶得，我是偶成，是游戏，但实际上他还是有目的的，你要创作的时候，你当然有你的目的。所谓偶得，你吟了一首诗，你是偶得，但实际上你只是使它显得像是偶然得到的，好像是无目的的。你顺口就说出来了，但实际上是有目的的。艺术的最高的品位，就在于看起来是无目的的，而实际上是有目的的，经过精心的雕琢，使它一切雕琢的痕迹都被掩盖了——"天然去雕饰"。"天然去雕饰"，只是我们看起来好像是没有任何雕饰，自然生成的，但实际上是经过长期的策划。我们讲"台上一分钟，台下十年功"，你要演戏，台上就一分钟，但是你为了准备这一分钟，你准备了十年。这十年都是有目的的，你最后要达到那种无目的的合目的性，你必须要有长期的目的性的准备。所以在这方面，艺术并不像纯粹的鉴赏那么自由，它这方面是不自由的。我们经常讲艺术家是"戴着镣铐在跳舞"，他是有目的的，但是要做得好像是无目的的。

所以在这点上，康德认为，自然美比艺术美要高，自然美我们去欣赏就够了，而艺术美你要根据种种材料、提供种种前提加以制作、加以创造。所以在你欣赏自然美的时候，跟你创作艺术美的时候是很不一样的，你有天才你才可以创造艺术美，但是欣赏自然美，任何一个没有天才的人都可以欣赏。我不是艺术家，但我可以欣赏自然美，我到黄山，到庐山，我同样可以感动，我为美而感动，我看日出，我就被感动。我不需要是一个艺术家。所以康德认为，纯粹的鉴赏表明一个人具有道德素质，一个人善于对美的东西产生感动，那么这个人证明了他的道德素质比较高。一个经常被美感动的人，容易被美感动的人，说明他是具有道德素质的人。但是一个具有艺术天才的人，倒不一定是有道德的人。我们知道，很多艺术家都是很不道德的，也有很多艺术家很残酷，希特勒就是个蹩脚的艺术家，当然他没有搞成，他想当画家没有当成，后来就变成了一个杀人恶魔。不光希特勒，很多伟大的艺术家，在道德生活上都是值得质疑的，有的是很恶劣的，有的是很缺乏人性的。那么康德认为，在这个意义上，他认为自然美比艺术美要更高，自然美它是无目的超功利的；而艺术美，它可能包含有功利，包含有虚荣。康德总的来说对艺术是看不起的，认为艺术表达了人的一种虚荣、一种欲望，这一点可能受卢梭的影响。卢梭曾经在一篇文章《论科学和艺术的复兴是否有助于使风俗日趋纯朴》中讨论，卢梭的答案是否定的，说艺术只是满足人的虚荣。康德也认为艺术只是为了人们在客厅里面谈论它们，谈论艺术家，谈论艺术品，炫耀自己有修养，在客厅里面挂一幅名画，可以炫耀自己的品位，但是那些人可能都是虚伪的。所以人对于艺术美只是一种"经验的兴趣"而不是"道德的兴趣"，因此如果要在鉴赏力和天才，也就是在鉴赏力和艺术两者中间挑一个，他宁可牺牲天才、牺牲艺术。因为天才、艺术只不过是在人与人之间的社交中起一种作用，人们可以在社交中满足自己的好奇心，满足自己的虚荣，满足自己的拥有欲，但是对人的道德没什么好处。这个是他对于艺术的一种看法，他对艺术的评价不是很高，虽然他谈了很多，也谈得很细，但总的来说从他的道德立场出发，认为艺术是不重要的。所以他毕生对艺术也不是很看重，他自己的欣赏水平也不是很高，他也承认这一点。人家都说康德的欣赏水平顶多是二三流的，他所举的那些艺术品的例子都不是什么经典名作，文学的例子，诗歌的例子，大都是些二三流作家的作品，这个康德自己也承认。当初哈勒大学要聘他当诗学美学教授，他不去，他认为自己的专业本行还是形而上学，还是纯哲学。

5. 审美标准的二律背反

最后我们看看这个审美标准的二律背反。康德认为在美学里面也有一个二律背反，正像在认识论里面有二律背反一样。审美里面的二律背反就是审美标准的二律背反，在审美标准上面，当时经验派和理性派有一个争议，就是审美到底有没有标准。经验派认为审美鉴赏没有客观标准，因为审美鉴赏它不能够建立在概念和推理之上，要自己去看，每一个事物是不是美，每一件作品是不是美，你得自己去看，你得自己去听，得运用自己的感官，所以没有什么普遍的标准，你觉得美就美，你觉得不美那就是不美了。那么如何来评判呢？只有通过投票，大家认为美就美，就像我们的超女，超女通过手机投票，大家认为美的那就是美的了。这没什么道理可讲，并没有什么概念，你也不能证明为什么她就不美，别人就美，因为别人比她多一票，多一票就是美的了。经验派基本上就是这种观点。当然像休谟还提出来，其实多数票并不说明问题，主要是要看作品看得多，所以那些具有丰富审美经验的人他们才可以作为标准，比如说鉴赏家，他看得多。大部分群众，每天忙于工作，你哪里看得了那么多作品？而鉴赏家他成天就看这个，所以应该以他们为标准。这还是主观的标准，没有一种客观的标准，没有一种概念能推出一个东西是不是美。也就是说，"口味面前无争辩"。就像口味一样，你喜欢吃辣的，他喜欢吃甜的，这没有什么争辩，如果多数人喜欢吃辣的，那辣的就是好口味；如果多数人喜欢吃甜的，那甜的就是好口味。与经验派相反，理性派则认为，鉴赏肯定要基于一个美的概念，关键是这个美的概念怎么来定，定下来就应该有一个客观的标准。理性派基本上把它定在"完善"概念上，认为"完善"就是完美，就是美的概念。那么除了"完善"之外当然还有很多概念，比如说黄金分割律，比如说三角形的稳定性，比如说对比、比例、和谐，等等，历来古典主义美学提出了一系列这样的标准，这些标准都是固定的。黄金分割律＝1：0.618，那完全是固定的，数学上面有确定性，那当然是一种概念了。所以理性派认为必须要有一个概念，我们才能判定美还是不美，否则的话那我们的一切文艺批评和艺术评论都没有任何价值了。如果是口味面前无争辩，那就不要争辩了，那就没有标准了。既然要评出个高下来，那就要有标准，你要把这个作品跟那个作品相比，经典的跟非经典的，一流的和二流的。一个小孩在墙上的涂鸦和一个艺术家创作的一幅巨幅的油画相比，那个高下肯定是有标准的，怎么能没有标准呢？也许那个小孩子认为他的涂鸦是最好的，是世界上最高的艺术品，但是你不能以他的标准为标准，你还得有一个客观标准。这个客观标准就需要争论了。用什么来争论，那就要用到概念。这是当时争论不休的审美的标准的问题。

　　康德认为这两派都有合理之处。他认为我们争论艺术的高下肯定是要有标准的，不能像经验派完全是主观的，没有任何标准。如果公说公有理，婆说婆有理，"一千个观众就有一千个哈姆雷特"，那还有什么标准，那就不需要评价了。任何一个人搞一个东西出来，他都说是世界一流的，你没办法来反驳他。肯定要有一个标准。但是这个标准，它不能以知性的概念作为标准。所谓知性的概念就是像理性派，唯理论派，他们所提出的那些标准，那都是知性的标准。什么黄金分割、数学的比例、对称、完善，那都是一些知性的概念，都是一些确定的概念。康德认为，审美的标准也有概念，但是这个概念是不确定的，它是一个无限的概念，也就是理念，叫作"审美理念"。他提出审美理念就是共通感的理念，也就是他前面讲的审美的四个契机里面最后这个契机，共通感。大家都感觉到有一种共通性，即大家的情感有一种共通性，有一种相通性，但是这个共通感它不见得在现实生活中都是现成的。我们讲"人同此心，心同此理"，这只是就理念而言，就可能性和理想而言，但是在现实生活中，人心隔肚皮，你怎么知道他就会感动？你很难判定人家是否会感动，所以它只是一个理想，一个理念。这个理念就是大家都能够感动，能够达到最多的感动，能够感动一般人，即使他今天没有感动，他明天、后天也许会感动，原则上是他能够感动。那么这就是个理念，也就是个理想，这个理想可以作为一个标准来评价我们的艺术品。这就可以区分出来，一个人信手涂鸦，他不能感动别人，他只能感动他自己，那他的作品就不能被看作高层次的艺术品。高层次的艺术品必须能够感动别人，你必须能够感动最多的人，而且原则上你是能够感动一切人的。虽然在现实中不能够做到，但是你可以说那是因为人们还没有到那个层次，人们到了那个层次可能就会感动。比如说有的人受教育程度太差，骨子里头他是有这种可能性，可以受感动的，但是他是野蛮人，他从来没有看过高层次的艺术品，也没有受过教育，那么他也许就不会感动了。当然从原则上来说呢，应该有一个可以感动所有人的标准。他是野蛮人，他也有一种可能性，只是他没有把这种可能性发挥出来。所以共通感是一个理想化的标准，但是它是一个先天性的条件，只有这个条件才能够使我们在艺术欣赏和艺术创造中有一个标准，有一种信心，相信我们通过艺术，通过欣赏，能够达到全人类普遍的共通性，能够接近于普遍的人性。那么这样一来，我们的艺术评论就还有必要，但是我们不能妄想一次性地就能够产生出定评。我们所有人的艺术批评，我们写艺术史，写文学史，我们都尽可能地要使我们的评论能够达到一种永久性，尽可能地持久。但是我们知道，实际上是达不到的，过几十年又要重写。我们前几年不是讲要"重写文学史"，我们几十年前写的文学史都要不得，今天看起来都作废了，过时了，我们今天有新的体会。我们还可以预料，我们再过几十年又会要重写。所以文学史和艺术史它是必须不断地重写，它是不断地向共通感这个理念接近的。但是绝对不是说可以随便你怎么说，我写文学史，我觉得这个好，我就把它摆在第一，那不行。你还得考虑一般人的感受，你要考虑你自己的局限性，你欣赏不了的未见得就是不好的。你可能今天欣赏不了，你把自己的基础打得更加扎实一点，看得更加多一点，说不定你将来就会欣赏了，你要留下余地。所以文学史艺术史你不能够把话说绝，但是并不因此就没有标准，它是有标准的。康德用这个二律背反把它统一起来了：艺术既是有标准的，又是没有绝对标准的。绝对标准是理想，在现实中它只是我们必须日益接近的一个目标，对美的评价是可以永远争论下去的。

因此康德提出了所谓的审美教育思想，这个审美教育思想后来被席勒大力地发挥了。就是说你要发展人的鉴赏力和艺术，你就必须要从两方面下力气下功夫，一方面你要吸收大量的人文知识，你要有知识，也包括科学知识，当然主要的是人文知识。就是你对人性要有大量的知识，你对社会要有大量的知识，这个就从知识方面科学方面为审美提供了前提。一个善于审美的人，一个有高深的艺术造诣的人，他对社会，对人性是有非常深刻的理解的。这是在知识方面，要有它的基础。另一方面，你在道德方面，必须要对道德情感有精细的体验能力，有敏锐的体会能力，你自己必须要有道德方面的这样一种境界。所以从知识和道德两方面可以为审美和艺术提供前提，这就是康德所提出来的审美两方面的前提，一个是人文知识，一个是道德情感。美学把认识和道德结合在一起，这个是康德提出来的一个设想，影响了后人。席勒就反过来把审美当作认识和道德结合的一个核心，变成了"审美教育"，就是你要使人成为既有知识又有道德的人，你就必须通过审美。这是席勒在后来的进一步发挥，我们后面还要专门讲。

这就是康德的整个美学。总而言之我们要抓住两点，一个是他的美学理念有形式主义的要素，形式主义的要素表现了他的古典主义的情结。康德的审美意识还是有古典主义在里面的，古典主义强调形式，所以康德的美学里面有形式主义的要素。但是另一方面，他也有主情主义的要素，也就是情感主义的要素，情感主义的要素表现了他的浪漫主义情结，这两方面他都有。康德的美学把古典主义和浪漫主义两方面的特色都结合在他的人本主义美学的基础之上，他的美学已经是人本主义的，他既不是单纯古典主义的，也不是单纯浪漫主义的，他是人本主义的，只不过这种人本主义还主要是在心理方面体现出来，虽然也谈到社会性，但只是在狭窄的意义上理解成客厅里和餐桌上的社交活动。到了席勒就把它大大扩展到社会生活中去了。

二、席勒：艺术社会学

前面我们讲了康德的美学，康德的美学在西方美学史上是一个非常重要的重头。这是一个关键性的人物，一直到今天，我们西方现代当代的美学家的很多原理都要追溯到康德。上次讲到康德美学在哲学中的位置，它是处在一个桥梁、过渡的位置。所以康德认为他的美学所处的这样一个判断力的位置不是他真正想要建立的形而上学的主体部分，只是一个附带的部分。但是在这个附带的部分里面实际上集中了他的一切矛盾，最主要的就是现象和物自体，人的自由和自然必然性，都集中在人身上，集中在人的情感、人的审美这样一个反思判断力的领域。那么在这个领域里面，关键问题就是对人的理解。对人的理解在康德那里是分裂的，一方面是认识的人，另一方面是道德的人，理论和实践是不搭界的，但是人又不能够脱离任何一方。因此他就用第三批判把人的这样一种两面性统一起来，就是集中了认识和道德，但是它又不是真正的认识和道德，它运用认识能力但是又不是认识，它过渡到道德，但又只对德性起一种象征的作用。所以他并没有真正地从认识过渡到道德，而只是"好像"有那么一种过渡，以此来凸显出人的主体性。那么人作为感性和理性、现象和物自体的统一体，在他这里仍然是分裂的，仍然没有能够真正统一起来，因为他对人的理解还是抽象的。我们上次讲到，鉴赏力只是人心里的一种情感，用这种情感来做一种判断，但是并不接触实际——跟事物的存在没有关系，跟主体的存在也没有关系。那么真正客观的东西，像艺术创作，在康德那里却评价不高。我们讲到在艺术的天才和鉴赏力两者之间，康德更看重的是抽象的鉴赏力，内心的评价，他认为这个更加显示出我们可以过渡到道德，具有一种道德素质。至于艺术，只是停留在沙龙和客厅里面，停留在社交这样一个经验的领域，因此艺术的作用并不是很重要，只是附带的。当然他不像卢梭那样完全否定艺术，而是认为艺术它有它自己的作用。一个是它能够把人内心的鉴赏传达给别人，通过社交传达给别人，这对于社会风气的文雅化还是有好处的；再一个，艺术的原理过渡到了目的论，通过目的论我们可以对整个自然界的终极目的有一种设想，并且最终我们可以把人的道德赋予自然界。当然这种赋予还是一种反思判断力，就是"好像"这个自然界是趋向于道德的，但实际上是怎么样我们并不知道，只是由于我们自己有道德的需要，我们才会那么想。那么今天我们要讲的席勒的"艺术社会学"，在康德的这样一个基础之上可以说大大提升了一步。在第三批判中所显示出来的人的这样一种既是感性的又是理性的、既是认识的又是道德的、既是现象又是物自体这样一种矛盾的统一体，在康德那里没能统一起来，那么到席勒这里开始试图把它们统一起来，这就形成了席勒的艺术社会学。

席勒特别看重艺术，跟康德不一样。康德对艺术是非常贬斥的，虽然他也谈艺术，但是对艺术的评价不是很高。但是席勒把艺术作为他的美学的核心领域，一个具有实在性、具有实体性的这样一个领域。所以黑格尔就曾经讲到，席勒的功劳就在于克服了康德的思想的主观性与抽象性，"在思想上把统一与和解作为真实的来了解，并且在艺术里实现这种统一与和解"。所谓"统一"与"和解"就是指的人的本性中感性和理性、现象和物自体、必然和自由如何能够统一起来，如何能够达到和解，这在康德那里是没能做到的。那么席勒试图在艺术里面实现这种统一与和解。他主要从人的发展和社会关系方面来探讨人的形而上学的本质，这是和康德不一样的；康德是从人的理性能力、意志能力、纯粹理性，包括纯粹实践理性来探讨人的本质，这是非常抽象的一些概念、原理。而席勒是重视人的现实历史发展和社会关系的，他从这个里头总结出人的形而上的本质，这个是他大大超出康德的地方，他具有一种现实感，具有一种时代的历史感。康德面对现实总是想把它抽象掉，实在抽象不了，他就做出一种退让，说这是一种权宜之计，一种象征。美是德性的象征，一种"好像"，一种反思判断力，就是"似乎"是那么回事情，但是实际上是不是那么回事情我们不知道，只是在我们看起来好像整个宇宙都在趋向于人的道德。康德这里有一层自在之物的迷雾，那是我们进不去的，我们只能从表面上进行猜测。而席勒第一次为美学的人类学基础进行了一番勘探。在康德那里美学已经是人类学的了，但是他是"先验的"人类学，而席勒试图把这种人类学落实到人的现实社会生活中来。康德也看到人的社会性，但是他对社会性的理解仅限于社交，就是在客厅和沙龙里面，人与人打交道，各自炫耀自己的艺术品位。在这方面人有一种兴趣，它可以促进人的情感交往，但是地位不是很高，属于实用的人类学层次，而不是先验的人类学层次。但是席勒他就是立足于人的这种有限的本质，经验的本质。人是经验的，人在现实社会中当然要跟人打交道，但是这种打交道不是可有可无的，而是人的本质，人的现实的本质就是有限的，不是那种抽象的本质。所以他把人的本质看成是处在特定状态中的人格。Person 这个词也可以翻译成"人身"或"个人"，它是比较具体的，一个人他的人格体现在人身，体现在他的财产权、身体权、自由权，各种各样的权利上面，非常具体的。那么席勒在这个上面建立起关于人的人格理论。当然康德也讲人格，但是康德一讲人格马上就把它抽象到了物自体的领域，而席勒讲的人格是体现在社会交往之中的。那么席勒在这个基础之上建立起了美的学说，在人论基础之上建立起了他的"美论"。

1. 人论和美论

席勒对于人的本质的规定不像康德那样从一个先验的纯粹理性出发进行推论，而是从现实的人类历史的演变来探讨人的本质，在这个之上建立起了他对艺术和美的理解。他认为人的概念就本身而言有二重性，就是感性和理性，这个跟康德没有区别。康德也说，就人的纯粹概念来说，人既是有理性的存在者，同时又是有限的有理性者，所谓"有限的"，就是受到感性的局限。但席勒认为，这样一种二重性使得人具有两种内在的冲动，如果不仅仅从人的概念，而是从人的现实的生活来看的话，那么凡是人，他的本质里就有两种冲动，一种是"感性冲动"，一种是"理性冲动"。"理性冲动"主要体现在形式上，又叫作"形式冲动"，就是关注形式；"感性冲动"是关注感官和内在的情感、激情。那么这两种冲动对于人来说都带有某种强制。感性冲动有强制性——感性需要，你肚子饿了要吃，你冷了想到要穿衣服，这些都是带有强制性的；情感上也是这样，爱情、友情这些东西都是能够强制人的。那么另一方面，"理性冲动"也有一种强制性，那就是道德律令。康德在这方面已经做了很多铺垫。人的道德律对人来说有一种强制，虽然我可以满足我的物质欲望，但是我总是觉得亏心，我总是觉得道德律对我在下命令。你知道应该怎么做，虽然你没有做到，但是你问心有愧，因为你本来是可以按照道德律来克制自己的欲望的。所以这两方面都带有一种强制。那么这两种强制对人的最根本的本质特点来说是不相吻合的，人的最根本的特点应该是自由。人是自由的，自由就应该不受强制。人跟动物相比无非就是人能够不受强制，人能够有自由意志。但是人受到双方的强制，一方面，感性上他跟动物没有什么区别，他也要生活；另一方面，从理性上他又受到理性、道德律的强制。那么如何使这两种强制变成人的自由呢？席勒认为必须把这两者结合起来，使它们达到和谐。那么如何能够达到和谐？席勒认为单独从两种强制来看它们都是片面的，如果你服从你的感性强制的欲望，你固然可以维持你的生命活动，但是你成了动物，你成了野蛮的，你成了未受教化的，你必须受到形式的教化、理性的规范才能成为人。所以，单从感性冲动方面说你是不自由的。但是单从理性冲动方面说，也不行，也是片面的。如果一个人完全从道德律、完全从纯粹理性的角度来规范自己的一生，那他也不像个人了，完全的禁欲主义就成了以理杀人。

  那么这两者能不能统一起来？席勒认为可以统一起来，统一的中介就是第三种冲动，叫作"游戏冲动"。"游戏冲动"，它的对象是"活的形象"。在游戏中，它的形式是活的形象，是具有生命力的，是活的。而生命的冲动，感性的冲动，是有形象的，是被形象所规定的，不是漫无边际的、为所欲为的、散漫的。所以活的形象是"游戏冲动"的对象。我们知道游戏必须有游戏规则，它是为了完成活的形象，那么这种活的形象就调和了感性的生命活动和理性的形式冲动。双方对于人都有强制性，一个是生命活动，一个是理性形式，分开来都是强制人的；但是在游戏里面两者都成了愉快的了。游戏有游戏规则，那就是要有理性的形式，但是游戏又是一种自由的享受，一种感性的生命活动，在游戏规则之下，每个人都能够得到感性的最大的释放，能够自由自在地释放自己感性的需要。所以这样一种游戏冲动的中介，就导致了自由的艺术的产生。那么席勒对美就下了这样一个定义：美就是"活的形象"。在艺术中，在游戏中，目的就是要产生活的形象，而活的形象就是感性和理性的统一。"活的"表明感性，"形象"表明理性的形式。"活的形象"这样一个概念本身就包含了感性和理性，那么这两者的统一就是美。在这个意义上，美就是人性的完满实现。人性既然有两方面，有感性的方面也有理性的方面，而这两方面通过游戏（艺术也是一种游戏）和艺术，达到了一种和谐、一种统一，那当然就是人性的完满实现了。所以，美的本质它本身就是人的本质，就是人的本质里面的题中应有之义，或者说就是从人的本质推出来的。人的本质是感性和理性的统一，那么"美"就是感性和理性的统一，"活的形象"就是感性和理性的统一。所以他的美学跟他的人学是密不可分的，他的美的概念就是从他的对人的本质定义里面得出来的。

那么这样一种活的形象如何理解？席勒认为这不是一个像康德所设想的完全主观的东西，所谓的"反思性判断力"只是反思到我自身，跟对象的存在没有关系。席勒认为它不是这样的纯粹主观的东西，而应该是主客观的统一。活的形象，既是一个对象，一个艺术品，一个美的形象摆在我们面前，它当然是个对象；但是，同时它也是主体的一种情况，主体的一种状态，一个对象和一种状态在这里是同一个东西。所以这种艺术游戏的活动，对于完成人的本性或者完成人的人格方面具有关键性的作用，它能够把对象和主体完全统一起来。一个美的对象在你面前，它同时又是一个主体，这如何可能呢？客观的东西如何成为主观的东西？只有一种可能，就是你在艺术创造中，你把这个对象创造出来，这个对象当然就是你的主体的状态，你的艺术作品就是你，就是你的活动成果，它就显现出你的本质、你的能力、你的天才、你的感受。所以对象和主体的情况在艺术中、在游戏活动中是统一的。既然它有这样一种统一性，于是它就不仅仅是主观的，它也表现为客观的对象，它也是对象的存在。它不是仅仅像康德所讲的主观形式的合目的性，而是它本身就是目的，客观的目的，而且通过这种客观的目的可以用来跟他人打交道，达成共识。这就是人的本质，除了是一种内在的抽象的本质以外，还应该在社会生活中、在外在的现实生活中体现出来，那就是社会关系，社会组织，"社交"。康德讲社交，席勒也讲社交，但是席勒理解的社交要更加深刻一点，不仅仅是在客厅和沙龙里面，而且在社会组织中，乃至于在生产劳动中，我们也有社交，如生产劳动的分工。席勒历史地考察了这样一种社会关系的演变，以及这种社会关系在现代社会中的异化，它所导致的人性的异化。人的这种客观的活动，包括人的艺术创造活动和游戏活动，它具有一种理性所不可脱离的感性实在性。这种感性的实在性，席勒把它提升到了人性的本质环节。人的本性就是离不了社交的，离不了与他人交往。既然离不了与他人交往，就离不了他的对象，主体离不了客体，主体必须通过客体跟其他人打交道，所以这个主体和客体才共同构成了人的本质。康德认为，艺术活动和审美鉴赏只是一种反思的判断力，而席勒认为它不是什么反思的判断力，而是由物质实在性作为标志的生命活动，也就是艺术活动。所以这样一种艺术活动在它的创造中使得人的感性获得了它自由存在的形式，人的感性不仅仅是为了维持人的生命，维持自己的本能，而是跟他人打交道形成了一种社会性的本质，形成了一种理性的本质。所以它获得了它的自由存在的形式。它是自由的形式、自由的存在，人的主体性在席勒这里就得到了解放，人的主体性就突出出来了。在席勒看来，从人类历史上说，这样一种感性冲动和理性冲动最协调的典范就是古希腊。

他认为，在人类文明最开始的入口处，就是古希腊的文化。古代希腊人能够最好地把感性冲动和理性冲动统一起来，因为在古希腊人那里有一种"游戏冲动"。人们通常认为，古希腊人把一切都看作游戏，包括他们的艺术创造，包括他们的日常生活，包括他们的城邦、政治，他们都在玩一场游戏。这个游戏当然是有规则的，古希腊人讲规则，他们讲民主政治——民主政治有法律,有规范,有程序正义;那么他们的艺术里面也是有规范的,有古典主义形式,有数学关系,有比例等等。所以古希腊人他们的"游戏冲动"是最发达的,在这个里头人们可以意识到自己精神的自由,又同时感到自己的感性的存在,他们在一种无利害的观照中发挥着自己全部的人性的本质。当然这种古希腊人的状况是被席勒所理想化了的,从现实生活来说古希腊人的那种奴隶制社会当然含有大量负面的东西,但是在当时的人们看起来,古希腊被理想化了,古希腊人拥有最完美的人性。这种观点在后来谢林和黑格尔那里都可以看得出来,特别是黑格尔,他非常推崇古希腊人的人性,说那个时候的人性还没有受到污染,还没有明显的异化,还体现为一种完整的人性的光辉。这是当时的人对古希腊人的向往,对古代人的向往。那么席勒从这个理想里面,从古希腊人的理想里面,总结出一条形而上的原理,这个原理是非常重要的,他说:"只有当人是完全意义上的人,他才游戏;只有当人游戏时,他才完全是人。"他把游戏看得如此重要,就是说游戏关系到一个人是不是人。如果一个人不懂得游戏了,那他就是非人,要么就被异化了,要么就成了动物,或者跟动物没有两样,要么他就成了一个抽象概念。比如说有些神父,终年在黑屋子里面祈祷,放弃了一切感性生活,他就不懂得游戏,那就是非人。真正的活生生的人应该是游戏中的人,游戏是人之所以被称为人的标准。这个是席勒提出的一个非常重要的原理,也是非常激动人心的。人应该怎么样发展自己,游戏重不重要?我们从教育小孩子的时候起,首先就把这一点掐掉了,不要游戏,牺牲游戏时间,专门去学习,为了考上大学。你这是在摧残人性!一个小孩子最喜欢游戏的时候,你把它禁止了,那他还能成为人么?他已经不能被称为人了。

2. 艺术起源论:游戏说

席勒在对人的这样的一种规定里面,发现了艺术和审美的起源,提出了艺术起源论中著名的游戏说。游戏说当然不光是艺术起源论,它本质上是人性论。就像刚才讲的，只有当人游戏的时候他才完全是人，一个人是不是人看他会不会游戏，这是对人的本质的规定。但是从这个本质的规定里面，席勒在美学上提出了一个艺术起源论。这个游戏说的艺术起源论一直到今天还有影响，可以说对现代美学产生了巨大的影响，很多人都认可他这个理论。就是人是会游戏的，艺术起源于游戏，这是席勒首次提出的一个命题；但是席勒提出这个命题主要是从生物学的角度得出来的，他跟后来的人提出的游戏说还有所不同。后来像维特根斯坦提出来游戏规则、家族相似，那是从逻辑上来谈的；伽达默尔的游戏是从现象学上来谈的。那么席勒是从生物学观点来谈的，就是说游戏这样一件事情不光是人有，很多动物都有。游戏是什么呢？席勒认为，游戏本质上是一种精力过剩的产物，动物，特别是高等动物，哺乳动物、鸟类等大脑比较发达的，它们往往有精力过剩的时候，而精力过剩它们不是把它浪掉费了，而是通过游戏来使自己获得一种生存的技能。动物小的时候，雏鸟、幼兽，幼年时代在父母的照顾之下，它不需要自己去为自己猎食，那么这个时候它把它过剩的精力用来游戏。在狮子那里，在有些飞鸟那里，它们都有这种现象，就是当它们满足了生理上的需要以后就把过剩的精力放在游戏上面，互相打斗，不是真的打斗，好像在玩，在玩打斗的游戏，实际上在训练各方面的技巧，平衡能力、准确性、速度，都在游戏中获得了锻炼。对于小动物来说这是非常必要的，它是小动物的本能，也是动物生存的需要。但是人也是一种动物，只不过人的游戏超出了动物的本能，也可以说人的游戏是继承了动物的游戏，但是把它发展到一个更高的阶段。

　　人的游戏已经不是为了物质性的生存目的，而是一种精神力量的发泄。动物呢是一种精力过剩，那主要是肉体上的、本能上的，不要把这种过剩的精力完全浪费了，要用来为下一次的或者说为未来的生存需要做准备。那么人，他的游戏是一种精神力量的宣泄，在其中他撇开了物质对象本身，是对物质对象的外观和形象的一种观照。人类的游戏除了也包含有一种动物性的内容，比如说小孩子互相追逐，或者是互相打斗，好玩儿，比赛，这些都有他物质上精神上的发泄；但是另一方面他更加重视这个过程和对象本身的外观和形象。所以他更加重视对象的美的方面，要干得漂亮，你比赛要比得漂亮，你要遵守游戏规则，你如果不遵守游戏规则，哪怕你赢了，也胜之不武，你赢了你也没面子。所以比较重视超功利的形式的方面，是人的游戏的特点。那么这种特点从何而来？席勒认为这是人的一种先验的本能。人跟动物不同的地方就是人生来就跟动物不同，这是"大自然的礼物"，大自然把人造得跟动物不同。所以他认为是大自然使得人的游戏能够比动物的游戏更高，能够对"外观"的形象加以关注。他说："什么现象标志着野蛮人达到了人性呢？不论我们对历史追溯到多么遥远，在摆脱了动物状态奴役的一切民族中，这种现象都是一样的：即对外观的喜悦，对装饰和游戏的爱好。"装饰，我们注意这个地方把装饰提出来，装饰也是一种游戏，装饰为了外表的漂亮，而且在这方面互相攀比，争奇斗艳。原始人就有装饰，也有装饰的爱好，用别的东西装饰自己，有些鸟类也有这些特点，要装饰自己和自己的巢，但是人这种特点最明显，而且是有意识的。人要装饰自己，而且装饰自己的房子，装饰自己的住处，装饰自己的用具、工具、武器，这样一种爱好也带有游戏的色彩。他对于外观的重视，不是真的有什么用，装饰有什么用呢？装饰是不实用的，但是人喜欢，这是超功利的。所以他讲"只要人开始偏爱形象而不偏爱素材，并且为了外观而舍弃实在，他才突破了他动物的圈子，走上了一条无止境的道路"。就是人开始偏爱"形象"了而不是偏爱"素材"。"素材"就是那个事物的质量，那个事物的构成。我现在把眼光从那个事物的质量、从那个事物存在转向了那个事物的形式，我从那个事物"是什么"转向了那个事物"是怎样"，这是一种特点。那么这种特点标志着人突破了动物的圈子，突破了动物性的局限性，他从有限已经走上了无限，从有限进入了无限——从形式上面进入了无限，追求完美，人就是要追求完美。

当然人的游戏它一开始还是带有更多的动物的性质，它更多重视的是那种感性冲动的自由、幻想，无拘无束，它所引起的快乐，而对形式考虑得比较少，没有把形式、理性的冲动加进来，而且往往受到实际功利的影响。什么东西能够使我快乐，那当然能够给我带来好处的最能够使我快乐，哪怕是游戏。我们看到很多原始民族的游戏，经常是带有实用功利性的，虽然不是真的实用功利，但是凡是在实用功利中产生了快乐的游戏，原始人就比较倾向于重复它。比如说我们在史前壁画上面看到很多围猎的场面，它其实就是游戏，把它复现出来，然后他们在旁边欢歌狂舞，围着篝火跳舞，仿佛又重现了一次围猎的过程，模仿怎么样打野兽、模仿怎么把它拖回来。所以原始人的艺术最开始都是非常功利的，跟功利紧密结合在一起，人的早期的游戏跟功利紧密结合在一起，当时的艺术都是实用的，不实用的东西人家没兴趣。有些原始民族生活在开满鲜花的环境之中，但是他们壁画上面从来不表现植物，表现的都是动物，因为植物跟他们没关系，植物不能吃饱肚子，所以他们对它没兴趣；看到一头动物了，他就觉得"心有灵犀"，受到感动。

　　所以席勒他认为早期的游戏也是实用的，带有实用功利的倾向。那么在进入文明社会的发展中，它更多地进展到了审美的游戏，不仅仅是实用的游戏。游戏也有两个层次，一个是实用的，实用的游戏当然也就包含有审美在里面了，但是还不是以审美为目的，还是带有功利的色彩。但是在文明社会中进一步发展，就进入了审美的游戏，以审美为目的，它不讲实用了，它完全着眼于它的外观，追求自由的形式、追求超功利的一些需要。所以这样一来，艺术就产生出来了，艺术在开始的时候作为实用的游戏只是一种艺术的萌芽，但是日益摆脱了实用性后，就产生了艺术。比如说"喜悦的无规则的跳跃就成了舞蹈"，原始人最开始高兴的时候就跳起来、蹦起来，但是在比较有文化的原始部落里面就开始有了大规模的原始舞蹈，大规模原始舞蹈就不是乱蹦乱跳了，而是有法则的，有纪律的，哪个先出场，哪个后出场；音乐，伴奏这些东西都比较成规矩了，从情感产生的混杂的音响发展到服从节奏而编成的歌曲，这就是艺术的起源，或者说纯粹艺术的起源。最开始艺术起源于实用，在实用中已经带有艺术的因素，但还不是艺术，原始人那种实用的艺术还不能叫作纯粹的艺术。当他跨入文明社会的门槛时，才产生出纯粹的艺术，那时候艺术就不是为了实用的考虑，不仅仅是为了技术和实用，为了打猎能够有个好的收获，我们先演习一番，那种艺术它带有强烈的实用色彩。真正的纯粹艺术是从文明社会以后，我们纪念某个节日不是为了在这个节日里面打猎能够获得成功，而就是为了我们要庆祝一番，我们展示各种各样的艺术、才艺，展示我们各式各样的想象力。比如说狂欢节，我们展示各种各样的奇思怪想，但是同时又是有规矩的，又是有法则的。这就是纯粹艺术的起源。就画家来说，他画幅油画是为了什么呢？当然你也可以说他是为了卖钱，但是真正的艺术家不会想用来卖钱，画得满意的他甚至舍不得卖掉，他就是在这个画布、颜料所局限的画框里面尽可能地表达他的创造性，这个时候就是纯粹艺术了。所以艺术最初起源于游戏，但是并非一开始就是艺术，在游戏中也经历了一个历史的发展过程，最后成了艺术。这就是艺术的起源，艺术的发生学。那么这个发生学跟社会生活是有关的，这就进入艺术社会学的探讨。

3. 艺术与社会

席勒认为，艺术起源于游戏，起源于自由地游戏，游戏本身是自由地发泄，艺术本身就有自由的本质，由于这一点，使得艺术在人类社会生活中成了一个调和剂，用来调和感性冲动和理性的限制。理性冲动是一种限制，感性冲动也是一种限制，那么在这两者之间必须用自由的艺术来加以调和。所以他讲："在力量的可怕的王国中以及在法制的神圣王国中，审美的创造冲动不知不觉地建立起第三个王国，即游戏和外观的愉快的王国。"就是说本来有两个王国，一个是力量可怕的王国，比如说人的本能，本能是不可抗拒的；一个是法制的神圣的王国，这个法制包括我们日常的法律，包括道德律，也包括上帝的法律，它是神圣的。那么这两者之间有冲突，在这两者冲突的时候，审美的创造冲动建立起了"第三个王国"，就是"游戏外观的愉快的王国"，这个王国使他"卸下了人身上一切关系的枷锁，并且使他摆脱了不论是身体的强制还是道德的强制"。在审美的王国里面，道德和本能这两者之间得到了调和。所以他讲"在审美的国度中，人就只需以形象显现给别人，只作为自由的游戏的对象而与人相处"。与他人相处，他人只是你游戏的对象，他人不是你本能的对象、性欲的对象，也不是你道德的对象。道德规定你不能伤害他人，你必须帮助他人，这都是道德的对象。但是在审美王国里面，他是作为游戏的对象，你跟他之间可以建立一种游戏的关系。你跟他人做游戏，那么这种关系，他说是"通过自由而去给予自由，这就是审美王国的基本法律"。基本法律是一个形象的说法，就是通过自由而给予自由，在游戏中我自由了你也自由了，你不自由我也不自由，因为我们是连着的。游戏中，双方都得愉快，你要不来了那我也玩不成了，一个巴掌拍不响，只有当两个人都兴致勃勃的时候，游戏才玩得起来，这就叫"通过自由给予自由"，这个是基本的法则。那么这样一个法则，席勒认为它是真正自由的社会关系，在审美的游戏中，人与人这样的关系才是真正的社会关系，社会理想也就由此提出来了。什么是理想的社会？就是通过自由而给予自由的一个审美的社会，一个美的社会，在美的社会里面人人都是通过自由而给予自由的，通过自己的自由给予他人自由，通过他人自由而给予自己自由。后来马克思在《共产党宣言》里面也讲到了，"每个人的自由发展是一切人自由发展的条件"，这种观点不是他第一个提出来的，这在席勒那里就已经有了。更早的我们还可以追溯到康德，康德已经有所谓的"目的王国"，就是一切人以一切人为目的，每个人都是目的，全体是最高的目的。那么席勒这里表达为一切人通过自由而给予自由，马克思表达为每个人的自由发展是一切人自由发展的条件。但是马克思是想通过社会改造，对政治经济关系的改变来实现这样一个理想社会，而席勒仅仅是想通过审美游戏和社交来达到这样一个目的。他认为通过审美，通过艺术，通过社交加强人与人之间的游戏交往，我们就可以实现这样一个社会。当然这就是乌托邦了，很不现实，但是在席勒心目中它是很现实的，因为社交它是经验的，它确实能够现实地把人和人联系起来。在康德那里也有这个说法，就是艺术是我们人与人之间情感交往的唯一的现实通道，你的审美鉴赏力是你内心的，你怎么把你的鉴赏的情感传达给别人？那只有通过艺术。席勒在这里面继承和发挥了这点，就是艺术它是很现实的，它能够在经验中、在社会生活中把人和人联系起来，通过审美的游戏能够使人们获得自由。所以在这里他还受到康德的偏见的局限，就是说，艺术的社会关系仅仅是一种精神上的社交活动，当然这种社交活动我们刚才讲了，它也有所扩展，它不仅仅是客厅和沙龙里面的那种社交，但毕竟还是限于意识层面的社会关系。

席勒认为，最初在古希腊人那里，感性和理性、肉体和精神是高度和谐的，那个时候人们在社交中，在政治生活中，在社会的日常交往中有发达的艺术感觉。但是在近代以来，情况起了变化，随着近代的社会劳动分工，人与人的关系就不仅仅是那种艺术的审美的社交了，古希腊那种和谐就消失了。于是席勒考察了艺术走向异化的这样一个历史过程，这也是一种社会关系，但这种社会关系已经不仅仅是社交，而是人们的劳动、经济方面所体现出来的社会关系。比如说劳动分工，在近代的资本主义社会中，每个人都成了分工的奴隶，成了社会这样一部大机器里面的零件，"欣赏和劳动脱节，手段和目的脱节，努力和报酬脱节"。人性的两个方面就是感性和理性遭到了割裂，下层老百姓具有更多的感性的野蛮性，受制于感性冲动的那种强制性；而上层的资产阶级、上流社会，他们更多的是理性的苍白，理性的抽象，他们按理性办事，但是失去了感性的生命，失去了生命的内容。所以这样一种社会的对立导致了当时的社会的畸形和病态。席勒比较了诗歌领域里面古代的诗和近代的诗，他把古代的诗称为"素朴的诗"，把近代的诗称为"感伤的诗"。古代素朴的诗衰落了，成了近代感伤的诗，近代的人们写起诗来总是无病呻吟，席勒所处的 18 世纪已经开始有这样一种倾向了，这就是所谓"消极的浪漫主义"。消极的浪漫主义更多的是一种感伤、一种悲观。所以席勒认为近代的社会本质上是不利于艺术的发展，也不利于人性的完满实现的。他这个观点非常重要，就是认为近代资本主义生产跟艺术之间以及与人性有一种对抗，不利于艺术的发展，不利于诗歌的发展。这个影响了后来的马克思，提出"艺术生产和社会生产发展的不平衡"这样一个原理，我们学过马克思主义美学的大概都不陌生。就是马克思提出来，艺术的发展只有在社会生产发展很不发达的情况下，比如说在古代、古希腊才达到它的高峰。古希腊的古典艺术，马克思是非常推崇的，认为它是"至今还在某些方面是不可企及的"高峰、不可企及的"典范"，这是马克思对古希腊艺术的评价。当然我们今天看起来好像有点儿太过分了，古希腊艺术固然是典范，但是现代和近代艺术也产生了不少典范，马克思其实也很推崇的。像巴尔扎克，现实主义的这些大师们，马克思其实也很推崇的，但是他心目中总还是对古希腊怀有一种深厚的感情，这个在席勒那里我们也可以找到它的根源。席勒，包括谢林、黑格尔，他们都对古希腊的艺术推崇备至。席勒这个观点是有很大影响的，特别是这种不平衡的原理。但是席勒又认为，这种分工本来是人们不可缺少的，要满足人的物质需要嘛，所以是人类进步的标志。那么这就形成一个矛盾了，分工你又取消不了，资本主义生产的原理你又摆脱不了，社会要发展，要能够提高人们的物质生活，那你就必须要加强分工，要加强分工就必然导致人性的分裂，人越来越被局限在分工的狭小的专业领域里面，越来越片面化了，上流社会则越来越脱离实际。那怎么办呢？作为一个解决矛盾的办法，于是他提出了他的审美教育论。

4. 审美教育论

席勒的审美教育论是很有名的，我们一谈到席勒的美学，我们马上就想到的一个是他的游戏说，艺术的游戏起源说；另一个就是审美教育理论，他有二十多封《审美教育书简》，以书信的方式把他的审美教育的思想系统地阐述出来，后人把它编成了一本书，我们中译本也有好几个译本。那么席勒的美学在审美教育理论中，展示了他的现实的目的。前面讲的都是理论，都是历史的分析，历史的考察，人性的考察。那么席勒为什么要提出这样一个美学呢？他的现实的目的就是要通过美育——也就是审美教育，来救治社会的弊病，来拯救人类。我们今天的人类已经走向了不可避免的人性的分裂，没有办法了，你又逃不出来，我们又不能回到古希腊去，把现代资本主义的一切成果完全抛弃，那是做不到的；但是如果不抛弃，那人性就陷入一种对立，那怎么办呢？席勒认为，要拯救社会的弊病只有通过审美。所以审美和艺术它不是一个个体心理学的问题，而是一个社会心理学乃至于社会历史哲学的问题。他说："只有审美的国度才能使社会成为现实，因为它通过个体的本性去实现整体的意志。"只有通过审美才能够使社会成为现实，社会没有审美就会解体，但是通过审美能够使社会结合起来，使上流社会和下层老百姓仍然能够处在一个统一的社会之中。他说："需求使人进入社会，理性在他心中树立起社交的原则，而只有美能赋予他社交的性格。"一个人要跟他人打交道的需求使他进入社会，是由于需求，由于本能驱使他进入社会，而理性使他在社会中、在社交中有一定的原则，这两方面都是强制。需求是强制，理性的原则也是强制，而只有美能赋予他社交的性格。人本来不是要社交，如果他有可能的话他愿意一个人，但是他没有办法，他一个人活不了，所以他要跟他人打交道，要遵守那些理性的规范。那么在这里面只有美能够赋予他社交的性格，使社交成为他的性格，使人的社会性成为人的内在的本质。马克思不是讲人的本质是一切社会关系的总和吗？一切社会关系的总和，就是说人的社会性是人的本质。那么席勒在这里面提出来，只有美能够赋予他社交的性格，他把社会的和谐建立在个人心中，把人的社会性，把人跟他人打交道的这种能力、这种愿望、这种要求都赋予了人性的本质。跟他人打交道不是被迫的，不是说你为了要活下去不得不跟他人打交道，而是由于你有兴趣。跟他人打交道是一种游戏，跟他人打交道可以带来美，谁不追求美呢？谁不追求自由的愉快呢？为了这样一种自由的愉快，为了追求美，为了满足自己美的精神需要，所以人会主动地跟他人打交道。所以说审美在里面起了一个关键性的作用。

当然在这方面也有康德美学的"共通感"作为前提。康德美学里面讲"共通感"，我们前面提到了，所谓共通感也就是人的那样一种与他人相同感、相共鸣的能力。在审美的游戏里面人与人之间交流情感，这是一种主情主义的因素，康德美学中就有这种主情主义因素。那么席勒认为"我们应该有这样的能力，忠实而又真诚地吸收别人的天性，把别人的环境化为己有，把别人的情感当作我们自己的情感"，这个里面有很浓厚的康德美学的色彩。康德对鉴赏就是这样定义的，什么是鉴赏呢？鉴赏就是不考虑利害而能够超功利地传达我们的情感，这就是鉴赏。那么席勒在这里面也讲到，把别人的环境化为己有，设身处地，将心比心，把别人的情感当作我们自己的情感，这是他一个很典型的表达，是从康德那里来的。而艺术的作用就是培养这样一种社交的能力，这样一种社会性，达到一种"审美的王国"。所以，在审美教育中每个人可以达到一种自救，在这样一种审美中，人们可以把感性的人引向形式、引向理性，扬弃他的粗野性，同时又把理性的人引回到感性世界，使他具有生命力。上流社会的人通过艺术和审美能够恢复他由理性长期强制所丧失了的生命力。只要他还有艺术欣赏力，一个上流社会的人就还会保有他的生命力。这样一来，两方面同时并进，同时向中心靠拢，就可以弥合整个社会的分裂，实现人类的社会理想。当然这是一种空想了，但是跟康德的那种空想相比，席勒毕竟更加现实一些，康德是纯粹的理性，他也不想在现实中把他的理想实现出来，他认为他的理想是一个遥远的目标，我们不可能也没有必要把这个遥远的目标在现实生活中实现出来。而席勒就做了这样一种设想，就是说"人类学"在"社会学"里面可以得到充实，不是一个单纯的理念，不仅仅是一个理想的目标，而是现实的历史。

于是"审美心理学"就外化为"艺术社会学"，席勒的美学我们可以把它称为"艺术社会学"的美学。这种艺术社会学仍然是以"先验的"人的本质作为他最终的依据，虽然跟康德比他已经很现实了，但是他现实的前提还是从抽象的人的本质出发的，先规定了人的本质。人的纯粹的概念，一方面是理性冲动，一方面是感性冲动，理性和感性的统一，这就是人的概念。人脱离不了感性也脱离不了理性，然后从这里面再推出它的一切原理。所以这样一个感性和理性的统一是他先验的一个假定。这就给他带来了理论上的矛盾，他虽然把感性纳入人的本质，强调人的感性生命现实活动这样一个层面，但是这种带有感性的人的本质仍然是抽象的，仍然是先验地规定了的一种抽象的本质，它不是在人类的现实社会生活中发展起来的。那么这种人性的感性方面，最终是要通过审美发展到理性的方面，发展到人格，发展到神性，人要向神迈进，要向抽象迈进，当然也不能脱离感性，但最终的目的是要进向神性。所以神性，抽象的理性，这个才是席勒理解的真正的人性。虽然有感性和理性两方面，但是这两方面里头，理性代表神性的方面，是人类文明社会所趋向的最终目标。所以理性最后还是凌驾于感性之上的，这就是他的历史主义，他仅仅是考察先验的人性在历史发展中遭到了怎样的变形。先提出一个理性和感性的统一，那种统一在古希腊那个时代表现得最完美，那就是完整的人性；但是在后来的文明社会的发展中，在历史过程中逐渐逐渐地遭到了变形，这就是席勒所理解的历史，人性的历史。但是他没有看到，人性本身它有一个形成过程。按照后来的黑格尔乃至马克思的想法不是这样的，不是先有一个抽象的人性在那里，表现得很完美，然后在历史的过程中越来越堕落、越来越变形；而是说一开始是潜在的，还没有表现出来，随着历史的发展，这种人性的完满性才逐渐逐渐地显露出来，逐渐逐渐地形成起来，这是后来黑格尔的历史主义乃至于马克思的历史主义所采取的思路。

席勒的思路还是跟康德有些类似：先假定一个理念，然后看这个理念如何在现实生活中遭到改变，遭到变形，然后我们再想办法去恢复它。这种思路当然看起来是历史主义的，但是这种历史主义是很表面的，实际上还不是历史主义的。真正的历史主义是把人性看成是有机的生长过程，不是说先有一套概念，而是说先是一种潜在的模糊的东西，然后再逐渐逐渐地清晰起来，在历史发展中逐渐逐渐形成起来。所以在席勒那里，人的本质是"大自然的恩赐"，人为什么有这种本质，那是天生的，大自然造就了具有感性也具有理性的人，人应该是理性和感性的统一，这是人的理念。所以这样一种理念完全是偶然的，大自然为什么要特意把人造成这样一种东西？为什么没有把所有动物都造成这样呢？那是大自然它愿意这样干，最后要追溯到上帝，上帝造人。由于这种偶然的原因，恰好我们人类在大自然中就被造成了这样，可以用来解释我们人类的历史。但这样一种先验的方法是不能够解决人的本质的问题的，人本主义美学在这样一种脆弱的理论基础上也是走不了多远的。人的理性，包括人的哲学思维，在这种思想的支配之下，一定是会要走到人的背后——要么是物自体，要么是偶然的前提、既定的前提，比如说大自然造成了人就是这样的——去追溯它的原因，追溯它那个要么是不可知的原因，要么是上帝，必然会走向那样一个方向。在席勒那里他的这种先验的人学必然会导致对这种人学的根据究竟何在继续往前追溯。

所以席勒这一套美学就必然走向了他的下一步，下一步就是谢林和黑格尔的艺术哲学。谢林和黑格尔的艺术哲学就是从康德和席勒的这种先验的美学、先验的人学里面走出来的。你说人的本质是先验的，本来就是这样或者已经定了的，大自然已经造成了这样的一个事实，那么有些人就还不满意：为什么会造成这样一个事实呢？你总要追溯它原因。再追溯它后面的原因就必然会发展到谢林，乃至黑格尔，就是你自己解释不了自己了，那就用别的东西来解释。所以席勒的美学已经有了客观的因素，从康德的主观主义进入主客观的统一。我们刚才讲，他主观和客观都有，主观表现在客观中，从客观上面可以看出主观。席勒的美学可以说是主客观统一的美学，它不一定只是强调艺术，艺术本来就是主观见之于客观的，艺术家的创造力见之于他的作品，并且他这个作品在社会上现实地发生影响作用，能够沟通人与人之间的社会关系，这就更是主客观的统一了。但是他这个客观没有必然根据，所以进一步的发展就走向了谢林和黑格尔的客观美学。谢林和黑格尔的美学也是人文美学，也是人本主义的，但是他们已经又是一种客观的美学了。从康德到席勒再到谢林、黑格尔，我们可以看出来他们走了这样一条路：从主观到主客统一然后再追溯它的客观基础。在这个意义上面，谢林和黑格尔的美学可以说回复到了古代客观的美学，但是是在更高的基础之上，不是在古代的自然主义基础之上，而是在人本主义的基础之上回复到了客观美学。

三、谢林：神秘主义的艺术哲学

谢林（Schelling，1775—1854）的神秘主义艺术哲学，我们刚才讲了，也是属于人本美学中的客观美学，他有点回复到古代和中世纪的那种客观美学的倾向；但是他又不完全是古代和中世纪的客观美学，他是在康德的人本主义和席勒的历史主义的基础之上回到了古代，借助于斯宾诺莎的泛神论。斯宾诺莎我们今天没有讲，我们讲大陆理性派美学的时候把斯宾诺莎放过去了，斯宾诺莎的美学当然要讲也可以讲出一点儿，但是不如其他的几位重要，像莱布尼茨，鲍姆加通，这些人更加重要。

但斯宾诺莎讲泛神论，他的实体学说，"实体就是自然"，而自然我们就可以把它叫作上帝，这是斯宾诺莎的一个特点。我们通常把斯宾诺莎称为无神论者，但是严格说起来他是一个泛神论的无神论者。他把自然界叫作上帝，大自然就是神，神就是大自然，那么在大自然里面人的精神、人的思维跟物质世界是一体的，人的思维和机械的物理世界，它们本身是大自然的两种属性，都属于大自然，我们也可以把它叫作神。你站在精神的立场上可以叫作神，你站在物质的立场上，可以把这个自然界叫作物质世界，这是斯宾诺莎的泛神论。那么斯宾诺莎的泛神论对于当时的德国古典哲学都很有影响，包括费希特。我们这里没有讲到费希特，费希特也有他一点点美学思想，但是不是很重要。包括费希特、谢林都受斯宾诺莎的影响，就是说他们把主观的哲学扩展为一种客观的哲学，而斯宾诺莎是典型的客观哲学，就是一切都是客观的，包括我们主观的东西都是客观的，是命定的，都是被决定好了的。这就是斯宾诺莎的"决定论"，一切都是决定好了的，你的思想，你每一个念头都是决定好了的，凡是没有决定好的都是不重要的，都是表面现象，不值得去探讨的。那么这样一种思想对于谢林有很大的影响，导致谢林走向了客观唯心论，也导致谢林的美学走向一种客观美学。正是借助于斯宾诺莎的这种泛神论，他回复到了古代的新柏拉图主义和中世纪的神学美学，它们都具有客观美学的特点。那么谢林的这种哲学，它是一种客观的唯心主义，他最后归结为神话哲学和天启哲学。客观唯心主义最后都要归结到上帝那里，都要归到一个至高无上的精神，客观的精神。那么谢林也是这样，只不过作为神话哲学和天启哲学，他首先是以"艺术哲学"的方式表达出来的。他这个"艺术哲学"所讲的艺术主要是上帝的艺术，我们探讨上帝的艺术，从里面探讨出它的哲学的道理。所以他的这个艺术哲学是客观唯心主义的，而且是神秘主义的，他诉诸艺术创造的那种非理性的过程。我们要探讨"上帝创造的秘密"，我们必须通过艺术创造的那种灵感、那种非理性的过程才能够探求到。可以说这种艺哲学在一个更高的层次上把席勒的客观性和历史性的因素都统一在一个思辨的体系之中，但这个思辨的体系，它以神秘的方式返回到了哲学家的内心，我在内心里面可以去体会上帝创造整个世界这个艺术品的时候是怎么创造的。这种体会是神秘的，它具有神秘主义的"绝对"的含义，我在自己内心可以体会上帝的"绝对"，但这个"绝对"并不以我为转移，虽然它在我心里，我可以去体会它，但是它是在先的，是一种客观的东西。这就建立起了他的所谓"同一哲学"。我们先来看看什么是他的同一哲学。

1. "绝对同一"的哲学

谢林哲学就是这种"绝对同一"的哲学，这是他自己的用语。什么是"绝对"？在谢林看来，绝对既不是主观的也不是客观的，而是主客观尚未分化之前它的一种无差别的同一性，你也可以说它既是客观的也是主观的，但是主观和客观在这里还没有差别，还没有分出来。当我们意识到任何东西的时候，我们已经把主观分出来了，已经主客二分，跟客观的东西已经对立起来了，我们才能够有意识。但是最初主客还没有二分的时候，那是一个什么状态呢？那还没有意识，那是一种神秘状态。主客既然没有二分，那么它就是不可理喻的，它就是概念还没有形成，不能够清晰地把意识和非意识、自我和非我区别开来，主体和客体也没有区别开来，所以它是一种"无意识的世界精神"。主客二分之前，它是一种世界精神。为什么是世界精神而不叫世界物质呢？因为它最后分化出来是我们的精神，我们只得到精神，所以我们推出我们精神的源头，我们就会发现它的源头就在那种无意识的世界精神之中。这种无意识的世界精神，也就是他所说的上帝，神。我们把它叫作神，但是它实际上是一种客观精神。就像斯宾诺莎把自然界叫作神，但是这个神、这个上帝实际上就是自然界本身；那么谢林也与此类似，就是说我们把这世界精神叫作神，但是实际上它就是精神，是主客尚未分化之前的世界精神，他认为这才是真正的上帝。

但是这个上帝，由于自身分化，它在冥冥之中首先显现为自然界。斯宾诺莎的自然界是既定的，已经有一个自然界在那里，但是谢林非说这个自然界最初是由世界精神把自己分化出来、显现出来的。在冥冥之中，这个时候自然界还没有意识，最初是无意识的，无意识的世界精神显现为无意识的自然界，这个自然界已经有所分化了，跟世界精神本身已经有所不同了，它已经有规律了。自然界有法则，有牛顿定律，已经有一些清晰的规则，所以它跟"无意识的世界精神"相比已经有一定的规定，但是它本身在冥冥之中还是无意识的。所以谢林把自然界称为"冥顽化的理智"，"冥顽化"就是冥顽不灵，就是那种没有理性的东西，冥顽化的理智，就是没有理性的理性。自然界已经是理性了，已经有规律，已经有法则，你不能违背自然法则，它已经有一些规范。但是它没有意识到，没有自觉到，所以称为冥顽化的理智，这就是自然界。然后从自然界里面它把它的潜能继续进一步发挥出来，那就形成了有意识的人和人类社会，形成了意识的世界，就是人和人类社会。在人类社会中，人类的意识也经历了一些阶段，从理论到实践上升的这样一个过程，这还是从康德来的，从理论理性到实践理性。你既然有了意识，你就有了理性，但是理性有一个发展过程，最开始是理论理性，然后发展出实践理性，实践理性高于理论理性，它是一个上升的过程，不断上升。从自然界里面发展出人，从人发展出人的理性，从理性里面发展出理论理性再到实践理性，实践理性形成了人们的社会活动，道德伦理，最后形成了理智直观。理智直观在康德那里是不被承认的，他认为对于人来说，理智是理智，直观是直观，直观只能是感性的，感性和理性是不搭界的两种知识来源，人不可能有理智直观，只能有感性直观。但是谢林认为人有一种理智直观。当然费希特比他更早就已经提出来，人就是有理智直观，康德不承认理智直观那是不对的，人应该能够通过自己的理性直观到某些东西，比如说人的自由，人的主体性，上帝，人的灵魂，这些东西都是理智直观的对象。人在理论理性上升到实践理性的这个过程之间，也可以形成一种理智直观，谢林跟着费希特也提出来，理智直观是实践理性、实践活动的最高点，实践活动就是能够把自己所认识到的理性知识实现在我们直观的现实生活中，在这里我们就可以体会到一种理智直观，我们可以直观到自己自由的本性。但是这两者，不管是理论也好实践也好，或者理智也好直观也好，都是局限于人的主体，因为这里的理智直观作为直观，还是一种主客二分的旁观。而真正地把这个主体和客体能够统一起来，能够统一在一个对象上面的，那还是更高一层的艺术直观。理智直观它还是属于人的意识哲学的问题，虽然也实践并作用于对象，但是那个对象并不完全是自己的，并不彻底占有对象。那么到艺术直观，那就不仅仅属于人的意识了，你要创造出作品来了。在实践理性里面它的最高层次理智直观是通过遵守道德律来改造对象。但遵守道德律它是不管后果的，像康德讲的，道德律就是只问动机不顾后果，他只要对得起自己的理性就够了。那么这种理智直观还是局限于人的内心，还没有超出人的内心之外。只有艺术直观才超出人的内心之外，真正地把主体和客体统一起来。那么这就象征性地回到了起点，那就是绝对。人在艺术直观中回到了绝对，当然人不是上帝，但是人已经象征性地展示了上帝的创造过程。在艺术直观里面，整个绝对的发展过程回到了它的起点，回到了绝对的奥秘，我们在艺术直观里面体会到了最初的那个绝对，那种世界精神的秘密之所在。那么谢林的艺术哲学就是在这样一个过程中间出现的。

什么是艺术哲学呢？艺术哲学是在他的《先验唯心论体系》里面提出来的。在最开始，谢林有两本书，一本是《自然哲学》，一本是《先验唯心论体系》。《自然哲学》就是讲绝对、世界精神在显现为自然界"冥顽化的理智"的时候它的一些规律，包括牛顿物理学，包括谢林的一些新的发现，比如说"两极性""对立统一"。我们今天讲的对立统一在谢林的《自然哲学》里面到处都是，他看出来整个自然界都在对立统一中，在一种辩证关系中不断上升。那么上升到意识哲学，那就是《先验唯心论体系》。"先验唯心论体系"最开始从自我意识出发，通过理论理性到实践理性，最后建立起整个意识哲学体系，它的顶点、它的最高阶段就是艺术哲学。艺术哲学当然它还是由意识发现的，艺术创造还是由意识所发展出来的，在这里头绝对作为一种知识，它就是自我意识。这个自我意识在知识的整个体系里面是一个发光点，不过这个发光点只是向前照亮而不是向后照亮，那这是什么意思呢？就是在"先验唯心论"体系里面，它一切都是以自我意识作为动力在推动着整个体系不断地向高层次迈进，而且不会后退，它会一直向前走。当然走到最后它回到了原点，但是它绝不是倒退，它是在更高的层次上回到原点。黑格尔后来说谢林的体系就像手枪发射一样，从最初的"绝对"发射出来，突然一下就发射出来，至于最初的那个扳机是谁扣动的，这个不知道，那是非理性的，带有一种神秘主义。就是说，一种绝对无差别的统一怎么会产生差别，谢林对这一点没有指明，他诉诸一种艺术直观，我们在艺术直观里面可以体会到最初的那个绝对的无差别的统一，为什么会突然产生差别，这个是只可意会不可言传的，就像问艺术家的灵感从何而来一样。所以它是一种神秘主义，就是整个世界精神怎么会发展出自然哲学，又发展出先验唯心论体系，在谢林的整个体系里面是如何一步步走出来的，这个里头的动力，谢林是诉诸一种神秘主义。

那么在自然界中这个自我意识经历了它的潜在的阶段，在自然界里面已经有自我意识了，但是这个自我意识是潜在的，还没有发展出来，但它已经作为一种可能性包含着。我们在自然界所看到的，大地山川，阳光雨露，河流，空气，等等，所有的这些东西我们看不出有什么意识。但是谢林认为，你看不出意识，但是实际上它潜在有意识，因为我们今天的人类就是从这个里头发展出来的，我们人就是从大自然里面长出来的。以前的基督教归结为上帝造人，但实际上上帝不是造人，上帝最初只是造自然界，然后由自然界自行发展出人来。所以人其实已经潜在地包含在自然界里面了，尽管你看不出来。当然看不出来，因为是潜在的，你看得出来那就不是潜在的了。你看到的只是石头、太阳光、水分。我们今天在月亮上面发现有水分，大家都欣喜若狂，为什么欣喜若狂，那说明月亮上也可以发展出生物来。它可以发展出生物来，它也可以发展出人来，我们不就找到同伴了么？这个思想在谢林那里也有，就是说大自然是冥顽化的理智，但是这种理智是潜在阶段的，它只有在人身上才达到了一种精神的自觉。马克思、恩格斯也讲过这种话，说："在人身上大自然达到了自我意识"。大自然的自我意识就是通过人体现的，人就是大自然，没有什么上帝额外地造人，人就是从大自然里面发展出来的。那么人的意识就是大自然本身的意识，是大自然本身的自我意识。那么这样一个逐渐达到自觉的过程，在人类社会中也经历了它的历史的发展，不光是在大自然中，而且人类社会也是这样发展出来的。在古代，古希腊是原始状态，表现为物我不分，就是人既是精神的也是物质的，既是个体也是群体，它没有明确地分化出来。到了中世纪，已经分化出来了，精神是精神，精神是上帝，而人是感性、人是动物，人一半是野兽一半是天使。这个时候已经分化出来了，但是它是非理性的。中世纪的封建时代，它采取一种信仰的方式，一种非理性的方式，把人的感性和人的神性强行割裂开来。而到了谢林的时代，到了近代，这种自我意识最后将前进到一个"理性的王国"。这是谢林对整个历史所做的这样一种描述——三个阶段，一个是古希腊，一个是中世纪，再一个是近代。三个阶段是自我意识逐渐地独立起来、逐渐达到自觉的过程。那么他的两大体系，一个是"自然哲学"，一个是"先验哲学"。"先验唯心论体系"也叫先验哲学，它们两大体系是互相缠绕的。一方面，自然哲学它最初从世界精神里面显现出来，但是它的发展的方向就是要把整个自然界最后归结到人的精神，自然哲学它的最高花朵就是人的精神，就是以人的精神体现出自然哲学的目的，整个自然界它的本质是在人身上体现出来的。而先验哲学，就是要接过这个接力棒，把人的精神体现出来，把人的精神扩展到整个自然界和人类社会，扩展到社会历史，最后能够完成精神和物质、自然界和意识相互之间的统一，以便返回到绝对。所以，先验哲学里面包括理论哲学和实践哲学，最后在艺术哲学里面达到理论和实践的统一，也就达到了主观和客观、精神和自然界的绝对统一。

那么这种绝对统一首先是在哲学家的理智里面实现的。我们刚才讲到，所谓理智直观已经是精神哲学、先验哲学的最高阶段，这个理智直观只有哲学家才具有，哲学家能够通过人的意识活动发现意识本身，直观到意识本身的创造性。那么这个直观实际上是要凭借天才的，谢林认为哲学家也是要凭借天才的。这个跟一般人的看法不太一样，一般人认为艺术是要凭借天才的，哲学家只要能够计算就够了，只要有逻辑，有理性就够了。但是谢林认为，哲学家本身也需要天才，需要天赋，他才能够直观到绝对抽象的本质。我们通常讲的哲学天赋，它也是一种天才。但是这种理智直观，它还不能够客观化，它还是一种静观。哲学家坐在那里沉思冥想，即使他也谋生，和自然界打交道，与人发生日常关系和道德关系，那些实践活动也不是由他自己支配的。他突然发现人在这样一种意识过程中，在理论理性到实践理性的过程中，可以凸显出他自己的本质，他可以直观到这种本质，但是这样一种沉思冥想，还没有客观化。哲学家的思想只是在自己头脑里面，但是他没有创作出一个作品来影响人家，只有艺术家才能够做到这一点，所以艺术直观是更高的阶段。最后理智直观再客观化就变成了艺术直观，在艺术直观里面，人创造出自然对象，并且把自己投身于自然对象，忘情于自然对象，忘我。艺术家在创作的时候是忘我的，他把自己投身于自然界，同时他又直观到自己的自由活动，他又是清醒的。一方面他是陷入一种迷狂的状态，一种非理性的状态，但同时他也还是清醒的，他是自由的，他自觉地在支配自己的行为。所以在这个时候，在艺术家这里，直观者与被直观者，有意识和无意识，有限和无限，现象和本质，自由和必然，最终达到了统一。在艺术直观那里，最终主客体达到了统一。理智直观还是局限于主体里面的,但是艺术直观已经把客体纳入进来了,主观本身变成了客观,人不再是单纯直观到绝对,而是融入了绝对,把绝对当成一种客观的东西,自己也融化进去了,投身进去了,只有这样你才能真正把握绝对。所以艺术哲学是谢林整个哲学体系的"拱顶石",就是最关键的一步,最后这一步如果不建立起来,他的整个大厦都没法建立起来。从他的这套理论我们可以看出来,它完全是非理性主义的。很多人都把谢林的哲学看成现代非理性主义哲学的先驱,比如说,海德格尔就非常重视谢林,专门写了一本书,《谢林论人类自由的本质》。还有其他的一些神话哲学、天启哲学,它们都要回到谢林的观点。那么我们现在看看他的艺术方面。

2. 艺术与美

现在进入谢林的美学。谢林在《先验唯心论体系》以后写了一本《艺术哲学》,有一个中译本,但是那个中译本译得很糟,不知所云。当谢林把艺术哲学当成他先验哲学的顶峰的时候,他并没有真正地落实到感性与现实的王国,而是上升到了非理性主义和神秘主义的天国。我们在读他的《艺术哲学》的时候,我们不要以为他在谈艺术,以为他在谈艺术家和艺术作品,他的艺术哲学并不是跟现实的艺术家和艺术作品、艺术史有什么关系,毋宁说,他尽量回避这种关系。在他看来,艺术哲学其实并不研究特殊的艺术规律,而是研究"以艺术形象出现的宇宙",也就是把整个宇宙看成上帝的艺术作品。艺术哲学所研究的不是人间的艺术,而是上帝的艺术,是艺术的"原理",是艺术的形而上学原则,所以叫"艺术哲学"。它不是艺术理论,不是文论,不是艺术学,而是艺术哲学。艺术哲学就是研究上帝创造艺术品的原则,所以艺术哲学就是他的世界观,也是他的宇宙论。当然这个里头我们可以看出亚里士多德的一些影子,我们前面讲到,亚里士多德就是把整个宇宙看成是上帝的艺术作品,还有新柏拉图主义也是这样。从那里奠定的客观美学的基本模式在谢林这里也表现出来了。不过这样一种上帝的艺术品呢，它是神秘主义的，又接近于神学美学，它也是跟天启哲学、神话哲学相通的。到谢林的晚年，他致力于建立他的神话哲学，建立他的天启哲学，这个是有原因的，其实在艺术哲学里面已经有这个苗头了，因为他探讨的是上帝创造世界的奥秘。但是他的这种神秘主义也不是以往的那种形式主义的或者是象征主义的静观的神秘主义，像中世纪神秘主义那样。中世纪神秘主义是一种静观的神秘主义，我们只要观察，我们只要体验，只要象征，面向上帝祈祷，信望爱，然后我们就可以体会到上帝的神秘、上帝的启示，这是以往神学美学的神秘主义。但是谢林的神秘主义，他是通过一种艺术的能动的创造性、主体的能动性，而把精神融合在物质之中，来消灭主观和客观、形式和内容、感性和理性的对立，是这样一种神秘主义。或者说他是一种创造性的神秘主义，而不是一种静观的神秘主义，我们要注意这一点。神秘主义也有好多种，有一种是静观的，基督教神秘主义就是静观的信仰，我相信上帝，那么我就去体会那个上帝，沉思默想。那些神学家，那些神父们，神学院的那些博士们，坐在静修室里面沉思默想，去体会上帝，去倾听上帝的声音，这是一种静观的神秘主义。谢林不是这样。他是一种创造性的神秘主义，他认为在艺术创造中可以把各种对立的东西融为一体，在有意识中见出无意识，在有限里面表现无限，这就是人的艺术创造活动。

　　他由此提出了一个有关美的定义，这个美的定义已经不是古典主义的了，而是一种浪漫主义的定义，他说："以有限的形式表现出来的无限，就是美。"这恰恰是浪漫主义的观点，以有限的东西表现无限的东西，中国人讲"言有尽而意无穷"，中间要靠非理性的直观感悟。古典主义是以有限表现有限，形式对称，黄金分割，那都是有限的，明摆着的，你不能偏离的，你偏离了就不美了，所以古典主义是比较死板的，那些关于美的规范都是现成的。而浪漫主义它是以有限来表现无限。我们前面讲狄德罗的关系，关系越多越丰富，就越美，这就涉及无限性；鲍姆加通讲完善，完善也带有一种无限性，但它是以有限的感性形式表现出来的，你如何在有限中表现出无限，如果能达到这一步，那就是美。所以谢林的这个美的定义跟当时的浪漫主义有很大的关系。当时浪漫主义的很多文论家、美学家、艺术评论家，都把谢林当成他们的理论导师。那么这种美的定义跟艺术的创造活动、能动的创造是分不开的。它不是少数人的专利，而是一切人都能够体验到的，是他自己内心的那种本质显现在外的形象，一切人其实都能够从有限的形式里面体现出无限的美。当然艺术创造是通过天才，但是对这种美的欣赏，它是所有人都能够体验到的。所以在这种意义上讲，艺术要比哲学高，它不仅仅是个人神秘的一种内在的理智直观，而是要对表现出来的客观形象产生一种艺术直观。艺术家所创造出来的美，它是一种艺术直观，摆在那里，所有的人都可以去欣赏，都可以去体会，在有限中表现无限。所以艺术直观和哲学直观有这样一种关系，按照谢林的说法，"取消了艺术的客观性，艺术就不再是艺术，而变成哲学了"。艺术和哲学相比它有客观性，如果你把这种客观性取消了，艺术就变成了哲学，它就是一种主观内心的直观，一种理智的直观，它不要作品，不要创造出客观作品来，它只是静观，那就是理智直观。所以他说取消了艺术的客观性它就变成了哲学。而另一方面，"赋予哲学以客观性，哲学就不再是哲学，而变成艺术了"。他这个艺术的概念就非常广了，就是哲学如果赋予它客观性，那它就是艺术。这个里头就包括上帝的艺术，上帝不是想想而已，上帝是要创造世界的，他是把他所想到的东西创造出来，把它实现出来，那就是艺术，整个宇宙、整个自然界就是上帝的艺术品。所以，赋予哲学以客观性，那么哲学就不再是哲学，而是艺术。上帝是这样，人也是这样。人类如果把他的哲学用一个作品表达出来，那它就是艺术；如果仅仅是想想而已，那它还是哲学，或者说他仅仅是用文字把它写出来，把它记录下来，那还是哲学。但是如果他用客观的形象把它表达出来，那就是艺术。所以，艺术无非是哲学的一种客观表达，如果我们要归纳一下，那么谢林有这么一个意思。

所以，他认为只有艺术才能够使得主客观成为一体，艺术的能动性能把主观变成客观，人能够从主观里面创造出客观，这就达到了绝对，这就是绝对创造的奥秘，人在创造艺术作品的时候，他实际上是体会到了上帝创造世界的奥秘。艺术家有点类似于上帝，当然他不能跟上帝相比，上帝无所不能，艺术家要受到他的天分的限制，但是他体会到上帝创造世界的秘密就在这里。所以我们讲，谢林的这种神秘主义和基督教的神秘主义的区别就在这里，基督教的神秘主义是一种单纯感受上面的，或者说是静观的神秘主义，通过信仰，通过启示——你等着吧，你等在那里，看你的启示、灵感到不到来。但是谢林的神秘主义是艺术创造的神秘主义，艺术的灵感，艺术创作的无意识性，使得他的艺术哲学具有了神秘的意味。当时的浪漫主义文艺思潮为什么对谢林那么感兴趣，就是因为他给这样一种浪漫主义的神秘主义提供了理论基础。当时的浪漫派的代表人物如诺瓦利斯、荷尔德林，霍夫曼、施莱格尔兄弟等等，所有这些人都认为谢林是他们的理论导师，他是向中世纪的浪漫文艺的某种意义上的复归。谢林的时代是浪漫主义的时代，跟歌德和席勒的时代有很不同的一种思潮、一种倾向。歌德和席勒还是既有浪漫主义也有古典主义，我们通常把他们称为现实主义的，我们的文学史上通常都这样说。那么在他们之后就发展出了浪漫派、浪漫主义。歌德和席勒，特别是席勒，已经有浪漫主义的倾向，但是发展到诺瓦利斯、施莱格尔兄弟他们这些人，那就更加突出了浪漫主义，而对古典主义采取反叛的态度了。我们文学史上把他们称为"消极的浪漫主义"。"消极浪漫主义"它是"朝后看"的，它是回到中世纪，想从中世纪的那样一种体会、那样一种精神里面，去找到他们的灵感。但其实这种向中世纪的复归，不是简单的复归，而是立足于人本主义的崭新的基础上面的一种新的复归，在更高层次上的复归，它的基础还是人本主义的。

但是人本主义在谢林这里毕竟走向了自己的异化。谢林还是人本主义的美学，他是立足于人的，但是这个人已经走向了异化，就是说他诉诸非理性。非理性当然也是人的，人的本质里面有非理性的成分；但是在谢林这里，这种非理性的成分异化成了一种外在的东西，不再是人的东西，它是神的东西。所以，晚年的谢林走向了天启哲学，走向了神话哲学，就是更加回到中世纪的信仰，对上帝的崇拜。所以，谢林的晚年，按照马克思、恩格斯的评价，他创新的东西不多，晚年是一种倒退，他回到了神学。普鲁士国王在黑格尔死后，意识到黑格尔提倡的那样一些辩证法，那种否定的批判精神，对于青年大学生产生了"不好"的影响，过分的自由化了，所以又把谢林请回来，想靠他肃清黑格尔的影响。晚年的谢林在黑格尔死后，在柏林大学讲他的天启哲学，讲他的神话哲学，以此来消除黑格尔的影响。因为黑格尔毕竟还给人带来一种强悍的生命力、自由的冲动，而谢林的天启哲学能够缓和这样一种冲动，能够把人带向一种信仰。所以晚年的谢林大讲天启哲学，但是他的追随者越来越少，他晚年的哲学实际上是不成功的，我们说代表了谢林思想晚年的一种衰落。他的思想的能力、思想的锋芒都开始走下坡路，失去了年轻时候的锐气，不再是一味地鼓吹人的创造性和自由的能动性，而是要为人的心灵寻求一个终极的归宿。你一味创造，强调人的主体性，强调人的个人意识的冲撞力，但是最后你要有一种归属。谢林晚年就在寻求这样一种归属。这也是一种近代意义上的异化现象，凡是要追求人的主体性、自由的解放这样一种理论的，在一定的时期，他总要走向他的异化，最后都要归到上帝那里去。费希特就是这样，费希特从康德那里出来，他特别强调行动哲学、实践的哲学、自由意志的、能动的、创造的哲学，他甚至于走向一种"唯我主义"，一种主观唯心论。但是到了晚年，费希特也走向了天启，走向了神，走向了上帝。那么谢林也是这样，晚年走向了上帝，黑格尔其实也是这样。黑格尔到了晚年，不是说晚年，他早年已经是这样了，他就预计到他最后要回归到绝对精神。那么谢林是比较典型的，就是人的精神在它的冲撞过程中到一定的阶段上面，他就会走向自我异化。这种自我异化在谢林这里，它是一种更加深刻的异化。也就是说上帝已经被归结到人的心中，但是上帝在人的心中仍然和人对立，在人的心里面驱使着人，迫使着人去建立一种新神话。康德其实也有这种倾向。康德建立起的这种单纯理性范围内的宗教，也是人为了自己的道德自律而提出的一个假设。那么谢林也是这样，人的这种艺术创造在上帝那里找到了它的根源，然后把这样一种根源当作他的心灵的最终的归属，这样才能求得暂时的安慰。

我们在这里面也可以看出，西方文化精神的这种个体意识最后还是摆脱不了宗教，最后还是需要一种宗教来给他们的个体意识提供一个安身立命之所。为什么西方人这么需要一个信仰，需要一个彼岸的宗教对象，需要一个上帝？就是因为他们的个体意识独立起来以后，感到孤独。个体当他还没有独立起来的时候，他是感觉不到孤独的，比如说中国人就不需要上帝。中国人需要很多很多的神，在日常生活当中，每当遇到困难的时候他想到要求助于神，但是他不需要一个上帝。他求助于神也不是当作一个真正的彼岸的神在那里信仰，而是有一种实用主义的目的。中国人的个体意识在群体里面很容易找到自己的安慰，很容易找到自己的安身立命之所，所以他不需要到彼岸去找一个上帝。而西方人不同，你看到他强调人的个体独立性的时候，你就要想到他的发展方向最后要引出一个上帝来。当然也有例外，像马克思这些人，他一方面强调人的独立性，但是他可以做一个无神论者，但是马克思的历史必然规律在某种意义上也起到了上帝的命运的作用，也对人的这种主体的能动性做出了一定的限制，这是西方文化的一种结构。

四、黑格尔：理性主义的艺术哲学

下面进入黑格尔（Hegel，1770—1831）的理性主义的艺术哲学。谢林和黑格尔都是强调艺术哲学的，但是他们两个有很大的不同。谢林的艺术哲学我们上次讲到，他实际上讲的是一种上帝创造世界的艺术，是一种本体论和宇宙论，就是整个世界是怎么样艺术性地创造出来的。那么人的艺术只不过是体会到了上帝创造世界的奥秘，然后人从自己的艺术创作里面去体会它的神性，人的艺术只是有限的神性。所以谢林不太关注具体的艺术作品、艺术史、艺术家，一般而言，他是从哲学的层面来关注艺术创作本身的。那么黑格尔的艺术哲学就不一样了。黑格尔的艺术哲学也有上帝创造的意思在里头，但是他更关注的是现实人间的艺术创造。黑格尔的艺术修养是非常高的，在当时来说，顶尖级的艺术作品、艺术家他都非常熟悉，而且还有自己的眼光。他到一个地方就去参观艺术馆、博物馆，而且对那些艺术作品加以评点，也可以说在某种程度上，他也可以算艺术评论家。这样的哲学家是不多的，康德是不行的，谢林也做的很少，但是黑格尔就大量地评点当时的艺术品，包括当时的美术、雕塑、绘画、建筑、戏剧，音乐搞得少一点儿，黑格尔认为自己对音乐比较外行。但是对于美术这方面他有大量的评论，而且被当时的专家认可，认为他的评点是有水平的。同样都属于艺术哲学的美学，他与谢林的区别就在于，谢林的艺术哲学是神秘主义的，直接通过神秘主义与上帝相通，跟世界精神相通；而黑格尔的艺术哲学是理性主义的，这一点是他们的根本区别。

  黑格尔和谢林是同时代人，他们是同班同学。前不久我到图宾根大学去参加一个会议，就在谢林、黑格尔和荷尔德林他们三个人一起喝酒的小酒馆里面喝了一次酒。图宾根是一个很小的大学城。谢林、黑格尔和荷尔德林他们三人志趣相投，谢林和黑格尔早年还是"同一哲学"的共同创建者。谢林是个少年才子，神童，15岁上大学，23岁就当了大学的正教授，是由于歌德的推荐。所以谢林成名得早。黑格尔就比他倒霉，30多岁了还没有捞到一个大学的职位，所以黑格尔在谢林面前，一开始当他既是朋友又是自己的老师，他早年追随谢林的同一哲学。毕业以后，黑格尔在乡下当了很多年的家庭教师，后来又当中学校长，最后凭他的《精神现象学》和《逻辑学》才当上了大学教授。他的名气是在后来才起来的,然后就跟谢林分道扬镳了。《精神现象学》是他的第一部成名作,在里面他就跟谢林划清了界限。虽然他划清了界限,但还是同一哲学,只是对同一哲学的理解不一样了。

1. 哲学:"逻辑学"和"应用逻辑学"

我们上次讲了谢林的同一哲学是立足于"无差别的同一性",主客体无差别。但是黑格尔的辩证法是强调"有差别的同一性",不可能无差别。同一本身就是差别,同一跟差别"不同",所以同一本身就具有差别性,那么在最早的"绝对同一"里面其实就包含有差别了,这是他跟谢林不同的地方。因此他认为对这个差别,我们应该采取一种理性的眼光来加以分析,不能够用神秘主义来躲避。按照谢林的观点,既然是无差别的同一性,它怎么会发展出来差别的,那就无法解释,就是神秘主义了。黑格尔认为这是理性无能的表现,你不能够用理性来解释,不能够用逻辑来解释,那你的理性是无能的,你求助于非理性的东西,神秘主义的东西,那是不起作用的。所以按照黑格尔的说法,应该用一种"绝对的理性"来把握一切,这种绝对的理性首先是它的逻辑性。黑格尔的《逻辑学》是他的代表作,也就是说,他认为整个世界,万事万物都是基于一种逻辑。他的哲学体系非常地完整,应该说大体上可以这样分:首先是《逻辑学》,这是他的一部著作,逻辑学三大卷,我们有中译本;另外还有一本《小逻辑》,是《逻辑学》的缩写。其他的所有著作都可以归为"应用逻辑学"。所有其他的《精神现象学》也好,《法哲学原理》也好,《美学讲演录》《宗教学讲演录》等等,包括《历史哲学》,都可以看成是应用逻辑学。因为黑格尔的观点非常简单,就是所有的万事万物背后都有逻辑在起作用,他是彻底逻辑主义的,认为理性能够解释一切。那么这样一种逻辑学,他认为那就是上帝了。所以黑格尔写《逻辑学》,他是抱着这样一种宗旨,要把上帝在创造世界之前是怎么想的,把它描述出来,也就是说,逻辑学是上帝创造整个世界的一个蓝图、一个设计,他打算怎么创造世界,他的秘密在《逻辑学》里面都有。黑格尔就是想把这样一个创造世界的蓝图，按照一种逻辑的程序把它描述出来。所以任何事物背后都有一个逻辑范畴在支撑它，都可以从它这个逻辑范畴里面得到解释，任何事物都是"绝对精神"——也就是上帝，上帝是"绝对精神"或者"绝对理念"，这都是差不多的意思——是绝对精神在某一个阶段，某一个层次上的一种表现。万事万物，随便你讲到一个事物，那么黑格尔就可以指出来你所谈到的这个事物是绝对精神、绝对理念在哪一个阶段上的表现，它的前面是什么，它的后面是什么，它的上面是什么，它的下面是什么，他都可以给你找出它的定位来。这种理性主义当然就很可怕了，我们一般人很难忍受。但是按照黑格尔的这个绝对理念，至少这个事物的背后有那么一种关系，哪怕你自己自认为这个事物好像是偶然发生的，但是实际上背后你总能找到它的根据。这就是他的应用逻辑学，他的应用逻辑学就是描述万事万物怎么样在逻辑的支配之下发展出来、生长出来的。那么这样一个应用逻辑学就包括两大部分，一个是自然哲学，一个是精神哲学。自然哲学就是逻辑学本身外化出来的，逻辑学它本身也是一个过程，一个逻辑发展的过程，而逻辑发展的过程发展到最后就外化出自然界。所以他的应用逻辑学第一部分就是自然哲学，描述自然界万事万物，物理、化学、生物，整个自然界的现象，它们是怎么样由逻辑范畴推演出来的。那么由自然哲学最后发展出人的精神，所以除了自然哲学以外，应用逻辑学第二部分就是精神哲学。精神哲学就更加庞大了，包括主观精神，主观精神里面有人类学、精神现象学、心理学。精神哲学第二个环节就是客观精神，客观精神就是社会，包括法哲学和历史哲学，从个人里面发展出社会。那么这个社会就具有客观精神，表现在历史和法——这个法当然是广义的，包含法律，道德，伦理，家庭，社会，国家，都包含在里面。再一个就是历史。那么第三个精神哲学的环节就是绝对精神，绝对精神主要是指的人类精神生活。精神生活有三个层次，艺术、宗教、哲学，所以，在绝对精神的学说里面包含有艺术哲学、宗教哲学和哲学史。哲学就是哲学史，这也是黑格尔的一个典型的命题，这个在这里不能够展开。

这就是一个非常庞大的体系，它几乎无所不包，所以黑格尔晚年就把所有这些组织起来，写成了一本叫作《哲学百科全书》（以下简称《百科全书》）的大书。它跟百科全书类似，就是无所不包，所有知识都在里面，但是他是用哲学的眼光写的。他揭示出《百科全书》的每一个项目底下，有一个什么样的逻辑范畴，有一个什么样的哲学范畴。在这个体系里面，可以说它既是一种百科全书，又不单单是一个词典，而是一个历史的发展过程、一个体系、一个系统。一般讲《百科全书》我们按字母排列，或者按照笔画来排列，都可以，好像没有什么体系，完全是偶然的。但是黑格尔的《百科全书》是一个历史过程，讲的是所有的万事万物、客观世界它的必然发展的过程，它不是按照字母，而是其中每一个环节都由前面一个环节发展而来，并且又过渡到下面一个环节。如果说百科全书里面有一些词条，那么黑格尔的词条都是处在一个有机的关联之中，它前前后后，上上下下都是牵扯点，"牵一发而动全身"，一个环节都缺不了，去掉一个环节整个体系就不成立了，它们都是严密地按照逻辑推出来的。那么最后的环节就是绝对精神，而绝对精神里面它分为艺术、宗教和哲学，最后达到哲学就是上帝回到了自身，从开始的一个蓝图，逻辑学，通过哲学史最终回到了哲学。这个哲学当然就是黑格尔的哲学，最后回到了黑格尔自己的哲学，他认为这就是回到了上帝本身。那人家就说，那你黑格尔就是上帝了？黑格尔认为他自己的哲学是绝对精神发展的终点，也是整个世界发展的终点，绝对精神到黑格尔的哲学就停止了，所有的真理就在这里。他这个体系当然是封闭的，所以建立以后不久就被后人包括他的弟子们打破了。所以自从黑格尔以后，哲学家们都吸取了教训，千万不要建立一个封闭的体系，你如果建立了一个封闭的体系，肯定是要被人打破的。黑格尔以后那种成体系的哲学就不再有了，包括马克思，他也没有建立一个封闭的哲学体系,他甚至没有一部专门的哲学著作。马克思以后现代的哲学家们更加注意这一点,你要讲什么就讲什么,你不要把所有东西都放在你那里头,都包括在你那里头,你如果想要无所不包的话,你至少要留下缺口,留下余地,你不要把话说尽。因为你不是上帝。

那么我们今天讲的就是黑格尔的"绝对精神"的第一个环节,就是艺术哲学。绝对精神,从主观精神、客观精神,发展到绝对精神时,第一个环节就是艺术哲学。艺术哲学开始进入艺术形态,进入精神本身的领域。主观精神你可以说是心理学或者是人类学、精神现象学,那都可以加以科学的研究,心理学、人类学是一种科学研究的对象。那么客观精神,法、伦理道德,甚至社会,这些也可以作为一种社会科学来研究。唯有绝对精神你很难作为一种纯科学来研究,艺术也好,宗教也好,哲学也好,它都已经不是那种科学了,当然广义地来说,哲学还算是科学,但是实际上你不能把哲学仅仅归结为是科学。在绝对精神阶段,进入艺术哲学,黑格尔认为它是第一个层次,最初级阶段。在这个最初级阶段里面,黑格尔认为它并不是像谢林所讲的那样神秘的直观,艺术哲学并不是诉诸一种神秘的直观,在艺术哲学里面也是通过哲学家的概念来理解的。当然这个概念不是自然科学的概念,你不能用自然科学来理解艺术哲学,而是黑格尔意义上的逻辑范畴。艺术哲学后面也有黑格尔的逻辑范畴,那么黑格尔的艺术哲学就是要把这种逻辑范畴以及它所建立起来的艺术结构揭示出来。当然这样一来,艺术哲学也是采取了一种范畴进展的异化的形式。我们前面讲了谢林的艺术哲学,神秘主义,非理性主义,他采取了一种异化的形式,也就是一种非人的形式。但是黑格尔这里呢,他的绝对主义也采取了一种异化的形式,它也是超人的,超越于人之上的。那么这两种异化形式有一种区别,就是谢林的那种异化他更多地回复到中世纪,神秘主义、天启、上帝的启示,这种说不出来的东西,这种神秘的东西。那么黑格尔的这种异化,他采取了理性主义的方式,逻辑发展的形式。理性主义的方式是资本主义社会最典型的方式，资本主义就是靠理性起家的。从文艺复兴以来，包括宗教改革，发展科学技术、发展实业、发展工业，大企业的产生、大工厂的产生等等，这些都是建立在严格的逻辑理性的基础之上的。像马克思后来分析《资本论》，提出剩余价值规律，这一切都是建立在契约、等价交换、逻辑公式之上——资本主义它有逻辑公式，甚至可以还原为数学公式，剩余价值规律可以用数学公式来加以表达。也就是说资本主义它的特色是非常强调理性，资本主义社会、资本主义生产都非常强调理性，但是这种理性采取了一种异化的方式。理性本来是人的本质，每个人都有理性，但是它反过来成为一种压抑人的东西，所以在黑格尔的理性主义那里它有种异化的形态，就是说普遍的理性变成了压迫个人意志的一种力量、一种强制。人在理性之下变成了一种绝对精神的工具，人变成了螺丝钉，上帝、绝对精神、绝对理性成了主体。人们对黑格尔的批评往往从这个角度，就是说黑格尔太具有强制性了，黑格尔把人放在了微不足道的地位。从整体上来说，当然这种批评没错，黑格尔的体系确实太强制了，太封闭了，人的自由在里面好像没什么余地。但是如果你从黑格尔的著作，他的体系的每一个环节来看，你就会发现他恰恰是强调人的自由创造的，他强调的就是人的自由创造，人的这种意志，人的这种决断，在每个具体环节上他都是强调这一点的。所以他这个体系非常怪，从整体上来看人毫无地位，但是从每个具体环节来看，它的整体只不过是为了成全每一个个人的自由意志的一种安排，或者说个人打着上帝的旗号在创造自己的生活。具体的自由意志，具体的生活，由于有上帝最后的保证，所以具有了某种合理性，某种理直气壮的底气。因此表现出来它往往有一种辩证的、能动的形态，在这一点上你不能否认他。像马克思、恩格斯虽然批评黑格尔，批评得很厉害，但是他们也高度赞扬黑格尔，说他的思想方式不同于所有其他哲学家，就在于"他的思想方式有巨大的历史感做基础"。他在讲每一个逻辑范畴的时候，他实际上眼睛盯着的是历史。而什么是历史呢？历史就是人的创造，历史是人创造出来的，历史不是先规定好的，而是由人一步一步创造出来的。这样一种历史感，黑格尔是具有的，所以得到了马克思、恩格斯的高度赞扬。他通过这种历史感来揭示在世界历史中，有一种发展，有一种规律，有一种内在的联系，世界历史不是一大堆偶然的事实堆在那里，而是由于人的历史创造，所以世界历史是有规律的，这成了一个发展的线索。在黑格尔那里我们可以说他为马克思、恩格斯的历史唯物主义提供了重要的思想，特别是他的辩证法。我们说马克思、恩格斯从黑格尔的体系里面，扬弃了他的结构体系，而吸取了合理的内核，那就是那种历史感，那种辩证法。辩证法就是他的历史内容，就是他的历史主义，辩证法和历史主义实际上是一回事儿。前面是我们对黑格尔哲学的整体构架做了一个介绍。下面我们再看他的美学。

2. 美学的总体构架

黑格尔的美学，他也是有一个突破的，我们说他的每一个环节你把它截取下来看，你就会发现他里面都会有一个自圆其说的构架，它不是一个片段，不是一个零星的、孤立的、撇在一边的一个什么偶然的观点，它是在整个的体系里面本身又形成了一个小体系。他的美学的体系，也是自圆其说的，用他的话来说就是一个圆圈。它的整体就是一个圆圈，大圆圈里套着小圆圈，大圆圈由小圆圈构成，而美学就是一个小圆圈；美学里有很多小圆圈，也有很多更小的圆圈。从美学史上来看，黑格尔的美学可以说在当时时代的制高点上对整个以往的美学进行了一次回顾、一次俯瞰，所以说他是西方传统美学的集大成者。当然后来人也有不同的评价，认为康德的美学比黑格尔的美学更加深刻：虽然康德的美学不像黑格尔的美学那样成体系，但是他的很多观点要比黑格尔更加深入。但是从体系上来说，黑格尔也吸收了康德的很多东西。他的美学也可以看成古代的客观美学和中世纪的神学美学的一次复辟，恢复了古代客观美学和中世纪神学美学把美看作客观的做法，不管是宇宙的客观属性，还是上帝的客观属性。但是它也是近代美学、认识论美学的一种变形，因为整个绝对精神，从艺术到宗教，到哲学，都是上帝的自我认识的某一个阶段，最后在哲学里面上帝认识到了他自己。最开始是由美学，然后是由宗教哲学，上帝发现经过它自己的创造居然有这样丰富的内容，最后在哲学里面上帝才终于达到了对自身的认识，所以它也是一种认识论美学。但同时它又是人本主义美学的一次完成，他吸收了康德，还有谢林，包括费希特的人本主义，我们也讲到了费希特，都有这样一种特点，就是人本主义美学，这在黑格尔这里达到了完成。当然他采取的是一种异化的形式，但是在异化的形式之下，人本主义美学的内容和实质都得到了最深入最系统的一种理论表述。他的方法论是逻辑和历史相一致，我们刚才讲到了，他的逻辑表现为历史，而他的历史里面有逻辑规律，历史和逻辑相互之间是不可分离的。所以在这方面他吸收了席勒的历史主义，并且把它强化了。我们前面讲到席勒对于美学、对于审美，他有一种历史观，古希腊的诗跟近代的诗不同，"朴素的诗"和"伤感的诗"是历史发展的一个过程，它不是一成不变的。黑格尔大大强化了这种历史主义。当时的古典主义美学观，把古希腊看成是一种艺术的高峰、美的高峰，古希腊的艺术是不可企及、不可超越的，像温克尔曼他们这些艺术史家都把古希腊的艺术推到了最高峰。黑格尔虽然承认这一点，但是他并不认为艺术在古希腊达到最高峰以后就成了绝对精神的最高点。绝对精神还要往前走，但是不再以艺术的方式出现了，比如说它要以宗教的方式出现在中世纪，在近代则要以哲学的方式出现。所以每一个时代应该说都有它代表性的意识形态，古希腊是艺术，中世纪是宗教，而近代应该是哲学。当然古希腊也有宗教也有哲学，但它代表性的是艺术、是美。中世纪的代表是宗教，虽然它也有艺术，也有哲学。那么近代宗教和艺术都发展到高度的繁荣了，但是它代表性的还是哲学。所以每个时代有它的代表性的意识形态。人性的这种全面发展是一个发展过程，它不是一次性的，像古希腊。古希腊当然是人性还没有分化，显得很完整，但是它还有待于发展出其他的方面。只有当其他的方面全部发展起来，比如最后到黑格尔时代，哲学发展起来，人性的全面的丰富内容才真正展示出来。所以人性的丰富内容是展示为一个历史过程的，而在每一个历史阶段上面，它都有一个代表性的意识形态，古希腊的艺术代表了当时的时代精神。而且在古希腊以后，在任何一个时代，我们都可以把艺术、宗教和哲学看作那个时代的时代精神的反映。艺术虽然不再是中心地位了，但是它还是反映时代精神，在中世纪，乃至在近代，在黑格尔的时代，都是时代精神的反映。精神发展到某一个时代、某一个阶段上，就通过这样一些意识形态表现出来。

那么通过这样一种艺术观，把艺术放在这样一个位置上来考察的时候，黑格尔很自然地就引出了他对于美的本质的定义，这个美的本质定义也可以说是对于艺术的本质定义。这个定义是这样的："美是理念的感性显现。"美是什么呢？美就是"理念的感性显现"。"理念"就是一种概念，一种范畴，但是它通过一种感性显现出来，这样一种概念就是美。那么艺术当然也是这样，艺术就是要使理念在感性上显现出来，也就是要表现美，艺术的使命就是要表现美。那么这样一个定义包含着一种人本主义的思想内容。为什么这样说？也就是说在黑格尔的眼睛里面，艺术首先是人的艺术。黑格尔一般不谈上帝的艺术，不像谢林那样谈上帝的艺术，他一般谈艺术就谈人。上帝用不着艺术，介于自然和上帝之间的人才有艺术。只有人的艺术才自觉地用感性显现出理念，在自然界是达不到这一点的。自然界虽然有感性也有理念，但是它不是用感性来显现理念，它的理念是隐藏着的，显不出来的，你在自然界里面看不到理念，你必须对于自然事物加以分析，你才会从里面看出理念来，自然界它是不自觉的。那么为什么我们经常讲自然美呢？山川，大地，河流，森林，我们说有一种自然美。但是在黑格尔看来，自然美只不过是为我们而美，为我们的审美意识而美，并不是它自身有什么美。所以这就把美从自然界的某种客观属性上转移到了人心之中，所谓自然美不是自然界的美,是我们所看到的、我们在自然界上面所引起的一种审美意识。这样就把自然美消解掉了,没有什么客观属性的自然美,自然界无非就是物理化学过程,自然的生物过程,生理过程,哪有什么美?美只有在人类的精神生活中才出现,所以自然界没有什么美。另一方面,上帝本身也用不着艺术,上帝没有感性,上帝本身是理性的,上帝是抽象的,无形无相,所以他用不着艺术这种感性形式来表现他自己。上帝要表现他自己有没有办法呢?有办法,那就是通过哲学范畴,通过逻辑概念,黑格尔的《逻辑学》就是表现上帝的。上帝有逻辑学就够了,他犯不着用感性的艺术来表现自己,否则的话你就把上帝降低了。不过艺术也是上帝的一种手段,虽然上帝用不着艺术来表现自己,但是上帝要表现自己还得经过艺术这样一种初级阶段、准备阶段,艺术是上帝作为一种手段来诱导我们感性的人趋向于他的,上帝使得人通过艺术的熏陶文明化,然后才能走向宗教,最后走向哲学。所以艺术它是为宗教和哲学做准备的,在这个意义上面我们可以说艺术它也是属于上帝的,上帝为了把人引进宗教和哲学,所以也采取了艺术作为一种手段。

所以黑格尔认为美学 Ästhetik 这个概念,其实严格说起来应该是艺术哲学,他甚至于反对把感性学、把 Ästhetik 这个词作为他的美学的标题。他认为他的美学应该称为艺术哲学,不应该称为 Ästhetik。当然后来的人在整理他的讲稿的时候,《美学讲演录》还是用了这个词,黑格尔最后也没有反对,你要用就用吧,反正是大家约定俗成,但是我要说明,这个 Ästhetik 真正的含义是艺术哲学,不是感性学,不是谈感性的。当然有感性,但是单纯的感性你就没办法消解自然美,所谓自然界的美也声称是感性的,但是黑格尔所谓的美只是理念的感性显现,那就是艺术。艺术哲学只研究人的一种感性的精神活动,那就是艺术创造。美学的话题就是艺术创造,没有别的。所以黑格尔的整个美学,你要讲他的总体结构,可以说都是对于这样一个美的本质定义的展开,它是非常合乎逻辑的。我们通常要建立一个体系,首先要提出一个定义,一个概念，把你的核心概念定下来，但是很少有人能够原原本本地按照这样一个定义展开自己的全部体系；除非你有像黑格尔那样系统的逻辑训练，不从外界引进任何一个多余的东西，就靠这个定义本身来展开自己，这样一个体系那就是有机的。当然你可以吸收外界的东西，但不是强加给它，就像一颗种子，它也要吸收水分、养料、阳光，但是所有的这些东西都为它所用，都是它自己吸收进来的。种子是自己生长出来的，你不能拔苗助长，它自己长到那一步它就会往上更加进一步发展。黑格尔的这个体系也是这样长出来的，就是所有的美的话题、艺术的话题，都可以归结到理念的感性显现。在这个本质定义里面，理念是作为美和艺术的内容，而感性显现是作为它的形式。

　　黑格尔美学体系你可以把它划分为两个大的层次，一个是内容，一个是形式。几乎所有的美学体系，特别是康德和黑格尔以后的美学体系，它们都遵守这样的划分法。一谈到美，谈到艺术，马上就涉及内容和形式，内容和形式这一对范畴好像专门是为艺术和美学而设置的。艺术品的内容怎么样，形式怎么样，你总是可以从两方面来对它加以分析。那么在黑格尔这里理念就是内容，感性显现就是形式，这两者成了艺术美本身的一种内在的矛盾结构。形式和内容总是有矛盾的，那么这种矛盾推动着它的整个体系不断地生长、不断地发展，层层递进地发展出他的美学体系，也就是一个逻辑结构，这个逻辑结构向前发展的内在动力就是这样一个基本矛盾——"理念"和"感性显现"。那么大体上我们观察一下就可以发现，这个"理念"作为艺术美的内容，它表现为"理想"，理念在艺术中，它不是一般抽象的哲学概念，而是体现为理想。"理念"，就是柏拉图的 idea。柏拉图最先提出的理念（idea）这个词，前面讲过，作为一个"相"——就是眼睛所看到的一个形象，一个形式，有的人在翻译时特意把这个理念还原为它本来的意思，就是"相"。理念就是我们所看到的东西，它来自于"看"，idea（或者 eidos）这个词本来的意思就是"看"，看到的东西就是理念；但是在柏拉图那里已经把它抽象化了，变成了一个概念，一个普遍性的东西。它不再是一个具体的形象，不再是一个眼睛看到的感性的形象，而是内心所看到的那个相，那就是一个理念，一个概念。但是"理想"也是从这个 idea 来的，也是你看到的，德文是 Ideale。它们两者的区别就是，"理想"它总是带有一种具体的个别性；"理念"则是普遍的抽象概念，它不一定要体现为一个个别对象，但是理想它肯定是一个个别对象，比如说上帝。上帝就是一个理想。康德讲到上帝的时候就用了这个词，就是上帝不光是理念，他是个理想，因为他是唯一的对象。那么人也有人的理想，我们说人的理念是普遍的，人性也就是普遍的理念，但是一个具体的楷模，人的楷模，那就是人的理想。

所以理念在艺术美中作为内容它体现为理想。那么形式就是感性显现，感性显现是艺术美的形式，艺术美的这个形式就是"自然"。感性显现，用什么来显现？用自然来显现，但这个自然它已经是艺术中的自然，它已经不再是外在的自然界。我们通常讲大自然，但是在艺术里面它已经不是大自然了，它是艺术中的自然。艺术中的自然它把自然界提高了、征服了、驯化了。自然界再不是那种野蛮的非人的东西，而是经过选材，经过加工，而又显得自然而然的。比如说我们现代的照相艺术，不是说你有个照相机，你就是照相艺术家了，你有个相机你还要善于取景，并且还要加工，如何曝光，如何选择它的色彩浓淡、色调，这都有一套艺术规范在里面。但是加工出来你还要显得自然而然的，不要像人工造作出来的。这个在康德那里已经有这种说法，"艺术要像是自然的才是美的"，艺术如果不像自然的，而是雕琢出来的，那就不美了。尽管可以炫目、五彩缤纷、吸引人，但是人们觉得不美。真正的美就好像是自然的，好像没有经过人工加工，就是你偶然碰上的。所以在艺术形式里面的这个自然，它不是大自然，不是自然界，而只是自然而然、显得是非人为的。"自然"的意思中也有这个意思，特别是中国人讲的"自然"，就是非人为的艺术，不要人为的雕琢，人为做作的痕迹要把它抹掉，要显得好像是顺理成章，如行云流水，"常行于所当行，常止于所不可不止"（苏东坡），好像是不做作的。其实当然是很做作的，你经过了十年的锤炼你才练到这样的功夫，一挥而就。所以它是经过加工，但是又显得自然而然的。那么这样一种自然而然它就是一种内在的、本质上的自然而然，它不是外表的、外在的自然界的物质形态，而是人的心灵的自然，人的内心的自然，经过了修炼，经过修养，长期的锤炼，然后才形成了一种心灵的自然。

所以在艺术的定义"美是理念的感性显现"里面就有两个这样的环节。在内容方面，它体现为理想，在形式方面体现为自然。那么这就跟当时的文艺思潮里面的两种倾向发生了关系，当时文艺思潮的两种倾向就是自然主义和理想主义。自然主义是一个极端，就是完全原原本本地描绘客观事物，比如说左拉的自然主义，就是发展到不加任何主观价值的评价，那个事物是丑恶的就是丑恶的，它是美的就是美的，你就把它描绘出来，写实出来。有人称为现实主义，但是它的极端形态就是自然主义，自然主义就是去掉一切修饰，它是怎么样就怎么样。另外一种是理想主义，习惯于把所有的东西都用一种理想的标准来加工、理想化。这两极是很对立的，在文学创作中有两种倾向，一种是自然主义倾向，另外一种是理想主义倾向。那么黑格尔认为，这两者都有偏颇，只有把这两者结合起来才是正宗的艺术表现。这两者的结合或者是这两者的综合，我们今天称为现实主义。现实主义文艺有这种特点，一方面它是写实的，但是它又不是原原本本的自然主义，不是原原本本地有什么就记什么，它有理想的加工，所以它又包含理想主义；但是这个理想主义又不是没有客观根据的，完全凭主观的意象，胡编乱造，或者任意歪曲，它还是根据写实，根据客观事物本身的自然的规律来加以理想化的。那么这两者结合起来就成了文艺的现实主义原则。这是我们今天讲的文艺现实主义原则，其实要追溯到黑格尔。我们今天，特别是马克思主义文论强调的现实主义，它的理论根源就在黑格尔那里。

3. 美的理想

首先我们来看看"美的理想",先从内容方面看。黑格尔是最强调内容的,在艺术里面他首先强调内容,当然他也不忽略形式,内容和形式有种辩证关系,我们刚才讲了它有种辩证的矛盾。内容和形式是有矛盾的,但是黑格尔利用这个矛盾来推动他的美学体系。他不回避矛盾,但是在矛盾里面有主要的方面,内容方面是主要的,所以他对于美的理想讲得最多,他大量的精力就花在美的理想上面。怎么产生美的理想?美的理想分为好几个层次,每一个层次都可以从内容和形式两个方面来探讨。我们前面讲内容和形式这一对矛盾是他的整个体系的一种内在的动力,这对矛盾推动了整个体系一步步往上提升,那么每一个层次都有内容和形式,最深的层次就达到了抽象的理念。抽象的理念是一种逻辑理念,它在底下暗中起着决定性的作用,它把整个艺术哲学和美的意识不断向前推进,最后要推到宗教那里去,这个是艺术本身意识不到的。但是在艺术里面理念表现为理想。我们刚才讲到理想和理念的区别就在于,理念是普遍的,而理想是一种个体性,它必须要体现为个别的形式。那么这些个体在古希腊神话中就表现为诸神,他们的形象作为理念的理想的形象,当然是一个一个的个体,这些个体是超凡脱俗的,超越时空的。神,他超越功利,他是静穆的、安静的。但是,虽然他静穆,他又不是没有动作,他是有动作的。神是永恒的,但是这个永恒又体现在动作之中,他不是抽象的永恒。在艺术作品里面,在艺术中,神的永恒体现着某种精神,但是这种精神处于动作之中,并且这个动作往往是很剧烈的动作。比如说古希腊雕刻的形象往往处于剧烈的动作之中,有一种动态的美,但是动中有静,静中又动。动中有静就像电影里面的定格,突然一下定在那里,在剧烈的活动中突然定下来了,但是即算是定下来了,你还是可以看出有运动的可能性,它可能还要往下一步动作,它是从上一步动作来的。即使是那些静止的动作,也要表现为动感。比如说我们在米罗的维纳斯雕像上,可以看出来它整个是静止的,静穆的，但是也能够看出来它也有动感——它重心立于一足。米罗的维纳斯可以跟埃及的雕像相比，埃及的雕像就是完全静止的、平衡的、对称的，两边一样，两个手放在两个膝头上面，那个头是正面的，两边一模一样，那就是完全静止的。但是希腊的雕像作为一种艺术的创作，它老是要出一点格，米罗的维纳斯它就是站在一条腿上面，另一条腿是弯曲的，然后整个身体有一个偏转，形式一个S形的曲线，这个S形的曲线就是它的美之所在。其实它本来就是一个美学原则，就是说你不要那么完全呆板，你要有点变化，哪怕是静止的，坐在那里，你都要有一种变化。而在所有这些动作里面，面部表情是平静的，因为你要表现神的话，最好的办法是面部表情不要表现出来，面部是平静的，没有表情。我们经常看希腊的雕塑，动作非常剧烈，但是没有表情，没有表情的意思是，它表现的是永恒，是神的形态。神的形象是没有表情的，它是静止的，它没有眼神，你如果表现眼神那就不是神了，那就是世俗的生活。比如说罗马的雕像，恺撒的雕像，屋大维的雕像，那就是炯炯有神的，你看它的眼睛你就发现它在盯着你。那就很世俗了，虽然有强烈的震撼力，但是那是一种非常世俗的震撼力。而古希腊雕像面部平和，没有任何表情。

但是在这种没有眼神的眼神里，黑格尔看出了一种哀伤，"静穆的哀伤"。什么叫静穆的哀伤？黑格尔的分析是这样的。神本来是无形无相的，但是在最初古希腊的雕刻里面，它仍然通过人的形象把他表现出来，理念要用感性显现出来。感性能够把理念显现出来，那是艺术的优势，但同时也是它的局限性，因为神他本身是不受感性约束的。所以你去欣赏古希腊雕塑的时候，当你意识到他们雕塑的是一些神像的时候，你就会发现从这些神像的眼睛里面能够看出一丝哀伤。为什么哀伤呢？因为精神上的东西被束缚在肉体里面了，被束缚在物质的形象里面，尽管它没有表情，但是它有一种哀伤。这个哀伤是非常微妙的，在当时引起了很多人的讨论，很多艺术鉴赏家们都承认黑格尔的眼光非常锐利。

其实不是他的眼光锐利,而是他的思想深刻。我们在欣赏古希腊的雕刻的时候不能光凭眼睛,我们要动脑,它表现的是什么?当你意识到它表现的是神,那么你就会发现它的这种没有什么表情的里面,实际上是有一种哀伤的,就是说神在这样一个阶段上面还只能受到感性的束缚。那么到了基督教的上帝就没有这个了,在基督教的上帝那里,那就是两眼望天,耶稣基督的像就是两眼望天,那就没什么哀伤,而是充满了渴望,充满了兴奋。而最初表现在艺术中的神只能够这样。神性必须要有动作,理想表现为动作,因为它要用感性显现出来。那么这个动作分为三个层次,一个是一般世界状况,一个是冲突,还有一个是人物性格。

我们先来看他的"一般世界状况"。所有的动作都是有一定的环境的,而这个环境是动态的。所以要讲动作首先你要讲大动作,就是整个历史环境的大动作。它不是指自然环境,自然环境在它的考察之外,因为在黑格尔看来自然环境是不变的,自古以来都是这样。在黑格尔时代,他认为自然界没有新东西,太阳底下没有新东西。达尔文那时候还没出现,黑格尔死后达尔文才提出了物种进化论。当然那个时候有自然界变化的"灾变说",也有这些说法,但是黑格尔认为这些都不足为凭,自然界不管怎么变化,本质上是不变的,时间只是在人类社会才开始具有它的意义,自然界没有时间只有空间,这是黑格尔的一个基本观点。所以他的一般世界状况,不是考虑自然界状况,而是考虑人类社会,社会环境,也就是历史和时代。时代就是时间,德文里面 Zeit 有两个意思,一个是"时间",一个是"时代",那就是讲的人类社会。黑格尔指出,时代精神以及它的历史演变是一切艺术表现的最根本的基础,从内容上来看,一切艺术表现都是在一定的时代精神这个背景之下展示出来的。所以你读诗也好,看小说也好,看雕塑作品、绘画作品也好,你都要了解它的时代,它的时代背景,否则的话你是进不去的。你偶然欣赏一个作品,你就想把握它的精神,那是做不到的,你必须要把握它的时代,这是那个时代所创造出来的作品,这样才能够理解作品本身。这个思想席勒早就已经有一点，就是说古代和近代的生活方式对艺术有不同的影响，"素朴的诗"和"感伤的诗"你都要结合那个时代去看，"素朴的诗"是产生于古希腊英雄时代，"感伤的诗"产生于近代。但是黑格尔进一步发挥了这个思想。他认为各个时代的生产关系、政治结构、法律道德意识对于人的个性有重要的影响，那么对于当时的艺术品也有重要的影响。比如说古代，古希腊的英雄时代，那是一个个体还没有分裂的时代，个人还非常完整，还没有异化，他身上带有普遍性。每一个个体都带有普遍性，比如说城邦的集体意识，城邦的荣誉、法律意识；但是这些普遍的概念还没有脱离它的个性，还没有变成一种异己的对象，城邦的伦理、城邦的荣誉、城邦的法律还没有成为异己的东西来压迫他，而是他自己自发的。他的生活是由他的意志完全支配的，在他的日常生活中，那些古代的英雄都是自己来创造自己的工具、武器、生活用品。他举了些例子，像荷马史诗里面讲的阿喀琉斯，阿喀琉斯使用的盾牌是他自己造的，他的盾牌是很有名的，它上面装饰得非常复杂，把古希腊整个的社会生活场景都雕刻在上面。阿伽门农，古希腊的统帅，他结婚时候用的床是他自己打的，那也是非常复杂的。古希腊人结婚用的婚床，那是雕刻得富丽堂皇的，都是他自己动手，他不要请工匠，他不请别人做。他的武器，他的生活用具也都是他自己的艺术作品，当然也是他自己的劳动。劳动和艺术在当时还没有明显分化，艺术还没有独立出来。所以说古希腊人在他的作品里面，可以说倾注了他所有的才能，也倾注了作者的全部生活和全部生活的理想。这样一些完整的个人，进入他们的那个社会的时候，可以说到处充满着偶然性。你是一个自由意志的个体，别人也是，那么你和别人之间就有一个磨合的过程，这个磨合的过程还没有完成，还不能调和。我们可以看到古希腊人在荷马史诗里面，在古希腊的悲剧里面经常有这种状况，两个人见面一言不合，就决斗，就你死我活。俄狄浦斯就是这样，走在路上碰见一个人跟他一言不合，就打起来了，然后就把对方打死了，后来发现打死的恰好是他的父亲。就是说希腊人那种英雄的性格，桀骜不驯，一味发挥自己的个性，没有什么束缚，到处是偶然性，到处是建功立业的机会。所以这个时代的社会没有必然性，而个人却有自由，这就是英雄时代，英雄时代的状况是法制还没有建立起来。而到了近代，人们已经被社会的必然性所束缚、所压抑，近代是一个法制的时代，已经有立法，已经有法律。除了法律以外还有道德，家庭道德、社会道德，还有国家，所有的这些都已经成了体系，压制着个人。所以近代以来就再也没有英雄了，人们都被一种非常细腻的分工局限在他的专业领域里面，变得渺小、内向和猥琐。近代人跟古希腊人比起来更不像人，古希腊人虽然处在一个无法无天的时代，但是那些人更加具有人的特点，更加具有自由意识。人格在近代变得抽象了，所以在艺术上已经不是一个诗的时代了，是一个散文的时代。诗和散文在黑格尔那里他是一褒一贬的。诗意的时代以古希腊为代表，而散文的时代以近代为代表。近代再没有诗了，只有散文，散文反映了现代的情况，马克思非常赞赏这个。就是说资本主义原则上是不适合于艺术的发展的，马克思从这里面引出了这样一个结论，所谓"艺术和社会发展的不平衡原理"。社会越发展艺术越受到限制，越受到压抑，现代社会的艺术已经超不出古希腊的高峰，马克思也有一点同意这个观点。当然有些地方他也不完全跟黑格尔一样，因为马克思毕竟要晚一些，现代艺术又有一些成就，像巴尔扎克的小说，这些成就又可以拿来说一说。但是在黑格尔的时代，他认为现代艺术无足挂齿，几乎没什么可谈的了。这是"一般世界状况"，一般世界状况是个大的环境，大的尺度。

那么我们再往小的里面说，我们就可以看到还有"冲突"。一般世界状况是第一个环节，属于普遍性的环节，冲突是第二个环节，属于特殊性的环节。冲突可以看作小环境，就是涉及个人，它处在一种与别人，或者与社会、与外界的冲突之中，那么艺术作品就要描述这个冲突。每一件艺术作品它都要有冲突，当然这个冲突有可能是很小很小的，仅仅是一种情绪上的冲动。比如说一首小小的抒情诗，它里面抒了情，一种伤感，或者一种赞美，或者怎么样，里面总要有一点小小的冲突。大的冲突更加具有戏剧性，戏剧的冲突是最典型的，是人物之间的冲突。有环境就有冲突，有冲突才有人物的性格，所以第三个环节就是人物性格，人物性格是个别性环节，从普遍到特殊到个别。那么个别性的环节是建立在冲突之上的，冲突就具有了矛盾。冲突的矛盾就是，一方面，冲突要有丰富的关系，冲突必须是丰富的、各种各样的冲突；那么另一方面，它又要保持住理想美的统一性，最后要达到一种完满，达到一种静穆。一场剧烈的冲突过后，它也要有个结局，你不能老冲突下去。好莱坞的大片，尽管里面充满了冲突，但最后要有个完满的结局。当然有的最后没有结局，但是它也是结局，以不结束为结束，但是一般的最后都要有一个结局。冲突最后要调解，要和解。这个和解也许不是什么大团圆，也许是悲剧，但那也是和解。比如说在悲剧里面，黑格尔特别强调必须要表现冲突和冲突的和解，他举的一个最典型的例子就是，安提戈涅，她是一个公主，她的舅父是国王，她的哥哥反抗国王，可以说是叛国吧，带领外国的军队来攻打本国，最后被打败了，他的舅父就把她的哥哥以叛国罪处死。而且按照法律叛国罪是不能收尸的，要暴尸于野外。那么安提戈涅是死者的妹妹，她按照家庭的惯例，就是家里面死了人一定要收尸，这是神的法律，这是习惯，自古以来就是这样的。于是安提戈涅就去为她的哥哥收尸，于是国王就说那就要处罚这个安提戈涅，把她关禁闭，而且要处死她，后来安提戈涅就自杀了。她自杀了以后，她的未婚夫、国王的儿子也自杀了，接着王后也自杀了。结果所有的亲人都死光了，就剩国王一个人孤零零的，非常的悲惨，非常的痛苦。就是这样一种悲剧，它有一个剧烈的矛盾在里面，就是两种同样有道理的伦理原则，一个是国家原则、一个是家庭原则，一个是政治、一个是家族血缘，这两者都有道理，都是法律。一个是国家法律、人的法律，一个是家庭的法、是习惯，那是神的法律，神的法律和人的法律相冲突。那么冲突到不可开交的时候，主人公必须牺牲自己，主人公牺牲自己看起来好像是牺牲了，实际上是保全了两种不可相容的法律各自的神圣性，国王也没有宣布废除国家的法律，而家庭的法律也得到了保全。安提戈涅终究埋葬了她的哥哥，她以自己的牺牲为代价来保全了两种同样合理的伦理原则，这就是悲剧。

所以黑格尔对悲剧的这种看法是非常典型、非常深刻的，就是真正的悲剧应该是这样的，它有冲突，并且这种冲突应该是两种同样合理的原则冲突。如果一个好人一个坏人冲突，那就很简单，善有善报恶有恶报就是了，那不叫悲剧，那叫正剧。所谓悲剧就是，你不能说哪一方没有道理，双方都有道理，这就是悲剧了。我们经常说人间的悲剧就是这样的，你还不能怪谁，它两方面都有道理，但是这两方面又冲突，在现实生活中誓不两立、不能相容，那怎么办呢？只有靠主人公的牺牲，主人公各自为自己的原则献身，主人公牺牲了以后这个冲突就没有了，就和解了，它不再体现为现实的人的行动了，这就叫真正的悲剧。所以我们通常讲的悲剧都很难说是悲剧，也可以说我们中国人从来很少有"悲剧意识"，中国人只有"惨剧意识"，《窦娥冤》很悲惨，我们说四大悲剧，《窦娥冤》这是一个悲剧，但是实际上是惨剧，不公平嘛！这不公平，最后又得到了纠正，坏人得到了惩罚，好人虽然死了，但是她申了冤，这不叫悲剧，因为这只有好坏对立，而没有矛盾。当然你要把它叫作悲剧也可以，说悲剧不可能只有这一种，还有另外一种也可以叫悲剧。但是西方的悲剧严格说起来它应该是这样一个结构，它才是一种悲剧，这个解释是非常深刻的。

我们再讲第三个环节，我们刚才讲了"一般世界状况"是普遍性，"冲突"是特殊性，那么"人物性格"它就属于个别性，个性。这个里面有个逻辑关系我们要注意。黑格尔的体系为什么是个体系呢？它是个逻辑体系，它都是从抽象到具体，从一般、特殊到个别。这里头也许有时候有些小变化，但是基本上他是按照逻辑的层次来推进他的各个环节的。第三个环节是"人物性格",人物性格具体来说就是所有的普遍的和特殊的东西最后要集中体现在艺术作品里面的一个个性之上,艺术作品是体现个性的,体现人物性格的。雕塑也好、绘画也好、诗歌也好、戏剧也好,最后都落实到要体现一个性格、一个角色。当然我们有时候看不出,好像没有描绘一个性格。比如说抒情诗,抒情诗你说描绘了什么性格呢?不像史诗,史诗还能说是描绘一个性格或者一些性格,抒情诗好像没有描绘性格。但实际上也有。抒情诗的性格就是诗人本身,他通过抒情诗表现出了他的情调、他的个性。所以描述个性应该是所有艺术作品最终的目的,最后要落实到描述个性,你从这个个性上面可以看到冲突,也可以看到一般世界的情况,你可以对它进行分析,内容上、形式上都可以对它进行分析,但是首先你要把这个性格表现出来。所以他特别重视性格,这也是后来的马克思主义文艺理论所特别强调的,就是所谓典型环境中的典型性格。恩格斯在他的一封信里面曾经讲到,所谓的现实主义就是除了细节的真实以外,还要真实地再现典型环境中的典型性格。典型环境那就是包括一般世界状况和冲突,典型性格就是有个性,在这个个性之上,典型地反映了它的时代,那就叫典型性格,就是"老黑格尔所讲的这一个",这是恩格斯那封信里面讲的。"这一个"其实不是黑格尔最先提出来的,是亚里士多德提出来的。亚里士多德的存在论,也就是所谓的本体论,关于存在的存在,认为最终的存在是个别存在,就是"这一个"。这是最根本的"第一实体",第一实体就是"这一个"。张三、李四、这一棵树、这一匹马都是"这一个"。这是亚里士多德最开始提出来的形而上学的基本原理,我们今天叫作本体论或存在论。亚里士多德讲什么是作为存在的存在?最基本的就是"这一个",就是个别具体事物,万事万物都是具体的。黑格尔当然也很强调这一个,认为它包含一般和特殊两个环节。前面讲的一般世界状况,它是普遍的环节,普遍的环节是引起动作的普遍力量,以至于每一个人物他的行为里面都包含普遍动机,比如说他的正义,伦理道德观念，等等，这样一些普遍的东西构成他行为的思想动机。特殊的环节就是冲突，也就是说一个动作得以产生的外部的机遇和内部的条件。外部机遇就是机会，时势造英雄，你碰到那个机会，你想不成为英雄也不行，时代把你推到了历史的浪尖。再一个就是你个人的气质，你内心的气质，你适不适合充当那样一个角色。那么在这方面黑格尔特别强调的是个人内心的那种气质，他称为情致。

情致的概念是朱光潜先生的翻译，它的原文是 pathos，是希腊文，本来的意思是"激情""情感"，但是朱光潜先生翻译成"情致"，我觉得是翻译得很好的，他体会了、真正吃透了黑格尔想要表达的意思。黑格尔用 pathos 这样一个词，他要表达什么意思呢？他为什么要用希腊文来表达，而不用德语来表达？德语里面情感、情绪、激情这些词多得很，但他要用一个希腊文来表达。黑格尔在一个地方曾经讲过，一般讲来，当他用希腊文或拉丁文来表达一个概念的时候，他是表达它的抽象的含义。用德文、他的母语表达的时候是比较具体的。所以这个 pathos 是这样一个激情，不是日常的激情，而是带有一种普遍性的抽象的激情。激情本来是不可能抽象的，本来是具体的，但是他用外文来表达，就说明这个概念它带有一种普遍性。中文译作情致，就表达了这层意思。黑格尔非常强调这个情致，他认为情致是他的性格论的核心，他强调人物性格，强调人物个性，总的来说就是强调情致。情致本身是一种普遍的情感，他认为情致是一切艺术真正的核心，所有的艺术都是要表达情致，情致是"效果的主要来源"，你的这个作品好不好，能不能打动人，就看你里面是否表达了情致。他说"情致所打动的是一根在每个人心里都回响着的弦"，我们讲心弦，你要拨动人的心弦，靠什么来拨动呢？要靠你的作品里面有情致。要有激情，但是这个激情不是你个人私人的激情，而是一种普遍的激情，你才能够打动别人，你私人的激情很难打动别人。英国的一个美学家罗斯金曾经有一句名言，"少女可以歌唱她失去的爱情，守财奴不能歌唱他失去的金钱"。守财奴失去了财产他就只有自己伤心而已,但是少女失去了自己的爱情她能把它唱出来,可以把它表现为艺术,为什么?因为爱情是人类普遍的情致,爱情也很强烈,但是它有普遍性;而守财奴的那种贪欲,那种失去了财宝以后的那种伤心,那是他个人的。人家不会感动,你本来就是守财奴,你的眼睛里只有钱,你的痛苦和欢乐都是自私的,这得不到别人的同情,你失去了财产人家没准会很高兴,活该!所以你不能歌唱,你歌唱人家会笑你,会好笑。但是少女失去了自己的爱情,她唱出来大家都感觉到同情,因为爱是一种奉献,每个人都有爱,每个人都会有同感。所以情致跟一般的激情是不一样的,跟一般的情欲、一般的情绪激动是不一样的,它带有一种普遍性。所以黑格尔讲"一般地说,感动就是在情感上的共鸣……但是在艺术里感动的应该是本身真实的情致"。情致是可以打动人的,它是可以使人共鸣的,你的情感能够让人家产生同样的情感,每个人心里面的弦就被打动了。我们知道琴弦它有一个特点,它是容易起共鸣的,就是说琴上的弦你没有去拨动它,但是你旁边如果有同样的声音,那么在一定的频率上可以引起它的共振,它突然自己响起来了。为什么?因为旁边的声音跟它具有同样的频率。那么情致也是这样,情致就是人与人之间同样的频率,同样频率的情感,所以它能够引起共鸣。那么这个情致的内容是什么呢,它主要指的是爱、荣誉等等这样一些人类共通的情感,它来自于康德的我们前面所讲的共通感,康德的共通感其实也就是这样一些内容,但是黑格尔讲的更加具体、更加细致,感受更加真切。

那么这样一种个人的情感跟所有人情感的共鸣,它构成一种特殊和一般的统一,你个人的情感是特殊,但是它又能够打动所有人,它跟整个时代精神是相吻合的。为什么人们对于某种情感能够引起共鸣,跟时代精神有关。时代精神一变,说不定有的情感就不能共鸣了,而又出来一些新的情感可以共鸣。我们今天的时代已经变了,跟古代已经不同了,所以古代的那些可以引起共鸣的情感,在今天看来已经不能够引起共鸣了。我们今天很多情感都变了，它跟时代精神是有关的。这样一种特殊和一般的统一，体现在个性身上，也就是体现在"这一个"身上，你在创造你的艺术品的时候，能够打动人的时候，人家在你的作品里看到的是一种个性、一种典型性格、典型形象。

所以性格的概念，黑格尔认为是"美的理想在内容方面的最高定性"，美的最高的规定就是性格。他是一层层地进入，首先就是一般世界状况，然后是冲突，最后是性格，而性格又落实到情致上面。所以情致说是他整个艺术论的核心。这个以情致为代表的性格，在黑格尔这里已经提到了很高的地位，是他艺术哲学内容方面最高的定性，这和以往把美作为最高的定性，好像不太一样。"性格"和"美"在西方美学史上，我们前面也提到，历来是两个对立的概念，有的人强调美，有的人强调性格。强调美一般是强调优美、秀美，那种柔弱的美，强调性格就是强调崇高、强调个性、强调力量、强调壮美。虽然一个人长得很丑，但是他很有力。一般浪漫主义比较强调性格，古典主义比较强调美。但是在黑格尔这里他把这两者结合为一体了，就是说真正的美就是性格，或者性格是最高的美。比如说古希腊，古典主义的美它崇尚古希腊的艺术品；但是黑格尔认为在古希腊那些美的艺术品里面最集中地表现了性格，所以"最美的艺术也就是最具有性格的艺术"，他把这两者结合起来了。所以性格它不等于丑陋，不等于疯狂，不等于变态，有的人以变态为性格，我跟你们都不一样，但是那是一种非常低层次的。黑格尔认为真正的性格是升华了的，是通过理智净化过了的。所以"典型性格"在黑格尔这里是统一体，既有普遍性，又不是那种怪诞，不是那种怪癖，个人的某种变态，不是那些东西的；但是它又是结合在一个个别的与众不同的形象身上。这种性格是普遍和特殊的统一。

但是我们要注意，这种普遍和特殊的统一并不是什么东西都适用的，不是什么都是普遍和特殊的统一。我们在谈马克思主义现实主义美学原则的时候，经常会碰到这样一些讨论，就是说普遍和特殊的统一，世上万物都是普遍和特殊的统一，任何一个事物你都可以说它既代表了普遍又体现了个别、特殊，那么是不是所有东西都是美的呢？不见得。普遍和特殊的统一不能够概括现实主义美学的原则，比如说"典型"就是普遍和特殊的统一，但是有些典型不见得是美的典型，可以是病态的典型。一个医生就可以说这是一个典型的肺结核病人，一个典型的肺结核病人有什么美呢？一个生物学家可以说这是一条典型的蛆虫，一只典型的苍蝇，但是人们不会觉得它有什么美。所以并非一切典型都是美。在黑格尔这里我们可以看出来，他这个典型———一般和特殊的统一主要是建立在情感之上、情致之上的，他跟科学的典型和通常的普遍和特殊的统一是不同的。科学典型，任何事物都可以用一个科学挂图来表现，那它不是典型吗？它由挂图就表现了特殊和普遍是统一的，它表现了一个普遍的道理，一个物理学的挂图、一个生理学的挂图都可以说是普遍和特殊的统一，但是它里面没有情感。但如果你把情感加进去，把情致加进去，那就成了审美的典型，也就是艺术的典型，这个是不同的。

所以通过情致说，黑格尔把古典的美和现代的美结合起来了，把古典主义和浪漫主义的美都统一起来了。那么通过这样一种情致说，他也提出了一种移情论，后来黑格尔学派发展出来一种移情论的美学，都是从黑格尔这里来的。我们要注意情致说里面已经包含有移情的原理了。移情的原理最初是从休谟、从英国经验派的美学那里发源的，但是黑格尔从纯粹概念的高度、从纯粹理论的高度把它的原理阐明出来了。

4. 感性的显现

下面我们再看他的"感性显现"。前面三节都是讲的理想或者说理念，理念是属于艺术美的内容，那么从艺术美的形式上面我们要讨论感性显现。美是理念的感性显现，感性显现就是形式。黑格尔总的来说他是把艺术的形式也内容化了，他非常强调内容，即算是他谈形式，也把它内容化了，从内容的角度来解释形式，不是外在的形式。我们一谈到形式往往容易想到形式主义，形式主义美学就是强调一些技巧、一些外在的规范，那些规范是你可以通过训练掌握的，你一天不行两天，两天不行三天，一年不行两年，你总能够掌握那种技巧。形式主义往往就是这样，把艺术变成了苦工，变成了一种操练。但是黑格尔不同，他是用内容的眼光来看待形式的。艺术的形式我们前面讲了，它是通过自然的形式来表现的，自然是使理想从外在方面得到定性，你光有理想不行，你光有一般世界状况、光有冲突、光有个性都不行，你必须要把它表现在自然上，就是你必须要把它做出来。艺术作品，你必须要按照一定的规范把它做出来，所以你必须要赋予它形式，哪怕是个性，你也要通过一种形式把它表达出来。所以，形式就是通过自然使理想从外在方面得到规定。那么从外在方面得到规定，要有一些规范，比如说整齐、一律、和谐、对称、鲜明、悦目等，还有一些数学比例、黄金分割等等，三角形的稳定性，圆形的运用，弧形的运用，等等。你在美术里面、在绘画里面经常会碰到这种情况，棱角不要太突兀了，你要把它缓和一点，你要把它柔化一点，你要表现秀美的东西就必须采取这种柔性的笔调，不要采取这种突兀的几何形的转折，等等。所以这样一些技巧都是从古典主义形式传下来的一些原则。但是在黑格尔这里，他把所有这些都纳入人本主义的基础上来加以理解。人本美学它有这个特点，哪怕是外在的形式技巧它也要从人的眼光来看它，对它加以"人化"，或者把它加以人性化。它本来是一种纯粹的外在技巧，一种自然的规律、规范，好像已经离开人了，但是黑格尔还是要把它人化。他认为在这些艺术技巧里面是包含有精神内容的，不像一般人所理解的那样完全是外在的技巧，而是有精神在里头。什么精神？他认为所有的这些形式都是人和自然的一种关系的体现，人和自然发生关系的时候，他就把自然人化了。一种什么关系？就是成了人的自由活动和实践的产物。人有实践的技能，比如说你在生产中，在劳动中，你就把自然界人化了，把自然界按照人的标准来加以改造。比如说直线，圆弧，你在做木工的时候你就把一棵树木,把它的木头用直线来加以处理;以圆形、以你理想的精确的几何形状来加以处理。这都是人把他的环境人化了。他说,"人把它的环境人化了,他显出那个环境可以使他得到满足,对他不能保持任何独立自在的力量。只有通过这种实现了的活动,人在他的环境里成为对自己是现实的,才觉得那个环境是他可以安居的家"。人改造自然界,使它成为自己的家,这个家就不是一种野蛮的、荒蛮的大自然了。你住在家里和你住在山洞里是不一样的,和住在野外也是不一样的,你已经把这个家变得适合于你人的生存了,通过你对外界的加工。这个加工肯定是有技巧的,但是这个技巧反映了人的本性,所以它不是一种单纯的自然界的几何形状,而是人的作品。

他举了一个典型的例子。一个小男孩跑到池塘边丢了一个石头在池塘里,这个池塘里就泛起了一圈一圈的波纹,这个小男孩觉得很惊奇,觉得这些波纹是他的"作品",非常得意,叫大人快来看,大人看了当然觉得没什么,不足为奇。但是以一个小男孩的眼光,这些都是他的作品,都是通过他改变了自然界而产生的。所以人在这样一些形象上所欣赏的实际上是他自己的本质力量,是他对自然界所做的一些改变。比如说精确的直线形,平面形,圆形,三角形,几何形状,都是理想的图形,在自然界里面是没有的,都是由于人的行动才使人们开始注意它,欣赏它。我们在实践或生产劳动中才创造出这样一些近乎精确的理想化的图形,因此才去欣赏它们。这是在艺术中的一种实践论的观点,这种观点后来被马克思吸收了,通过人的实践才产生出美。那么这样一来,黑格尔对于传统的模仿论就做出了一种改进或者提升。传统模仿论所强调的是客观事物本身的真实性,你要模仿,那么你必须要原原本本地模仿客观对象,比如说自然对象,你要原原本本地模仿它,这就是真实。但是这个观点在古代亚里士多德提出来时就已经做了修正,说有些事物根本不存在的或者尚未存在的,你也可以模仿,比如说可能的东西或必然的东西。我们前面讲亚里士多德曾提出,诗比历史更具有哲学的意味，更具有真实性。历史只是就事论事，记下已经发生过的事情，而诗呢，它可以表现出没有发生但是可能发生或者必然发生的事情，但是为什么会是这样，亚里士多德并没有解决。那么黑格尔解决了这个问题。黑格尔认为艺术的客观真实性不在于历史事实，不在于外在的方面，外在的历史的记载那是表面的真实，在艺术里面只能够处于附属地位。表面的真实是附带的，在艺术里面也可以没有，你也可以完全没有表面的真实，完全是幻想。像《西游记》就完全是幻想，但是它可以是成功的艺术作品。他说"主要的东西却是人类的一些普遍的旨趣"，也就是情致，艺术的真实性应该落实在人的情致，也就是人的真实的情感。艺术的真实性不在于外在的真实而在于内在的真实，内在的真实就在于人的情感的真实。所以艺术的真正的客观性在于"揭示出心灵和意志的较高远的旨趣，本身是人道的有力量的东西"，如果把情致揭示出来，那就是达到了真正的客观性。你把人的情致揭示出来，真实地表达真实的情感，这就是艺术所追求的那种自然而然的表达，没有做作，没有虚构。这个是非常敏锐的，你稍微有点虚构，读者马上就看出来了，情感有它自己的逻辑。托尔斯泰写《安娜·卡列尼娜》，最后写到她自杀，他也不想写她自杀，但是没办法，他管不住。按照安娜·卡列尼娜那样一个人物的个性，她非自杀不可，在那种情况下她再没有活路了，如果你写她不自杀，苟活下来，人家就说你不真实了。虽然安娜·卡列尼娜这整个人物是虚构出来的，但是它有一种情感的真实。这是在感性的显现方面的自然的方面，我们如何理解自然？如何理解真实——客观的真实？我们不能仅仅把它理解为历史的真实，而必须把它理解为情感的真实，那么这样一来，外在的这种形式就被归结到内在的内容。我们前面讲到从内容方面最后落实到情感情致，从形式方面它最后也落实到情感情致。那么对情感情致本身我们就要加以考察了，那就是艺术家。

5. 艺术家

艺术家是合题。正题是理想，反题是感性的显现，合题是艺术家；或者说正题是内容，反题是形式，内容和形式的矛盾最后在艺术家的内心得到调和。所以艺术家是第三个环节，应该是个合题。但是黑格尔对艺术家恰恰谈得很少，为什么会这样，我们来解释。黑格尔认为艺术本身是主体性的一种创造活动，当然是要诉诸艺术家个人的天才、想象力和灵感，这个是回避不了的，这是要说的。但是艺术品的客观性就在于它表达了客观的普遍的精神，它不是单纯的主观的任意的发泄。艺术家他有灵感有天才，但是这个天才这个灵感他不能够任意地发泄，它必须表达普遍的精神内容。我们说有的艺术家滥用了自己的天才，滥用自己的才华，专门表达那种变态的东西，那种个人特有的东西，而没有表达出大家都能够接受的东西。黑格尔认为，你再有天才，你也要表达普遍的精神内容，要有理性给它灌注生气，你的生命力、你的那种艺术品的生气勃勃，应该是来自于理性灌注生气，这才能看出作品真正的独创性，艺术家的真正的独创性。所以在谈到艺术家的时候，肯定要谈到艺术家的独创性，艺术作品都是独创的。我们看一幅作品，我们不需要看它的署名，我们就知道这是谁的作品，高明的鉴赏家一看就知道，这是谁画的，这是谁雕刻的。因为它是具有独创性的，只有他能这样做，别人模仿不像。但是黑格尔认为这种独创性它必须要有一种普遍的东西，它不是一种偶然的个别的现象。当然它也有偶然的个别性，它要有一种独创性，就是偶然的某某人，如齐白石、张大千、米开朗基罗他们做出来的，那就是他们的个别的作品，是诉诸他们的灵感和天才的。天才论和灵感论在这里也得到了它们的表现的空间，但是黑格尔还是要认为，这些灵感和天才最终是来自于理性。之所以艺术家认为是来自于天才和灵感，是因为他们没有意识到背后的理性，他们不自觉地执行了理性的命令。当然如果他一旦自觉他就创造不出来了，正因为他不自觉，所以他只诉诸自己的灵感和天才，他能够创造出独特的艺术作品。这是艺家的长处,也是他的短处。从短处来说,艺术评论家可以弥补他的短处,艺术评论家、哲学家可以站在旁边指出他的这个灵感背后有什么样的理性在支配他,他所要表达的最后其实还是一种普遍性的范畴,可以这样来评价。但是艺术家自己是不可能这样想的,如果他这样想的话他就创造不出来了。有些诗人一旦读了研究生他就再也写不好诗了,因为他已经开始对自己的艺术品进行一种理性的分析了,当然也有例外。有的人曾经问我,理性和感性在艺术创造里面到底是不是冲突的?我说,一般来说,有点儿小才气的人,他的感性,他的灵感,他的天才是经不起理性的,但是如果你是大才,像歌德那样的,像莎士比亚那样的,那他即使学了哲学,也同样可以创造出最高级的艺术品。哲学和艺术在最高层次上是可以统一起来的,但是在一般的没有达到最高层次的这些艺术家身上,它往往是冲突的。你如果理性太多,你哲学书看得太多,理论看得太多,你的灵感就受到损害;相反你如果用灵感去读哲学书,你会读不进去,你是看不懂的,你通过感受看哲学书怎么能看懂呢?这两方面是冲突的。但是在黑格尔这里,他当然是个理性主义者,他认为一切艺术家背后都有理性在起作用,所以他在这方面有他的片面性。黑格尔在谈艺术家的时候谈得很少,我们看到黑格尔美学第一卷,最后谈艺术家,就那么几页。为什么谈得那么少呢?因为谈艺术家没有什么好谈的,灵感和艺术这些东西本来就说不出来,不可言说,只可意会,那就干脆不说,所以他谈了几句就把它放过去了。这是关于艺术家。

6. 艺术史

那么我们再来看看艺术史。

我们前面讲了黑格尔的一个特点——历史和逻辑一致。所以他谈完了艺术哲学的逻辑体系以后,他还要在艺术史上对他的逻辑体系加以印证。这个艺术哲学它有一个逻辑体系,前面我们讲的都是属于它的逻辑体系——一个三段论,正题是内容,反题是形式,合题是艺术家,艺术家一经达到合题,形式也就完成了。那么这些艺术家在艺术史上创造了一些什么样的艺术品呢？所以就要谈艺术史，根据艺术品来形成的整个艺术史。所以对于这些艺术品要通过艺术史来加以整理、加以描述。所有的艺术品都不是一些零零散散的东西堆在那里，我们可以按照时间给它们加以安排，古希腊的、中世纪的、近代的，把它们排列起来，一八几几年的，二〇几几年的，我们可以按照这样的时间顺序来排。但是里面有没有规律呢？一般认为没有规律，艺术哪有什么规律，艺术从来没有从低级到高级，古代的东西不见得就低级，现代的东西不见得高级，艺术没有规律也没有发展。但是黑格尔还是要从里面找出一些规律、一种发展来。这个发展体现为三个阶段：象征型艺术、古典型艺术、浪漫型艺术。

象征型艺术是人类史前的艺术，可以说是艺术的起源，在史前的自然宗教中就有一种艺术。我们今天在考古发掘中，以及在我们古代的遗迹，金字塔、狮身人面像、古代的神庙里面都可以看到，在史前时代，在进入到文明社会的门槛的时候，有一种艺术保留下来，反映了当时艺术的繁荣。但是那种艺术它的内在逻辑结构是什么？一般人很少去考虑，一般人欣赏的时候就只是感受。看到狮身人面像，感到一种说不出的感觉，看到罗马大教堂，哥特式大教堂，我们也有种感觉，说不出来。但是黑格尔的特点就是，越是在说不出来的地方他越要说，他要把里面的结构分析出来。比如说，象征型艺术的结构是什么呢？它有内容也有形式，但是在这里，内容和形式正在相互寻找。他总结出这样一种结构，就是你在古埃及的艺术里面，在史前的艺术里面，你都可以看到这种情况，它有内容，但是这个内容它还没有表现出来；它想要表现出来，它正在试探，正在寻求它的形式，它有一个思想想要表达，但是还没有找到一个适合表达的形式。所以内容方面它是模糊的，形式方面是不确定的，形式也不适合于内容，内容也不适合于形式。所以你看它的形式，你不能马上看出它的内容，你要猜，这个东西究竟想表达什么？金字塔表达什么？金字塔其实很简单，就是一个三角形，但是它究竟表达什么，很多人费了很多脑筋去猜，但是猜不出个所以然，就因为它的形式跟内容是脱节的。它肯定不是没有内容的，它想要表达某种理念，但是这个理念很难从它的形式上面体现出来。甚至于这两方面是由两拨不同的人在那里干出来的，比如说金字塔，一方面是艺术家，构思者，想出这个金字塔，画出这个金字塔图形的人，那是真正的艺术家；但是做出这个作品来的人，你也不能说他不是艺术家，但那都是些奴隶、工匠。是构思者和奴隶合起来成为艺术家。所以艺术家这个概念在古埃及的时候它是分裂的。艺术家分两拨，有一拨是高层的，他们设想出来一个理念让那些人去做，他们自己不动手，只指导；做出来以后他们欣赏，他们解释，他们说这个代表什么什么，由他们来解释，但是那些做的人不知道。虽然不知道，但是他们作为一些工匠，他们有很高的技艺。你像埃及金字塔的每一块石头结合得那么样的精密、严密，连一块小刀片都插不进去，直到今天还是如此，非常令人惊奇——那是精密的艺术品。所以艺术家由两拨人组成，是分裂的。因为它是分裂的，所以它的形式和内容也是分裂的，往往成了一个谜。中国古代也有，商代的青铜器上面有饕餮纹，饕餮纹象征什么？你说不出来，但是它雕刻得非常精美。所以它的这个含义要人去猜，却永远也猜不透。比如斯芬克斯像，你看它永远漠无表情，但是它在漠无表情里面又有种朦朦胧胧的表情，不知道它要表达什么，这就叫斯芬克斯之谜。当然到了古希腊，斯芬克斯之谜被猜破了，古希腊神话里面俄狄浦斯遇到斯芬克斯问他："早上四条腿走路，中午两条腿走路，晚上三条腿走路，是什么？"他说"是人"。这个谜底就是人自己，古希腊人俄狄浦斯猜透了这个谜，于是斯芬克斯就跳下了悬崖，摔死了。这是非常有象征意义的。

　　进入古希腊，人的生活开始明确了，艺术品的内容也明确了，所以古希腊艺术就是古典型艺术。古典型艺术它也有一个结构，那就是内容和形式恰好吻合，你要表达什么内容，在形式上一眼见出、一目了然。所以形式是每一点都适合于内容，而内容则毫无保留地在形式上面体现出来，再没有保留了。你不需要猜谜了，你一看就知道，这是爱神，一看就知道这是胜利女神，一看就知道是宙斯、法律之神，人间的所有的精神都可以通过人体的形象刻画出来。人的精神通过人体来表现，那当然是非常贴切的，你通过狮身人面像就很难，它半人半兽，那很难体现人的精神。人的精神只有通过纯粹的人体才能体现出来。所以古希腊有大量的人体雕刻，而半人半兽的这种怪物在古希腊退居次要地位，当然也还有，但是作为陪衬，出现了大量的人体。那么利用人体来表现人性，表现人的美德、正义、高贵、智慧、爱情等等，可以表现得淋漓尽致，在这方面内容是很明确的，要表达什么是非常明确的。阿佛洛狄忒就是表达爱情，宙斯就是表达正义，雅典娜就是表达智慧，等等。那么形式就是每一点都在促进意蕴、意味的表达，所以我们今天看到的古希腊的很多的雕刻，虽然都是些残缺不全的东西：米罗的维纳斯它的手臂已经没有了，胜利女神的雕像头也没有了，只剩下一对翅膀和一个残破的身体，但是你仍然可以发现，残留的那些残片上仍然散发出美的魅力，哪怕只是半截，一条腿、半截身子，你也能够发现它们充满着美的魅力。这充分说明，古希腊的美的形式每一点都在表达它的内容，它不是空洞的，它不是没有内容的。它跟埃及金字塔不一样，埃及金字塔你如果搬其中一块砖来，你根本看不出它什么意思，你只有在埃及金字塔整体上，你才能发现它是有意义的，一块砖有什么意义？没有意义。但胜利女神的雕像，它只剩下一段残躯，你都会发现它里面包含有意义，包含着那样的胜利的喜悦，那种轻灵，那种活泼，你都可以从里面看出它的魅力来。所以古希腊艺术是美的极致，是美的顶峰，黑格尔称为"美的理想"。这种观点也影响到马克思，马克思曾经讲到古希腊的艺术是一种"规范"和"高不可及的范本"，你到今天都不能超越它。但是在黑格尔看来，古希腊的艺术一旦达到高峰以后，就再没有超越了，不再有超越古希腊的艺术了，这说明什么问题？说明艺术在时代精神中，再也不占据核心地位了，它退居第二位，让位于宗教和哲学了,他是这样来解释的。

那么,在艺术高峰下降的阶段,它还体现为另外一种艺术,那就是浪漫型艺术。从中世纪一直到近代,都属于浪漫型艺术。在中世纪当然艺术是衰落了,但是从文艺复兴以来又受到了古典艺术的鼓舞,形成了一个小高峰。文艺复兴以来的艺术形成了一个浪漫型艺术的理想,也叫作"美的理想",当然它已不能跟古典的美的理想相比,但是它也是一个美的理想。比如说,像莎士比亚以及德国近代以来的歌德、席勒等人,这样一些人的作品也是黑格尔非常推崇的。他认为浪漫型艺术它也有一个结构,这个结构就是说,内容和形式在达到了古希腊的那种尽善尽美的统一以后,又开始走向分裂,走向分化。典型的如中世纪基督教艺术,它所有的艺术都是着眼于内容、故事、象征意味,形式则不在话下,中世纪的艺术已经把形式撇开了。人体的表现在中世纪被排斥。中世纪的那些人物形象都是穿着衣服,而且是畸形的,你看中世纪那些木刻,《圣经》上面的那些木刻、那些雕像,都是很丑陋的。教堂里面最早的那些雕刻也是很丑陋的,甚至于一度被摧毁,人们捣毁圣像,认为这都是偶像崇拜,他们不重视外在形式,把艺术一味地引向宗教体验。文艺复兴以来虽然有些改变,比较重视形式了,但这个形式又是片面发展的,变成一种科学的形式,讲究透视比例、光和色彩的规律,它的真实的关系变成一种技巧的卖弄,一种炫耀。我们今天讲的形式主义的美术,往往就是炫耀技巧。当然文艺复兴也有个"复兴",就是当它和人类的情致结合在一起的时候,那么它也能够达到内容和形式的某种结合,某种统一。虽然总的来说是内容和形式的分裂,但是它可以通过情感把两者做某种重新的结合。情感本身既可以用作内容,也可以用作形式。情感本身你可以把它看作艺术品的内容,但是往往情感也可以作为一种形式,通过情感来表达某种更高深的内容,比如说宗教的内容和哲学的内容。所以在这个层面上,情感本身也可以作为形式。因此,浪漫型艺术,内容和形式重新分裂它有一个过渡,在这个过渡中间,它着力地表达人的情感情致，而且这个情感情致更加走向内在化、主观化，更加走向一种私人的情感。私人情感，一方面它可以跟宗教的那种内心启示结合起来，那就走到宗教里面去了；但是另一方面，它会变得越来越怪诞。浪漫型艺术为什么那么强调一些怪癖，一些奇形怪状的人物，像雨果，描写《悲惨世界》《巴黎圣母院》里面的那些人物，都是奇奇怪怪的，都很有个性。但是那些情感都是非常私人化的。还描写大量丑恶的、不美的、日常的、庸俗的事物，私人的事物。私人的东西往往是见不得人的、丑陋的一方面，这些东西都在艺术里面表现出来，在浪漫型的艺术里都作为一种描写的对象，艺术家甚至任意夸大和歪曲事物的形象，强调主体的幽默和讽刺。这个在巴尔扎克的小说里面也表现得特别明显，通过一种幽默和讽刺，嬉笑怒骂，来表现人物的性格。浪漫型艺术也可以说主要就是表现性格，这是一种片面的发展，在黑格尔看来这导致了对艺术本身的和谐结构的一种破坏，过分地表现那种个性化的东西，那种片面的东西，而忽视了个性里面应该包含有普遍性的精神，那就走向一种个人的自我表现，表现那种私人的情感，造成了文艺的疯狂。外在的手段技法那些方面就成了一种纯技术的炫耀，形式主义的炫耀；而内在方面越来越走向怪诞，越来越走向个人的不可理解的内心，特别是黑格尔以后的现代艺术，越来越走向个人的隐秘的内心，你自己可以理解，也许少数跟你相同的人可以理解，但是大众无法理解。现代艺术一个很重要的特点就是越来越小众化、个人化，而大众难以理解。这就说明现代艺术走的一个偏向就是越来越把这种个性化变成一种私人的东西，而把技法变成一种表面的东西，这就是艺术的解体，即艺术的内容和形式的解体。解体以后，内容方面单独撇开形式走进了宗教，形式方面成了无生命的空壳。所以艺术最后要被宗教取代，这是一个必然的趋势，这就是黑格尔的结论——艺术衰亡论。马克思最后从艺术衰亡论得出的是"艺术发展和社会发展的不平衡原理"，但是马克思并没有完全承认艺术的衰亡，他认为在近现代以来又有新鲜的艺术形成，像长篇小说、电影。当然马克思那时候电影还没有形成，但是从黑格尔以后艺术重新以另外的方式发展起来，所以黑格尔的艺术衰亡论应该说是不成立的。但是虽然不成立，也有他的道理，他不是完全没有道理的，我们要深入他里面的道理去体会他的艺术观。

7. 艺术分类

我们今天继续把黑格尔的美学最后一点讲完，就是他的关于艺术分类问题的认识。这个问题在黑格尔的《美学》中属于第三卷，第三卷又分为两册，也就是占到黑格尔《美学》四册里面的两册，篇幅几乎占了一半。他一半美学都是讲艺术分类的，为什么讲这么多？艺术分类实际上表达了黑格尔对艺术的一些具体看法。我们前面讲到了黑格尔美学他在艺术方面是非常有修养的，他跟前面的那些美学家都不太一样，跟康德，跟鲍姆加通，都不太一样，他有比较全面的修养。当然他自己承认在音乐方面他的修养差一些，但是对于造型艺术、诗歌，对这些东西他是非常有修养的。所以他谈到艺术分类的时候，他是用这样一个框架来表达自己对艺术的具体作品方方面面的一些看法，这些看法我们前面有很多已经涉及了。前面谈到艺术和美的理论的时候，已经涉及一些具体的例子。那么在艺术分类里面他才是真正地按照一定的章节，一定的逻辑顺序，把他对艺术的看法原原本本地展示出来，这也是非常奇特的。我们知道一般的人，谈到艺术感受的时候都是比较细心的，他自己感受的东西，感受性的东西，它往往是说不出什么所以然的，更谈不上用逻辑来对它加以归类或加以划分了。但是黑格尔作为一个最大的理性主义者，他的特点就在这里，就是说他要对一切，包括那些稍纵即逝的感性的东西、感觉的东西、感受的东西，都给它在逻辑上定出一个规范，或者说至少定出一个层次，划定一个位置，在他的逻辑体系里面这究竟处于一个什么样的位置，你根据这个位置就可以找到它的根据、它的表现，一切都是按照逻辑来的。艺术分类问题在当时的艺术家、美学家那里是很流行的，很多人都为艺术做过分类，比如说康德，就曾经分为语言艺术、造型艺术和感觉游戏的艺术；莱辛分为时间艺术、空间艺术和综合艺术。这些分法我们到今天还在沿用，但是这些分法其实是不太准确的，有些是非常勉强的。你要给艺术划分类别，根据它外在的这样一些特点，往往就会觉得很勉强。何况今天的艺术越来越走向综合，走向融合，你很难说一种艺术它就完全是时间艺术，或者空间艺术，甚至于语言艺术、造型艺术，这都很难说。现代电影的发明，还有很多小品、舞台上新创造出来的很多形式，都是融各种艺术于一体，很难说哪样一种外部的划分能适合于它们。那么有的人就认为，其实艺术根本就用不着分类，出现一个艺术你去感受就是了，你把你的感受谈出来，分个什么类啊？分类本身就是对艺术的一种任意地裁割，艺术它本来就是感受性的东西，你非要用逻辑来给它分类，这个是不可能的。那么黑格尔提出的艺术分类，另当别论，他跟以往的那些艺术分类都不太一样，就是说他是站在形而上的角度，根据他对于艺术和美的本质定义来加以分类的。一说艺术跟美的定义，我们前面已经介绍过了，它主要就是两个方面，一个是内容方面，一个是形式方面。内容方面就是理念，它体现一个理想；形式方面就是感性的显现，它体现为自然的形式。但是这两方面是辨证的关系，不可分的，互相支持，互相交融，互相渗透，但是它毕竟有两种倾向。所以，黑格尔是从美的本质定义出发来看待艺术的分类的。

　　前面讲到从美的本质定义出发，黑格尔已经对艺术史做了一个描述。艺术史上三种不同类型的艺术，一个是象征型的艺术，一个是古典型的艺术，一个是浪漫型的艺术。我们前面也已经讲到了这三种类型的艺术，各自都有自身内在的逻辑结构。那么象征型艺术就是形式和内容在互相寻找，内容要寻找它的形式，形式要明确它的内容，但是还没有找到，没有恰当地对应起来。内容没有它恰当的形式，形式也没有它明确的内容，那是因为内容本身是模糊的。远古时代的人们，他们的内容要表达什么是很模糊的，是天人合一的，是混沌的，是说不清楚的，所以它的形式也表达不清楚，含含糊糊，好像猜谜。那么随着艺术的形式和内容不断地寻找，最后找到了，就在古希腊的古典艺术里面，形成了那种相互融合，达到了最高的统一。形式的每一点都表达出明确的内容，而内容在形式上淋漓尽致地得到了充分的表现，这就是"古典型的艺术"，达到了艺术的不可企及的高峰。那么"浪漫型艺术"又是内容和形式两方面重新分裂，各自走各自的路，形式变成破碎的，变成了形式主义，变成了为形式而形式；内容则撇开形式，独自走进了宗教。这是我们前面讲到艺术史的时候已经介绍过的，黑格尔利用艺术本质定义里面的内容和形式这一对矛盾来解释艺术史上三种不同类型，它们的内在结构是如何通过自身的矛盾而不断进展，从产生到繁荣到衰落。那么这三类艺术既然已经提出来了，在历史上表现为三个不同的历史的发展阶段，所以它们在这个艺术门类里面又成了划分的标准，也就是按照象征型、古典型、浪漫型三种不同的类型，来对整个艺术进行分类。这种分类就不再仅仅是历史的，而是结构上、逻辑上的。当然也包含历史，就是在某一个历史阶段，某一种艺术门类突出地得到了发展，比如说埃及的建筑，古希腊雕刻，现代的绘画、音乐、戏剧。但是那是相对的，就是说在古希腊也不是只有雕刻，古希腊也有建筑，也有绘画音乐，特别是戏剧、史诗。那么在现代也同样，现代也有雕刻，也有建筑，但是在某个时代有一种艺术门类特别有代表性——古埃及是建筑，古希腊是雕刻，近代、现代包括中世纪是音乐、美术、诗歌，特别在现代是戏剧和诗歌的时代。那么按照这样三种不同类型的分类标准，我们可以把所有的艺术门类划分为这样一个等级阶梯。就是说各个艺术门类当然没有什么等级，哪个更高，哪个更低，从艺术本身来说是没有可比性的。音乐和美术哪个更高哪个更低？这个说不出来。但是按照它们内在的结构方式，黑格尔仍然划分出来，有一些艺术是比较接近于物质性的，而另外一些艺术是更加接近于精神性的，乃至于最后有一些艺术是纯精神性的，比如说诗歌，它已经摆脱了物质的外壳，完全是一些符号了。它们就有这样一种等级关系，这种等级关系并不意味着诗歌比其他的艺术更美——没有那回事儿。诗跟音乐、跟绘画、跟建筑没有哪个更美的问题，从美学的标准来衡量没有。但是从逻辑的标准来衡量，它确实有一些是处于绝对精神发展的更高阶段之上，这个更高是从逻辑的眼光去看，并不是审美的眼光和艺术的眼光。从艺术的眼光看它们没有什么更高，各种艺术门类不具有可比性，你哪怕最原始的建筑艺术，它也有它的美，你不能抹杀它。美这个东西在一定的意义上是不可比的，只要是美的艺术品。当然美的艺术品内部是可以比的，比如说同样是绘画，有的画得好一些，有的画得差一些，一个小孩子，一个初学者，他画的肯定不如大师们的作品那么美，这个是可比的。但是各门类艺术之间没有可比性，你不能说音乐比美术更美，或者说因为综合了各门类艺术，所以戏剧就最美，不能这样说。从各门类来说它们互相之间没有一个美的等级阶梯，但是它有一个逻辑阶梯，它内部的那些逻辑关系的结构是不一样的。

由此他分出了这样三个等级，首先是象征型艺术，这个跟前面讲的艺术史有一种平行的关系。最开始，从逻辑上来看最低层次的就是象征型艺术，它以建筑为主要代表。比如说古埃及，现在留下来给我们的主要就是建筑。包括它的雕刻都是作为建筑的一部分，它没有说像古希腊人那样专门搞一个雕刻放在那里，它没有，它都是在建神庙的时候，建宫殿的时候，附着于神庙、宫殿，在门口或者在门框上或者在什么地方做一些雕刻。所以它代表性的艺术门类就是建筑。建筑的特点是最重物质，它的物质的重量大大超过了它的精神的内容，或者说压倒了它的精神的内容。比如说巨大的狮身人面像，它里面表达什么东西？表达得很神秘也很单薄，它没有很多丰富多彩的意思，它就是为了祭祀搞的那么一个建筑。那么在这样一种艺术品身上，人们主要注意的也就是它的体积，它的重心，它的比例，它的形状结构和几何空间关系。如此的巨大——埃及金字塔，从形式上来看非常简单，就是一个三角形。那么它象征了什么？你去想。它坐落在那么一个沙漠上面，那个空旷的地方，它的这个三角形的——四边形的基底、它的数目、数字、长度、比例，都蕴含有神秘的含义，比如说跟天文学，跟星体之间的关系，跟太阳和月亮之间的关系，等等，这些你都可以去猜。你会发现里面有很多巧合，一旦关系巧合你就觉得自己猜到了某些意义，你就会认为这绝对不是巧合，肯定是有意义的，但是不是有意义的？古人已经死去很久了，你没办法把他们从坟墓里面叫起来问一问（笑），所以它是一个谜。即便你猜到了这个谜，你可以把这个谜编织得非常美丽，好像有一种必然性在里面，但是它毕竟是一种猜测。这样一些关系、体积、重量、重心、比例、几何尺度，是无生命的，是无机的，它只是一种象征。你要象征某种意义，那么你从数学关系，从比例关系去对它们加以猜测，这就是象征型。建筑，以古埃及建筑作为它的代表，当然在后来的建筑艺术里面已经超越了那样一个单纯是几何学比例的阶段。比如说后来的教堂，后来的大型建筑埃菲尔铁塔，现代的各种各样的大型建筑、公共建筑，但是有一点是不变的，只要是建筑它都是以体积取胜，体积、重量、几何形状、重心，你不能够不稳啊！

再其次是古典型的艺术，这也是一个门类，原来说是一个艺术史的阶段，这时候来看它也是属于一个门类，它的主要代表是雕刻。雕刻是艺术的一个门类，雕刻它也有物质性，它的物质和精神达到了平衡。雕刻它有物质，但是它不是太强调物质，相反它为了精神的缘故要忽略物质，或者说要把物质雕刻得不太像物质。比如说同样的斯芬克斯像，在埃及就是那么巨大的一个大型建筑，那个物质重量你不能不感到惊叹，你绝对不能忽视的；但是斯芬克斯像到了古希腊变得轻灵起来了，变得小巧玲珑，长上了翅膀，绘画上面和雕刻上面的斯芬克斯像都是一个美女。埃及的斯芬克斯是很丑的，是个人像，但是那个人脸很丑，当然它的鼻子是后来打掉的，是拿破仑把他轰掉的，但是即算是不掉鼻子，它反正也是不漂亮的。但是到了古希腊，斯芬克斯像强调它的精神性的含义，要表达美。所谓表达美就是说它表达内在的灵气，那么就要忽视它的物质性。它有物质性，古希腊那么多雕刻，其实是很沉重的，包括米罗的维纳斯，那也有好几吨重，但是它给人的感觉就是那种肉体，它不是一种无生命的东西，它是随时可以动、可以走开的，它虽然现在站在那个地方，但是它是轻盈的。胜利女神的雕像为什么至今还吸引人，你看到它就觉得它要飞起来了，它翅膀张开非常轻盈。所以古希腊的雕刻它也有物质，但是物质和精神达到了一种平衡。当然它的物质还是物质，它并没有受到损失，因为它是立体的、是三维的。它也有重量有体积，但是这些重量和体积整个都融化在精神和生命之中。它透出了所谓"高贵的单纯，静穆的伟大"，透出一种精神性的意义。米罗的维纳斯后来屠格涅夫非常欣赏，说这尊雕像比法国大革命的《人权宣言》都更加具有重要的意义，它表现出一种人格的独立性，那样一种自尊，那样一种尊贵，这是很了不起的。这是第二种，就是雕刻，它是古典型艺术的典型代表，精神和物质达到了协调。

第三种就是浪漫型艺术。浪漫型艺术就比较复杂了，浪漫型艺术从中世纪一直到现代、一直到黑格尔的时代，里面内容非常多。但是它的原则还是一样的，它还是按照物质和精神相互之间这种比例关系来分类的。浪漫型艺术有三个比较小的层次，第一个是绘画。绘画自古以来就有，但是作为浪漫型艺术的绘画它是在近代以来才得到高度发展的。黑格尔特别提出来荷兰的绘画，荷兰风景画，荷兰的静物画，他专门有论述荷兰风景画的段落，非常欣赏。就是说绘画在物质方面已经受到了损失，绘画我们知道它是平面的，它是二维空间，它已经没有三维了，你必须从正面去看它，你从背面或者侧面看它是不行的。那么它表现的内容已经跟它的物质形式有所分离，你要从绘画里面看到的是那种精神性的个人的倾向。绘画里面主要表现个人倾向，包括荷兰风景画，你看到的就是那种个人的情调。人物画像荷兰的伦勃朗，特别强调个人的那种情境，那种体会，那种特殊的一瞬间，一个眼神，一个阴影，所有这些东西都进入他的画里面。德国的丢勒也是强烈表达那种浪漫主义的情绪倾向的，描绘死神、恐惧、灾难、战争，都是描绘那些个人的感受，表现一种精神性的个人倾向。从物质性的方面来说他主要是用色彩来体现一种情调。黑格尔主张色彩、色调是绘画最重要的手段，这个跟康德不一样，康德认为在绘画里面最重要的是素描、形体。但是黑格尔认为绘画基本上属于浪漫型的艺术，所以他更强调色调。色调对人的情感情绪有一种内心的打动，而不是外在的那种素描，那种单线条的描绘，这是第一个层次。

第二个层次是音乐。黑格尔一上来就说对音乐他不熟悉，所以只能谈一点点，当然他也谈了一点。虽然他说自己音乐不在行，但多多少少他也听过一些，也有一些感受。那么从哲学上来说，音乐比绘画更加抽象，因为它只有一维，只有时间。绘画它还有空间，还有二维，但是音乐只剩下一维了，一维就更加跟精神接近了，因为精神的思想感情这些都是一维的，主观的东西都是一维的。那么音乐它是一维的，所以更适合表达人的精神、人的情调、人的思绪。那么在感性上面它主要是旋律和节奏，旋律和节奏当然也是物质的，它要震动空气，还是一种物理现象，音乐从它的载体而言它还是一种物理现象，所以它的音波仍然是物质的。而且音乐恰恰是要依靠这种物质而表现它的美，因为它的这种物质形态而美，它离不了物质形态。音乐每一次都要你去演奏，它都是一次性的。为什么是一次性的？因为它依赖于物质的一维的方面，也就是时间的方面，时间一去不复返，你同一个乐曲，同一首交响乐，在不同的时候演奏的效果是不一样的。演奏家经常会感叹，这一次不如上一次好，上一次效果更好，就是它每一次不一样，它靠每一次的那个即时的、当下的演奏效果，所以它依赖于物理的现象——音波，依赖于对音波的技术上的掌握和发挥。你当时奏出来的那种音乐，那种乐音，究竟达到了你预期的效果没有？这个是有差异的。绘画也一样，也依赖于物质，但是它依赖于静止的、两维的物质，绘画摆在那里，《蒙娜丽莎》

摆在那里，几百年了它还摆在那里，它不会因为你今天去看它和明天去看它会有什么效果不同。但是音乐就不同，一个指挥家如果他逝世了，那他的效果就不存在了，当然今天有录音技术，但是录音技术毕竟不是现场。所以音乐它还要依赖于一定的物质。

第三个阶段就是诗。诗歌已经不依赖于物质了，诗歌它是一串符号，特别对于拼音文字来说，它就是一连串的符号。那个符号你单独拿来什么意义也没有，但是它们组织起来就是一个精神的乐章，而且这个精神的乐章不是说随着每一次演奏有所不同。当然也有朗诵的效果不同，但是朗诵是很次要的，很多诗歌，特别是现代诗歌跟古希腊荷马的诗不同，荷马的诗是要吟唱出来的，行吟诗人每一次都是要吟唱出来的，现代的诗是写给人阅读的，不是给人朗诵的。中国古代的诗歌是给人朗诵的，《诗经》《离骚》，是给人吟诵的，中国古代诗歌有它的特点。但是现代诗歌不管是史诗还是抒情诗，它都已经脱离了需要朗诵、需要行吟诗人的那样一种束缚。行吟诗人他实际上是把音乐和诗结合在一起了，伴着竖琴把它唱出来，把它吟诵出来；中国古代的诗歌也是要吟的，但是我们今天已经不会吟了，包括我这一辈在内就已经不会吟了。我父亲那辈还会吟，在家里经常听到父亲怪声怪气地在那里吟诗，那叫吟诗。现在我们中文系的大概还能听见一些老先生吟诗，就是说诗跟音乐结合在一起。更早则是直接为音乐而写诗，诗经和汉乐府其实既是诗，也都是音乐，词也是一样，有各种词牌，什么"沁园春""清平乐"，本来都有曲调的。因为中国的文字跟音乐本来就不分，它有音调。普通话是音调最少的，今天所有的方言音调都比普通话多。这个是中国诗的特点。但是西方的诗，从古希腊罗马开始就已经走向跟音乐分家的这样一个方向，诗歌——古代的诗歌甚至不用韵，它只有节奏，古希腊罗马的经典的诗歌都是不用韵的，后来浪漫主义诗歌是用韵的，但这已经被看作堕落了。康德谈到这个问题的时候就曾经讲到过，现代的诗用韵就已经把诗庸俗化了。古代的诗不用韵，那才是英雄体，那才是素朴的诗,你要用韵就是感伤的诗。中国的诗歌要用韵就是感伤的诗,自古以来中国的诗歌就是感伤的诗,所以要"一唱三叹"。在西方是近代以来诗歌才变成感伤的诗,它要用韵;但是尽管如此,用韵也是在想象中,你在读的时候,突然会有一种伤感,但是它写出来却只是符号,你的情绪是在符号之间的联系中想象出来的。所以诗总的来看去掉了一切物质性,它是永恒的,它一旦写出来就是永恒的,它不在乎你朗诵得好不好,朗诵时带不带感情。朗诵诗的好坏跟演奏音乐的好坏,那是大不一样的。音乐演奏的好坏决定这个人是世界一流还是一般水平的,还是不入流的、业余的;但是诗歌很难说,没有一个人因为朗诵一首诗而成为世界一流的艺术家,只有写诗才能成为世界一流的艺术家或者文学家。所以诗歌已经摆脱了一切物质性,它剩下的是符号,抽象的符号。所以这些符号是在想象中构成了第二自然。它也构成一个自然、一个世界,但是这整个的世界都在你想象之中,它不需要借助于物质的东西。当然符号也要印出来,印成油墨、纸张,这些都是无所谓的,你也可以不印出来,你也可以写在墙上,或者是写在沙滩上都可以,可以在任何地方,所以它不受物质的限制和约束。

那么诗歌里面又分三个层次。一个是史诗,史诗是不用韵的。抒情诗,有些也不用韵。戏剧,戏剧就是剧诗,在西方戏剧最开始是剧诗,歌剧、话剧都是后来发展起来的。最开始是诗剧或者剧诗,它是属于诗的。这个跟中国的戏曲不一样。中国的戏曲是属于音乐的,属于曲,西方的戏剧属于诗。剧诗里面也包含三个层次,一个是悲剧,一个是喜剧,一个是正剧。正剧最后过渡到散文,很多正剧开始就不用诗了,就是大白话,就是对白、台词,在莎士比亚的诗里面有一些对白,穿插在中间。悲剧和喜剧有一些对白,但是到了正剧,就大部分都是对白了,这就是话剧。话剧是完全对白,那也就是散文。到了散文,在黑格尔看来严格说已经算不上艺术了,更不用说小品、相声,这些就更加不入流了,那叫"散文气息的现代"。黑格尔非常瞧不起现代艺术,他认为这是散文气息的，勉强称为艺术。

总而言之，所有这些分类都体现了一个原则，就是艺术日益摆脱它的物质的外壳，而走向纯粹精神，走向非感性，最后走到宗教，完全摆脱物质外壳，那就不再是理念的感性显现，而是走向宗教了，这个是他对艺术的分类。

我们可以看到，他对艺术的分类里面，虽然包含着对艺术各门类的一些洞见，一些很有意思的看法，但是他的目的并不是想描绘这些艺术品给人带来的感受，而还是要通过这样一些洞见，通过这样一些感受，把艺术组织成一个逻辑体系，最后一步步要走向黑格尔自己预定的目标，就是绝对精神的自我意识。但是在艺术这个阶段，艺术本来是理念的感性显现，感性使得理念显现出来，形成了艺术，但是感性同时也束缚了艺术理念中的精神，使它只能停留在一个比较低层次的阶段上面，只是绝对精神里面的低层次。那么它要向高层次迈进，它就必须要摆脱它的感性的物质的外壳。物质的外壳都是感性的，那么纯精神的东西是非感性的。所以黑格尔的艺术哲学通过把美和艺术追溯到人的物质和精神之间的关系，追溯到人最深刻的本质，体现出来人的精神对物质的一种能动性、一种创造性，最后诉诸人的这种能动的实践活动，来理解艺术的本质。我们前面讲到了，从内容方面，他是从时代精神、时代背景，包括人的生产劳动、人的社会生活、人的日常实践活动这样一些背景，来理解艺术的内容；在形式上面，他也从人们的日常生活、实践活动，来理解艺术的形式之所以产生。所以他对艺术这些问题的解决应该是具有空前的深刻性的。他所谓的美的本质定义，"理念的感性显现"，实际上在他的描述中被表现为"人性的感性显现"，理念他自己认为是逻辑理念，但是经他描述出来，实际上它被描述为人性的普遍内容，所以艺术被看作时代精神的代表。当然最后艺术要走向衰亡，这是一种艺术的悲观主义。但是艺术的悲观主义并没有完全悲观，代之而起的还有宗教，还有哲学，可以作为艺术的出路。所以人性并不悲观，艺术虽然要衰落，但是人性提高了，通过艺术而提高了。所以我们可以把黑格尔看作近代人本美学的集大成者，在美学方面，人本主义的美学得到了最大的发扬，但是同时又预示了艺术的衰亡。艺术之所以会衰亡，是因为它只是绝对精神的自我认识的初级阶段，作为一个初级阶段，它的发展方向是走向高级阶段，走向一种纯精神创造性。这种纯精神的创造它也有一种实践的理解、能动性的理解。在黑格尔体系的任何一个环节里面，他所强调的都是人的能动性，都是精神的创造性。这就是黑格尔美学的积极意义。当然他的消极的意义就在于他的唯心主义的归结点，就是"绝对精神"，把人的这种创造性归结为一种单纯精神的创造，那些物质的创造，人对自然界、对物质世界、对客观事物的创造，在他那里都被看成了一种纯精神的活动、上帝的活动。这是他的局限性所在，后来马克思对此做了一些批评。

黑格尔的美学我们就讲到这里，接下来我们讲卡尔·马克思（Karl Marx，1818—1883）的实践美学的奠基，但不详细地讲了，提到就够了。马克思的实践美学，主要是在《1844年经济学哲学手稿》里面包含的一些美学思想，当然在别的地方零零星星也有。马克思应该说不能算作一个美学家，他也没有系统的美学著作，但是他有丰富的美学思想，在他的通信里面，在他的早期手稿里面，都有一些论述，我们从里面可以总结出他有关美和艺术的一些论述。有两个方面，一个是艺术的发生学。马克思没有具体考察过艺术发生学，但是他考察过艺术发生学的哲学。艺术怎么产生的？在这方面他有很多论述，当然不是专门为了美学和艺术学来论述，而是为了说明人的感性活动，就是通过人的生产劳动，说明艺术产生于生产劳动，而早期的生产劳动就带有艺术性。这个观点马克思从席勒那里吸收了很多东西，通过他自己的分析，通过他对资本主义异化现象的分析，他得出了一些结论。那么另外一个就是审美心理学，他也有一些论述，但是都没有成系统。虽然没有系统，但是他的哲学原理已经显露出来了，就是人为什么会感到美，在这方面他受到费尔巴哈很大的影响。费尔巴哈倒是有很多这方面的资料，因为他特别强调感性直观，强调人类学和人性。马克思也强调人性，但是马克思转向了政治学和经济学的分析，而费尔巴哈停留在心理学上，所以费尔巴哈在这方面有很多论述，对马克思早期有很大的影响。我们这里不展开讲，因为马克思的这些美学思想在当时并没有发表，他的这些手稿以及他的这些书信，都没有发表，他在别的地方这里一点儿，那里一点儿，只言片语，也没有引起人们的注意，所以他对于当时19世纪的西方美学可以说没有发生影响。他的影响是到20世纪30年代以后，特别是50年代以后，那些手稿被人整理出版了，他的那些书信也被收集起来，集中起来，我们中文本也有《马克思恩格斯论艺术》，还有相关的一些材料，都被出版了，他才造成影响。所以我们不能够把他看作那个时代美学思想发展的一个环节。但是尽管如此，马克思、恩格斯的思想，特别是马克思的美学思想，对后来的美学有极大的影响。我本人的美学思想受马克思的美学思想影响也非常大，可以说基本的理论构架是按照马克思的一些观点而建构起来的。马克思没有建构起一个体系，但是我根据马克思的这些零星的思想建构起了一个体系，最早发表在我和易中天写的《走出美学的迷惘》，后来改了名字再版，就是《黄与蓝的交响》。《黄与蓝的交响》最后一章是关于美的哲学原理的，就是我执笔的"新实践论美学大纲"。我和易中天提出的"新实践论美学"就是按照马克思的这个思路建立起来的。

第四章
现代美学的深化

第一节 现代美学的文化土壤

现代美学的深化就是说，现代美学跟以往的美学，包括跟古希腊的、中世纪和近代的美学都不一样，以往的美学我们可以清理出一个单线的逻辑发展线条，那么现代美学已经很难找出一个逻辑发展的线条。因为现代美学它处于一个逐渐走向全球化的时代，以往的那种单线，比如说古希腊、古罗马，它就是在一个狭小的世界里面，几个人在那里，一个接一个地探讨美学问题，它里面可以看到一种美学思想的进展。那么中世纪也是，统一使用拉丁文的文化区，基督教文化区，那些人用拉丁文写作，他们互相了解，有一个统一的方向。到了近代，唯理论，经验论，德国哲学，他们采用不同的文字，有不同的文化，但是他们的思想基本上还是互相交融、互相促进的，也可以看出某种逻辑关系，当然已经不完全是单线的了。比如说唯理论、经验论就是双线的，它们各自都有自己的传统，但是互相之间是相互理解的。那么现代美学，它的土壤就更加广泛了，它已经不是单纯的西方美学了，我们在这里面要经常提到中西比较，它就是东方，包括跟非洲、北美洲、南美洲、澳洲和日本，跟这些地区的文化都有一种互相影响、互相交融，还有印度，也属于东方。那么这个现代跟以往就很不一样，我们可以说，现代美学它的文化也好，它的美学思想也好，它的文化土壤也好，都处在一个日益多元化的关系之中，越来越缺少那种单线的进展。单线的进展就是倾向于一元化的，但是现代美学文化的土壤它是越来越多元化的。

那么在西方的近代文化跟现代文化中，我们可以找到这样一种区别：西方近代它是一个发现自我、发现人性的时代；而西方现代——近代和现代的区分一般是指19世纪末20世纪初，特别是20世纪开始，我们就此称为现代——是这个已经被发现的自我和人开始走向了分裂这样一个时代。这个分裂当然有我们刚才讲的多元化的关系，就是说他们突然发现，这个世界上还有很多人是用别的方式在生活；但是更重要的分裂在于，他们的文化自身发展的内在矛盾导致了一种结果，就是人的身体和心灵、感性和理性开始分裂。我们前面讲了浪漫型艺术，它的特点在黑格尔那里被描述为感性和理念，形式和内容重新走向分裂。黑格尔非常敏感，在19世纪早期他就已经敏感到艺术将来发展的方向是一个分裂的方向，艺术的形式和内容走向分裂，再也收不拢了，再也收不回来了，日益破碎，所以艺术必然要走向衰落。那么他可以说在很多方面都不幸言中，就是说现代西方人的文化已经开始走向分裂。这个分裂虽然在现代以前已经包含了，已经在冲突，但是毕竟那个时候还有一个上帝，再把分裂的双方最终统一起来。所以它只是形成了一种张力。

在艺术里面、审美里面也是，理念和感性显现相互之间可以分裂，但是在美里面还是表现出一种张力，这种张力在浪漫型艺术里还是可以显现出某种美，因为那个时候还有上帝。上帝能够使对立的双方达到和谐，最后达到统一，虽然在眼前你看不到统一，但是你总有一个信心，相信它们将会统一。那么到了 20 世纪，尼采在《查拉图斯特拉如是说》里面宣布"上帝死了"。当然上帝死了这个命题是黑格尔最早提出来的，但是黑格尔提出上帝死了并没有今天这样一种深刻的意义，他只是说上帝再不能作为一个有机生命而存在。比如说耶稣基督那种存在，已经不能够复活了，我们要复活上帝必须要另找出路，不要从生命的或者是物质的、肉体的这样一个眼光去寻找上帝。十字军东征打到了耶路撒冷，占领了又怎么样？你把耶稣的坟墓挖开，里面空空如也什么也没有，上帝再不可能复活。黑格尔是这个意思：我们要从精神上去接近上帝，再不能采取以往的那种带有肉体崇拜、带有物质崇拜的方式去理解上帝。所以上帝死了，但是他的精神永生。但是在尼采这里，他接过"上帝死了"这样一个命题、这样一个口号，他所表达的是人们都不信上帝了，上帝在人们心中已经死了，上帝在精神上已经死了，这个跟黑格尔是不一样的。那么"上帝死了以后"，各种冲突，特别是灵与肉的冲突达到了极点，陀思妥耶夫斯基、托尔斯泰他们都说过这样的话，"如果没有上帝，人们什么事情都可以干了"，人就没有精神了。但是人又有精神，所以精神陷入极大的痛苦、极大的分裂之中。这个是现代的情况。那么现代"上帝死了"以后，人既然还有精神，他又不能完全放弃自己的精神变成动物，那他怎么办？他只剩下一条出路，如果他要避免彻底的虚无主义的话，他只有独自去寻求个人的价值。人与人不相通，他人与我没关系，尽管如此我也不甘愿成为动物，那怎么办？只有自己去寻求自己的价值，解决自己的生死存亡的问题，特别是精神上的生死存亡的问题。那么这样一种情况也就是一个人深入地认识自我的这样一个时代，而且有的哲学家认为这未尝不是一件好事，上帝还在的时候你可以依赖上帝，现在你没有可以依赖的，上帝已经死了，你只能依靠自己。那么你要想依靠自己，你自己到底可不可靠，那你就要深入地认识你自己，就像古希腊苏格拉底讲的，认识你自己，今天已经到了一个更加深入的层次，你必须要更深地把握自己。那么如何更深地把握自己？只有在自己自身的矛盾分裂之中才能更深地把握自己，这是现代人所处的——你可以说是困境，但是也可以说是唯一的出路。就像一个青年，只有他离开了家庭，他才能够真正独立，你老是把他养在家里，他一辈子都是个孩子，有依赖感，你必须把他赶出家门，让他一个人到社会上去闯，到世界上去闯，他才成人。

那么这种人性，它分裂的根源，还是马克思所讲的"劳动异化"，就是这个社会从劳动的异化开始导致了人性的异化，导致了整个社会的异化。也就是说劳动本来是人的本质，本来人在劳动中，靠自己的劳动吃饭，靠自己的劳动改造大自然，来适应自己的生存，这本来是人的本性。这个里头包含着人的幸福，劳动是人的需要，甚至是人的"第一需要"，一个人如果不劳动，那这个人就完蛋了。当然我们现在很多人都逃避劳动，觉得劳动是件苦差事，那是因为我们今天的这个观念、这个社会生活造成的。如果一个小孩子，从小不给他灌入这样一种观念，也不生活在这样一种社会中，而是生活在一种原始古朴的社会中，那么他从生出来，很小就知道模仿大人，大人干什么他也干什么，他觉得很高兴，他也可以像爸爸妈妈那样做那些事情，那是很高兴、很有兴致的事情。如果你不让他干，他会觉得他丧失了自己，他非要学习，非要模仿。劳动本来是件幸福的事情，但是在现在，资本主义社会生产使劳动变成了一种非常机械的事情、非人性的东西。劳动成了一种"抽象一般劳动"，在政治经济学里面，马克思讲到，抽象一般劳动成为价值标准。你一个人劳动那不算数，还要看人家的劳动跟你的劳动产出所达到的平均数，如果你的劳动的产品在平均数之下，你的质量和数量在平均数之下，你一个人的劳动是没有价值的，没人买你的；你必须达到平均数或者超出平均数才有它的结果，你才能赚得到钱，才能靠劳动糊口。这个是现代人的人性异化的根源，劳动成为一种单纯的机械性的衡量标准。人与人之间的劳动关系变得非常机械。卓别林所演的《摩登时代》，发疯似地不断地做同一个动作，重复同一个动作，那当然是非人性的了。那就是看你产出多少，你在那个流水线上能否应付，这流水线是极大限度地消耗人的动物性体能的这种能量，来获得尽可能多的产品，这就把劳动变成了一种苦工。那么劳动异化的同时，理性也异化了。理性本来是人的本质，跟劳动一样都是人的本质，但是理性在现代资本主义条件之下，它不是人的本质，而是非人的本质。理性用来干什么？理性就是用来进行精密的机械的计算，它唯一的功能就是计算，所谓定量化的工具理性，精密化的逻辑理性。而且这种计算统治一切。但是这又带来另一方面的不利，理性作为计算统治一切，那么感性就成了无意义的，破碎的了。感性是无意义的，现代社会的感性，包括商品，它的感性没有什么意义，往往是欺骗人的。你外观很漂亮，广告做得很漂亮，外观打磨得很光滑，但是它代表什么？什么也不代表，它只是吸引你的眼球。现在很多东西外表都是一个盒子，你一看一个盒子，四四方方的，你不知道它是干什么的，它的外表没有意义，你要知道它是干什么的，你得看它的商标，看它的说明书，看它里面的结构，你要把它拆开，要对它进行分析，看它的功能是什么，它的功率多大，你才知道它的意义。你不能凭它的外表一眼就看出它的意义来，所以感性是不可相信的。在现代这个商品社会里面到处都是商品，你不能凭感性断言这个商品它就能干什么，它就是干什么的，它有的是虚假的。所以感性使得自然界失去了它的完整性和丰富性，本来在大自然里面，感性有它的意义，每一样事物从外表上你就可以看出它是什么事物；但是在现代社会这里已经失去了意义，抽象的功能成了唯一的知觉方式。你要有抽象的能力，你光是感觉好，那没用，你必须从小要背公式，要记住各种各样抽象的定理，哪怕你把眼睛搞得很近视了也没关系，你不需要眼睛那么好，只需要心里有数。所以人跟自然界就越来越疏远，现代有各种各样刺激感性的产品出来，但是人们在这些感性底下看不出什么意义，它就是为感性而感性，就是黑格尔所讲的感性本身支离破碎，再也组建不起来任何有意义的东西。

那么人们的精神生活在这种情况下，要么就陷入庸俗，要么就陷入苦恼，它没有别的出路。西方现代哲学也产生了分裂。现代哲学里面，一个是理性，在这个时候已经片面化了，变成了一种单纯实用的和实证的理性，工具理性，成了一种操作，一种计算。而人本主义，关于人的哲学，则走向了非理性。理性和非理性也是现代哲学的一个分裂，它是现代社会文化土壤的一种反应。人本主义走向非理性，凡是讲人本主义的，往往都带有某种非理性的色彩。那么这种非理性诉诸感性的冲动，意志的冲动，神秘的直觉，原始的本能，黑色幽默，儿童心理，等等。理性和非理性的对立实际上成了理性和人性的对立，因为理性已经变成非人的东西，所以反抗理性往往是人本主义提出来的，要反抗理性，反抗逻辑，要打破逻辑的垄断，这个在后现代主义表现得非常的明显。那么在这样一场理性和非理性的较量之中，艺术是站在人性这边的，也就是站在非理性这边的。艺术尽量地排斥理性，但是这样一来艺术就变成一种纯粹个人的艺术了，你把理性排除了以后，那就是不可理解的了，不可理解你怎么和人相通呢？理性本来的作用是人与人相通，但是现在它已经变成了计算，已经变成了非人的了，艺术就被迫变成了个人的艺术，那你怎么告诉人家？你怎么打动人家？你怎么能够导致一种普遍的艺术感受？个人的艺术要重新赋予那种破碎的感觉以意义，把这种破碎的感觉重新收集起来，重新聚拢起来形成某种意义，但是那就成了私人的无法交流的艺术了。这是对于理性至上这样一个社会的一种悲壮的抵抗，但是这样一种感性的重组是各式各样的，而且是很难相通的，从理性的眼光来看是模糊不清、乱七八糟的。比如说朦胧诗，我们20世纪80年代的朦胧诗当时引起很多讨论，朦胧诗究竟算不算好诗？有的人说看不懂，不知道它说什么，里面没有一句话是明确的，对此加以否定。但是当时大批的年轻人热衷于这种朦胧诗,因为虽然看不懂,但它恰恰迎合了我们内心中的某种感觉,而且这种感觉是大家一致的。年轻人是一致的,就是要把几十年以来所受的压抑之气把它宣泄出来,看不懂没关系,诗不是要你看懂的,诗又不是哲学,又不是数学,为什么一定要看懂呢?它只要能够激发人的情感和感觉就够了。这也是一种反理性的倾向。所以这个时候的艺术家他们开始转向了原始人的艺术,向原始人的艺术学习,吸收很多东西。像毕加索、塞尚,他们都很欣赏非洲艺术,非洲的面具,非洲的木雕,那些东西看起来好像朦朦胧胧不知道是什么东西,但是它有一种风格,他们也模仿那种风格。马蒂斯,非常欣赏日本人的东西——单纯,看起来好像很幼稚、稚拙、笨拙。还有一些倾向于梦幻,像达利,他经常把他做的一个梦马上就变成一幅画。怪诞、潜意识——弗洛伊德,东方情调,等等,所有的这些非理性的东西都刺激当时的艺术家,带来了很多的灵感。在美学上就是理性主义和非理性主义,科学主义和神秘主义,形式主义和表现主义,多元对立。每一个美学家主张一种美学,他可以找到大量的例子,大量的艺术品,往往都是成功的艺术品,来作为他的根据。那么原来那种科学的美学、理性的美学就日益导致一种形式主义。科学的美学是西方的传统,总想把美学变成一种科学,在现代美学里面还有它的追随者,但是这种美学日益变成一种形式主义,甚至于是"美学取消主义"。就是说搞了半天,美学家自己宣称美学可以没有了,美学家自己说美学消亡了,不需要美学。而非理性的美学则越来越成为一种诗化的哲学,美学跟哲学、跟这种非理性的哲学越来越融为一体。有很多哲学家,他们的美学跟哲学就是一体的。比如说像伽达默尔的解释学,伽达默尔的《真理与方法》一开始就是讲艺术经验,一个哲学家一开始讲艺术经验,为什么讲艺术经验?他的哲学都是建立在艺术经验之上的,它的哲学解释学原理就建立在艺术经验之上,艺术经验最典型地表达了他的解释学。理性的哲学、科学的哲学已经不时髦了,已经不占主导地位了,有各种各样的异端发展起来。

所以现代西方美学,我们前面讲了它的文化土壤,它经历了一个解体的过程,我们现在已经很难用一个概念笼而统之地说西方美学了。在以前是有,在以前讲西方美学,从古希腊到中世纪到近代,我们都可以说一言以蔽之,西方美学怎么怎么样;但是到了现代我们很难说西方美学怎么怎么样。当然它的总体倾向还有,但是它是一个流派纷纭、观念泛滥、各派之间互相渗透、互相转向、互相嬗变的四分五裂的时代。当然我们可以对它做出一种大致的分类,但是我们不再能够像以往的那样,说起英国经验派美学,那就是一脉相承,而大陆理性派美学也是脉络清晰,然后德国古典美学,我们可以为它写一本书出来,我们现在已经很难这样做了。我们只能够做一个大致的分类。这种分类我们不再能够沿用传统的主观派、客观派或者主客统一派,以前老是这样分,这种分类法早就过时了。我们必须按照美和艺术的根本的内在矛盾来进行分类,这方面我们可以向黑格尔学到很多东西,黑格尔要做任何分类他都是有根据的,不是根据表面现象,而是根据事物概念的本质,概念的内在矛盾性。那么现代艺术尽管五花八门,但是艺术本身的矛盾很简单,还是内容和形式,这个仍然没变,任何时候也不会变,这是它的本质矛盾。那么按照这种内容和形式,我们可以进行一种历史的逻辑分析。历史中有没有逻辑?这个时候这个逻辑已经不再表现为一个线性的,一个阶段到一个阶段的这种起承转合,而是表现为当我们分类的时候,我们有一种逻辑观念,我们用这种逻辑观念来对艺术和美学进行划分。

那么这个分类的依据,内容和形式这个矛盾,是由康德和黑格尔提出来的,在他们以前没有明确提出内容和形式的矛盾。所以我们可以按照康德和黑格尔这两位美学家的影响来划分现代美学的几大流派,现代美学可以说几乎每一个成体系的美学家都是受康德和黑格尔的影响的,不是受这方面影响就是受那方面的影响，当然还有一些不受他们影响的，但是往往就不成体系，往往就是边缘化的。那么成体系的这些美学家的这个影响我们可以划分出四大类别。

从康德我们发展出：一个是自然科学的形式主义。这是我给它起的名字，就是从自然科学的角度来追究艺术和审美的形式方面，追求形式主义，但是是自然科学的，立足于康德所谓自然界的"无目的的合目的性形式"。另外一个是非理性主义的表现主义。它是表现主义的，但是它是非理性主义的，这个跟康德也有关系，立足于康德的传情说和共通感。就是说康德的美学理念已经有形式主义和表现主义的因素了，"表现主义"就是主情主义，我们前面讲到的，他强调情感，但是不光是强调情感，而是强调情感的表现。那么在康德那里，强调形式的时候是一种类似于自然的、从自然的角度来看的眼光；强调表现的时候，他是一种非理性的情感的眼光，因为《判断力批判》是介于理论和实践之间，理论和实践都是由理性来控制的，唯独判断力批判它是情感的先天原则。当然它里面还有理性，但是从里面可以发展出非理性主义的表现主义，这是从康德那里发展出的两大流派。

从黑格尔那里发展出：一个是理性主义的表现主义。黑格尔也有表现主义，表现人的情感，但是黑格尔的表现情感整个是受理性控制的，我们前面已经讲了。再一个是社会科学的形式主义，黑格尔从席勒那里把他的艺术社会学原则大大发挥了，席勒已经比较强调艺术社会学，但是在黑格尔这里更加强调社会科学、政治经济学背景，人类的实践活动、社会活动背景。那么内容和形式的关系在这种意义上它也是一种形式主义。比如说他的这个"性格论""典型论""典型环境中的典型性格"，这个是恩格斯总结出来的，当然也比较符合黑格尔的思想。但是"典型论"就是一种社会科学的形式主义，典型是普遍和个别的统一，普遍就是社会方面，社会的多样性统一在个别人身上就是个别人所创造出来的那种个性形式。所以我们中国几十年来一直在流行的这种现实主义的文艺理论，所谓的典型论，就是一种社会科学的形式主义，一方面强调他的社会性，典型论代表一般，要反映本质，要反映阶级矛盾阶级斗争，这是典型所代表的。那么另一方面它又有创造性，而这种创造性它本身是脱离内容的，它是诉诸个人的形象思维，也不否认天才、灵感，但这些都是形式，用这些形式去表现社会现实生活，去认识社会、把握社会发展规律。从黑格尔发展出的这一套沿用到苏联以及中国，我们把它称为"社会科学的形式主义"。

此外这四个主旋律旁边也有两个伴奏，一个是我们刚才讲的美感经验论，它继承的是英国经验派美学的传统，它跟康德和黑格尔没有直接的关联。当然也有间接的关联，因为黑格尔也吸收了经验论的东西。再一个就是艺术社会学，它跟席勒有直接的联系，席勒已经是艺术社会学了，但是现代的艺术社会学更加大规模地展开了。席勒那里还是一种单纯的哲学的推测和猜测，而现代艺术社会学是大量的实证的调查，实证的研究。这是另外一个伴奏。这两个伴奏的影响范围非常大，甚至于超过前面的主旋律。它非常丰富，非常实证——你可以去田野考察，你可以去搜集大量证据，然后你可以建博物馆，可以把那些非洲部落、澳洲部落的那些原始人的那些东西搜集起来，赋予它意义，来保存民族文化，来深入了解各种文化遗产。世界文化研究就是在这两个美学理论的指导之下在进行，进行田野调查、社会调查，所以他们的影响非常大。但是他们的理论含量比较单薄，基本上没有产生自身的美学体系，都是一些外围的东西。你要研究美学当然这些你也必须要了解，但是它们属于外围研究。一个是美感经验，它更多的归结于心理学，你对现代审美心理学要有一定的了解。再一个是艺术社会学，它归结为社会学、人类学，这都是外围的研究。

那么，这就一共有六个方向，六大类别，这六大类别总体来说可以分为两类，一类是"科学美学"，一类是"表现美学"。科学美学基本上是站在科学的立场上来看问题的，不管是社会科学还是自然科学；那么它就应该包含自然科学的形式主义和社会科学的形式主义，还包含审美经验论，美感经验论，也就是心理学，审美心理学；再一个就包括艺术社会学，艺术社会学也是一种社会科学，但是，科学美学它们所有的这四个流派，基本上都是站在科学的立场上面来看待美的问题。那么"表现美学"它就已经摆脱了这种科学的立场，包括非理性主义的表现美学和理性主义的表现美学，已经摆脱了科学主义的立场，但是它里面包含科学的东西，比如说心理学的东西，社会学的东西，我们后面要讲到理性主义的表现论美学，里面就包含有某些科学的东西，但是它的基本立场不是科学，而是一种表现。

第二节　现代科学美学

那么首先我们来看看现代科学美学。凡是从科学的立场来看美和艺术，不管是自然科学还是社会科学，都必然会把美和艺术看成某种别的东西的形式，科学美学它的必然的结果是形式主义，这个是我们要把握的一条基本线索。凡是你要从科学的眼光来看待美，你就会把美和艺术看作某种形式。要么是心理学的东西的形式。你要表达审美的某种心理学的内容，那么你就必须研究这种心理上的形式，在研究这种形式的过程中就形成了一种形式主义美学。要么是把它看成是某种社会关系的表现形式。比如说我们中国流行的现实主义美学原理就是把它看作描写社会状况、阶级关系、生产力的关系等等这样一些社会关系的形式，一种社会状况的表现形式，那么这个时候也会落入某种形式主义之中。就是说当你谈艺术的内容的时候，你不是在谈艺术，你是在谈社会学，谈历史学；当你在谈怎么样把这些历史的内容、社会的内容用艺术的形式表现出来的时候，你所谈的艺术其实只剩下了形式，所以还是落入了形式主义。所以我们讲自然科学的形式主义和社会科学的形式主义，为什么都是形式主义，就是因为这样一些流派都从科学的眼光来看待艺术，那么艺术本身就成了反映这个对象以获得科学知识的形式。我们经常讲思想内容和艺术形式的"双重标准"，我们要评价一个艺术品，首先评价它的思想内容，它反映了什么，表达了什么，它与时代精神在哪些地方合拍，当我们这样想的时候，我们考虑的不是艺术而是思想，是哲学，是历史学，是社会学、阶级斗争，我们考虑这样一些东西。但是反过来说，我们同时还要注重艺术形式，不能光谈思想，光谈思想就成了标语口号了。我国20世纪60年代、70年代样板戏就是这样，首先它的前提是必须要反映正面人物，以及正面人物中的英雄人物，英雄人物中的主要英雄人物，这叫三突出——要突出正面人物，突出正面人物中的英雄人物，突出英雄人物中的主要英雄人物。为什么要这样？因为它是阶级斗争的重要武器，这个时候你并没有谈艺术，你谈的只是艺术的思想性而不是艺术性；那么当你谈艺术性的时候，你就是钢琴协奏、芭蕾、唱腔，这些是考虑形式问题了。形式问题可以很高，样板戏你别看它的内容单一，但是它的形式很高，过个一百年以后说不定还是精品。我们还不能完全否认它，因为毕竟那么多人受过西方的训练，还有中国传统的训练，那是他们精心打磨出来的东西。所以在这方面，它就是形式主义的，当然我们自己不承认自己是形式主义的，因为我们强调的正是它的内容；但是你在强调它的内容的时候你没谈艺术，所以从艺术上说还是形式主义的。我们几十年以来一直反形式主义，结果我们落入了最纯粹的形式主义。我们今天一听样板戏，我们经历过"文革"的这一代人还要不由自主地跟着唱起来，就是因为那个形式还是比较吸引人的。我们不管它的内容，它的内容已经淡化了，我们不管它唱的是什么东西，但是它的形式还是能够打动人的。这就说明这套形式主义也有它的成功之处，注重形式，但是恰恰这种注重形式是以形式和内容的分裂为前提的，是建立在这个基础之上的。所以我们把它称为社会科学的形式主义。当然还有自然科学的形式主义。

一、自然科学的形式主义

我们现在来看自然科学的形式主义。

现代西方流行最广的就是自然科学的形式主义，社会科学的形式主义主要是在苏联、东欧以及中国流行。最广义的形式主义就是自然科学的形式主义，它来自于康德的纯粹美，也就是他的第一个契机，无利害的愉快，以及第三契机，无目的的合目的性。第一契机和第三契机都是形式主义的规定，一个是没有利害冲突，但是它给人带来愉快，一个是无目的，但又合目的性，无目的就是无利害关系，你没有目的，你超功利，但是又合目的性。那么这种合目的性它是从哪里来的呢？那你就必须要从自然科学的角度来分析它的形式，这种形式给人带来的一种生理上的感染力，情感上的感染力。这就是自然科学的形式主义，是从自然科学和生理学、心理学这个角度来探讨美的形式规律。所以他们采用的方法主要是科学的抽象法和实验方法，主要是实证主义的，一个是实验，再一个，在实验的基础上进行科学的抽象。

1. 形式的心理—物理学基础

首先我们看看第一个倾向，就是探讨形式的心理—物理学基础。从形式的心理—物理学基础发展出一种自然科学的形式主义，哪怕他们研究心理学，他们也是从自然科学的角度，甚至于从物理的角度来研究人的心理。这方面首先一个代表是赫尔巴特（J. F. Herbart，1776—1841）。赫尔巴特是德国的新康德主义哲学家，他从康德美学里面直接继承了形式主义的因素。另外还有他的追随者齐美尔曼（Zimmermann，1824—1898），这也是非常有名的美学家。赫尔巴特和齐美尔曼都是德国的新康德主义美学家，他们在19世纪末掀起了一个高潮叫"给美学定量化"，就是说是完全按照科学主义的眼光来做。他们认为美学太不确定了，我们要给美学定量化或量化。那么怎么量化呢？要从时间和空间、质和量等等这些方面进行一种数学的和物理学的规定,而物理学主要是一种动力学的规律。因此他们提出了一个概念,用来概括什么是美,这就是集合体的概念。什么是集合体?就是一种美的形式,从形式上来看,一个美的事物它有它的形式,那么我们分析这个形式,我们就可以把它还原到它最基本的要素。什么要素?就是说凡是美的东西,我们在欣赏它的时候可以发现,它总是两个以上的形象的一种集合,形成一个集合体。那么这种集合有它在数学方面和物理方面的基础,它是一种客观基础,它不由人的主观的感情的判断所能改变,它是客观的。这个类似于古希腊的客观美学,像毕达哥拉斯数的和谐——有一定的比例。那么赫尔巴特他们也是这样讲的,有一定的集合体,由两个以上的形象的相互的关系集合起来,那么人的美感就是由这些数学和物理关系引起的。这个引起,它不是一种人的主观判断,而是一种不由自主的感觉,一种感动,一种感触——我被触动了。它不是一种主观活动,也不是我有一种什么情感被表达出来了,不是的,而就是由这些事物的形象,它们的集合体,触动了我们的感官,就引起了人的感动,这就是美感。所以虽然是客观现象,但却是心理现象。比如说声学和色彩学。我们中国的音乐一般不重视和声,但是西方音乐特别重视和声,认为和声之间有一种数学比例关系,我们听到和声的时候,会有一种特别的感触。比如说我们听二重唱,二重唱的和声那是特别感人的。有时候,听的人也感动,唱的人更感动,你觉得你不是一个人在唱,有人跟你呼应、同时跟你唱出来,那跟两个人单独唱是不一样的,两个音和在一起,那是一种天籁之声,不是你自己唱出来的,好像是客观唱出来的。色彩学也是这样,色彩的和谐,一幅画这个地方跟那个地方要呼应,一幅画也应该有呼应,这个地方应该强烈,那个地方应该暗淡,那个地方暗淡它不是完全的暗淡,它里面也有一点高光,它跟这边相呼应,色彩的搭配,暖色调和冷色调怎么搭配,这里面都有讲究的。所以它是两个以上的形象的集合,形成一个集合体。那么这个集合体你分析就会发现,各部分之间都有一种紧张的关系,它们都是不同的,甚至往往是相反的,是很紧张的。由此引起我们感官上的紧张状态,视觉上的或者听觉上的紧张状态,当这种紧张状态中的同一性占优势的时候——就是在紧张之中你又感到和谐、感到同一,和声中你感觉到它是同一个声音,但是它跟每个声音都不同,好像它是另外一个声音——这个时候你就感到了美。他们说如果没有这种同一性,如果是刺耳的,不和谐的,那么你的知觉就会被打断,打断了就浪费了精力,浪费了注意力,就好比在数数,但是数目太大,你怎么也数不清楚,这个就浪费了精力。所以美感产生的原因就在于它在感官上为你节约了注意力,你在听的时候、看的时候可以节约你的注意力,你可以用一个同一的东西来把握两个完全相冲突的东西。所以他们总结出美的公式:先多少失去几分规律性,然后又重新恢复规律性,在失去规律的时候你感到一种冲突和紧张,但是最后又恢复了,这就使你能够非常轻松地把握两个不同的东西,这就节约了你的注意力。

　　这当然是一种心理学的解释了,一方面它有客观的解释,就像是客观美学、数的和谐,这个集合体是一种客观的解释。但另一方面它又落实到我们的美感,那就是一种心理学的分析,从心理学上分析我们对这个客观的美的关系的一种反应、一种刺激。所以它跟古代的毕达哥拉斯的数的和谐已经不一样了,数的和谐完全是一种客观的关系,但是赫尔巴特认为这种和谐它本身固然是人的感官所感到的,但是为什么会导致和谐,还是必须要由人的主观的思维来决定。就是说你的思维类型是什么样的,决定了你在感觉到这种集合体的时候会做出什么样的反应。所以,它的决定性的因素还在主观,不是说客观的数的和谐,你不感觉到它,它还是美,赫尔巴特已经不承认这个了。对古代的客观美学他已经做了他的批评,他认为美学应该是一种先验科学,就是你的主观先验有一种模式,有一种心理结构,然后你在遇到这样一种客观关系的时候,你才能产生美感。所以这是一种内在的形式主义。他是形式主义,不管是集合体也好，还是我们主观的节约注意力，都是一种内在的形式主义，就是说凡是能够这样节约你的注意力的，你就感觉到美，那么这个事物你就把它称为美的。这实际上还是西方传统的所谓思维经济原理。思维经济，就是说你在思维的时候你总是倾向于花最小的力气把握最多的原理，这是最经济、最划得来的。审美的时候就是这样，当你的思维最划得来的时候你就感觉到愉快，那就是美了。这种内在的形式主义是建立在主观的和谐，也就是心理功能的协调之上的，这个还是从康德来的。康德就已经讲到了主体的"诸认识能力的自由协调活动"。那么如何才能自由协调活动，在赫尔巴特看来就是要节约。节约你就能感到自由，你用一个原理就能够把握所有的原理，那不就达到自由境界了么？所以他总结为一套心灵的静力学和力学。人的心灵从心理学上分析，他有一种静力学和动力学，也就是一种力学关系。"思维经济原理"是一种力学关系，你花最小的力气把握最多的原理，就像杠杆作用一样。那么这样一种心灵的静力学和动力学，它可以最后化为一套数学公式。当然他这个努力被人们所嘲笑，后人像克罗齐就猛烈地嘲笑这样一种伪科学，他认为这种心理学完全没什么根据，是他想出来的。

赫尔巴特和齐美尔曼都是19世纪的哲学家，这是早期新康德主义的，他们可以说是自然科学的形式主义的先驱者。这一流派真正的代表是现代的格式塔心理学。

Gestalt是一个德文词，格式塔的意思就是"形态""完型"，格式塔心理学我们也翻译成"完型心理学"。格式塔就是一个完整的形态。格式塔心理学可以说是赫尔巴特的后继者，他们把审美心理放在实验语言学和唯科学主义的考察之下。格式塔心理学特别在语言里面做实验，而且他们是唯科学主义的，就是说，认为美的问题完全可以用科学来解决、来描绘。在这个里面他们还加进了一个特别重要的概念，就是场的概念，格式塔也就是一个力场。当时的自然科学里面到处盛行的就是场的概念，电磁场、引力场。美国的格式塔心理学家阿恩海姆（Arnheim，

1904—2007），实际上是个德国人，他认为人类的知觉构成了一个知觉力场——当时什么都是场，电有电场，磁有磁场，量子力学也是在场的背景下讲的——他把这个场的概念借用来描述人的心理，就是知觉力场。知觉力场形成的就是格式塔，它既是一个生理场同时又是心理场。生理和心理在阿恩海姆那里是几乎不分的，他用生理的语言描绘心理的现象。他认为一个对象的结构，它在大脑皮层里面可以引起一个场的效应，也就是打破神经系统的平衡，引起了生理场的对抗性。当你遇到一个结构，比如说视觉——阿恩海姆有一本书叫《艺术与视知觉》，通过视觉在大脑里面可以引起一种打破平衡的效应，那么一旦引起这种效应，人的知觉就建立了一个力的基本结构模式，你用一种基本结构模式来平衡对象对你的一种刺激，一旦达到这种平衡就产生了美感。所以美感就是知觉力的不平衡中的平衡，在知觉力场里面受到干扰，不平衡了，但是你又恢复平衡了，那么这就是美感，也就是美。所以美感是直接的过程，它不需要你的联想，你的移情、思考、思想等等作用，情感的激动你都可以不要，反正有个对象激发了你，你的这个知觉力场自然而然就会要去平衡它，达到平衡以后你就会感觉到美了。所以知觉由对象的结构形式产生了这样一种美感。那么为什么会产生这种美感？就是因为你的知觉和对象的结构形式之间有一种同构性，所谓异质同构，虽然性质不同但是结构是一致的。格式塔心理学特别强调结构，我的知觉力场里面所产生的结构跟外面事物的场所产生的结构在性质上当然是不一样的，但是会有一种同构性，这种同构性会相互共鸣、相互呼应。于是阿恩海姆在这个层次上又重新提出了所谓节约的原理、思维经济的原理。就是说一切知觉都趋向于最简单化的式样，你要达到平衡，你要恢复知觉力场的平衡，那么就必须要把复杂的东西简单化，把多个原理归结为一条原理，这就带来愉快，因为你很轻松地就能把握它，这就是"知觉的节约原理""注意力的节约原理"。它强调的是减少内在张力，这有时候要通过相反的方向来做到，就是增加张力，增加不平衡性，但最后总是要达到一种更高程度的平衡。康德在他的对崇高的分析里面已经讲到了这个结构：首先带来一种痛苦，不平衡，然后你在更高层次上面达到一种平衡，那就是崇高。那么阿恩海姆在这个地方也讲到，通过加强不平衡、增加张力来使人达到更高的平衡。

那么为什么人的知觉会是这样呢？他最后把它归结为一种本性，就是说比如人喜欢生，不喜欢死；喜欢活动，不喜欢消闲无聊；人总是要力求达到一种张力最小的圆满结局，这是人的本性，人的生存所带来的一种本能。所以他这种解释实际上是一种自然的生理学的解释。但是总的来说他是回避对审美做这种人类学的思考的，更不用说哲学思考了。他认为他所考虑的主要是审美的形式，他的基本立场是形式主义的。他跟赫尔巴特的区别其实只是加了一些新的字眼，比如说力场、格式塔这样一些概念，这是当时最新的一些科学概念。格式塔心理学当时兴起来也算是时髦的，它加上了这样一些概念，使得它的形式主义美学带上了一副实证科学的面具，好像是一种实证科学。他们要把美学变成一种自然科学，那么自然科学最重要的一个特点就是实证、定量化，节约的原理，节约多少，这些东西都是可以定量化描述的。在阿恩海姆《艺术与视知觉》里面有大量的图表、图形、实验的结果。他是个心理学家，经常找一些人来做实验、做科研，你觉得这个东西美不美，他觉得呢，还有人呢，有多少人觉得这个东西美。所谓的鸭兔图，一个图形有的人把它看成鸭子，有的人把它看成兔子，那么有多少人把它看成鸭子？有多少人把它看成兔子？什么时候，第一眼看成鸭子的有多少？他做这样一些统计，通过这样一种科学实证、定量化的研究方法，试图来给美学寻找一些规律。这就是自然科学形式主义的一种典型的代表，它是建立在心理—物理学基础之上的。

2. 形式的测试

我们上次课讲了现代科学美学。现代美学我们把它分为两大部分，第一部分是从科学的立场来看美学，我们把它称为科学美学；另一部分我们叫作表现美学,从表现主义来看美学。这是两个基本的分流,它们分别着眼于美或艺术的形式和内容。科学美学主要着重于美和艺术的形式,表现美学主要着重于美和艺术的内容。前面首先讲到了自然科学的形式主义,里面的第一小节就是形式的心理—物理学基础,着眼于形式首先要为它找到心理—物理学基础,这就是赫尔巴特、齐美尔曼,还有格式塔心理学所做的工作。那么再进一步就是对这些心理—物理学基础加以测试,我们今天要从这里讲起。

这些美学家他们这个思路是一贯的,跟前面讲的赫尔巴特,都是从新康德主义发展出来的,把美看成一种纯粹的形式。那么这个形式如果要变成科学的话,显然必须要采取一种特殊的方式,就是定量化、模式化、数学化、模型化。这样一种方式当然不是对于一种客观事物的测量,它主要是立足于人的主体,主观心理效应。在审美的时候的主观心理效应这样一种特质,它是建立在近代以来兴起的实验心理学这个基础之上的。你要进行测试你必须有一套心理测验的仪器和程序,你要对美的形式加以测试,那就必须建立一种基于实验心理学之上的实验美学。它的一个重要代表是德国的心理学家费希纳(Fechner,1801—1887)。费希纳采取实验心理学的方法,用一系列的测试程序和仪器,在主体的心理里面去寻求某些美的形式规律。他对美学有一套理论,这套理论也是比较新颖的。就是说,他认为以往的美学是建立在哲学之上的,所以以往的美学是自上而下的美学,即先提出一个哲学原理,然后按照这个哲学原理去解释底下形形色色的审美艺术现象,包括美、美感和艺术。那么这一套东西都是无根的,在他看来都是很玄的东西。费希纳是一个心理学家,而且是一个非常实证的心理学家,因此他主张美学应该改换它的思维方式,应该建立一种自下而上的美学,是有根基的、有实证基础的这样一套美学,必须采取定量化的、模式化的这样一种分析手段。所以他主张建立起一些实验的步骤,对各式各样的人进行测试,最后得出一些统计学上的法则。人是各式各样的,对美的感受也是各式各样的，但是通过统计学他认为可以找到一种自下而上的规律，就是多数人都是怎么样的，通常是怎么样的，那么这就是一种相对的规律。由此他设计了三种实验的方法，在心理实验室里面进行一种实验，这也是后来的心理学界比较通行的方法。我们知道今天的人类心理学基本上是实验心理学，在国际上流行的，我们中国现在也是这样，我们中国的心理学的学科门类是划在自然科学这个领域的。武大哲学系的心理学它不属于自然科学，它是属于哲学人文科学，所以武大的心理学在国内的心理学界是不入流的异类。你必须要有实验仪器，要有实验数据，你要能够通过一些心理实验得出来一些心理规律，那才入流。所以中国的心理学会是瞧不起哲学的心理学的，对于形而上学、心灵哲学这一套东西是瞧不上的，你给我拿实证的证据来，才能够说服人，当然这种倾向是非常片面的。

那么实验心理学的方法主要是三种方法，费希纳认为，第一个是印象法，就是说让那些受测试的人谈自己的直接印象。拿一个东西来，你的印象怎么样，你喜欢还是不喜欢，这是最简单最直接的方法。你去做问卷调查或者说你把大家一个一个都叫到实验室来，拿同一个东西提问，你看喜欢的多，还是不喜欢的多。你凭你个人主观的臆测不算数，必须要通过统计数据，这是最直接的。第二种方法是表现法，所谓表现法，不是说把你内在的东西表现出来，而是看你的外在表现，就是用仪器去测量你的心理的表现，你的血压、你的呼吸、你的脉搏、你的脑电图等，测量这样一些数据。当你在审美的时候，在面对一幅画或者是一部电影、一段音乐时，测量你的心跳，测量你的呼吸等。测量你在做审美判断、审美欣赏的时候，你所表现出来的心理因素和生理因素，它们的相互关系。心理因素你是看不见的，每个人的心里他想的什么；你怎么可能知道？但是你可以表现出来，你在放松的情况下可以毫无遮掩地表现为一些生理的数据，那么把它们记录下来，这就是一个证据。第三种就更加复杂一些，叫作制作法。制作法就是说给你出一个命题，命题作文或者命题联想等，对于这个命题你随意地进行制作，你按照这个命题去制作，你做一个东西出来，根据你所做的东西，我们也可以发现一些统计学上的规律，这个是费希纳总结出来的三种实验室的方法。

那么从这一套实验里面经过长期的摸索，费希纳总结出13条审美的规律。这完全是经验的，看起来非常琐碎。为什么恰好是13条，为什么不是14条，这个没什么道理，包括审美联想律、审美的对比律、用力最小律等等，这些都是非常实证的规律，也没有什么来龙去脉，他就是通过统计学总结出来、归纳出来的。他认为通过这样一些法则，就可以对一些审美现象加以定量分析；并且你要研究更加复杂的审美现象，也要以这个为基础。这些规律当然是很简单的，定量分析的东西都是很简单的，但是以这样一些简单的东西我们逐渐把它积累起来，把它结构起来，就可以解释那些更复杂的审美现象，这是他的一种想法。但是有人指出来，费希纳这样一套规律实际上还是古典主义美学的一套规律，从古希腊以来的一套法则，基本的就是多样统一、和谐性、清晰性等。所谓节约，用力最小，用力最小就是节约律，我们上次已经讲到节约的法则、思维经济的法则，你在审美的时候你节约精力，于是你就感到愉快，这样一些法则，实际上还是从古典主义的多样统一推演出来的。多样的东西能够统一，那岂不是节约了很多精力么？你就用不着一个一个去把握多样的东西，你只要把握那个统一的规律就行了，这就是节约原理的起源，还是起源于多样统一的原理。这样一种多样统一的原理，在古希腊古典主义美学那里，它是属于一种客观的原理，就是客观的形式。我们可以通过数学计算发现，在多样的东西中可以达到统一、和谐，比如数的和谐，这是古典主义美学，它把这些原理当作是客观的。费希纳不同的就是他把它转用在心理学里面，他认为客观的东西没有什么多样统一或者节约，但是它可以引起我们主观心理上面的一种节约的感觉，一种愉快。把客观的原理转用在主观里面，这是他跟古典主义美学的不同之处。虽然他跟古典主义美学一脉相承，但是在基本立场上面他已经转向于主体了。那么这种主体里面起关键作用的就是他所提出的审美联想力,所谓联想的法则,这是最重要的。一切多样统一也好,对比也好,节约也好,都要依靠联想,因为对象是具有质的不同的,五花八门,那么对象的类似性要通过联想建立起来。所以联想法则是很任意的,一个人看到一件事情联想些什么,这个跟他自己本身的主观条件有直接的关系,但是很难找到普遍法则。你通过红色可以联想到血,他通过红色联想到红旗,一个人通过红色联想到红苹果,另外一个人想到太阳,那是随便你怎么联想都可以的,它没有定规,因此它是一种主观任意的东西,而且是一种偶然的东西。你说联想律它是一个规律,怎么说?为什么说它是一个规律?它完全是偶然的。所以这个联想律它只是在这点上是必然的,就是说每个人看到一件事情的时候必然会发生联想,至于发生什么联想,这个是每个人不一样的。所以这个联想力,也就是想象力,本质上它是无限的,你可以海阔天空,随便怎么想都可以,没有限制。而每个人的联想它是出人意料的,特别是小孩子,我们有时候听小孩子说话觉得很可笑,他怎么会想到那里去了?这就是联想本身具有这样一种出人意料、不可规定的特点,而这恰恰就是美和艺术的特点。美和艺术就是出人意料,如果你早就料到了那就没有意思了,你说上句人家就知道下句了,那还有意思么?它就是建立在一种新鲜感、一种新奇感、一种个性上面的。这是费希纳的实验美学。

费希纳出现得很早,还是19世纪的人。20世纪也有实验美学的后继者,像美国的数学家G. 柏克霍夫(G. Birkhoff,1884—1944)。柏克霍夫在1932年写了一本书,名字就叫《实验美学》,他也是在一系列的实验的基础上,按照费希纳所设计的那一套方法去做实验。最后他提出来一个审美价值的公式。什么东西最美?我们口说无凭,于是他通过计算列出了一个公式,$M = O/C$。M就是审美价值,你要求得审美价值,那么我们可以从一个分数去求,就是O/C。其中O是order,代表审美对象的品级、等级,那么美感的程度M就与这个审美对象的品级O成正比，而与审美对象的复杂程度 C 成反比，C 就是 complex，复杂度。按照这样一个公式，他认为最美的东西就是品级最高但是又最不复杂、最简单的东西。由此推出来，他认为多角形，严格来说应该是正多角形，是最美的，如正三角形、正四边形、正五边形等。它们的等级是最高的，因为它们是纯粹的几何图形；那么它们的复杂程度又最小。他还想要把这样一个公式作为一个基本元素，推广到一切其他更加复杂的审美现象上去。这条原则本质上说其实也还是一个节约的法则，就是说能够用最简单、最不复杂的方式来把握最高等级的东西，那就具有最高的审美价值了。但是他的公式显然是可疑的，我们说把三角形当作最美的东西显得有些可笑。当然古典主义美学里面有"三角形的稳定性"一说。他的这样一个公式基本上反映了他的一种古典主义美学的趣味，就是欣赏那些单纯的东西、形式化的东西，能够确定地把握到的东西。这是古典主义美学长期以来所流行的审美原则。但是用这样一个公式来把握毕竟太单薄了，而且它根本就没有办法把握非古典主义美学，比如说浪漫主义美学，特别是现代主义美学。于是有些人就来对他的公式加以修改。

艾森克（Eysenck，1916—1997）在柏克霍夫的基础上提出一种修改，他认为审美公式应该是 $M = O \cdot C$。这个就反过来了，柏克霍夫是 $M = O/C$，那么相反，艾森克认为应该是 $M = O \cdot C$，不是做除法而应该做乘法。就是说审美价值跟这个复杂程度不是成反比而是成正比，越复杂的就越美，而不是越简单的越美。当然他们共同的一点就是审美对象的等级。这个等级如何定义？我们不知道他是怎么定义的，恐怕也很难定义。但是复杂程度这个大家都能够理解的，美与复杂程度究竟是什么关系？古典主义追求简单，我们前面讲了古希腊的审美原则，高贵的单纯，静穆的伟大，温克尔曼说高贵的单纯要纯到好像没有味道的水一样，要像纯净水那样，这就是最高的美了。这是古典主义美学的原则。那么现代主义美学的原则已经完全倒过来了，从狄德罗讲"美在关系的感觉",美的根源在于事物的关系,那么关系越丰富越美。这个是近代以来、现代以来的一个浪漫主义和现代主义的审美原则。所以他提出来O·C——也就是说等级高,当然这个是大家公认的,但是此外,越复杂关系越多就越美。现代艺术、抽象艺术、印象派特别是后期印象派艺术,这样一些艰深的艺术,他们追求的就是这样一种解释。但是不管怎么样,这两个公式,不管它们意味着什么,从公式上来看毕竟太简单,你说越复杂的东西就越美,这恐怕也是说不过去的,哪怕就现代主义来说,也不是越复杂越美。现代主义固然有一些东西很抽象、很晦涩,够你去解释的,但是它不是故意要这样的。如果一个艺术家掌握了这样一个公式——越复杂就越美,那我就去搞一些最复杂的东西,这个很简单。你搞的很复杂了,我搞的比你更复杂一些,这个还不容易?但是不是就最美呢?是不是就更美一些呢?所以这套公式是说明不了问题的。不管它向哪方面冲突,它最终只是一种模糊的意见,表面上看起来他们借用自然科学和实验心理学的方法,好像搞得很科学了,甚至于定量化了,这还不科学?科学的标准,最重要的标准之一就是量化,你能够用数学公式来表达,这就是一门成熟的科学了。但是在美学方面,你这样做,恰恰你把美学本身要表达的东西搞得模糊了,你搞来搞去只是一些外围的、一些统计学上的规律,那些规律是不是能反映审美的本质都很难说。所以这样一种风气风行了一阵子,后来就消失了,取而代之的是对形式的意义加以探讨。

3. 形式的意义

如果说前面两种,形式的心理—物理学基础和形式的测试,都是属于外围,那么形式的意义则想突入形式的内部去。形式是可以把握的,每个人都可以对一个形式做出描述,甚至按照这个描述把它制造出来;但是它具有什么样的意义,这个是形式本身内部的东西。所以有一些美学家,虽然也是形式主义的美学家,但是他们转入了对形式的意义的探讨,他们对以往的形式主义完全撇开内容表示不满。我们前面讲的，实验美学、实验心理学的美学的特点，都是把意义完全抛开了，完全从外在的统计学的角度做一种定量化的规定。那么新起的这些美学家主张还是要关注内容，但是并不是关注形式底下的内容，而是关注形式本身的内容，要关注形式本身的意义。最著名的是一个英国的美学家克莱夫·贝尔（Clive Bell，1881—1964）。克莱夫·贝尔在1914年就提出了一个新的命题，叫有意味的形式。这个有意味的形式在后来很长一段时期内都变成美学界的一个习惯用语、一个关键词，很多人都用这个术语。"有意味的形式"表达了人们在欣赏艺术品的时候，所感到的这种审美对象，什么审美对象呢？就是比如说色彩和线条，它们的关系和组合的方式，这些审美的感人的形式；这种组合的方式跟一般的组合方式不同，就在于它们能够感动人。不是因为这些色彩、线条等等它们表达了什么样的思想、对象、某种确定的情感或者某种联想，而是这些线条和色彩本身能够感人、能够吸引人，人们一看就被它们紧紧抓住，并且被它们所感动，这就是有意味的形式。有意味的形式，这个意味，他认为不是一种客观的意味。一般讲形式它有它客观的意味，比如说一条曲线，我们可以说这条曲线是海浪的曲线，是人体的曲线，是一匹马的曲线，等等，但是这个有意味的形式，它不管海浪也好，人体也好，马也好，它不管，它只说这个曲线本身表达了一种什么样的意味。如果是情感，也不是你对人体、对马、对海浪的情感，而是对这个形式，对这个曲线本身的情感。他要追究的是这样一种审美对象，这才是真正的审美对象，所以它是主观主义的。它是形式，但是这个形式不是空洞的形式，而是具有一种特殊的情感，这种情感不是日常生活的情感。我们在日常生活中，对海浪、对人体、对一匹好马都有情感，但是有意味的形式抛开这些，它就是对那个形式所怀有的情感。这种情感他认为是一种非日常的情感，叫作对于物自体的情感，对于终极现实的情感，有时候他还说是对上帝的情感。他认为，我对这样一些抽象的形式所抱有的情感，没有任何客观的内容，它仅仅是对一种神秘的东西的感受，是一种神秘的情感。你要我说是说不出来的，我为什么特别喜欢这样一种曲线，这个是说不出来的。他说"赋形式以意味的正是这种感情的本质和目的"，这种感情，比如说对上帝的感情，它的目的，它的本质，就体现在赋予这种形式以某种神秘的意味，他以此用来解释这种情感是一种什么样的情感。有的人指出来说贝尔陷入了一种循环论证，就是艺术形式，如优美的形式，审美的形式，跟其他任何形式的区别，就在于它可以带来某种情感；但是这种感情和其他的感情又有什么区别呢？区别就在于它是仅仅通过形式表达出来的。艺术形式跟其他的形式的区别在于情感，而艺术情感跟其他的情感的区别又在于它是对形式的情感，它表达为艺术形式——这是一种循环论，就是他始终说不清楚艺术形式跟其他的形式到底有什么区别，艺术形式所带来的意味跟一般的意味到底又有什么区别，这个是他没办法说清楚的。所以他具有一种神秘主义的特点，一讲到有意味的形式，你问他到底是什么意味，他说不出来，他就躲躲闪闪。但是他的这一套理论为什么在当时那么流行？尽管他逻辑上有说不通的地方，但是很多人都使用他的这种说法，就是因为它符合了时代的需要，符合了当时的时代潮流。

　　克莱夫·贝尔是在20世纪前半期提出他的理论的，我们今天讲全球化，那段时期正是全球化已经开始滥觞，开始发轫。就是在他的时代，东方、亚洲，印度不用说了，主要是东亚、远东，日本、中国这样一些地区，东南亚这样一些地区，以及非洲、美洲、澳洲的原始民族，他们的艺术，他们的文化特色，他们的审美趣味，大量涌进了西方人的审美意识的范围。20世纪初的时候有一个热潮，就是人们纷纷到东方民族，到非洲，到澳洲、南美这些原始部落里面去探寻他们的艺术，去吸收他们的趣味，这是当时的一个热潮；而西方从古希腊以来传统的那一套形式主义的原则受到了冲击。所以克莱夫·贝尔的这一套学说，更多的是迎合了这样一种时代潮流，就是吸收东方的东西，日本的艺术、中国的艺术、东南亚的艺术、澳洲土人的艺术、印第安人的艺术、非洲原住民的艺术。这些趣味，在贝尔的美学有意味的形式这样一个命题之下，得到了理所当然的认可。以前是不认可的，除了少数的考古学家，比如说到敦煌去盗窃我们的壁画、雕像的少数几个西方人，他们觉得很有意思，但是一般的外国人是不感兴趣的。但是后来，20世纪初以来，他们越来越感兴趣的就是这些东西，他们突然发现有一种很神秘的美在里头，它们是"有意味的形式"。所以克莱夫·贝尔的这个观点马上就流行起来。与之相并列的就是像英国的弗莱（Fry，1886—1934），德国的汉斯立克（Hanslick，1825—1904）等等这样一些人的美学，都是这个时代潮流的必然产物。那个时候有一种流行思潮，就是想要在形式本身里面去发现某种神秘的意味，而不是在形式底下。形式和内容不是脱节的，不是说有一个艺术形式，然后有一个思想内容、有个客观内容与它挂勾，不是这样的；而是形式本身它隐含有它的内容，它的意味。那么这种观点非常接近于我们中国传统美学的一个很重要的范畴，就是韵，韵味、气韵、韵律，很接近这样一个东西。我们中国古代美学就是在一种形式里面可以发现某种气韵。谢赫的所谓"气韵生动"，自古以来就是绘画的一个非常重要的原则，你的用笔，"骨法用笔"，还要"气韵生动"，要有气在里面。这个气不是说能够反映某种东西，它就是这个线条、这个用笔本身带有的，它带有气韵，它是那么样的连贯，一贯到底，一气呵成。中国人历来强调这样一些东西。所以从这里面可以看到，克莱夫·贝尔的这个有意味的形式的观点，是受到了东方美学的影响。那么下面我们再看形式的语言结构。

4. 形式的语言结构

形式的语言结构，当然主要是一种文学的观点，就是从语言的结构看文学。从这个文学的观点我们也可以推广到其他艺术门类，但首先是文学。20世纪30年代，在美国形成了一种新批评派思潮，其代表人物首先是兰色姆（Ransom，1888—1974），他写了一本书叫《新批评》，所以我们今天在文学史上经常会碰到这个词，叫美国新批评派。后来还有法国的新批评，这是两个不同的概念，但两个新批评也有相通的地方，我们后面要讲到。美国新批评派，这是一个文学批评的流派，它本身并没有统一的纲领和体系，总的倾向就是反对在文学批评里面从历史的、传记的、哲学的、社会学的、心理学的这些角度来对文学作品做过度的阐释。他们很重要的一个观点是，你拿一部文学作品来，比如说卡夫卡的《变形记》，我们如何阐释它呢？很多人都会从卡夫卡的个人经历，他从小受到的虐待，他心理上的毛病，说他有一种变态的受虐狂倾向，等等，来解释他的作品。当然《变形记》里面是有这些，但是是不是这就解释了这部作品呢？新批评派认为这是过度解释。或者说，你从德国法西斯当时对人的压抑来解释这部作品，从当时的社会状况来解释这部作品，同样是过度解释。特别是我们的现实主义的文学批评就是这样的，从阶级斗争、历史发展、社会经济状况来解释一部作品，这些东西都叫作过度阐释。新批评则主张把作品本身看作一个独立的意义结构的整体。就是说作品写在纸上的是一些话语、一些句子，那么你就要分析这些句子。你不要讲句子之外的东西，句子以外的东西你另外去讲，但你首先要对它进行美学批评，你必须要面对文本，要着重探讨文学作品的文学性。你不要把它变成一种心理学的阐释，社会学的阐释，一种阶级斗争的象征，或者是像弗洛伊德用人的精神变态来解释一部作品。当然你要那样解释，作为一个外围的研究也可以，但是它还没有达到文学性。你要理解一部作品当然可以从社会的、心理的等各个不同角度来搞清它的产生背景，但是背景是背景，你如何面对文学作品本身、文学性本身？这还是另外一回事情。新批评派主张就是要着重于面对文本，比如说诗歌的创作。诗歌的创作要满足两个要求，一个是要"表达预定的意义"。所谓"预定的意义"，就是这些语言、这些语词它们本身固有的意义，你要把它阐释出来；第二个是"符合预定的格律"，就是说这些语言按照什么样的格律把它们组合起来，也就是语词的组合形式。所以它们表现的是语义和语音，西方的拼音文字要讲到诗歌，它就强调两方面，一个是语义，语词的意义，句子的意义，它有它自身的意义；再一个是语音、格律、节奏这些东西，这两方面是不可分割的。好的诗就是在意义和格律之间有一种完美的搭配，当然这种完美的搭配是不可能完全做到的，这两方面要互相接近、互相打磨——所谓炼字。我们中国古代有炼字一说，"推敲""语不惊人死不休"，拼命去为一个意义寻找适合的语词、节奏、动感，在这方面下功夫。理想的诗作就是达到双方最大限度的一种适合性，这是新批评派的一个基本观点。

另外一个新批评派是维姆萨特（Wimsatt，1907—1975）。维姆萨特主要是从否定的方面批判了以往的两种文学批评的错误倾向。一种错误倾向叫作"意图谬误"，就是说评价一部作品，不是评价作品本身，而是评价作者在写作这部作品时候的意图。我们评价作品不能从作者本人想表达什么出发，你要看他客观上表达的是什么。一个作品一旦被创作出来，它就不是作者的了，作者的意图跟作品没关系，作者想要表达什么跟它没关系，关键在于它本身表达了什么，而不在于作者想要表达什么。但是以往的文学批评往往从作者想要表达什么来解释一部作品，犯了"意图谬误"的错误。另外一个谬误就是"情感谬误"，就是说从读者对作品的一种情感的感受、情感的反应，通过这个来评价作品。一部作品对于读者产生了轰动效应，所有人都读它，一时间洛阳纸贵，所有人都相互传诵，因为它激起了巨大的情感的波澜，于是人们就把这部作品评价为最高级的。那是不是这样的呢？很难说，很可能过了一阵子，它就销声匿迹了。有些在当时轰动一时的作品，过了几年，几十年，一百年以后，再也没人提起了，你还能说它是最高的么？这就叫作"情感谬误"，主要是从读者的角度来看的，维姆萨特认为这也是一种谬误。这两种谬误错在什么地方？就是说这两者都把作品本身的语言结构架空了。文学作品，特别是诗，它的生命就在于语言；而语言是表现为一个结构的，这个结构是永恒的。一部真正伟大的作品，它的结构在那里，它不由作者的意图，也不由读者的反应来决定它的价值，它本身就有它的价值，一百年以后它还在那里，它不变。作者的意图在他死后就没人知道了，读者的反应也是一时的，一阵风潮、一阵时髦过后就没人提了，只有作品本身的这个语言结构是永恒的，我们应该针对这样一种结构来进行文学批评，那才是站得住脚的。

由此，另外一个新批评派布鲁克斯（Brooks，1906—1994），他提出来真正的文学批评要把作者和读者都撇开，着重研究作品本身的内在张力结构。作品本身的语言结构是一个张力结构，是一个独立的有机整体，它不能够用散文来加以阐释、加以描述。诗就是诗，诗不可解释，我们中国人讲"诗无达诂"，就是诗不可能彻底解释。你要说可以解释，那你就必须要用散文、用非诗的方式来解释，而我们中国人认为，诗只能够以诗解诗。你要解这首诗，你不能用散文，你要真的想解释的话，你看能不能从这首诗里面引发另一首诗，以诗解诗，所以中国诗人经常有"应答唱和"。中国古代的文人，他就是想要打通诗心，你是诗人，我也是诗人，那么我们互相唱和。在诗里面我们进行了相互的沟通，我可以看出来你是读懂了我的诗的，你也可以看出来我是读懂了你的诗的，只有以这种方式才能做到。当然以诗解诗已经不是"达诂"了，两首诗是两首诗，但是诗意是可以相通的，这个布鲁克斯在这里也有点这个意思。但是他认为，尽管如此，诗也不是完全封闭的，它里面有某种超时代的东西，有对普遍事物的关系的反映。就是说一首诗，它本身是不可解释的，但是正因为它不可解释，所以它是永恒的，它是超时代的，它里面隐含着某种普遍的东西，我用诗歌的方式把它象征性地暗示出来，但是它本身呢是不可能完全展示出来的。

还有一个新批评的代表是温特斯（Winters，1900—1968），他把诗歌的作用理解为一种认识的功能，这个跟刚才讲的布鲁克斯有一脉相承的地方。就是说诗本身是独立的，但是它对于我们认识某些永恒的东西有一种功能，这种功能当然不是诗的本质，但是是诗的一种作用，它可以使我们增长见识。那么诗歌它就起这样一种作用，它能够通过诗歌感知世界，发现一些普遍价值，这种普遍价值是通过诗歌本身的一种形式表达出来的。这种形式最主要的是要定好节奏、选好韵脚，这样一些形式，也就是语言的一些形式结构；但是这个形式结构一旦表达出来，它就具有一种认识功能，它能够表达永恒的东西，或者换言之，它能够表达上帝，具有一种神性。当然也不一定完全是神性，反正是一种说不出来的东西。有一些新批评派的学者，特别是在新批评派的后期，有些人去挖掘这样一个有机结构里面所包含的深层的意义，由此他们吸收了弗洛伊德精神分析学的一些观点，他们在诗里面去寻求诗的形式结构底下所隐藏的那种原型，所谓原型批评。什么叫原型批评？就是在诗的文字结构底下你发现它的原型，那样一种原始结构。比如说神话，远古时代神秘的仪式，这些东西都是无意识的。弗洛伊德精神分析学讲无意识，这种无意识在诗人的创作中无形之中支配了他，他所创造出来的东西无形之中隐含着这样一种原型结构。由此走向了象征主义的批评和原型批评，认为诗象征着某种原型。这个原型不是外加的，而是从诗的结构本身里面分析出来的：为什么某一派诗人老是这样一种结构，为什么历史上很多伟大的诗人总是脱离不了某种结构？那么我们可以把这种结构找出来，称为原型。当然这样一来就离开了形式主义美学它本身的基点，走到了另外一些美学思潮里面去了，比如说"结构主义美学"。

　　总的来说，前面讲的都是自然科学的形式主义。自然科学的形式主义是西方科学主义传统影响美学的最后一批代表人物，它表达了西方美学中非常深厚、非常强大、源远流长的一个传统，就是科学主义。虽然是谈美的问题，但是由于西方科学理性、认识论被看作最根本的方法论视角，所以就集中讨论我们能不能把美的问题用科学的方式规定下来，特别是用定量化的方式，用模式化的、数学模型的等方式把它规定下来，那它就是一门站得住脚的学科了。任何一门学科都是一门自然科学，这是西方美学的一个粗大的传统。但是从这样一个传统我们可以看出来，它在美学问题上，实际上来来回回是转不出去的，在理论上是走不出来的。不管你是多么强调科学，但是你最后都要立足于某些非科学的东西，某些神秘的东西。在这方面倒是东方美学、中国美学有很多道破了玄机的说法，像我们刚才讲的气韵、韵律这样一些东西，更加简明，更加精确。科学追求精确，但反而是东方美学的这种非科学的表达方式对于美学和审美现象来说更加精确。而那些貌似精确、貌似定量化的自然科学的方式反而是不精确的，模模糊糊的，解释来解释去解释不通，最后还是要诉诸某种神秘的东西，某种说不出的东西。当你诉诸神秘的东西的时候，就说明你的科学美学已经失败，所以科学美学这条路实际上是走不通的，完全用科学的方式来还原美学现象是不行的。这是自然科学的形式主义。下面我们要讲的是美感经验论。

二、美感经验论

美感经验论也属于科学美学，它不属于表现美学。美感经验论是西方现代美学的一个很重要的流派，它主要流行于英美，或者使用英语的国家地区。它是来自于自然科学的形式主义，自然科学的形式主义它有一些矛盾，我们前面讲了，它总是搞得不好，它最后诉诸一种说不出来的东西；它本来是想自下而上地建立美学，但是最后变成了自上而下的，变成了形而上学的，诉诸某种神秘的东西，诉诸上帝，诉诸形而上学的某种假设。那么美感经验论就是对这种情况不满。它认为干脆你把美学中的形而上学的思考完全放弃得了，你就做一些具体经验的思考，从具体经验的细节里面去寻找某些具体的规律，这些具体的规律不是用自然科学的常规方式，什么科学实验、统计和仪器，不是这样获得的，而是就从美感，从具体的感受来寻找。所以美感经验论比较强调美感，比较强调你的直接的感受，你闲话少说，你不要想用数学的方式、定量化的方式来定义，美感就是美感，感到了就是感到了，你把你感到的东西说出来就够了。所以它在广大群众里面产生了非常广泛的共鸣，引起了大多数人的认同。美感经验论是很通俗的，它可以说跟每个人的审美感受都不相冲突。所以美感经验论在当代西方美学那里甚至形成了一种美学主流的假象，就好像现在流行的就是美感经验论，它是一种时髦，所有人都在从这个角度来谈，但是从理论上来说它是没有什么建树的。当代美学中美感经验论在理论上的建树很少，它基本上是休谟式的怀疑论和不可知论。休谟也是很实在的，他的怀疑论就是说"我不知道的我就不说，我只谈我知道的"，那么美感经验论也是这样一个路数。但是它有一个好处，就是说它能撇开那些抽象的理论框架，而保存了审美经验的生动性和新鲜性，它不用一种强制性的概念框架来裁割我们的审美经验，而是让审美经验保持原样，原汁原味。在这方面它也有它的好处，也不能够完全否定它。

首先美感经验论最直接的表述就是快感论，或者说快乐论。法国的居约（Guyau, 1854—1888）在这方面是走得最远的，在审美经验论里面他主张快感论、快乐论。也就是说，他认为一切快感其实都已经是美感，快感就是美感，美感就是快感。只不过有时候刺激的程度和范围不同，有的快感很低俗，日常生活中，你得到了一个什么东西，享受到了一个东西，你就感到愉快，那是不是就是美呢？居约认为那就已经是美了，但我们通常不把它叫作美，那是因为它的这个程度和范围太狭窄。我们为什么把卢浮宫里面的那些艺术品当作是能够带来最大的美感的呢？那是因为它们的范围和程度最高。所以艺术和非艺术的区别、美和不美的区别只是一个程度问题。总而言之，美感就是快感，这是他的一个极端的结论，饮食男女和最高尚的艺术享受，本质上是一样的，只是程度上不同而已。但是美国的桑塔耶纳（Santayana, 1863—1952）缓和了这种说法，认为把美感和其他的一切快感混同起来，未免太过分了点。审美快感和其他的快感还是应该有区别，而且应该有质的区别，不是说只是程度上不同而已。你享受了一顿美餐，跟你到卢浮宫去看了一次艺术展览，或者看了一部好的电影，这个中间是有质的区别的，不是说仅仅是快感的程度、范围的区别。那么如何区别？他认为审美是一种"客观化了的快感"。一般的快感是主观化的快感，我们前面也提到过，像罗斯金的一句名言："少女可以歌唱她失去的爱情，守财奴不能歌唱他失去的金钱"，你得了一笔财产你当然有快感，但是与你获得了爱情的那种快感，那个性质是完全不一样的，不是说仅仅是量的不同，而是本质上的不同。为什么不同？爱情这种快感是可以客观化的，你可以引起他人的同情，而守财奴的那种贪婪，他也带来了快感，但那是个人化的、私人化的，那不能客观化，只能是主观的、不能传达的。所以他讲"美是被当作事物之属性的快感"，就是说当这个快感能够被看作事物的属性时，那就是美，如果这个快感能够被客观化了，那就是美。这就是两者的区别。但是为什么有些快感能够客观化，有些却不能客观化呢？为什么会有这个区别呢？桑塔耶纳在这点上无法解释，他只是从经验主义的立场上，搜集了很多审美快感和一般快感的例子，然后对它们进行描述和分类。大家公认有些快感是客观化的，是美的；有些快感没法客观化，比如说口味，喜欢吃辣的和喜欢吃甜的，这个没有哪个更加美的问题，大家各自都愉快，但是它们不能客观化，所以不能叫作美。他只是做了一些描述，做了一些分类，因此他没有从根本上解决问题。就是说，这个分类的根据何在，理论根据何在？事实根据有了，但是为什么？知其然还要知其所以然，在所以然这点上桑塔耶纳没有解决问题。经验派通常都有这个问题，就是它们往往知其然，但是说不出个所以然，说不出为什么。这种分类把现有的审美事实和其他的快感事实罗列起来加以分类，说能够客观化的就是美感，不能客观化的就是只是快感。而美国的马歇尔（Marshall，1852—1927）则提出了另一种分类标准，他提出的是"稳定持久的快感"。他提出有的快感是转瞬即逝的，而有的快感是可以持续、可以回味、可以持久的，甚至是永恒的。你享受了一顿美餐，那只是在你饥饿的时候，如果你吃饱了，人家再让你吃，你就没有快感了；但是艺术品，艺术的享受，它是永恒的，它可以不断地使人沉浸其中。英国萨利（Sully，1842—1933）则认为美感是"可分享的快感"，这跟"客观化的快感"有类似之处。可分享，客观化的当然就是可分享的了，完全主观的就是不可分享的。还有一个英国的心理学家格兰特·艾伦（Grant Allen，1848—1899），提出美是"无利害关系的快感"，这是重申了康德的原则，康德审美的第一个契机就讲到了美是一种无利害的快感。

正是基于这种"无利害的快感"，瑞士的布洛（Bullough，1880—1934）提出了距离说，这个是很有名的，其他那些美学家都是小有名气的，而布洛是大有名气的。他提出了"心理距离说"，而且他说出了一个道理。什么叫距离说？他认为审美快感的特点就在于能够保持一定的心理距离，我们在欣赏对象的时候必须要有一个距离，也就是要摆脱实用的态度。实用的态度就没有距离了，你想把它据为己有，你想把它吃到嘴里，你想和它零距离，那就没有美感了。真正的美感是在距离中产生的，距离产生美，这个是非常通行的一个解释。保持距离的意思就是要摆脱实用的态度，比如说刚才讲的无利害关系的快感，这就是保持距离。你要有利害关系，你非要得到它不可，那就没有距离了；你得不得到无所谓，反正我能够看它，我能够观赏它，那就行了，这就是一种静观的态度，一种审美的态度。艺术当然必须要适合于观赏者个人的内在的倾向，比如说他的感情，他的经验，他的气质，但是同时又超越于观赏者的利害关系，他目前想要得到什么，他的金钱的考虑，他的肉体享乐的考虑，这些东西暂时都要把它放在一旁，这样才能够形成审美态度。而如果他的这个距离太近，那就丧失了距离，你太过于执着于对象对你的利害关系，这就叫作"差距"；反之，距离太远就形成了"超距"。距离太近和距离太远都形成不了审美的快感，离的太远你就看不清了，那当然就形成不了快感了。要在一定的距离上，又不能贴得太近，但是你又还能够看清楚，你还要能够观赏，那就是恰当的距离。超距和差距合起来都可称为"失距"，失去距离了。那么这两种情况，它们构成了"距离的矛盾"。艺术家和欣赏者都要善于把握这样一个矛盾,把握这样一个度,在什么样的距离之上,使你既能够看清它,但是又不是零距离,你还是保持距离,这是一个度。当然每个人的气质和个性是不同的,所以这个距离在什么样的度上是恰当的,也可以是各有不同的,由此就显示出来千差万别的审美趣味。有的人也许希望距离更远一些,更平淡一些;有些人也许希望更加刺激一些,距离更近一些,这在趣味上是不同的,但是在规律上却是一样的,是同一个规律,距离是具有可变性的,但是不能没有距离。布洛的距离说是一种心理学的解释,美感经验论主要从心理感受方面来解释审美现象。他的这一套说法在西方盛极一时,但是后来遭到了实用主义美学的反驳。

实用主义美学的代表是杜威(Dewey, 1859—1952)。杜威是实用主义哲学很重要的一个代表人物,在美学方面他也有一些说法。在他看来审美根本就不存在什么超功利性,不存在什么距离,不存在超生物性,美感本身就来自于人的生理和人周围环境的不断冲突和平衡。实用主义哲学就强调实用,凡是超越实用的东西,实用主义哲学都不承认;美学也是,美学本身就来自于人的生存需要。所以布洛所讲的那种距离说,那种旁观、静观,杜威认为是不真实的,你再旁观,你实际上还是有一种生命的冲动在里面,还是反映了你的某种生存的需要,生理上的、生物学上的需要。当然居约所讲的那种美感就等于快感,那也太过分了,而杜威这个所谓需要是广泛的,是广义的经验。广义的经验就是生活,生活无所不包,包括物质生活,也包括精神生活,都是为了人的生活;但是所有这些生活它都不可能超功利,它都是实用的,每一件东西拿来都是可用的。你说艺术是超功利的,是没有用的,他说艺术也有用,他拿来欣赏就是有用,这欣赏就是一种用处,他可以维持经验的平衡。所以生物的经验本身就有审美的性质,这个审美性质就在于你在生命的活动中,你能够实现一种"破裂与重新统一"。你在生命的运动中,首先打破了平衡,失去了平衡,同时又重新维持了平衡。人在生命活动中,新陈代谢也好,生命的历程也好,都是这样的:首先你失去平衡,你感到痛苦,然后你又努力去恢复这种平衡,重建平衡,那么这种平衡一旦达成,你就有一种快感。所谓审美的特点就在这样一种失去几分平衡又重建了平衡,这就是人的生命经验,任何人的生活经验都是这样的,都是在一种张力中,在这种张力的历程中,在动态的平衡中实现的。所以,他给艺术下了一个定义,叫作"艺术就是经验"。什么是艺术?艺术就是经验,就是生活经验,审美经验和其他的任何经验没有本质区别,它都是在各种冲突中达到一种中和,审美快感就是由于这种中和、这种平衡所引起的快感,它是经验完满的表现。因此,他认为艺术和技术是一样的,艺术和技术本来就是一个词 art,但是美学家们把它分开来了,说技术是低层次的,艺术是高层次的。但是杜威又把它恢复到它原始的含义,艺术就是技术,没有什么高低层次之分。艺术跟政治也是一码事,政治也是一门艺术,也是一门技术,政治艺术。那么从经验上看,艺术品有三个层次,一个是作为物质的艺术品,就是那个作品,那一张画——用颜料和画布所组成的,那就是物质的艺术品;第二个层次是由此而引起的知觉,我对这个画的感觉,这个画是什么颜色的,面积多大,色彩怎么样,比例怎么样,这是由物质艺术品引起的知觉;第三个层次是由知觉所构成的审美的艺术品,就是由这样一些知觉构成了一种观念,观念的构成,观念的整体。我们通常讲的艺术品,通常人们认为就是指那幅画,但是实际上真正的艺术品是那幅画所引起的我的一种观念,观念的艺术品才是真正的艺术品。艺术批评的对象应该是针对这样一个对象,艺术欣赏也是针对观念中的那个艺术品而形成的。由于个人和他人的经验不同,所以这种观念的艺术品完全是相对的,每个人自己知道,观念的艺术品在他心中是怎么样的,但是他不能强迫他人也同意。所以这是一种美学的相对主义,而美学相对主义已经预示着美学取消主义了。

我们下面再讲现代的分析美学。分析美学是在分析哲学这个基础上建立起来的，分析哲学又称为逻辑经验主义或者逻辑实证主义，就是对实证的经验进行逻辑分析，逻辑分析又归于语言分析，所以又叫语言分析哲学。分析哲学实际上是从休谟传下来的英国经验主义传统，他们严守经验的范围，对经验进行语言表达上的技术性的处理，所以在美学上也属于美感经验论。它的奠基人像罗素他们这些人都是的，还有维特根斯坦（Wittgenstein，1889—1951），他是奥地利人，我们谈现代分析哲学要追溯到他，他奠定了分析美学的基础。分析哲学看重的是语言分析，他认为以往的哲学形而上学，绝大部分命题都是没有意义的，为什么没有意义？是因为它们在语言上、在语词的运用上有问题。比如说语词的含混、偷换概念、逻辑矛盾、命题是空的、无对象等等，这都是属于语言的问题。哲学中这样，美学中也是这样。比如说美学中最基本的命题，"什么是美"这样一个命题，他认为就是一个空命题，没有意义，因为他认为并没有一种"美的属性"存在于美的事物之中。我们看到美的事物，里面是不是有一种美的属性？维特根斯坦认为这个不可能。我们前面讲的现代美学已经开始从客观美学越来越走向主观，既然走向主观，那美就不能被看作客观事物的属性了，即算是你当作客观事物的属性，你把它客观化，但是它根本上还是一种主观的东西，不能够当作是客观的东西。所以维特根斯坦根据这样一种现象，认为美这样一个词是无意义的。所以无意义并不是说美这个词完全不可理解，完全没有任何内容，而是说美这个词它没有客观对象。那么它的含义是什么呢？它的含义就像我们的感叹词"啊"，就这么一个含义。你要说"啊"这么一个含义有什么意义，你去找出它的对象，这就是很荒谬的了。所以"美"这个词就和一个感叹词一样没有意义。艺术也是一样，你说这是艺术，你说这是美的，其实你没说出任何东西，所以以往的美学借助于艺术和美的本质定义而展开一套一套的体系，在维特根斯坦看来都是做了无用功。那么这样一来美学中的很多根本问题就被取消了，这就导致了美学的取消主义。因此他认为，美作为一种科学是不可能的，也是可笑的，他反对给美和艺术用语言来下一个定义，因为美和艺术这个东西是不可言说的，你说出来人家也不知道你说的什么。你感叹一声"啊"，谁知道你感叹的是什么东西？凡是不可言说的东西就应该保持沉默。你在语言上面找不到你要感叹的这个对象，那个对象只在你心里，你自己也许知道，过几天以后也许你自己也不知道了。所以美学这门科学完全是一个不可能的幻觉。

当然维特根斯坦意识到了语言和逻辑的表达范围有它的局限性，就是它只能表达那种具有客观经验的对象的东西，而对主观的东西，对心灵的东西，它有它的限度，因此美学取消主义也从一个方面表达了这样一个事实，就是说这样一个美的现象，你不可能直接地对它加以描述，不可能用语言把它当作一种客观对象来加以描述，语言的限度就在这里。但是，尽管如此，维特根斯坦也没有否认美这种现象的存在，有人类就有美的现象，也就有艺术创造，虽然它不能成为科学，但是作为一个事实，它发生在那里。但是这个事实你不能够理解，也就是不能够用逻辑对它加以规范，加以定义，唯一的办法就是你可以从侧面来对它加以描述。因此维特根斯坦在晚年的时候，虽然他认为什么是美的问题、什么是艺术的问题，乃至于整个美学的问题都没有意义，但是他还是大量地探讨了关于美、关于艺术的问题，做了很多的描述。但是这个描述他认为是从侧面，正面的描述不行，但是他从侧面可以暗示出它来，可以曲折地表达出不可表达的东西，这是他晚年的一种倾向。他从现象方面做一种文化的描述，描述美和艺术对人所产生的作用和效果，并且从这种作用和效果里面甚至于也可以发现某种规则，比如说游戏规则。游戏规则是他的一个术语，它本来是用来表达人们的日常生活的，但是在审美和艺术里面，也可以类比于某种游戏规则。因此审美和艺术的规则，它也是可以学习的，也是可以掌握的，但是它的根基仍然是不可认识、不可把握的，什么是美、什么是艺术，这仍然是诉诸神秘的。所以，维特根斯坦在早期把美学取消了，但是晚年的时候，又把美学重新扶了起来，但是扶起来的只是一具僵尸，它没有灵魂，它的灵魂是不可知的。我们从外在的方面可以对它加以规定，找到某种规则，但是这只是一种外表上的学问。所以他在晚年曾经讲到，其他可以解决的问题我都解决了，但是没有解决的问题是没办法解决的，所以这就是解决。他已经指出来了哪些是可以解决的，哪些是不能解决的，比如说生命、艺术、美这些概念都是无法解决的。所以说维特根斯坦已经提出了一种美学取消主义。

其他的分析哲学家比维特根斯坦走得更远。维特根斯坦取消了美学，他毕竟还承认美学有它的一个对象，虽然这个对象不能够用语言表达，语言和神秘之间不可通约，语言只能表达那些有意义的命题，而神秘的东西即使你要表达，也只能是无意义的命题；但是维特根斯坦还是承认有神秘的东西存在。后来的那些分析哲学家则完全否认有神秘东西存在，把后面的那个说不出来的东西完全抛弃了，把哲学完全局限于语言分析，所谓的语言学转向，就是把哲学完全局限于对语言的研究，语言后面的那个东西他不研究了，他只研究语言本身。有一大串的这样的美学家，像英国的奥格登（Ogden, 1889—1957），理查兹（Richards, 1893—1979），美国的韦兹（Weitz, 1916—1981），比尔兹利（Beardsley）、迪基（Dickie）等人，所有这些人，他们沉浸于烦琐的语义分析，他们所关心的不再是美和艺术是什么，他们只关心我们如何来说美和艺术，关键是怎么表达、怎么说、说得怎么样、合不合逻辑、有没有意义。所以，这些讨论已经离开了直接的审美经验感受。我们前面讲到，美感经验论本来是从直接的感受出发的，但是在这个时候，直接感受已经被撤开了，美感经验论已经走向了自己的反面，走向了一种单纯的语言逻辑分析、语义分析，这是一种美学的衰亡。现代西方分析美学标志着美学的一种衰落，分析美学完全是否定性的、解构性的，凡是你提出的、以往美学上看到过的那些基础的命题，他们都加以解构，而他们自己却没有任何建树。分析美学是没有体系的，它只有一种方法上的操作，但是它自己没有建立积极的理论。当代的美感经验论已经越来越谨慎了，美感经验论已经不再否定什么，也不再肯定什么，它有一种越来越走向自然主义的倾向。我们前面讲到，桑塔耶纳的美学已经具有一种自然主义美学的倾向，他的后继者是托马斯·门罗，提出了一种新自然主义的美学。新自然主义标榜自然主义，但是跟以往的桑塔耶纳还不一样，桑塔耶纳还区分出来有些是美感，有些是单纯的快感，反对居约把一切美感等同于快感。但是托马斯·门罗连这样一种区分都放弃了，他完全采取自然主义态度，自然而然，顺其自然，有什么我就接受什么。在美学的领域里所有的东西他都兼收并蓄，完全不加区分，无所不包。所以门罗的新自然主义标榜自己的美学是绝对开放的，对一切具有经验的证据的美学，包括社会学、人种学、语言学、心理学、生物学、艺术史的研究成果，包括他们的研究方法都吸收进来，没有区别。所以他是摆出一副无倾向性姿态，他完全是顺其自然的，他不加任何主观的裁断、主观的选择。你讲得有道理我就认可，另外一个人讲得有道理我也认可，我不去对他们进行清理，辨明哪个更有道理，或者说两个道理之间是不是有冲突，我都不加区分，有冲突没关系，只要你有道理就行，新自然主义美学是采取这样一种态度。当然他的理论根基还是杜威的实用主义态度，杜威的实用主义经验论，只要你能解释某个问题，那我就承认你。所以他不再去探讨美的本质问题，而只是对于审美的现象做一种表面的研究。那么这种研究当然是因人而异的，公说公有理，婆说婆有理，各种各样的美学体系在他那个无所不包的框框里都可以存在。所以一个普遍的、共通的标准是不存在的，你要用同一个美的概念去衡量这各种各样关于美的理论，那是不可能的。甚至于他认为连美这个概念本身都过时了。你不要谈概念，你就谈你具体的感受，美学仅仅在于发现和描述，至于评价，那只是统计学的事，你要对这些美的现象加以评价，那就要诉诸大多数人的意见，那你就去调查。所以他自称为"走向科学的美学"。既然你讲科学的美学，那你就要广泛地研究艺术和艺术史，在艺术史上发生了什么,确定它的功能和现实的效益,它发生了什么影响,例如一件艺术品的展出,有多少人认可,经过多长时间然后又转向了另外一种时髦,这样一些现象。他认为我们应该像自然科学家那样来对待这些审美现象,来研究这些资料,使自己研究出来的规律能够在艺术生产中实际地运用。你要进行艺术生产,那么你有没有艺术价值,有没有市场效益,电影院老板能不能赚钱,都要考虑。我们说一部大片出来了,它票房价值突破了一个亿,这部大片就成功了,你就不要去评价了,它成功了就是好的艺术品,就是美的艺术品,你承认就行了。所以他认为他的美学在艺术生产中是有实际作用的,他主张美学应该被当作一种科学技术的分支来看待,它是一种技术,它是一种产业,它有它看得见摸得着的效益。所以他主张恢复古代人对艺术(art)这样一个词的用法,就是包括一切技术,工艺。这一点杜威已经提出来了,要取消艺术和技术之间的差别,托马斯·门罗也是这样主张的。当然这种美感经验论也导致了美学取消主义,最终取消了美学,就是说不要探讨美学了,探讨经济学就够了,探讨艺术的经济学,艺术的市场价值,艺术的票房价值,那不就够了么!所以直接的经验感受并没有得到真正的探讨,而美的本质问题被搁置起来了,美学被限制于艺术批评和创作指导,而且这种批评和指导的标准是外在的,比如说用钱、用效益、用经济回报来加以衡量,甚至于降为了一种生活知识的顾问。比如说穿衣打扮,你穿这个衣服走到街上去回头率有多少,我们可以统计一下,那么回头率少的,我们就可以把它淘汰。美感经验论最后走向了它的末路,走向末路并不是说它现在没有影响,恰恰相反,在今天这个世俗化的时代它正好有很大的影响,但是在理论上走向了末路,在理论上已经立不起来了。

三、社会科学的形式主义

最后我们再谈谈社会科学的形式主义,这是第三大美学形式主义流派。社会科学的形式主义也是一种科学美学,但是它不属于自然科学,它属于社会科学。我们讲自然科学和社会科学都属于科学,都是立足于科学的立场。但是它又是形式主义,社会科学的形式主义。我们为什么把它们称为形式主义呢?这样一些美学家们恰恰相反,他们往往宣称自己是批判形式主义的,但是他们批判形式主义的方式,并不是说在美学里面批判形式主义,而是把美学和艺术本身看作是形式主义的,但是主张这种形式不能脱离它的社会科学的内容。社会科学的形式主义的确反形式主义,但是并不是反对美学本身的形式主义,而是反对美学的这种形式主义脱离了它的社会科学的内容,所以就美学而言,他们还是形式主义的,因此我们把他们称为社会科学的形式主义。这样一派美学家主要把美理解为一种社会科学的真。科学当然要追求真理了,社会科学的形式主义既然是社会科学的,所以在美的领域里面,他们把美理解为一种真,就是真实地反映了社会科学的真理,那就是美。因此他们把艺术理解为社会科学的一个门类,社会科学里面有很多门类,历史学、政治学、经济学、管理学、社会学、人类学等,其中艺术学是一个门类。那么美和艺术的特殊性在什么地方呢?它的特殊性不在于和其他社会科学所共同具有的内容方面,而在于它的特殊形式方面。就是说同样都是反映真,同样都要把握社会科学的真理,历史学、社会学、政治学、经济学、管理学这些东西要把握社会科学的真理,那么美和艺术也要把握社会科学的真理,怎么把握?这就是它的特殊性了。所以它的特殊性体现在,对同样一个社会科学的真理,它的把握的方式或者说它把握的形式不同,它是由感性的形象的方式来加以把握的。所以在形式方面,它就有这样一种特殊性,但是这种特殊它的目的还是跟其他社会科学一样的,它的目的还是反映客观社会的真。而社会科学的真又是与社会的进步、善分不开的,所以艺术最终是为了实现社会的善,也就是我们所讲的社会历史的进步。艺术只不过是推动社会历史进步的一种手段,别的手段也可以,政治学、经济学都可以成为推动社会进步的手段,那么艺术也可以。

这就是受黑格尔的影响，产生于19世纪的俄国现实主义的美学，或者说唯物主义的现实主义美学，他们基本上就是这样一种社会科学的形式主义的观点。那么这样一种观点，它与自然科学的形式主义最大的一个区别就在于，它不具备超功利性，它的真与善是合一的。我们前面讲了自然科学的形式主义，他们基于康德所强调的超功利性，特别是康德的第一个契机"无利害关系的快感"，首先就要把美和善区别开来，这就是鉴赏，那是超功利的。"距离说"这些东西也都是超功利的。当然走到杜威的实用主义美学它又带上了功利了，但是他们的出发点还是超功利的。那么社会科学的形式主义一开始就强调自己是功利性的、伦理性的、政治性的，带上了伦理政治色彩，甚至有为政治服务的倾向。当然这个是从黑格尔的美学发展出来的，但是比黑格尔更加强调了这种社会科学的方面。这种美学最后把美归结为真、归结为善，美本身仅仅是实现真和善的一种形式，美的内容就是社会科学的真，或者是社会进步的善、社会发展的善——这就是社会科学的形式主义的基本结构。那么我们首先看看这一大流派的起点，首先是艺术形式的社会基础。

1. 艺术形式的社会基础：形象思维和典型论

艺术形式的社会基础有两个重要的观点，一个是形象思维论，一个是典型论。那么这样一个理论的提出者首先是俄国的别林斯基（Белинский，1811—1848）和车尔尼雪夫斯基（Цернышевский，1828—1889），严格说来还有第三个就是杜勃罗留波夫。通常我们在传到中国来的苏俄美学那里把他们三个人统称为"别车杜"，当然前面两个影响更大，他们是苏联美学的两个祖师爷。传到中国来以后，特别是被周扬等人介绍到中国来以后，成为中国左翼文学理论的金科玉律，对中国影响非常大。他们都是主张美学上的反映论的，别林斯基很明显，他的美学早年深受黑格尔的影响，他特别发展了黑格尔美学里面的认识论方面。黑格尔美学我们前面讲了，他是对于古希腊客观美学和近代认识论美学的一种复归,当然是一种更高层次上的复归。但是别林斯基特别强调了艺术和审美再现和反映客观现实生活、反映客观真理这样一个特点,把它们看作跟科学是相同的。黑格尔也有类似的观点,就是说艺术只不过处于绝对精神自我认识的一个初级阶段,它有它的客观的背景。一般世界状况,时代精神,时代的真理,都反映在艺术和审美之中,艺术和审美是对它们的感性显现。那么它的特殊之处就在两点,一个是形象思维,一个是典型化,这都是感性显现的方式。就是说,艺术反映时代精神,反映客观真理,它所采取的方式一个是形象思维,即采取感性形象的方式来反映客观;一个是要通过典型化的方式来反映客观真理,这里面仍然是以感性的"这一个"为基点的。这是艺术创作的两条基本原理。那么形象思维论就是要求艺术家要运用他的情感,也就是黑格尔所讲的情致,以及想象力,去创造活生生的感性的艺术形象,强调艺术家要有创造性,要有形象性,要栩栩如生,不能够干巴巴地描述,不能够概念化、抽象化,要有深切的个人的感性体验,并且把体验到的通过形象在你的作品中把它表达出来。这跟科学论文不一样,科学论文要用概念来反映真理,经济学著作、政治学著作、社会学著作、历史学著作这些东西,都是要通过概念把当时的情况分析出来,把它证明出来,那么艺术就是要通过形象。形象当然是个别的,形象思维论强调想象力,你要构造形象就必须要有想象力,而且必须要有个性,是个别形象。但是光是个别形象也不够,所以他们加入了一个典型论,就是说在个别的形象上面也能够体现出一般性的本质,这才能具有科学性。通常理解的典型论就是个别和一般的统一,或者说特殊和一般的统一。所以形象思维论有了典型论,就可以反映出客观生活的本质和规律,不是那种自然主义的描述,也不是理想主义的概念化。我们前面讲黑格尔把自然主义和理想主义结合起来了,既不偏于自然主义也不偏于理想主义。那么别林斯基的典型论也有这个特点,就是在个别的形象上面同时又能够反映出本质和规律,这就是所谓的典型化。我们常常说这个形象虽然是个别的，但是不典型，不典型就是说那只是你个人偶然的一种感受，但是它没有普遍性，别人不能感受到，那就不典型。另一方面，概念化也不典型，概念化完全是概念，没有形象在里面，那也不典型。所以典型是个别形象和普遍的本质规律相互之间的一种统一、一种结合，这样一种典型才能够反映人的社会生活的本质。

那么社会生活的本质是什么呢？社会生活的本质就是历史的发展，而历史发展里面最起作用的就是人民大众，历史是人民创造的。所以别林斯基的这一套理论强调的是艺术的人民性，就是你要看到历史发展过程中本质性的东西。表面的东西是帝王将相，统治者，来来去去，你方唱罢我登台，今天换了一个皇帝，明天又换了一个宰相，这都是社会生活的一些表面现象。但是本质是人民的运动，是人民的生活，艺术要反映人民生活的疾苦，反映人民生活的需要，它具有人民性。这是别林斯基的一套理论。那么这一套理论在艺术和科学之间多了一层区别，艺术不等于科学，也不等于社会科学，但是艺术跟社会科学之间的区别只是形式上的区别，内容上没有区别，艺术的内容就是社会科学的内容，艺术跟社会科学不同的地方，只在于艺术的形式。所以从这个意义上来说艺术就是形式，艺术本身是形式，而艺术的内容已经不属于艺术了，那属于社会科学。所以我们把它称为社会科学的形式主义。但是他又强调，在艺术的评价里面应该是内容决定形式，一个艺术品，我们主要看它的内容，形式是附带的。所以我们对于一个艺术品的评价主要是一种科学评价，一种社会科学的评价，而社会科学的评价也就是道德政治的评价。社会科学和自然科学不同，谈社会发展的本质，那就具有价值角度，具有道德跟政治的维度，具有意识形态的维度。所以别林斯基也讲内容和形式的统一，但是这个统一，它不是指的艺术本身的内容和形式的统一，而是指的艺术形式和社会科学内容之间的统一，艺术形式和它底下的思想内容的统一。也就是说，要重视艺术底下的思想性、政治标准、道德标准，而思想性、政治标准、道德标准跟艺术性、审美标准是统一的，社会科学和形式主义是统一。艺术本身是形式，但是你不要太空洞，不要从内容脱离开来，不要为形式而形式，你这个形式是为了反映社会科学的真理。艺术的目的就是为了要反映社会科学的真理，它本身没有目的，艺术形式本身是空的。所以他们也反对形式主义，但是反对形式主义本身就是建立在对艺术的形式主义理解之上的，他们对艺术的理解就是形式主义的。

别林斯基主要是在艺术方面、艺术的本质和规律方面进行了探讨，车尔尼雪夫斯基是从哲学的高度对于美的本质进行了探讨。别林斯基本身是文艺评论家，所以他对过于形而上学的东西谈得不多，而车尔尼雪夫斯基是哲学家，所以他关注的是美的本质，它的哲学含义。在哲学上他比较受费尔巴哈的影响，费尔巴哈是唯物主义者；但是他也受过黑格尔的影响，他从费尔巴哈的角度批评了黑格尔的唯心主义，改造了黑格尔的美学。主要的改造就在于：他把黑格尔美学里面的理念换成了现实生活，理念的感性显现变成了现实生活的感性显现，美应该是现实生活的感性显现，而不是理念的显现。所以他对于美的定义就是：美是生活。他的原话是这样说的："任何事物，我们在那里看得见依照我们的理解应当如此的生活，那就是美的，任何东西，凡是显示出生活或使我们想起生活的，那就是美的。""美是生活"这个话在他那里好像找不到，这是我们对他的一种概括，但是原话他不是这样说的，原话是刚才我们念的这两句。但是"应当如此的生活"，这里面是有歧义的，什么是应当如此的生活？这个应当如此的生活是现实中应当有的呢？还仅仅是我在想象中觉得应当有的呢？现实中应当有的，我们现在在现实中应当有、必然会有的，这就是时代精神，或者是历史的发展方向、历史的趋向、历史的规律。但如果只是想象中应当如此，理想中应当如此，整个现实都不可能有，只是我想象中觉得应该有，比如说应当有上帝、有天堂，那是不是也能够符合这样一个定义呢？这话说得不太清楚。而且他跟黑格尔美学一个很显然的区别在于，既然他把"理念"换成了

"现实生活",所以他认为现实生活的美要高于艺术美,这与黑格尔的看法是颠倒的。黑格尔认为所有现实的美、自然的美,本质上都是艺术美,归根结底都是艺术美,但是车尔尼雪夫斯基认为艺术美它是附属于现实美、自然美之上的。任何艺术家都不可能完完全全地表达出艺术美,比如说一个正处于青春期少女的美,那是画不出来的,描绘也好,文字表达也好,都只是美的代用品。因为这个年轻美貌的少女不在你跟前,所以你要把她的画留下来,代替她,那只是一个代用品,只是生活的赝品。所以车尔尼雪夫斯基对艺术是不太看重的,不像黑格尔把艺术看得最重要,把美学看成是艺术哲学。这个是他的一个偏颇,车尔尼雪夫斯基认为生活本身高于艺术,最高级的艺术都不如最平凡的生活,艺术只是生活的附庸,因此艺术更应该成为道德和政治的工具,政治和道德本身才是美之所在,因为它们是真之所在,是善之所在。所以他认为艺术的用处就是再现生活、说明生活、判断生活,以此来推动社会生活的进步,由此通向了一种美学上的政治实用主义。这套东西在苏联、东欧和中国的20世纪50年代、60年代为什么那么通行呢?就是因为它特别适合于为政治意识形态所用。那么苏联到了20世纪50年代,在美学理论上基本上没有突破别林斯基和车尔尼雪夫斯基的框框。在理论上有点突破的是一个被长期视为异端的匈牙利马克思主义理论家卢卡契。

卢卡契(Lukacs, 1885—1971)常年受到正统马克思主义的批判,但是后来他的影响力比其他人都要大,包括欧美的一些美学家都觉得他讲的有一定道理。卢卡契在20世纪60年代写了他主要的美学著作《审美特征》。他看到了在车尔尼雪夫斯基和别林斯基的美学里面,有一个巨大的理论困境,就是如何处理艺术和科学的关系,主要是艺术和社会科学的关系。艺术和社会科学究竟是什么关系?包括艺术和现实生活的关系,包括艺术中的表现和模仿,包括美和真,包括形式和内容,这些关系都是基于这样一个问题,即艺术和科学的关系。如果艺术只是科学的一个分支、一件工具,甚至于是一件临时的代用品,那么艺术的必要性就很可疑了，既然有那么多强有力的工具，为什么一定要有个艺术来作为它的工具呢？卢卡契的贡献就在于，对于这样一个矛盾，他进行了深入的研究和剖析。他的美学主要是要研究和确定审美反映的特殊的本质特征，所以他的这个美学还是反映论美学，可以看出来它跟苏联的这个美学没有根本的区别。但是他分析了这个矛盾，就是审美反映跟其他的反映所反映的都是同一个对象，而且科学的反映和审美的反映都不是那种机械反映，都不是照相式的反映，而是受人的主观因素制约的，受社会因素约的。我们在反映中总是能动的，总是有创造性的，包括科学反映也是这样。但是科学反映和审美反映有一点是根本不同的，就是科学的反映它试图摆脱一切人类感官的和精神的限制，也就是摆脱主观的限制，科学反映你总是要反映出客观的本像、真相；而审美反映恰恰就是从人的世界出发的，是以人为基础的，以人为目标，最后要回到人。卢卡契提出的一个解决办法，就是审美反映虽然也是反映，但是它更带有人的主体性；但又不是主观主义，他认为在审美中仍然有客观性，但是必须看起来像是主观的。这个观点很怪：审美的这种客观性看起来像是主观的。我们前面讲康德的时候讲到过康德的一个观点，就是审美看起来好像是客观的，其实是主观的，为什么看起来必须像是客观的，是为了便于传达，用客观的东西你才能传达给别人。但卢卡契是跟康德恰恰相反的，就是说他的立场还是唯物主义立场，坚持审美是客观对象的反映，但必须看起来好像是人的一种任意的主观创造。这个对比是很有趣的。

那么这样一种看起来好像是主观的活动，就诉之于人的形象思维和典型化。典型化是由人、由艺术家的主观能动活动和创造活动形成的，因为客观事物中的对象一般来说都并不是太典型，比如说社会生活中，我们遇到的人形形色色，芸芸众生；但是你把所有这些形形色色的人的某一个特征把它集中起来，塑造出一个人，一个典型形象。这个典型形象既不是张三也不是李四，也不是王五，但是他可以代表张三、李四、王五身上的某些共同特点，集中体现在某一个人身上，这就是典型化的所在。这典型化完全是主观的，你说它反映了客观的什么，好像没有反映客观，好像是对客观的扭曲，但是在卢卡契看来它实际上恰恰反映了客观事物的本质。客观事物——张三、李四、王五都是现象，但客观事物里面有一个抽象的本质，是他们共通的。时代精神、时代潮流，它不是在某一个人身上体现出来，它是在千千万万个人身上体现出来，但是你用一个人把它带出来了。这是你的加工，但正是你的加工恰恰反映了本质。所以写真实还不一定是写本质，写真实可能是原原本本的自然主义的写真实，但是写本质必须要经过典型化，经过对现实的真实事物的改造。那么这种典型化好像是人的主观的特性，但是实际上恰恰反映了客观事物的本质，这就是能动的反映论，卢卡契以此来克服那种被动的机械的反映论。这个是他做出的贡献，应该说他还是有贡献的。但是他并没有真正解决问题。我们知道科学也是能动的反映论，任何一条科学定理都不会在一个现实的物质世界的物质中完全实现出来，每件事情都有些偶然的因素，我们只能追求它的精确率，它的误差率保持在百分之零点零几之下就够了，任何一个科学的定理设计的效果都不会绝对精确地实现，所以任何一种科学定理也可以说是一种典型。那么艺术典型跟科学典型的区别究竟何在？卢卡契仍然没有解决这个问题，所以在理论上说他还是未完成的。

2. 形式的价值

我们上次已经讲到社会科学的形式主义这一大流派的美学。那么这一派美学呢，前面讲到它们的艺术形式的社会基础，主要是形象思维论和典型论。对这个在我们中国20世纪50年代、60年代影响非常大的苏联美学流派，我们做了一个简单的介绍。那么今天讲的，还是苏联延续下来的这一套美学思想的发展，从别林斯基和车尔尼雪夫斯基，乃至于到卢卡契，基本上还算是一条思路。那么今天讲的这个艺术的形式的价值，是着眼于形式的价值来看待美学问题，也就是价值论的美学。

价值论的美学跟以往的反映论美学、认识美学相比有一个突破，就是提出了价值这样一个概念。因为大家都知道，价值是主客观统一的一个概念，它既不能说完全是主观的，也不能说完全是客观的。或者说价值是客观见之于主观的。我们在前面讲到，英国经验派的美学特别是洛克提出过事物的两种性质，"第一性的质"和"第二性的质"，并且后来还提出"第三性的质"。"第一性的质"就是事物的体积大小、运动、数量这些东西，是客观的；"第二性的质"是红色、冷热、声音等等这些东西，是带有主观性的；那么还有"第三性的质"，就是我们前面提到的，比如说这个植物它具有能够治病的性质，具有能够治病的药效，这个就已经涉及价值了。这种价值它不是完全客观的，它能够治病，这是对我们而言的，但是它本身无所谓治不治病，它有植物自身的生长规律。但是对主体来说，它具有治病的功效，那么我们把它看作客观事物的性质。这个东西有没有价值，这个东西值多少钱，这个东西能用来干什么，使用价值和交换价值，这些我们都把它看作事物的客观属性，但实际上却取决于我们主观的需要。因此，价值这个概念它是介于主客观之间，它可以弥补客观论美学和反映论美学过分地强调客观性那一方面的不足。因此我们就可以了解，苏联在20世纪60年代以来为什么提出了一种价值论美学。60年代那个时期，我们通常在现代史上称为"解冻"。斯大林逝世以后，苏联的意识形态有所松动，不再是以前那样把艺术家动不动就要关起来，就要枪毙，而是有了一定的个人创作余地。于是那个时候产生了一些美学家，他们提出了一些跟以往相比是新的观点。

价值论美学的奠基者是苏联美学家斯托洛维奇（Столович，1929—2013），他是价值论美学的代表。当然他早年还不是，早年他还是传统的车尔尼雪夫斯基的那个路数。但是在60年代中期，他开始提出了审美价值这样一个概念，用审美价值来代替审美属性。以往要坚持唯物主义，坚持客观美学，通常就把美称为客观事物的一种属性，但是斯托洛维奇提出来，审美其实是一种价值，它不是像自然科学所讲的那样一种事物的客观属性。那么这样一种审美价值当然就具有主客观统一的特点，但是因为按照苏联客观美学和唯物主义美学的传统，他还是把这种审美价值看成是客观事物的某种社会属性，并且为之寻求一种价值实体，这是他的总体倾向。也就是说，虽然他引进了审美价值这样一个概念，但是他对审美价值的理解还是客观美学的，还是一种客观的审美属性，认为这样一种审美价值它是客观确定的。我们经济学里面讲价值，马克思的劳动价值论、剩余价值学说，也是把价值看成商品的一种抽象的社会属性；但是实际上马克思对商品的这样一种价值属性，他的理解也不完全是纯粹客观的，而应该说它是主体间的，是主体和主体之间的。所谓交换价值和使用价值，使用价值通常被认为是客观的，但是实际上也不是完全客观的，它取决于客体和主体之间的适用关系。交换价值更加是社会的、主体与主体之间的，是在物质交换中形成的一种观念性的东西。当然这种观念性的东西它有商品作为它的基础，但是在商品这样一种物身上所体现出的是人与人的关系。所以恩格斯曾经评价马克思的政治经济学，认为政治经济学看起来好像研究的是物，但是实际上研究的是人，是通过物所体现出来的人与人的关系，人与人的财产关系，人与人的劳动关系，这样一些关系实际上都是离不开观念的。所以经济学好像是研究客观的东西，当然它有物质基础，我们要生活，物质生产劳动，这当然是客观的，但是里面所体现出来的规律它是主体间的，主体和主体之间的互动，是在主观的相互关系中呈现出来的。所以这样一种客观，它已经没有自然科学那种意义上的客观的含义。那么你把审美也归结为类似于好像是经济学的那种客观价值，就把审美从一种精神的关系降低为一种物质关系了。经济学当然是一种物质关系，虽然是带有观念性的物质关系；但是审美应该不是一种物质关系。但是斯托洛维奇的观点没有离开所谓唯物主义美学的基本立场，就是他还要把审美价值理解为一种客观的感性形象和社会关系的统一。审美价值和经济学价值的区别就在于感性形象和社会关系的统一，它比经济学的价值多了一个感性形象，但和经济学价值一样，它也是一种客观的社会关系，所以审美价值也是一种客观属性。可见他还是社会科学的形式主义，其中感性形象就体现为形式主义方面，社会关系则体现为社会科学方面。所以归根结底实际上斯托洛维奇提出价值美学，他只是提出了一个概念，他对于这种审美价值的解释仍然是客观美学和反映论美学的，只是反映论美学的一种新的形式。这样一来，艺术的审美价值就在于它是不是反映了客观的审美价值，如果没有反映，那么它就是种伪价值，即使它看起来好像有一种价值，能够打动人，但是它不符合客观规律，因此这样一种艺术也是虚假的。这种观点并没有实质上的进展。

但斯托洛维奇毕竟提出了价值论美学的概念，这当然是他的贡献。由于他的功劳，美学在客观美学和反映论美学的基础上才有了松动。那么松动了以后，其他的一些人就开始进一步扩展思路了，比如说同样属于价值论美学的卡冈（Каган，1921—2006），也是一个苏联的美学家，提出来了一种系统论的美学。也就是说卡冈不太满意斯托洛维奇把这种价值论当作一种完全是客观的社会关系。说审美价值完全是种客观的社会关系，如果你不符合这种客观社会关系，那就是伪价值，卡冈认为这太片面了。于是他提出一种系统论，所谓系统论的意思就是说，主观也好、客观也好，它们都存在于一个系统之中，你要全面地看，包括价值论的系统，也包括社会文化系统。当然价值论可能在这个系统里占据比较重要的地位，但是你也不能忽视其他的方面，除了物质的需要以外，你也不能忽视精神的需要，精神的需要体现为一个完整的系统，包括艺术作品、艺术创作以及艺术欣赏，也就是接受。创作——创作出作品，以及最后的阅读——接受，这构成一个系统。那么这个系统当然是精神的系统，但是它是对社会价值的客观系统的反映，你不能把这个艺术系统完全归结为客观的价值系统，它本身有一个精神的系统。那么精神的系统和客观的社会系统相互之间是什么关系呢？他认为不是单纯的反映关系，而是一种系统相关性，是一种同构的关系，所谓异形同构。当然反映的关系也包含在里面，反映这个观念本身就是观念和对象同构。但是他更强调的不仅仅是反映。只要它有一种同构关系，那么这个艺术品就是成功的，不一定要客观地、严格地、亦步亦趋地反映对象，反映客观属性。但是他又认为，这种同构的关系归根结底还是反映，因为既然是同构，那你就可以从艺术作品里面看出客观的一些关系、属性，所以它还是反映，只不过它包含了那些比较曲折的反映，不是直接的、机械的反映。这是卡冈的系统论，是用来修正斯托洛维奇的价值论的。斯托洛维奇的价值论带有比较机械的性质，那么卡冈通过系统论缓和了这种机械的性质。

到了20世纪70年代乃至于80年代，帕日特诺夫提出了生产说。这是苏联的晚期，新晋的一代青年美学家，思想也更加激进，更加新锐。他提出的生产说主要是在研究马克思《1844年经济学哲学手稿》的基础之上，初步突破了苏联传统的形式主义的局限。社会科学的形式主义，它的形式主义用来规定审美和艺术是有很大局限性的，带有古典主义的感性形象，古典主义的静观，古典主义的形式法则，和谐、多样统一等等艺术形式，然后艺术形式跟社会内容相结合，就成了艺术评价的标准。我们讲评价一幅艺术作品，一方面要有艺术形式的标准，另一方面要有社会内容或社会历史真理的标准，这双重标准只有艺术形式的标准是属于美学、属于艺术本身的，而社会内容方面是属于社会科学，它不属于艺术本身。那么生产说打破了这样一个局限，就是说他认为艺术的价值——他也还是谈价值，跟斯托洛维奇同一个方向，即价值论美学的方向，但是这个价值——它不是一种反映或者说一种旁观、一种静观所能够获得的，它必须要参与其中，特别是在生产劳动中。我们应该在人的实践活动中、在生产劳动中去研究这个生产劳动本身的审美特性。所以他提出来美就是"人的自由的对象化表现"，人在生产劳动中，人在实践活动中，他发挥自己的自由的能动性、创造性，那么在这个里面所体现出来的就是美，或者说审美性质。审美价值在于什么呢？在于人的自由的对象化表现。"对象化的表现"，这个很重要，也就是说什么叫对象化呢？就是把自己的东西变成对象，把它在对象上实现出来，使之对象化。它本来是主观的东西，但是我使之对象化，把它变成客观的东西，这就叫对象化。人的劳动活动，人的实践活动，人的艺术创造活动，这都属于对象化的活动。你有一个观念，你有一个目的，你在你的行为中、行动中，愿意用你所掌握的材料把它变成一个对象，把它构造出来，创造出来，这就叫对象化。"美是人的自由的对象化表现"，这个已经说得相当到位了，当然还没有最后彻底的到位，但是已经有很大的突破。表现人的自由，人的价值是根据人的自由来评价的，你想要任何价值，实际上都是立足于人的自由的需求。你可以问自己：你想要什么？你到底想要什么？然后你把想要的这个东西自由地变成一个对象，把它创造出来，那么你所创造出来的这样一种东西就具有了美的价值，因为它代表了你的自由。凡是代表了你的自由的东西你就把它看得很宝贵，它就具有价值，你就可以不断地从上面看到你的自由，引起你的快感，这就是美的东西。一个自由创造出来的东西，你当然可以时时刻刻从它上面获得你的自由的快感，这就是美感。这种美、这种人的自由的对象化表现，首先是在劳动和实践中体现出来的。"劳动使得自然界变成了人的无机的身体"，这是马克思的话，在《1844年经济学哲学手稿》里面说的。这自然界它本来不是人的身体，人的身体跟自然界是对立的，但是人通过他的对象化的活动使得他周围的自然界变成了他的无机的身体。所谓无机的身体，比如说你的家园，你通过改造环境使得这个家园跟你自身融为一体，这个家园就是你的身体，这所房子、这块田地、这片田土、这片家乡，那就是你的身体，你是离不开这片家乡的土地的。人使自然界变成了自己的无机的身体，人使自然界社会化了、人化了。在黑格尔那里我们已经看到了"自然的人化"，这是黑格尔提出的一个命题；马克思在《1844年经济学哲学手稿》里面也有这种说法，人使他的环境人化了，人使自然界人化了、社会化了。那么社会化了的自然界，人化了的自然界，就是人的创造性的一种表现，人能够自由地利用自然物来表现人自身，这样一种创造能力就是一种审美能力，就是一种艺术创造能力。人们之所以欣赏对象，无非是在欣赏对象中的人自身的本质力量。我欣赏对象是欣赏什么呢？我把对象当人来欣赏，我欣赏的是我在这个对象上面所寄托的我的本质力量，比如说情感，我把我的情感寄托于这个对象身上，那么我对这个对象的欣赏就是欣赏我的情感，别人也欣赏这个情感，因为我的这个情感跟别人是相通的，他们都有共通感，黑格尔所谓情致，就是一种普遍性的情感。那么如果你把这个普遍性的情感用你的创造把它对象化到一个对象、一个客体身上，那么这个客体就是一个艺术品，它寄托了人类美好的情感，能够使所有的人都欣赏，都能够产生共鸣，它打动每一个人内心的情感的弦，这个时候就产生了美感。所谓美感无非就是共鸣，人的东西，人能够共鸣，他通过共鸣产生的愉快，那就是美感。所以帕日特诺夫认为，艺术本质上跟生产是相通的，甚至于艺术本身也是一种生产，艺术生产。艺术生产跟物质生产是同一个原理。那么这种看法当然是进了一大步了。他利用了马克思的（1932 年第一次发表的）《1844 年经济学哲学手稿》里面很多早期的思想，里面包含美学的很多命题，而建立起了生产说这一套美学体系，在当时是一个很大的突破。并且在 20 世纪 50 年代、60 年代也影响了中国。

中国学者像李泽厚、朱光潜他们都是通过学习马克思的《1844 年经济学哲学手稿》（以下简称《手稿》），在 20 世纪 60 年代就开始有了一些跟以前不同的提法，以前主要是蔡仪的客观美学、认识论美学，属于自然的客观论；到了后来就是李泽厚的社会的客观论和朱光潜的主客统一论，他们都引用了马克思的 1844 年的《手稿》，都强调人的实践活动在人的审美活动中所起的作用。所谓实践论的美学就是从那个时候提出来的。那么 80 年代我和易中天提出的"新实践美学"，在李泽厚、朱光潜的这个基础上又往前推进了一步，现在还在讨论这个问题。但是这最初都是苏联人学习马克思的《手稿》而提出的一个方向。但是在帕日特诺夫这里也暴露了一个毛病，很多人都指出来了，就是他把艺术活动和物质生产劳动等同起来了。朱光潜也有这个问题，把艺术等同于物质生产。然而，艺术活动和生产劳动既然都是人的本质力量的对象化，是自由的对象化表现，那么它们有什么区别呢？难道艺术就是劳动么，劳动也就等于艺术么？不一样的。当然我们通常讲艺术家也是劳动者，我们不能把他看成是不劳动的，不能把他看作是寄生的；但是艺术跟劳动、跟一般的物质性劳动还是不一样，它是一种精神劳动，而不是物质劳动。但是帕日特诺夫不敢承认艺术就是精神劳动，如果这样就会被人们斥责为唯心主义，艺术如果是一种精神劳动的话，那不就是唯心主义么？当然其实这种划分是很荒谬的，把艺术看作是精神劳动就是唯心主义，把艺术看作是物质劳动就是唯物主义，这是非常荒谬的，是一种非常庸俗的唯物论。但是当时还突破不了这样一个界限，就是说当时他们非要把艺术等同于客观的东西，等同于客观的生产，取消艺术的精神性，才能够避免被指责为唯心主义。

那么另一位康德拉钦科提出了评价论。康德拉钦科也是一个比较新锐的苏联后期的美学家，他提出评价说比这个生产说又更进了一步，因为评价特别着眼于人的主体，是靠我们主体来评价的。那么评价什么？评价的并非那个对象，而是评价表现在对象中的创造能力。我们对于一幅绘画作品的评价，不是评价那个对象，画框、颜料等等，而是评价作家在创造那个对象的时候他的创造力。以往的美学家老是试图在这个客观对象的属性里面去寻求审美的本质，这个是犯了方向性的错误，只有从人的需要、社会进步的需要，才有可能解释审美关系。这是他的一个推进，就是立足于人的主观需要、主体的需要；但是他还有不彻底的地方，就是说人的主观需要他最后还是归结为社会的需要、历史的需要。社会历史的需要那当然也是客观的，最后仍然回到了客观论的基础。他的评价的效用归根结底还是立足于人的物质需求，而不是立足于人的精神特征，比如说人的天才，人的创造性，人的情感需求，虽然讲到了情感需求，但是他马上把它归结为物质需求。

这是苏联的价值论美学的四个不同的学说，他们在苏联60年代、70年代的"解冻"中起了解放思想的作用，但是这个解放思想还是很有限的。总的来看，苏联美学界越来越重视人的主体性，越来越重视主体和客体的关系，但是由于它固有的形式主义的局限性，所以最终还是挣扎不出来。他们特别是晚期的这些美学家虽然从马克思的《手稿》里面吸取了不少思想营养，但是对马克思的《手稿》并没有吃得很透。

3. 形式的社会结构

我们下面再来看看"形式的社会结构"。

社会科学的形式主义，最开始是两分的，一方面是形式主义的，另一方面是社会科学的，用社会科学的标准来评价艺术和审美。那么在发展过程中它越来越走向双方的融合。所以我们第三部分要讲到"形式的社会结构"，也就是形式本身它就具有社会结构，并不是在形式底下另外有一个社会结构。这又是一个大的进步，就是试图把形式和内容融合起来，融为一体，从形式里面看出形式本身的内容，形式就是社会的，它有一个结构。这主要是依赖于当代哲学的语言学转向而完成的一个提升。在20世纪的20年代，俄国出现了一个形式主义的文学流派，也是语言学流派，就是俄国形式主义。俄国形式主义，我们刚才讲到俄国的美学时把它跳过去了，其实俄国在20世纪20年代有一个形式主义学派，形式主义学派是一个很左的左派，但是后来被所谓的无产阶级文化派批判了，说他们过于重视形式，过于重视形式那就是超阶级的了。所以另外一派比他们更左，就是无产阶级文化派，把他们打下去了，把他们的人都赶到国外去了。无产阶级文化派后来也受到了批判，就是他们太左了，他们是极左派。就是如果完全根据阶级和社会关系来处理文学和艺术的问题，那就不用文学艺术了，你把艺术家都赶走就行了。所以后来把无产阶级文化派又加以纠偏，才形成了苏联的所谓社会主义现实主义，这是苏联的正统。从此以后苏联美学包括苏联文学就是社会主义现实主义占统治地位。

那么被赶出来的有这样一些形式主义的文学理论家和语言学家，其中包括形式主义学派的创立者雅各布逊（Jakobson，1896—1982）。雅各布逊离开莫斯科后，移居布拉格，后来又影响了巴黎的形式主义，结果产生了巴黎结构主义。20世纪60年代以来巴黎结构主义风靡于法国，李幼蒸翻译了一本书叫《结构主义：莫斯科—布拉格—巴黎》，这是早期结构主义的一个历程，从中产生了一大批文艺批评家和美学家。那么当代的结构主义他们在理论上是立足于索绪尔（Saussure，1857—1913）的普通语言学。索绪尔的普通语言学很重要的一个原则就是区别能指（significant）和所指（signifie）。能指就是符号，所指就是意义。语言我们知道它是用符号来表现的，但是它里面有意义，你不能只知道符号，你能写但是你不知道什么意义，那你还不懂得它。你只能说是鹦鹉学舌，鹦鹉能够掌握你发音的符号，但是它不懂得你的意义。所以能指和所指是不能分开的，但是又必须分开来讨论。再一个就是语言（langue）和言语（parole），语言和言语在我们日常说话的时候没什么区别，好像是一回事情，但是在索绪尔看来语言是更加带有普遍性的，语言是个系统，它有它的规范；言语是很具体的，我们每天说的话是比较随便的，但是大体上我所说的话——言语要符合语言的规范。所以语言和言语也有层次上的区别的，语言本身它是一个能指系统，语言跟能指是一个层面的，它们构成一个系统，它可以运用科学的分析。社会科学的形式主义在语言方面可以通过形式的分析把语言构成一个系统，而这个系统是社会普遍的，你在操同一种语言的社会里你就必须要服从这个系统。你让我自创一套语言——那不行，没人懂，你自创一套语言你还能跟别人对话吗？你要说给别人听、要让别人懂，语言就不能够是自创的。但是言语有很大的创造性，在这个语言系统规范之下，它可以有很多个人创造性,每个人的言语都是不一样的。那么这个能指系统或者说符号系统就是一个潜在的框架,我们每天说话,我们每天言语,但是我们没有意识到我们所说的后面那个语言框架。我们说话为了要让别人懂,就必须遵守语法,但是我们在说话的时候没有谁想到语法,我们只想到别人怎么能懂,你这样说别人能不能理解,但是实际上我们无形中在遵守语法。有时候你反思一下你就会发现,我刚才语法上有错误,我刚才说的不准确,会导致误解,于是我再说一遍,再说一遍的时候我就注意严格按照语法了。所以它是一个潜在的框架。那么这个潜在的框架我们"日用而不知",我们甚至于不需要知道它我们也能够说话。普通老百姓他每天都要说话,他们没有学过语法,但是能够分辨出哪些话能懂,哪些话他觉得磕磕巴巴,他可以分辨出来。这个抽象的框架虽然是潜在的,但是它无形中决定着表面含义底下的深层含义。你每天说话的时候你没有意识到那个框架,但是那个框架实际上不管你有多大创造性,它都把你的创造性限定了。索绪尔发现所有人说这说那,后面都有一个共同的含义,都在说着同一个层面的意思,深层含义跟表层含义不同,表层含义你可以说这说那,但是深层含义里面说的都是一个模式,都在表达同样的一种结构。荣格曾经提出集体无意识,我们不自觉地都在说着同样一种语言,里面有一种语言结构。所以在文学批评中以及在日常社会生活中,我们必须要寻求那种深层含义而不能满足于表层含义,要寻求那种深层的结构方式,就是语言框架所表现出来的结构方式。他甚至提出来,我们的这个语言,好像在背后有一种"无意识的排字活动"在支配着我们说话,使得这样一种语言活动能够"遵循着完全确定的规则",这种规则"可由现代语言学加以研究"。这就给形式结构所表现的社会结构提供了一个基础、一个平台,就是说你要谈形式本身的结构——社会结构,怎么谈,必须在语言的层次上谈。这就是所谓的语言学转向,在语言这个层次上面我们可以谈语言本身,它有一种全社会共通的深层结构,它决定着我们日常的社会生活。讨论这个深层结构是如何形成的,这就是结构主义的语言学。索绪尔是结构主义的先驱,由此产生一大批结构主义的语言学家和美学家,结构主义的文学评论家、文学批评家,他们在美学和文学理论上进行了一系列的尝试。

首先我们可以看看,像法国的戈尔德曼(Goldmann, 1913—1970)提出语言底下的社会结构才是形式的深层结构。戈尔德曼是一个马克思主义者,他是用马克思的社会历史和阶级斗争学说来解释这种社会结构。由于阶级斗争、社会冲突而导致了一个社会的意识形态,那么语言的结构实际上就是取决于这种意识形态,而统治阶级的意识形态就取决于这样一个结构,这个是戈尔德曼的一种理解。在语言的层面上,统治阶级有他们固定的话语,比如我们通常说的官方语言、官方话语,官方的报纸社论,就是这样一种结构。这种结构无形中决定了我们的语言,我们每天看报,每天看新闻,都有一套结构模式,那么我们无形中就受了这套结构模式的影响。如果长期受这种熏陶,我们可能不会说别的话了。当然现在是一个开放的社会、多元的社会,我们开始又能够说一些别的话了,能够超出这种意识形态了。但是在"文革"刚刚结束的时候,大家一松绑,发现自己已经定型了。方成画了一幅漫画,就是把一个人从小关在一个坛子里,长大了以后把坛子一打开,他的身体就成了一个坛子的形状,恢复不了了。就是说我们的思想,我们的头脑,我们的语言已经定型了,形成了一种定势,我们不会说别的话了。戈尔德曼由此认为每个时代都有它的意识形态,有它的官方语言,其他的都是江湖语言,那些语言都是不入流的,文学作品多半是在这个边缘上行走。

另外一个就是列维-斯特劳斯(Lévi-Strauss, 1908—2009),他是一个比较著名的结构主义的人类学家,也可以说是美学家。他也是法国人,最早是研究人类学的,研究原始的婚姻关系和原始神话。他曾到原始部落里面去调查,做人家的养子,和人家一起生活,调查了几十年,写了好几本大书。他不仅仅停留在表面的艺术形态和话语,而是试图从原始部落的社会结构里面去寻找那些暗藏的结构模式。像戈尔德曼所讲的那种意识形态话语还是表面的,而列维-斯特劳斯要寻找的是最后的那种结构模式,当然是不自觉的,是没有说出来的。他希望有一天我们能够对这样一种背后的结构加以一种定量化的分析,建立一种数学模式。比如说婚姻结构、婚姻模式,在两个部落之间通婚,通常是采取什么样的方式?女人成了符号,互相交换,要达到一个什么样的目的?最后又是建立在一个什么样的神话模式之上?这些都是可以做出某种明确的规定的。所以在这里,结构主义语言学的出发点已经超出了语言学本身。索绪尔提供了语言学作为一个平台,但是在这个平台之上,又不仅仅停留于语言学,而是涉及人类学、社会学、人种学、文化学。所以这里探讨的实际上是一种文化结构,列维-斯特劳斯主张把这种语言学运用于这种社会文化结构的分析。

那么,再一个像罗兰·巴尔特（Roland Barthes, 1915—1980）也是一个很有名的结构主义文学批评家。他主张我们必须要研究语言的结构,把个人从里面抽掉,来研究社会关系,也就是研究人与人的社会活动中的关系,把社会关系和社会机构归结为一种语言关系。这样来研究的文学就是文学的"文本",他提出要把文学的文本从个人那里解放出来。就是文学虽然是被创造的,但是一旦创造出来,我们要评价它,我们就不能从文学家个人的情况来加以评价,而要从他的社会关系、社会结构、他的这个所指的结构来进行分析。所以巴尔特他提出的这样一套主张形成了法国的新批评派,新批评派立足的是个人所属的机构,用他的话来说就是"批评就在于破译意义,揭示它的概念,首先是那个隐藏的概念,即'所指'"。文学批评是干什么的呢?是破译,破译也翻译成解码。艺术家、文学家创造出作品,就是艺术家的编码,那么我们要解码,解码就是破译。什么叫破译?就是揭示它里面的所指,揭示那个隐藏的概念,那个概念隐藏在自然语言底下,构成了一个第二级系统。任何一个文学作品,它的文本底下都有一个第二级系统,文学批评家的使命就是把它表面的那些符号、那些意义加以破解，揭示它后面的那个系统，不是一句句的话，更不是一个字一个字的意义，而是整个文学作品文本它所体现出来的系统的东西、系统的所指。每一句话都在系统里面才体现出它的意义来，你孤立的一句话那是表明一种意义，但是同样一句话在不同的系统里面，它表现出来的意义是完全不同的，这就是文学批评家他们所要做的。所以他讲，文学批评家真正说来，他的研究对象是文学作品的"文学性"。像俄国的社会科学的形式主义，不管是价值论美学还是反映论美学，他们经常对文学作品的理解就是没有触及作品的文学性，而是联系到当时的社会现状、风土人情、阶级关系、时代的进步等等，来做一种过度的诠释。对艺术也是这样，比如说列宾，他画了那么多的画，那么对于每一幅画，评论家都要介绍它的背景，介绍它当时的这个形势，介绍那些人物，这个人物是哪个，那个人物是谁，属于哥萨克或者属于波西米亚人，或者属于什么人，然后把那种画面上所表现出来的氛围解释成一种历史的社会关系，这是一种解读，但是恰恰忽略了绘画性。一幅画你用这样一种东西来解释，那就把绘画性给忽略了。绘画性是什么呢？就是你直观地看这幅画，你不需要理解它的背景，这幅画给了你什么你就说什么。一个不懂历史的人，他看列宾的画如果什么也看不懂，非得要通过熟读历史才能看懂，那就算不得很好的画，不是很高水平的画。最好的画就是你能够一眼就看出来它的好。文学也是一样。你要懂得历史，你还要懂得社会、经济、政治，把这些都学完——像读巴尔扎克的小说那样——你非要懂得当时资本主义社会的一些规则，借贷、高利贷、银行、金融，你要懂这些你才能看的懂，那就不是好作品。文学性强调，文学的文本本身它给人带来的一种审美愉快，而不是通过其他的东西。恩格斯曾经讲过，巴尔扎克的小说给我们带来的知识胜过当时所有的经济学家所能够给我们带来的知识总和。你从巴尔扎克的《人间喜剧》里面可以看到整个法国当时的社会状况，他曾自称为法国社会的"书记官"，这对恩格斯来说是有很大很重要的意义的。但是作为文学性来说，按照这一派新批评派的标准是不够的，他们认为任何作品的文本或者本文（text）都有待于破译，它都是一种有待于解码的编码，也就是要揭示出作者和读者都在不自觉地遵守着的某种必然的结构，那就是文本本身的结构。这是新批判派所主张的。这种结构主义的形式主义把内容、意义也形式化了，或者他们把形式本身的内容和意义也变成一种结构形式了。

我们前面讲到了美国的新批评派，我们讲新批评的时候要注意有两种，一个是美国的新批评，一个是法国的新批评，它们都是新批评派，它们都强调要从文本出发，它们有共同的倾向，都是抓住文本而把其他的社会的、历史的、伦理道德的、宗教的、信仰的，把所有这些价值暂时撇开不管。你就把作品的文本抓住，你就分析这个文本，这就叫新批评——直接分析文本。但是他们也有一些区别，美国的新批评派更多的是把文本当作一种逻辑方法，通过这个文本我们去认识复杂的现实生活里面的结构，那么这样一种文本就带有一种自然科学的形式主义的特点。就是说我通过分析这个文本本身的形式，找到它在社会生活中的同构的对应物，那么这个文本就相当于一种逻辑方法，我们通过它来认识复杂的现实生活，必须要经过文本的训练。这是美国的新批评派，他们是从自然科学的形式主义出发的，有点类似于克莱夫·贝尔的有意味的形式，我们通过有意味的形式去寻求它里面的意味。你要强调文本，强调文学性，但是强调文学性是为了找到现实生活中的某种复杂的关系甚至于某种神秘的关系。那么法国的新批评派它不一样，它把文本结构本身当作是现实生活本身的潜在结构。或者简单来说，美国的新批评派它是力图要发掘语言形式底下的客观事物的原型，认为在形式底下、文本底下有一个客观事物的原型，比如说神话，象征，它跟文本是同构的。那么法国的新批评派它立足于社会科学的形式主义，立足于语言学的形式主义，它注重语言形式本身作为客观事物的原型，也就是说语言形式本身就是客观事物的原型，并不是说在语言形式底下另外有一个客观事物的原型。这两种新批评都强调原型性,都是原型批评;但是美国的新批评派是强调形式底下的原型,而法国新批评派是强调形式本身的原型。比如说原始民族的婚姻关系,它的原型是什么?它的原型是语言中的,比如说原始人的神话,口口相传的神话故事。在这样的一个神话故事里面就包含一种原型,这种原型就决定了婚姻关系,婚姻关系不是原型,婚姻关系所赖以建立起来的神话语言才是原型,那是语言本身的原型。这是法国新批评派列维-斯特劳斯他们所强调的。那么美国新批评派他们所强调的是你通过这样一种语言形式可以揭示出现实生活中的原型,比如说原始婚姻关系,那就是原型,但是这种原型是最终的,它不要归结到语言上来。这是两种不同的所指结构,两种不同的原型。

那么下面我们再看看,还有一种结构就是符号结构。所指结构是立足于语言的意义,能指是符号,那么立足于能指的结构就是符号结构。语言有两个方面,一方面是符号,一方面是意义。但是符号也有它自己的结构,符号的结构观的代表人物是美国的苏珊·朗格(Susanne Langer, 1895—1982),她的符号论美学的代表作是《情感与形式》。她在其中把情感和符号联系起来,对它们的关系进行了深入的探讨。并且她有一种人类学的倾向,这主要是来自于她的前辈恩斯特·卡西尔(Ernst Cassirer, 1874—1945)。卡西尔我们知道他是哲学人类学的一个代表人物,我国最早在20世纪80年代就出版过一本甘阳翻译的卡西尔的《人论》,影响很大。他是一个非常重要的哲学人类学家,卡西尔从人类学的立场提出了这么一个定义:什么是人?人是能够制造和使用符号的动物。那么什么是符号?符号就是一种中介,我通过一个东西去作用于另外一个东西,其实就是一种工具。马克思主义讲人是能够制造和使用工具的动物,人最重要的特点就在于他能够制造和使用工具。但是卡西尔认为是符号。符号包含工具,工具也是符号,但是除了工具是符号以外还有别的,比如说语言。语言也是一种工具,是人与人交往的工具，一个中介。那么这个中介它具有两个方面，一个是它的符号层面；另一个是它的意义层面，就是我通过这个工具要去干什么，要去表达什么，要去做成什么。所以他提出的这个观点跟马克思对人的观点相比，更具有囊括性，他把人的精神方面也囊括进去了。这就是符号，当然不是那种狭义的符号，不只是写出来的文字，发出来的声音，其实包括人做出来的事情，人使用的工具，人采取的手段，这些都可以称为符号。那么凡是符号，都有主客观统一的特点，从客观上它有物质的载体，任何符号都要有物质的载体，不管你写出来的，说出来的，还是做出来的，创造出来的，它都有物质载体，这是客观的。但是另一方面，这个载体的意义不在于客观，而在于主观——你赋予它意义，符号是由人主观赋予它意义的。那么从这样一个符号学出发，他建立了一种哲学人类学。他认为，我们研究语言，研究神话艺术，最后最终是为了解决人是什么这样一个问题。从语言方面来说，语言起源于人类情感的无意识的表露，比如说感叹、呼叫、呼喊，你焦急的时候你会发出一种呼喊，求爱的时候你也会发出一种呼喊，这是人跟动物都差不多的。但是人跟动物有一个最根本的区别，就是说人的这种呼喊，这种感叹，它是变成了符号的，动物的那种呼喊它没有变成符号，它是本能的。这个动物发情的时候它的那种叫声，饥饿的时候那种叫声，都是本能的，取决于它的身体结构。但是人的这种符号、这种语言，它带有一种记号或者符号的特点，也就是它代表着某种东西，象征着某种东西。Symbol，可以翻译成象征也可以翻译成符号。所以它是代表着别的东西的，他不是直接呼喊出来。我哪里碰着了我就呼喊一声，那个不叫语言。语言它本身一定是表达了某种东西，表达了某种意思。这个意思在符号上面并不一定能够直接地体现出来，这个是需要沟通的，需要人与人之间约定、认可的。当我们发出这样一种声音的时候，我们大家都意识到、都意会到这是在表达什么东西，所以它有一种客观的意义被表达出来，这才是真正的理解。人的语言跟动物的那种喊叫声、叹息声的不同之处就在这里，它具有一种描述功能，具有一种命名的功能。但是当然，语言也是情感的表现，尤其艺术的语言，一方面它是符号，但是它又是情感的表现。但是这种表现跟动物的表现又不一样，怎么不一样？这种表现是符号化的表现。动物在求爱的时候也表现情感，但是动物的这种情感它不是符号化的，而人表现情感是符号化的，他不是直接表现情感，而是描述性地表现情感。只有符号化地、描述性地表现情感才成为真正的艺术。所以卡西尔认为："艺术可以被定义为一种符号语言。"这一语言是广义的，一切艺术品都可以说是语言，但是本质上它是一种符号的语言，或者说是一种情感的符号语言。我们要表达情感，我们不能直接就感叹一下，我们必须要用一系列、一连串的符号把我们的情感细腻地、绘声绘色地表达出来、说明出来、描绘出来，传达给别人，这就是艺术了。卡西尔的《人论》、他的这个哲学人类学已经涉及了艺术的领域。

那么苏珊·朗格是跟卡西尔一派的，也可以说是卡西尔的学生，所以她把艺术定义为"人类情感的符号形式的创造"，这就更加明确了。并且她深入探讨了情感跟符号的关系。她认为这两者之间有一种逻辑的类似性，这种逻辑的类似性它不同于自然科学的认识那样的逻辑类似性。科学的公理、科学的规律、科学的定理与客观对象也有一种逻辑的类似性，但是艺术的情感和符号之间的逻辑类似是一种隐喻式的类似，它不是直接表达出来的。科学的类似性它是直接表达出来的，我们按照科学的模式就可以把握客观事物的进程。但是情感跟这样一种表达形式是隐喻式的关系，它是比喻式的，它不能直接地类同，但是它也可以找到相对应的关系。比如说音乐——音乐凭借它的动力结构能够表达语言所无法表达的那种情感形式。我们说音乐表达情感是最直接的了，音乐打动每个人的情感，它跟这个情感本身有一种逻辑的类似，有一种形态上的类似。音乐激越的时候我们的情感也就激昂，音乐舒缓的时候，我们的情感也就平缓，这个是非常接近的。但是这种逻辑跟自然科学的逻辑是不一样的，它只是一种"有意味的形式"，就是克莱夫·贝尔所讲的，在形式里面我们可以直接看到它的意味，体会到它的意味，但是这个意味并不写在符号上面，而是通过它的同构性来打动我们。

这些就是结构主义，所有这些都属于结构主义美学，法国的结构主义美学跟美国的符号论美学都是属于结构主义的，而它们都可以划归社会科学的形式主义之列。当然这个里面很大的区别就是，结构主义的美学跟苏联的这种社会科学的形式主义美学有很大的不同，一个是苏联的，一个是西方的；但是它们在原理上都有某种相通之处，而且它们有渊源上的关系。苏联早期的形式主义学派流落到了布拉格和巴黎，然后引起了法国的结构主义，并且影响了美国的结构主义，这个是有一种内在的关系的。

四、现代艺术社会学

我们下面看看第四个流派，现代艺术社会学。为什么讲现代艺术社会学，是因为要和前面讲的席勒的艺术社会学区别开来。那么从席勒的艺术社会学发展出来的现代艺术社会学是一个很大的流派，而且它的影响非常广泛。现代的美学家很少不从艺术社会学来谈自己的美学观点。那么我这里要考虑的主要是这样一些人，他们关心的是两大问题，也是艺术社会学的两大问题。第一个问题是艺术的起源问题，第二个是艺术和现实生活的关系问题。艺术起源问题是从时间上来讲的，艺术和现实生活的关系问题是从空间上讲的，我们下面从这两个方面来介绍一下。

1. 现代艺术起源论

现代的艺术起源论已经不再像席勒的时候那样，凭借一种猜想和思辨来确定艺术的起源，而是通过实证，特别是通过原始民族的艺术和文化生活中大量实证的材料来论证艺术的起源。那么艺术起源论主要有这样几个流派，一个是游戏说。游戏说是席勒提出来的，但是席勒没有进行详细的实证。席勒以后达尔文的进化论以及文化史的研究都发展起来了，英国的赫伯特·斯宾塞（Herbert Spencer，1820—1903）从达尔文主义出发，论证和发挥了席勒关于艺术产生于游戏冲动的理论。他认为艺术起源于游戏，而游戏就是过剩精力的发泄，这个在动物那里也可以看到，所以这是具有生物学上的价值的，就是说花费这些多余的精力是为将来的生存做准备，做技术训练。但是游戏和审美、艺术它们都不是直接追求功利和目的，而只是练习人的各种器官和能力，这些器官和能力在动物那里主要是体力，那么在人这里也包括智力和高级的精神能力。因为人的生活不光是动物生存，他还有社会生存和精神生存。所以游戏的使命也包括训练人的精神能力。德国学者康拉德·朗格（Konrad Lange，1855—1921）也是游戏说的拥护者，他认为应该把这样一种游戏说纳入社会心理学中来加以解释。他认为艺术这样一种活动它不是为了任何实际的用途，而只是为了给自己和别人提供快乐，就像一种游戏一样。所以艺术和游戏本质上是一种自娱和自欺，艺术是一种有意识的自我欺骗。我们通过有意识的自欺的活动来寻求快乐。但是艺术这种有意识的自欺，它跟一般的游戏又不同，它具有一种社会共通性，它是社会共通的游戏。一般的游戏一个人自己就可以在家里玩，你一个人玩电脑游戏，或者玩什么游戏都可以。但是艺术这种游戏它是社会共通的游戏，它一定要其他的人跟他在一起玩。说有意识的自欺也就是进入角色，我们通常讲的进入角色，进入游戏之中，设想自己在游戏中是其中的一方，跟另一方相互之间发生一种关系。艺术就是这样，艺术家在创作的时候以及欣赏者在欣赏的时候，都是要进入角色，否则他既不能创作也不能欣赏，他必须要把他当作他所要创作的一个人物。小说家把自己当作小说里的人物，这样他才能创作出真实的作品来，凡是艺术家都是这样。欣赏者也是这样，欣赏者你要欣赏一部作品，你必须要把自己当作其中的人物，跟里面的人物的处境达成一种深切的关联，要移情，要设身处地，虽然你并不是处于当时当地，但是你要把自己设想为处于当时当地。这就是有意识的自我欺骗——明明知道不是的，但是还要那样去设想。所以康拉德·朗格认为艺术这样一种游戏它是具有社会性的,他特别强调两种具有社会共通性的感官,那就是视觉和听觉,造型艺术、空间艺术和时间艺术。为什么特别强调这两种?因为这两种是能够在人与人之间传达的,至于其他的几种感官由于不具有社会性,所以不能归于艺术。比如说,舌头、味觉,味觉也是一种感官;还有触觉,但是触觉也有一点艺术性,像雕塑,它有时候是需要去抚摸的。但是其他的一些感觉如冷、热、咸、苦,这些感官都不具有社会性。所以为什么在这些感官方面艺术没有能够发展起来,跟这个有关。那么艺术它比游戏更加成熟、更加自由,也可以说游戏是儿童的艺术,而艺术是成人的游戏,这是康拉德·朗格一个很有意思的观点。

那么另外一个就是功利说。功利说也是流行非常早的,就是说艺术起源于功利,特别是德国社会学家格罗塞(Grosse,1862—1927)在这方面非常有名。他是批评游戏说的,他认为游戏也好,艺术也好,都不是什么过剩精力的发泄,也不是什么有意识的自欺。早期的艺术它本身就是带有功利性的,不是说你功利的事情做完以后,闲着没事干,吃饱了撑的,然后去搞点游戏,搞点艺术,不是的。它本身就是一种功利行为。像这个实用艺术,我们在原始人那里看到的艺术都是实用艺术。其实原始人的生活它就是艺术,他打猎、划船、打渔,这些活动在他们那里都是艺术,所以游戏和艺术实际上都有一种实际的用途,你不能把它看作一种没用的东西。当然艺术和审美的目的是在于引起愉快的感情,但是在早期的原始民族那里,它的目的并不纯粹是一种精神上的愉快,而是在实际的目的上能够有用、有效,早期的艺术是这样的。你要谈艺术起源,那么你不能把今天我们对艺术的感觉附会到原始人的艺术起源上去。早期的艺术起源是不考虑这种快感的,很多原始的洞穴壁画,我们可以看到,有些画得很好但是被废弃了,为什么都废弃了?有的人解释,因为它没有效果。就是说壁画画在那里,它是有作用的,你要按照那个画去演习,然后你出去打猎的时候你就能够获得成功。如果好多次都没有获得成功，那个壁画就会被废掉，虽然画得很好。他们不是从引起愉快这个角度来看待壁画的，而是根据它的实际效果。那么这个实际效果有哪些呢？比如说增进艺术技巧，也就是提高技术。在技术上面可以通过练习达到精益求精，艺术的作用就在这里。我们在进行艺术创造的时候，实际上是在使自己的技术更加成熟。再就是两性交际，性本能，性吸引，这个也产生了艺术。在这方面有一派美学家特别重视。就是说艺术的起源应该涉及两性之间的互相吸引，在很多动物身上，特别是鸟类身上，我们都发现，鸟类的羽毛如此的绚丽多彩就是为了吸引异性。那么人最早装饰自己的身体，涂抹自己的身体，也是为了吸引异性。装饰艺术最早就是为了吸引异性。再就是种族的改良，孔武有力的体魄有利于种族的改良，于是我们要装饰我们自己，把自己装饰得更加吓人一点。原始人把自己装饰得更加强壮一点，更加可怕一点，也是为了种族的改良。还有在战争中鼓舞士气，恐吓敌人。原始人打仗的时候为什么要把脸化装成那个样子？为什么要全身装饰起来？有些装饰并没有什么实际用途，但是它有一个用处，它能恐吓敌人。你看起来没有用处，好像纯粹是为了美、为了装饰，但是它还是有用处的。划船的时候我们唱着划船的歌，为了整齐一致地协调我们的动作，协调动作本身是一种技巧，是一种技术。所有的这些早期的艺术，都是立足于人们的生存需要，特别是求食的方法。人们曾经在饿肚子，那么想个什么办法呢？求食，打猎，得到食物，这是最根本的。

　　进一步说，除了低层次的物质上的需要以外，还有比较高层次的功利目的，这个格罗塞也看到了。他并不完全是一讲功利就局限于那种物质需要，他也看到了精神上的需要。其中最重要的精神上的需要就是加强社会的团结，这个是非常重要的。就是说，艺术在早期人类那里，它除了有技术上面的这种促进作用以外，它还能够加强社会的团结，比如说大家在一起庆祝节日，或者出征之前，大家同仇敌忾，把所有人的情绪调动起来拧成一股绳。我们去干一件事情，或者去复仇，或者是攻击，统一情绪都是非常有必要的。所以艺术最早的作用是团结社会，这样就能够提高人的精神。对于个人来说他是怕死的，但是有了这种群体的氛围、这种精神以后，人就可以做到不怕死，可以献身于整个群体的更高目标。这样一种价值也是一种功利。一个社会总要团结起来，靠什么团结起来？靠艺术，靠舞蹈，靠音乐，等等。这是格罗塞的功利论，在他这里还没有像后来那样片面化为仅仅是物质的功利论。很多人一谈到功利论，好像就是仅仅强调物质的功利，但是格罗塞他还没有这种偏见，就是精神的东西也有它的功利，精神的功利、社会性的功利。

再一个是劳动说。这是普列汉诺夫（Плеханов，1856—1918）提出来的。普列汉诺夫也是俄国的一个马克思主义哲学家，他从马克思的历史唯物主义出发，把功利主义的艺术起源论更加理论化了。在格罗塞那里功利论是非常实证的，但是在普列汉诺夫这里，他通过马克思的历史唯物主义把它提升到了一个更高的阶段，更加具有理论性。当然普列汉诺夫也做了大量的实证研究——通过第二手资料，他没有直接地去调查，但是他引证了很多实证的依据。他认为，早期的艺术和功利紧密联系在一起，这说明了一个问题，说明艺术起源于生产劳动。他提出了劳动说：艺术起源于劳动。这个劳动不仅仅是你求食的方式，而是改造世界的方式。动物也求食，动物也有功利；但是劳动不仅仅是求食，它体现为生产力。这个他有大量的证据，就是原始艺术，他们的艺术题材，总是和他们的生产活动、生产对象紧密结合在一起的。比如说原始人的壁画，狩猎民族他们的壁画都是描绘了他们所要猎取的动物形象，虽然他们居住在遍地花草的世界里面，但是他们的壁画几乎从来没有出现过花草。那么美丽的花朵他们都不关心，因为花朵不能填饱肚子，只有鹿、山羊、鱼才能够饱肚子，所以他们经常画这些东西，但是不画花草，农业民族才画花草。这就说明早期的艺术跟他们的生产发展水平、跟他们的生产对象和生产活动是紧密联系在一起的。原始艺术形式体现在他们生产劳动的技术因素中，例如划船歌可以使动作一致，可以把船划得更快，这是一种技术上的解释。所以他认为，使用价值要先于审美价值，审美价值是从使用价值里面产生出来的，劳动先于游戏和艺术，游戏和艺术都是后来的，都不是真正的起源，真正的起源是劳动。但是生产劳动和社会经济对艺术这种决定作用在普列汉诺夫看来并不是直接的，而是通过一个中介，就是社会心理。所以普列汉诺夫主张建立一种社会心理学，就是把原始人那种劳动中的心理活动加以规范、加以研究。比如说原始狩猎民族，他们的战争舞表达了他们的思想感情和理想，战争舞当然是一种艺术品，原始的艺术品。那么这种感情和理想在他们特有的生活方式中，是作为一种社会心理形成和发展起来的，这个要研究。你不能说他们每一次舞蹈都是为了打到猎物，也不完全是这样，他们也有精神的方面，有他们表达情感、宣泄情感这方面。但是这些情感和这些理想，这些精神生活，本身是在他们的劳动生活里面生长出来的，最后要归结为间接地对劳动生产有用，在想象中有用，它不是直接有用的。例如在墙上画一匹野象，然后大家都把标枪投过去，投过去能有什么好处？能够打到野象么？我们讲画饼不能充饥，他画一个象在上面能够充饥么？当然不行。他们是表达一种情感，凝聚一种情感；但是这种情感你能说它是没有用的么？它又有用，虽然暂时它只是在想象中有用。所以你不能直接把它对应于这个功利。劳动本身里面包含着劳动的想象力，想象力是很重要的，如果没有想象力的话，那也就没有劳动，人类根本就不能发展起来，发展起来也会灭亡。那么到了现代社会，文明社会，艺术、风格、流派的变迁，更加不能由经济活动来直接加以解释了。这是劳动说。劳动说也是很有影响的，特别是对马克思主义的美学，对实践论的美学，我们都要从普列汉诺夫那里吸取很多的说法，当然他的说法有些也不是很完善，也是比较粗糙的。

那么最后是巫术论。巫术论对于以往的游戏说、功利论、劳动说这些观点都不同意。他们主张凡是艺术和审美，你就要从人类精神活动最早的表现形式去追求它的起源。他们强调精神活动，巫术是人们早期的一种精神现象，它没有什么功利的目的，它也不是游戏，它是很严肃，很庄严的；它也不是劳动，它就是巫术活动，那么从这种活动里面我们可以找到艺术的起源，审美的起源。它的理论上的奠基人是英国的人类学家泰勒（Tylor，1832—1917）和弗雷泽（Frazer，1854—1941），他们的学说被称为"泰勒-弗雷泽"理论。特别是弗雷泽在他的人类学巨著《金枝》里面引用了大量原始民族的考古资料，他证明原始人类在巫术活动里就企图以想象力去控制自然界，有想象的神话、巫术、禁忌，我们今天称为迷信的东西，他们试图以这种方式来控制自然力。当然这跟利害是相关的，跟功利论是有一致的地方，但是巫术论更加看重的是想象的功利以及它的主观的情感、迷信的内容，这些情感和内容看起来是超功利的，甚至于反功利和非功利的。我们经常说迷信害死人，迷信在功利上面几乎没有什么用，你得了病你要看医生，你去求神拜佛那就把病情耽误了。但是那些迷信的人，他不信科学，不信医学，他就信迷信。即便是失败了，人病重了甚至病死了，他用别的理由来解释，说那是他的命啊！所以他倒并不一定是功利的，或者说主观上尽管是功利的，客观上却不是功利的。那么弗雷泽指出来，巫术的想象它有两条基本的原则，一个是同类相生，一个是物质之间的相互作用。所以他提出来有两种巫术，一种是模仿巫术，一种是交感巫术。模仿巫术就是说，你模仿一个东西那么你就可以得到那个东西，我在墙上画一头野牛，那么我们今天就可以打到一头野牛，如果你没打到，那就是你画得不好，画得不像，你画得越像就越能够得到，这是模仿。交感巫术，也跟这个模仿有点关系，我模仿野牛叫，模仿野牛的某个部位，某种形态，那么就可以把野牛引过来，等等，通过这样一种巫术把它付诸行动，产生一种功利的效果。但是巫术本身它是精神活动，它不是一种物质活动。这是巫术论，它的影响也很大，今天人们一谈到艺术起源，往往援引巫术论，振振有词，其他的东西反而好像不如巫术论这样能够解释一些问题。这里头有原因，就是巫术论倒是直接从精神的因素来解释艺术和审美这样一种精神活动的起源,所以它更直接。你要从实践、功利甚至游戏这些方面解释,都多少带有一种间接性。但是因此也带来了巫术论的一种表面性,它是就精神来解释精神,而没有看到巫术这样一种精神活动它背后仍然有它的物质生产活动的根基,所以它是就事论事的。巫术论有大量的实证材料,那确实很多,但是它就事论事,它凭借那些表面现象说话,它没有深入背后的原因、背后的根据。这是现代四大派的艺术起源论。

2. 艺术与社会生活的关系

下面我们来看艺术与社会生活的关系。艺术与社会生活的关系最早是车尔尼雪夫斯基提出来的,他比较强调这一方面。他认为这是美学的核心,就是探讨艺术和现实的关系。但是车尔尼雪夫斯基并没有建立一种艺术社会学,艺术在他那里只是模仿和再现,而且是很不重要的。他说你在墙上挂一幅大海的油画,不如自己到海边去走一走,大海的油画之所以还有价值,是因为他现在离海边太远了,没时间去,所以他挂在房里面,做一个代用品。即算没有艺术,生活本身丝毫也不会失去什么。这是车尔尼雪夫斯基对艺术的一种贬斥,认为艺术没有什么作用。但是现代西方的美学家对于艺术与社会生活的关系做出了一些新的解释,建立起了一种艺术社会学。

艺术社会学也可以理解为社会学的美学,它的先驱者是法国人丹纳(Taine,1828—1893),也有的翻译成泰纳。他提出美学应该采用自然科学的实证的方法,就是从种族、环境和时代三种力量的作用里面去揭示艺术发展变化的原因,考察艺术和现实生活是如何发生关系的。现实生活里面有三种因素,一个是种族,就是你生活在一个什么样的种族社会里面。中国人生活在中国人的社会里面,法国人生活在法国人的社会里面,那么这种种族给中国人或者法国人带来了他们的传统,带来了他们的文化环境。另一个是环境,环境可以包括自然环境和社会环境。再一个是时代,你生活在什么时代,随着时代的不同,环境也会有改变。所以这三种力量都可以用来揭示艺术跟现实社会的关系，它是怎么样发展和变化的。这就是他所提出的三因素论——种族、环境和时代。种族是艺术家先天遗传的民族气质，环境主要是地理气候环境，时代是艺术家的历史背景，借此可以解释一切艺术现象。他把这样一种美学称为"实用的植物学"。植物学它要考虑的一个是种子，一个是环境、土壤，再一个是生长的时代、季节，美学也是这样。

那么在艺术社会学方面，前面讲的普列汉诺夫提出了一种还原论。所谓还原论就是说，你光是提出一些因素来，这个不说明问题，对于任何事物的解释你都可以从实证的角度提出种种因素，这些因素你永远也举不完，你可以概括，概括出来的因素也只是一种外在的解释；但如果你要把握事物的本质，你就必须要还原，就是说在所有这些因素里面有一种因素是最最根本的。普列汉诺夫当然是从马克思的历史唯物主义出发，认为生产劳动是最根本的。社会的还原论就是要把它还原为生产劳动以及由此建立的社会制度，把艺术的语言翻译成社会学的语言，从艺术的现象底下找到它相应的社会等价物。这种观点我们不陌生，后来苏联也继承了这样一种思路。就是说把文艺的风格等同于或归结到阶级斗争和政治斗争的风格，最后取决于经济和生产方式、阶级地位这些东西。

而有的人对还原论并不满意，像法国的社会学家拉罗（Lalo, 1877—1953），他提出来有机论，也就是有机整体论。就是说你把种种对艺术起作用的因素它归结为、还原为某一个因素，这终归是片面的。艺术应该是一个有机的系统，所有起作用的因素都处于这个有机的系统中，这个有机的系统有它固定的结构。因此你必须按照它的结构的层次、次序，依次去探讨它的特点，描述这些因素的有机关系。比如说美学家应该依次去探讨艺术中数学的、生理学的、心理学的和社会学的因素，社会学里面包括经济、政治、宗教、家庭，所有这些因素你都要去探讨，最后才去探讨艺术本身。而艺术本身，撇开所有这些因素，它只是一种形式技巧。你要说到底艺术是什么？它就是一种技巧、一种形式、一种技术。所有这些因素它们构成了艺术的价值内容和形式技巧，它们相互之间要作为一个系统看待。那么另外一个美学家——匈牙利的A. 豪赛（A. Hauser, 1892—1978），他也提出决定文艺的因素有三种，一种是社会决定性，一种是文艺内部的决定性，一种是心理学的决定性。社会决定性就是社会内容、社会生存、社会生活、现实生活。文艺内部的决定性就是文艺的形式。那么心理学的决定性就是作者和读者他们的心理，他们在创作和欣赏的时候的心理。所有这些因素不能够还原，也不能够归结为某一个因素，它们是一个有机的系统。我们美学家就要研究各种因素之间相互作用的机制，或者说一种体制，它们是怎么相互作用的，你把这样的一个作用的关系说明了就够了，不要去还原。我们一讲到还原的时候往往面临一个尴尬——最终决定作用。最终决定作用是什么呢？按照一般模式的马克思主义解释，就是经济基础决定上层建筑。那么经济基础又是由什么决定的呢？经济基础又是被上层建筑决定的，上层建筑反过来决定经济基础。什么叫反过来？正过来反过来，它们在一个相互作用的过程中构成了一个有机的系统，你把这个系统描述清楚就够了，不要正过来反过来。正也是反，反也是正。所以有些美学家不同意把什么东西归到一个最终的决定作用中，认为那种方式已经过时了。

还有一种就是社会实验论，像实验社会学的美学，德国的齐尔贝尔曼（Silbermann, 1909—?）认为，文艺社会学主要的任务就是研究文艺的存在，文艺和观众的相互作用，观众的特点，也就是只研究文艺的功能和效果，只看文艺在实验中，在实践中，在实际生活中，它所造成的效果。所以我们所考察的是社会的因素，而不是社会因素，社会因素和社会的因素是不一样的。社会因素就是这个因素是社会性的；而社会的因素是我们不管这个因素是不是社会性的，反正它是社会造成的，不管它是不是具有社会性。齐尔贝尔曼提出这样一个美学，这样一个美学只求后果，只求轰动效应。我们不要探讨美的本质，或者说艺术的本质，我们只要考察这样一个艺术它的票房价值。我们不要考察它美不美，纯不纯正，这些作品有没有艺术性，艺术水平高不高，这些问题都不要考虑。我们只要考虑它能不能卖座，只考虑经济效益，比如它的这个电影票房如何。它是电影发行公司、出版商、电影院用来统计行情和上座率的实用手册。这是一个方面，实践社会学的方面。另外一个方面倾向于一种社会改造的理论。所谓社会实验论有两个方面，一个就是说你到社会中去试一试，你说你的作品好，你的艺术性高，那么你去试一试，看看效果怎么样，如果票房高，那你就成功了，至于它美不美我不管，这就是实验的态度。另外一种实验态度就是改造社会和反叛社会，就是在实践中，我的理想我明知道它实现不了，但是我要按照我的理想去做一回，去实验一回。这是由法兰克福学派的一些美学家所代表的，像霍克海默（Horkheimer，1895—1973）、阿多诺（Adorno，1903—1969）、马尔库塞（Marcuse，1898—1979）这些人都是大名鼎鼎的哲学家，当然他们在美学方面也非常有名，像本雅明（Benjamin，1892—1940）这些人，都是非常有名的。他们从艺术社会学的角度出发，打出了乌托邦的旗号。他们把艺术当作一种理想，当作一种乌托邦，把审美也当作一种乌托邦。所谓乌托邦就是他们并不指望把他们的理想实现出来，他们只要去做一回。有点像行为艺术，他们要按照这样去做一做，成功不成功他们不在乎，他们要实验一下。所以他们是以乌托邦为旗号与当时60年代、70年代的资本主义社会作对。这些人都是马克思主义者，都是从马克思出发的，法兰克福学派、社会批判理论，他们都是批判资本主义的。但是他们批判资本主义跟马克思的目的不一样。马克思是要改造这个社会，他们也要改造社会，但是他们改造社会不着眼于效果，他们只着眼于动机和过程。效果也许没有，但是他们打着改造社会或者反抗社会这样一种逆反心理的旗号——我要给这个社会捣乱，我要把它打得落花流水，最后结果怎么样我不管，那是政府的事不是我的事。所以他们这些人在学生群里非常有影响，特别是在1968年5月，在法国巴黎发生的学生大规模骚乱,他们占领校园、损坏公物、在大街上面性交、游行,为所欲为。他们对资本主义社会是一种反抗,就是资本主义社会已经把机械复制变成了一种普遍的法则,任何有创造性的作品一出来就被复制了。那么怎么样才能够打破这种复制、打破这种机械性?那就要做出一些匪夷所思的行动,让你来不及复制,着重来表现人的自由的创造性。在一个没有希望的时代,没有自由的时代,仍然通过艺术的精神,通过一种具有创造性的突发奇想的精神,能够活出个人样来,把社会制度当游戏来加以反抗。所以尽管他们不是为了最终改造社会,但是他们是为了展示人性,当然这就与存在主义美学相通了。法兰克福学派有很多跟存在主义美学相通,也跟我们后面要讲的表现美学相通。我们后面要讲的表现美学,它就已经不在乎社会科学、形式科学,它只在乎我怎么把要说的东西、理想的东西表现出来,用这个方式来解释艺术和审美的本质。这就是另外一条思路了,跟前面讲的这种科学、科学美学,不管是社会科学还是自然科学的思路是完全不同的。科学美学必将落入形式主义美学,我们前面讲的都是形式主义,是因为科学的本质它是反映论的,而美和艺术在反映论的情况下,它必然有对客观真理的一种反映和模仿的作用,它不可能改变客观真理,所以它只能够在反映客观真理的形式上面做文章。既然内容方面它不能改变客观真理,它就只能在形式上变花样,那么这样一种反映论的艺术肯定是形式主义的了,这就是科学美学它们的共同弊病。那么我们下次要讲的是表现论美学,那完全是另外一种美学学派。

第三节　现代表现美学

第二节我们讲的现代的科学美学。科学美学的范围很广,自然科学的形式主义,社会科学的形式主义,美感经验论和艺术社会学,都在科学美学这个标准下面贯通了起来。它们的一个共同特点就是试图把美学变成一种科学，不管是什么样的科学。那么这种科学美学有它固有的轨道，我们前面提到了，就是你既然想把一种美学变成科学，那么它肯定是形式主义，因为科学的对象它是不变的，我们的主观要符合于客观，才能成为科学。既然客观对象不变，那么关键就是我们采取什么形式来符合客观，它可以有不同的形式，这个形式可以是逻辑的，可以是科学的，也可以是形象的、艺术的，后者才是美学的对象。所以科学的美学它必然走向一种形式主义，在我们反映真理的形式上面做文章，在内容方面它没什么可主张的，或者说它的主张超出了它的范围。所以这样一种科学的美学，它实际上还是古代的模仿论美学和客观论美学的一个现代的改进，与古代模仿论、客观论是一脉相承的。这是西方美学主流的传统，西方古典主义美学就是这样一个传统。模仿论是客观的美学，到现代是科学美学。但是除了这个传统以外，还有另外一个传统。这个传统在西方和前一个传统相比就没有那么主流，一般说它是比较边缘的，那就是表现论美学。表现论美学体现为天才论、灵感论、崇高、个性、浪漫主义等等这样一些审美现象。科学美学它是比较注重形式的，而表现论美学主要注重内容，它克服形式主义。那么这种美学它也有两个主要流派。一个是非理性的表现主义，还有一个是理性主义的表现主义。

一、非理性主义的表现主义

非理性的表现主义，我们前面已经介绍过，它基本上是从康德来的，源自康德的不可知论以及康德的人本主义。不可知，就是你不能用理性去认识它，那么它就是非理性的。它强调个人的主观能动性，强调个体的自由，强调精神的超越性。非理性主义的表现主义，它的特点就是比较强调自由意识，强调超越。那么他们总是从内容出发，跟形式主义相反，当然由内容出发它也有自己的形式，要寻求它自己的形式以及内容和形式的关系。因为美学这门学问，内容和形式一个都少不了，但问题是它从哪里出发。表现主义美学它从内容出发，它不是关注形式，而是要寻求纯粹的内容，最开始它是这样的。表现主义，它要抓住所表现的本体，纯内容，至于是什么形式先不管。那么这样一种不考虑形式的纯内容是什么呢？那就是意志。对艺术审美来说，纯粹的内容就是你的意志，那种任意性。这就是意志的表现。

1. 意志的表现主义

我们先看意志的表现主义，这是最极端的一种表现主义，它的奠基人是德国哲学家叔本华（Schopenhauer, 1788—1860）。叔本华在哲学上是唯意志论者，那么在美学上他也是意志的表现主义的鼻祖。他的唯意志论认为，整个世界无非是意志和意志的表现，即意志和表象，当然它也表现在人生上，人生就是这样。人生就是人的意志造成的，那么他把这样一种人生结构再扩展到整个世界。就是说，不光人生是由人的意志所支配的，而且整个世界都是受世界的意志支配的，那么大千世界形形色色的现象就是由世界意志的表现所体现出来的。这种表现又叫作表象，意志的表象。表象也是表现，就是有一种意志，你把它形成一种形象放在那里，表现在那里，这就是表象。世界的本体是意志，大千世界万事万物的现象就是意志的表象。所以人生的本质就是意志，人生的悲欢离合、人生的经验都是人生意志的一种表现。那么在人生中，有意志便有痛苦，这是叔本华的一个基本观点。意志带来痛苦，意志总要追求某些东西，但是追求总是有限度的，总是不能够实现的。我们通常讲欲壑难填，你的意志总是不能得到满足，那么就总是痛苦。欢乐是暂时的，你满足了一个意志，你又有更大的意志，所以意志本质上是带有痛苦的。有时候好像满足了意志，带来了欢乐，那只是瞬间的过眼烟云。而从根本来说，整个人生都是苦难。世界的意志它表现在大千世界，它是采取一种客观化的方式表现出来的，我们观看大千世界的时候，我们不觉得这个世界有意志。我们看大地河流，谁会想到它里面有意志呢？

它也没有想到，不会想到。正是因为它已经采取了一种客观化的表现方式，或者说以表象的形式体现出来。表现出来的形象在我们看来就成了一种没有意志的表象，可以让我们忘记自己的意志，从而导致一种摆脱痛苦的轻松感，也就是美感。那么这样一种体现出来的表象、客观化的形象，在人们眼中就形成不同等级的一个美的系统，包括我们看到的大地山河，动物植物，一直到人，整个生态自然，大自然。

所以整个自然生态，在叔本华看来都是一个美的世界，但这个美又有不同的等级。最低级的就是无机物，无机界。在矿物中我们看到水晶石，看到钻石，看到宝石，我们觉得那么样的光彩夺目，那样的美；我们看到的日出，我们看到大自然的瀑布，这些都是属于无机界的美，我们对它们加以欣赏。更高一级的就是植物，花、草，树木郁郁葱葱，如果没有花草树木，这个世界上将会失去很多色彩。我们今天的生态危机就在于物种的减少，变得日益单一，给我们人类带来一种危机感。那么叔本华认为大自然中植物界给人带来美感，动物界也是这样。在植物界里面生存着更高级的生命就是动物，动物也有它的美。至于人是万物的灵长，最高级的美是在人身上体现出来的——人体，人的形象。在每一个等级上面，美实际上就是柏拉图所讲的理念。我们前面讲到了柏拉图的理念世界，它是一个等级系统，在系统中每一个阶段上的理念都起着一种统一的作用。理念是一种统一性，它是普遍概念。感性的东西都是形形色色的，但是理念是一。所以，叔本华为什么把这种理念，把每一个种类、每一个等级都称为美？就是因为它体现了一，体现了统一性。所以他在这方面，他还带有古典主义的审美标准，就是统一性、和谐、不矛盾，这些东西就体现出美。与古典主义不同的是，他的这个理念，他的这个和谐，是由意志所表现出来的，它是意志的表象。它不是大自然本身所固有的东西，不是客观美学，它还是主观美学。由大自然的意志体现出的各种层次的这种理念，对人来说就意味着美。那么当人在欣赏大自然这些美的时候，他要撇开自己的意志，完全沉浸于表象之中。

我们刚才讲了,我们在欣赏自然美的时候,我们没有想到这里头有意志。自然界万物,我们通常认为它们是不带意志的,而人是带意志的。自然界的意志所呈现出来的这种客观的美,促使我们人类把自己的意志抛开。因为它是一种客观的形式,因此我们在欣赏美的时候,我们把自己的意志放在一边,带着一种无意志、无欲望的眼光去静观大自然的美,进行一种纯粹客观的观照。这个时候人就摆脱了生之痛苦,而得到了审美的愉悦。这是叔本华最基本的一个美学构想。当我们审美的时候,我们把自己的欲望撇开来,当然这里面有康德的"无利害的愉快"的影子,审美鉴赏的第一个契机就讲审美是一种无利害的愉快,叔本华是从康德那里继承来的。

所以,叔本华给美下了一个定义"美是意志的客观化的表现"。什么是美?美就是意志的客观化的表现,意志表现为一种客观的表象,那就是美,但是意志本身它是主观的。它有主体性,但它采取一种客观化的方式表现出来,就把它的主体性遮蔽了,好像它是客观的。那么我们在欣赏客观自然界的美的时候,我们也就把自己的意志撇开了,因此就得到一种拯救。我们在艺术欣赏的时候,就达到了一种忘情,忘记了自己,忘记了自己各自生活的痛苦,如生离死别,全都把它置之脑后,沉醉于对象世界的这种美之中。这个时候我们的灵魂的痛苦得到一种拯救。美是意志的客观化表现,所以艺术也是意志的表现,但艺术是主动的创造,而美是被动的欣赏。艺术是人类主动的一种意志表现,艺术家要创造当然要有意志;但是叔本华说,这样一种意志跟所有其他的意志活动不一样的地方,就在于它是一种"摆脱意志的意志"。它要把自己的意志客观化地表现出来、创造出来,在这个客观的对象方面加以静观。所以审美就是摆脱自己的意志冲动,摆脱自己的欲望、欲求,无利害地进行一种欣赏,进行一种创造,最后达到一种物我两忘、天人合一、主客不分的状态。我们知道在欣赏艺术品、陶醉其中的时候,你是处在这样一种状态,物我两忘——你根本就忘记自己要什么了,以至于生活的悲欢离合你都忘掉了，你沉醉于艺术之中。所以艺术是把人从世俗的苦难中拯救出来的一种手段。你如果在生活中遇到痛苦，那么你就去欣赏艺术，你就去创造艺术，你就埋头于艺术。很多艺术家都是这样的，由于他们的身世非常不幸，所以他只有埋头于艺术才能拯救自己的灵魂。但叔本华又认为，任何拯救都是临时的，因为你不可能整天沉醉在艺术之中、欣赏之中，你总要回到现实生活中来。比如说你要赚取你的面包，你要生存，那你就必须要满足自己的意志。如果你的意志都得不到满足，你就活不下去了。所以一旦回到现实中来，意志又重新出现了，你的欣赏、审美、艺术创造毕竟是暂时的。那么如何能最终摆脱人的意志呢？只有死亡，死了就一了百了了，什么都没有了。所以最后只有死亡才能够摆脱痛苦，而人生就是苦难，在这方面他有点儿受佛教和印度哲学的影响。佛教中讲人生既然是苦，苦集灭道——佛教四谛，第一就是苦，生老病死，人是充满痛苦的，那么只有死了以后才能够跳出苦海，才能够得到解脱。但是叔本华的意志论美学里面还有一点认识论的色彩，比如刚才讲到，他借用柏拉图的理念静观。他的美学是静观的，而静观也是一种认识，所以虽然是主客已经不分了，但是他还是在认识，认识客观的表象。但是他不是通过感性认识，也不是通过理性认识，他是通过一种内心的体验、内心的直观、内心的静观。所以他的美仍然是客观的，这个是受传统古典客观美学的影响，就是在他那里，美虽然是主观创造出来的，但是它还是表现为客观的。但这个客观它不是神的客观，不是物质世界的客观，也不是自然界的客观，而是主观意志的客观表象，它的根本是主观的。所以叔本华可以说是现当代美学重表现、重体验这样一个大趋势的先行者。这是叔本华，他是强调生命意志的。

我们再看尼采（Nietzsche, 1884—1900）。尼采是讲权力意志的，跟叔本华的生命意志有相同之处，但也有些不一样。叔本华是悲观主义的，他的人生观是极端的悲观主义。他甚至认为我们的大千世界包括所有的银河系、恒星在内都是虚无的，所以他也是虚无主义的。尼采继承了叔本华这样的一个思路，但是做了很大的改进。尼采是标榜英雄主义的，世界虽然没有希望，人生虽然是苦，但是并不见得就那么悲观，他鼓吹一种英雄主义的享乐、一种乐观主义。尼采有一本书叫《快乐的哲学》，他认为自己的哲学是快乐主义的，是给人带来幸福的哲学。那么这种哲学是什么呢？是一种斗争哲学，是一种能动的哲学，它超越了叔本华那种认识中的静观，它完全是实践的，强调实践、行动。他认为艺术是表现意志的，是意志的产物，有意志才会有艺术。但是这种艺术不像叔本华说的，是为了放弃自己的意志。在叔本华那里意志创造艺术品，最后在艺术品上面他能够达到放弃自己的意志，沉醉于审美欣赏之中的状态。但是尼采是反其道而行之，他认为艺术表现意志不是为了放弃自己的意志，而恰好是为了要肯定和扩张自己的意志。艺术家创造艺术品就是要肯定自己，要强化自己的意志，使自己变成支配世界的力量，使自己上升为超人。所谓超人就是不被痛苦压倒，不被同情和怜悯所打动的、具有坚强意志和权力欲望的人。这种超人他所具有的那种意志就是权力意志，是超越一切意志的意志，权力意志压倒一切，压倒一切痛苦，压倒一切悲观。他反对以往的，特别是基督教的教化，把人变成了末人。超人与末人，这是他的一对概念。末人就是那种奴才，甘愿做奴隶的人；超人就是新的人，现代应该提倡的是超人。那么尼采的这些超人理论建立在他对文化史的分析上，特别是对古希腊的文化、古希腊艺术精神，他都做了独到的分析。这些分析是非常深刻的。

　　我们前面多次引用了尼采的这种分析，比如说把古希腊的艺术精神分成两个层次，一个是酒神精神，一个是日神精神。酒神精神就是狄奥尼索斯精神，狄奥尼索斯代表酒神，代表一种无拘无束的、自由奔放的原始本能，一种没有束缚、为所欲为的冲动。那么日神是阿波罗精神，阿波罗是日神，他代表着一种规范，代表古典主义的理性，代表一定的比例、和谐、对称，阿波罗精神在这方面做工作。而狄奥尼索斯精神是在背后起一种鼓动和冲击的作用，这两者相辅相成。古希腊的艺术精神就是由这两者构成的，缺了一方都不行。缺了狄奥尼索斯精神，古希腊精神的艺术体系就不会有生命，就不会那么层出不穷，五花八门，各具个性；但是如果缺了日神精神，缺了阿波罗精神，古希腊的作品也不会那么美，它就会杂乱无章，就像原始人的胡闹，就像原始巫术那样粗俗野蛮，虽然有自由、任意在里面鼓动，但是没有章法，成不了型。阿波罗精神就是使这样一种原始生命力的鼓动能够成型，古典主义比较注重形式，形式才能够使艺术品光彩照人。如果你没有规范，你的作品永远是半成品，永远是模模糊糊的，那就是史前时代的象征型艺术，不能用它的美来打动人，只能给人一种神秘感。这是他的一种分析，这种分析实际上是非常准确的。

那么在西方美学史上，尼采认为有一个共同的主流传统，就是说几乎所有对美的理解基本上都是建立在日神艺术精神之上的，而忽视了酒神精神。他的这个主张，就是认为艺术的生命根本源于酒神精神，现在应该把酒神精神光大和发扬起来。但是酒神精神发扬起来，它就有可能突破日神的那一种平衡，那种和谐，那种美。日神的艺术代表性的特点是表现美，而酒神精神代表性的特点不是表现美，而是表现悲壮、崇高，也就是个性，它体现为力和运动。尼采是推举强者的力的美，要做强者。艺术家要体现强有力的运动，不管是破坏还是创造，要破坏就要大毁灭，要创造就要举世无双。这是尼采对于当代艺术的一种期许。但是日神艺术也不能完全抛弃。尼采认为日神艺术应该是酒神艺术的补充，毕竟最后成型还要靠日神艺术，不管你是个性也好，力也好，最后还是要有日神艺术在里面起作用，但是它不能起主要作用，它应该起一种辅助作用。尼采的这种艺术精神，在今天不论对西方人也好，对中国人也好，影响都非常之大。在当今中国，特别是知识界，强调他所鼓吹的酒神精神，崇拜尼采酒神精神的很多。但是我们要知道，酒神精神实际上是尼采提出的解除现代社会的毒素的一种办法，但是这个办法本身是有毒的，它可以说是以毒攻毒。有人说尼采本身就是虚无主义，但是他的这个虚无主义和叔本华的虚无主义还不一样。叔本华的虚无主义是没有希望的，是悲观主义的；而尼采的虚无主义是更高层次的虚无主义，也可以说它是克服虚无主义的一种虚无主义，它用虚无主义来克服虚无主义。就是说虽然整个世界没有意义，但是我们人可以创造自己的意义，世界的意义就在于我们自己。我们想做超人，那世界对我们来说就有了意义，如果你还是停留在末人，那世界当然就没有意义了。所以尼采的这样一种超人的精神，实际上是一剂毒素，它导致现代社会中人的个性的恶性膨胀。尼采的贵族精神把一切人都踩在脚下。强调个人的完全独立，不受约束，强调掌握权力，强力意志，用强力来克服人家的强力，看哪个搞得赢，看哪个占上风，看哪个是胜利者。这样一种英雄主义实际上是一种毒素，所以在吸收这种毒素的时候，我们还是要注意的。

叔本华和尼采他们有一个共同点，就是对音乐艺术极端地推崇。音乐在西方艺术史上历来就不是占据主导地位的，我们知道西方从古希腊开始，他们最占统治地位的，一个是诗，几乎所有的美学家都认为诗是最高的艺术，当然这个诗是广义的，包括史诗、抒情诗，还有诗剧。戏剧是用诗来告白，唱出来、说出来的，所以也包括在诗里面。诗是最高的语言艺术，语言艺术则是最高的艺术。诗学有时还可以指一切艺术。那么其次就是建筑艺术，很多人都认为建筑艺术比音乐、比时间艺术要高。建筑、雕刻、绘画，造型艺术都比音乐要高。造型艺术是空间艺术，空间艺术要比时间艺术高，历来都是这样认为的。推崇时间艺术的美学家很少见。那么到了现代，叔本华和尼采都推崇时间艺术，认为音乐最高。音乐它能够贯穿各门艺术，是贯通各门艺术的艺术。音乐不是流动的建筑，也不是像毕达哥拉斯所说的数的和谐，更不是对自然的模仿，而是世界的本体。音乐是生命意志的一种迸发、一种爆发。在尼采看来音乐是最具有酒神精神的。为什么他们都推崇音乐？就是因为音乐作为时间来说它是最具有内在性的,它不是说摆在外面,放在那里的一个作品,让大家来观赏,而是自己根据自己的内在生命意志激情奔放地演奏出来的,所以它直接表达了内在的生命意志,这是他们的一个共同点。

再一个就是爱的意志。爱德华·冯·哈特曼(Eduard von Hartmann,1842—1906)和叔本华、尼采也差不多是同时代的,他也是叔本华的信徒,但是他跟尼采又不同,他更接近于德国哲学的理性主义传统。这几个都是德国人。哈特曼虽然归根结底是属于非理性主义的表现主义,但是他也是带有一点理性主义传统的,他吸收了一些黑格尔的东西,但他又不是黑格尔式的理性主义者。他对于美下了这样一个定义,他说美就是"对自己在理念中的基础和目的有所领悟的爱的生活"。黑格尔对美的定义是"美是理念的感性显现",哈特曼也承认美跟理念是有关的,但是它是对于"在理念中的基础和目的有所领悟的一种爱的生活"。这里的爱你就不能完全用理念加以规范了。爱是生命,生活也是生命,生命也不能用理念来加以规范。所以爱本身不是理念,也不是理性,它领悟到了理念或理性中的基础和目的,它本身是意志。要讲意志的话,最根本的意志就是爱的意志。那么同样他认为,在宇宙的万物中都充斥着爱的生活,都体现出了美,其中形式美是最低级的。所以这点他跟叔本华有点类似,就是把宇宙万物又做了一个美的等级划分。宇宙万物中的美,形式美是最低级的,它通常体现在那些无机物身上。而整个世界,整个宇宙,大自然的构造,都体现出等级结构,从形式到内容,美的等级也不断地提升,构成了一个从低级到高级的美的等级系列。在这个等级系列中,最高的等级就是人的个性,不是人的群体,而是每一个个人。这种个性它是无形式的,它不可理喻。我们讲一个人的个性,怎么解释它?个性就是不可理解的,每个人都有每个人的个性。我们讲这个人为什么这样,是因为他个性如此。你要再问他为什么是这样的个性,就没办法说了,个性不可理喻的,不可理解,它没有形式。个性是无形式的。但是这种个性又不是叔本华的忘我状态，也不是尼采的超人状态，而是通过一种没有道理可讲的爱把自己投射到对象当中，投射到全人类以及整个宇宙，把自己扩展成一个宇宙大我，使自己的爱扩展到宇宙当中去拥抱全人类，由小我变成大我。爱的作用就在此，它可以把小我提升为大我。那么在这里我们也可以看出来，哈特曼还是有传统的因素。就是古代的、古典的形式主义美学里的这个美的概念，在尼采那里已经被否定了，美这个概念已经过时了，被当成是过去的、属于末人的一种欣赏对象；而超人欣赏的则是人的个性。美和个性在尼采那里是对立的。在哈特曼这里，美和个性又被统一起来了，他把美从个性中拯救出来了，这和黑格尔是类似的，也可以他说受到了黑格尔的影响。黑格尔就认为古典主义的、古希腊的美是最具有个性的，美和个性不是势不两立的，在最高层次上恰恰是统一的。那么哈特曼也是这样一个思路，他认为个性之所以被人们看作和美是对立的，是因为这种美还处于较低的层次。美本身它有不同的层次，越是高级的美就越是有个性，比较高级的美在比较低级的美看来是不美的、是丑的，那是因为你执着于比较低级的美那种缺少个性的形式框架。比如说古典主义的形式主义，那是低级的美，所以以低级的美的眼光看起来更高级的美、比较具有个性的美那就是丑，那就是不美，或者那就是怪，那就是荒诞，那就是不可理喻，那是因为你的美的层次太低。你如果上升到高级层次、更高的层次，你就会发现，高层次的那种个性有它更高的美。所以，随着美的等级的提高，形式美的成分就逐渐减少，而个性美逐渐加强。个性的美就标志着美的层次的提高，你把美和个性对立起来是因为你的层次不高，而最高的审美层次就是把美和个性看成是统一的。这是意志主义的美学。

2. 直觉的表现主义

那么第二方面，我们可以看一看直觉的表现主义。除了意志的表现主义以外，还有直觉的表现主义。直觉的表现主义它着重于表现的方式，它不再仅仅执着于表现的内容。我们前面讲到表现美学是重内容的，它是从内容出发的，但是它也要顾及表现的内容本身的形式或者方式。相对而言，意志主义更关注表现的内容，那么直觉主义关注表现的方式，用什么方式来表现内容。这个内容他们跟意志主义没有本质区别，但是他们的着眼点是怎么把它表现出来，就是通过直觉，直觉是内容本身的形式。

这个直觉也有几个层次，一个是对客体的直觉。例如闵斯特堡（Münsterberg，1863—1916），也是个德国人。我们看到这些美学家大部分都是德国人，这个很值得深思。首先是对客体的直觉，这个是比较直接的，你要讲直觉，当然就要面对一个客体，对它进行一种直观。闵斯特堡提出一种孤立说。他认为艺术和审美的根源在于本体，在于世界的本体，这个世界本体在意志主义那里我们把它称作物自体，闵斯特堡也跟这个类似，他们都是沿袭了康德的自在之物。康德的世界的本体就是自在之物，自由意志也是自在之物，自由意志是不可认识的，但是它可以起作用，不知道它怎么起作用，但是它起了作用，这就是人的自由意志。那么闵斯特堡也试图要把握物自体，自在之物。但是他不是采取意志主义的直接假定的办法，而是从外围来把握。如何从外围来把握这个自在之物呢，他认为你必须把你所观赏的对象孤立起来看待。什么叫孤立起来？就是当我们凭借科学、经验和常识一般地看待一个对象的时候，我们是通过关系来把握它的。我们要认识一个对象、把握一个对象，通常要涉及客体之间的关系和主客体的关系。我们要利用一个对象，我们要获得一个对象，也是这样，用一种技术手段或工具来把握它。比如说我们在观看大海的时候，我们通常免不了根据自己个人的职业，根据自己的关注点不同来思考，我们把大海设想为打渔的地方、航行的地方，都跟人的利益挂起钩来。海浪起来了、风暴起来了，我们就得躲避。在科学家眼睛里，海水是由 H_2O 所组成的，里面含有钾和镁，还有各种各样的化学元素，要对它进行分析。所有这些观点都是对大海的一种关系的考察，但是对于大海本身我们往往就忘记了。我们搞了半天，大海在我们心中消失了，我们剩下的关系就是什么打渔、谋生、航海，然后对它进行科学分析，把它跟化学元素表联系起来，两个氢原子和一个氧原子怎么结合成水，又跟钾和钠、钙、镁这些东西怎么样混合，这都是一些关系。这跟大海本身已经没有关系了，我们把大海本身忘掉了。但是如果有一个人把大海孤立起来，把这些关系全部斩断，就直接看着它，就站在海岸边，静静地观察大海，那么这个时候他就把握住了大海的本体。如果你通过化学的方式，通过分析的方式，通过使用的方式，那么你所把握的都是大海的一些表面的关系，而大海的本体你永远抓不住，它就是自在之物。但是那个自在之物唯有在一种情况下才可以抓住它，那就是审美。当你审美地面对大海的时候，你就是把大海本身当成本体，你在审美的时候就感到了大海的美，这就是它的孤立性。就是说，你面对对象的时候，你让当下世界的客体来填满你的心胸，孤立地去看待一个对象，这时候你就感到你心里无限的充实。为什么叫直觉的表现主义？客观的直觉，就是面临客观对象的时候，你首先把握你的第一感受，第一印象，大海给你的第一印象，其他的你都别管。这个时候，这个第一印象对你内心的全部心理直接产生一种震撼，产生一种完满的真实，而其他的这些科学的、实用的分析都把这样一种感觉分解掉了。所以除了审美，没有一种方法能够保持住对象的本质。这样一种孤立对象的能力给人带来一种美感，你感到全身心得到充实，那你就愉快了，而且这种愉快是带有普遍性的。它不仅仅是你一个人站在大海边发现的，你一旦体会到了，所有人都会体会到。因为它面对的不是你私人的偏见，而是客观的物自体本身，每个人面对着的都是同一个物自体，所以它具有一种普遍性，任何人只要这样去面对物自体本身，都会有同样的反应。但是这种满足只是一次性的，虽然它有普遍性，每个人都可以去感受，但这种感受它是封闭的、孤立的。它不能够跟其他的东西联系起来，比如说跟人的实用价值，跟人的科学知识，跟人以往的经验，都不能联系起来，它就是摆在那里，它本身具有永恒的价值。你不要把它跟别的东西相联系。那么这样一来，它就失去了用处。审美没有任何用处，但正因为如此，它成了人生唯一的意义和目的，或者说成了人生的归属。没有任何实用价值和科学价值，而这恰恰就是人生的意义和归属。这是闵斯特堡的"孤立说"。

闵斯特堡对客体的直觉主要是运用于美的欣赏，因为在面对一个对象的时候我们要直接去把握一个事物本身，比如说大海，这是一种欣赏的心理。那么亨利·柏格森（Henri Bergson，1859—1941）对主体的直觉更多地涉及艺术的创造。他认为世界的最高实在或者说世界的本体就是生命的冲动，这个叔本华和尼采也有过类似的说法，叔本华、尼采认为世界的本体是意志，那么柏格森认为世界的本体是生命，他不太讲意志，他比较重视生命。这生命里面包含一种有机体的观点。生命的冲动、生命的本能形成生命体的个性，那么这样一种个性在时间中不断进行自我创造的过程，他称为绵延。绵延就是时间的，而时间就是绵延，这个也是他独特的说法，而且这个说法对后来像海德格尔他们实际上都有启发。这个时间不是物理上的时间，也不是数学上规定好的、均匀的、按照刻度来衡量的时间。时间本质上是生命的绵延、生命的创造，如果没有生命的创造就没有时间。当然整个宇宙都是生命的创造，所以，这个时间也在宇宙之中。那么这个绵延、这个时间的生命创造，它是非理性的，它是人的理性所不能把握的，只有内心的直觉才能够领悟它。而这个直觉、这个生命的绵延把人的这种主动的能力和对抗的能力都置于了睡眠之中，这个是他跟叔本华、尼采不同的地方。尼采是强调意志、权力意志，而柏格森不讲权力意志，权力意志应该休眠、应该睡着，只有内心的直觉才能印证。虽然是一个生命的过程，但是只有内心的直觉才能够把握它，对于内心的生命的这种情感、情绪才能够有所反应。而艺术的目的就在于要通过这种内心的直觉来表达世界的实在，这个实在是什么？就是我们刚才讲的生命的创造、生命的冲动。那么我们要通过艺术来表达世界的这种生命的创造。如何表达呢？你要通过内心的直觉，也就是内心的生命创造。所以我们揭示出了世界的这个实在、这个本体，也就是把我们内心的秘密揭示出来、呈现出来了。艺术突破了理性和道德规范的种种禁锢，在无意识之中凭自己心灵的创造力而创造出直观的形式。那么这个直观的形式和客观世界的机械性是完全对立的，所以柏格森反对机械唯物主义，认为物理学家、自然科学家的这种世界观，把世界看成没有生命的一个机械的构成物，这个是绝对不对的，是很表面的。实际上整个世界、宇宙的骨子里面它是有生命的，他打破唯物主义所主张的那种机械论，否定世界的呆板性、僵化性。所以他反对所有的艺术模仿论，而主张一种表现论。这是对主体的直觉。

那么更高的一种理解就是对客体和主体统一的直觉。这里面有两个代表人物，就是克罗齐（Croce，1866—1952）和科林伍德（Collingwood，1889—1943）。他们都是强调主客观统一的，认为直觉里面本身就包含有主客观统一，主客观都统一于直觉。但是他们又有不同的倾向，克罗齐更强调主观的方面，而科林伍德更强调客观的方面。可以说直觉美学最著名的代表就是意大利的克罗齐，他的表现的内容和表现的方式是统一的，甚至就是一回事，他的著名命题就是"直觉即表现"。按照有些美学家的说法，克罗齐"把一切美学学说全部压缩在一个小坚果的硬壳之中"，压缩为一点，这一点就是直觉。克罗齐特别强调直觉，所以一讲到直觉主义美学我们就想到克罗齐。但是他的直觉包含的含义非常丰富，不是我们通常所理解的静观跟直观，内心的一瞬间一刹那所直接感受到的东西。在他看来直觉本身包含欣赏，而欣赏本身就是创造，这种创造也就是表现，而这种表现也就是艺术。所以直觉就是艺术，就是创造，也就是表现。那么什么是美呢？美就是成功的表现。当你的直觉得到成功的表现，你就感到了心灵的自由，就产生了审美的愉快。所以直觉在克罗齐看来它不是静止的，不是静观的，而是能动的、创造的，是想象力的活动。它是下意识地由情感所激发起来的。

所以他提出了一个观点：在艺术中凡是直觉到的也必定可以表现出来，而凡是没有能表现出来的也就是没有充分直觉到的。这个命题引起了很多的争议。凡是艺术家直觉到的都会表现出来，但是有很多艺术家说，他想是想到了，就是表现不出来，就是表现不好。那么克罗齐就会说，你之所以表现不好，还是因为你没有想透，还是因为你没想到位，你没有把每个细节都想到，所以你表现不了。严格来说，凡是人们能够直觉到的都可以表现出来，因为直觉就是表现，直觉跟表现是一回事，你不能说你直觉到了你表现不出来，那是不成立的，你把它看成两回事了。当然有一些是直觉到了的，但是它还没有变成现实的作品，这个在克罗齐看来是小问题。有的人确实把方方面面都想到了，但是由于他技术不熟练，没过关，所以他表现糟了，他把一幅画画坏了。这个克罗齐认为不成问题，那个不是艺术问题，那是技术问题，是手段问题，或者是材料的问题。所以，克罗齐的这个所谓的艺术品跟我们理解的艺术品不太一样，我们理解的艺术品它里面包含技术成分，但是克罗齐力图把技术成分排除出去，所以他那个艺术作品的含义，实际上是艺术家心目中的作品，还不是外在的已经做出来的这个东西。所以凡是直觉得到的东西必定可以表现出来，他的理由就在这里。那么艺术和欣赏的界限在他这里就被取消了，我们在欣赏的同时也就是在内心进行艺术的创作。我们在前面提到了克罗齐有这个观点，朱光潜也有这个观点，朱光潜曾经讲到，"我们每一次欣赏就是一次艺术创造"，我们在观看大自然的美，其实这个大自然的美是我们自己创造出来的，只有具有深厚的艺术修养的人才能够欣赏到大自然真正的美，那就说明他是在运用自己的艺术修养进行艺术创造。这个观点就是从克罗齐来的。所谓欣赏就是创造，而创造，本质上也是一种欣赏。艺术家在创造的时候，他一边创造一边欣赏自己，一边欣赏自己的作品，所以创造也是欣赏。

由此克罗齐还把直觉艺术、美学跟语言学统一起来，语言也是一种艺术，一种表现，一种直觉。语言起源于直觉，比如说，最早的语言就是一种诗性的语言，这个在他的同国人维科那里已经有所阐发了。维科在18世纪已经提出来，语言起源于诗，最初的语言是采取打比方的方式，采取诗化的方式来表现的，是以移情和拟人化的方式来表现的，所以语言也是艺术。既然语言是艺术，那么语言也是直觉。但是克罗齐的这种主客观统一的直觉是偏向于主观的，他虽然也想到艺术品、艺术创作，但是这个艺术创作限于在内心，不包括外在的技术过程。

那么人们通常把他的追随者科林伍德和克罗齐相提并论，但是科林伍德的直觉主义向客观方面做了倾斜。他也是讲主客观统一的，但是他把克罗齐的主观主义立场扩展到了社会历史的领域里，更强调人们在艺术中所表达的情感有一种社会性和时代性，而不是单纯的个人直觉。当然它的起因还是个人直觉，但是它的效用要从整个社会来看，要从艺术品的欣赏者、观众、读者这个角度来看，所以它根本上仍然是有规律的。就是每个艺术家在创作的时候不用考虑读者，不必考虑观众，但是他创造出来以后，他的作品肯定跟观众、跟读者是分不开的。人人都是艺术家，但是一个艺术家只有受到观众的共鸣和欣赏，他才是真正的艺术家。一个不成功的艺术家是因为你的艺术品没得到观众的共鸣，没有产生社会效应。所以科林伍德这个观点跟克罗齐比起来比较实在，克罗齐比较怪，有点故作惊人之语。那么科林伍德比较现实，就是说一个艺术家虽然是从自己的直觉出发的，但是他要达到成功，还是要有观众对他产生共鸣。所以他比较强调情感的传达以及作品的客观社会效应。当然这种效应还是在每个艺术家和观众、读者内心的直觉和想象中发生的，而并没有外在客观的标准，所以他跟克罗齐一样也比较排斥再现性艺术，包括传统古典主义的模仿论、客观美学的再现性艺术，他们主张的是表现性艺术。

3. 本体论的表现主义

那么下面我们再看看本体论的表现主义。本体论的表现主义注重的是本体论方面的探讨，或者说他们的美学是他们本体论的一种副产品。

他们首先都是哲学家，讨论形而上学、第一哲学，讨论存在论，本体论就是存在论。那么他们形成了一种存在主义的哲学流派，现当代哲学中存在哲学是一个很大的流派，有很多代表人物，那么我们从这里面只挑出来两个在美学上比较有代表性的，一个是马丁·海德格尔（Martin Heidegger, 1889—1976），一个是让-保罗·萨特（Jean-Paul Sartre, 1905—1980）。存在主义的本体论跟以往的本体论不同，我们知道以往的本体论从亚里士多德开始已经是关于存在的学说了，但是以往的存在论都是试图在大千世界的各种各样的现象底下去寻求一个真正的永恒的本体，一个作为存在的存在，一旦把那个存在找到，那么这个世界就被解释了，这是以往本体论通常的一个结构。但是现代的、当代的本体论不一样，他们不再把存在看作隐藏在现象底下的一个实体或者本质，而是运用现象学的方法，把它看作现象本身存在的活动，存在的东西它是如何存在起来的，也就是把存在看成一个动词，不再看成一个名词。以往的存在都是把存在看成一个名词，是一个东西，但是现代的这个存在论把存在看成一种活动，这样一种活动既是本质又是现象。如果它仅仅是本质它就不能显现为活动，它必须要表现为现象才是一种活动。所以本质不在现象后面，而就在现象之中，通过现象而展现。这就是显现，现象学就是显现学。海德格尔和萨特都是胡塞尔现象学的追随者，都是现象学家，都是讨论显现的哲学的。存在主义的哲学家们，他们虽然都没有单独建立起系统的美学来，但是他们讨论现象学时表达了很多美学观点，比如说对什么是美这一美学的基本问题，他们通过人的生存的本体论来加以解释。

海德格尔用现象学的方法来研究人的存在，他认为人的存在是直接表现在人的此在 Dasein 之中的，当然存在不仅仅是人的此在。此在就是人的此时此刻的存在，当下的存在，这是人的存在，人的存在就是当下。万物都是当下，都是此时此刻，但是万物没有意识到自己的当下，没有意识到它们是何以存在着的，只有人的此在才能够看见、才能意识到万物是何以存在着的。所以人的此在是窥视万物存在秘密的一个窗口，我们通过人的此在，通过人的活动方式，通过人的实践，通过人的行为，我们可以看到万物是如何存在起来的，从人自己的此在可以追溯到存在本身。人的此在当然是由于存在才表现出来的一种现象，但是现象里面已经包含有本体了。那么人的此在要体现人的存在，就必须通过人的在世状态来领会，人的最基本的在世活动、最基本的此在活动就是那些最根本的情绪。比如说烦，烦又翻译成操心，人与世界打交道有很多事情要操心，人存在于世有很多事情要操心，要去做，这当然很烦、很麻烦，但是人又必须要去做。或者是畏，畏什么呢？畏死，人生下来就知道自己活着是不容易的，人终有一死，并且时刻有可能死。这也是人的一种情绪，从这种情绪里面可以看出来人为什么要活着。既然知道要死，那你就利用你活着的时间赶快去做事，对自己的一生加以筹划。所以人的死是人首先意识到的，人意识到死以后就意识到生命的可贵，就意识到此生要赶快做事，赶快存在起来。不然的话你就等于一无所有，你就等于没有活过，要赶快去生活。这就是存在的领悟，对存在的领悟也就是对此在的一种规定。这就是他在哲学上提出的一种"基础存在论"或者"基础本体论"。也就是把存在论建立在此在这个基础之上。以往的存在论就是谈存在的本身，但是不谈存在的基础，即存在何以存在起来。在海德格尔这里是从人的此在开始存在起来，它有基础，存在的基础就在于此在。如果你不此在的话你就在不起来，你不抓紧此时此刻，你就存在不起来。那么这样一种此在的体验，它不仅仅是人的一种心理现象，我们经常以为他在谈一种心理现象，畏、烦、怕死，好像是一种心理现象，不是的。他所谈的是一种哲学的真理，现象学上的存在的真理，就是存在本身的真相。通过这样一些烦、畏、死，真相才显露出来，去掉了遮蔽，去蔽，崭露出来了，原来人生是这么回事情！那么在这样一个过程里，人也就可以去进行一种艺术创造。人为什么要进行艺术创造？就是要挖掘此在，把里面的真理揭示出来，把它显现出来。所以他对艺术下了一个定义，他说艺术是"存在者的真理自行设置入作品"。存在者就是人的此在，他的真理在什么地方？你把它揭示出来、把它设置到作品里面去。艺术家好像是被动的，好像是无所作为的，好像是这个真理自己把自己设置到他的艺术作品里面去的。当然艺术家在这里面起了一个创造的作用，但是海德格尔好像不太强调这方面。他强调艺术家是代表一般的此在，把此在的真理表现在他的作品里。他对美的定义是"美乃是作为无蔽的真理的一种现身方式"，也就是美是真理的一种现身。这个和黑格尔非常相像，黑格尔讲"美是理念的感性显现"，海德格尔讲美是"真理的现身"，差不多。所以海德格尔对黑格尔的美学非常推崇，认为黑格尔才真正揭示了美的本质。当然他跟黑格尔是不一样的，黑格尔是理性主义的，他总体上则是非理性的。美和艺术都是真理的自我揭示、自我显现，他是从存在论的角度来论证这一点的。

那么他的晚年就更加从诗歌和语言的关系里面去寻求人怎么样回到他的存在。就是说，只有通过诗歌，人们才能返回到存在的家园。人的语言在现代已经被科学技术败坏了，我们现代的语言往往是那种科学主义、逻辑主义的，有论证、有根据、有一套程式，抽象的、概念式的，但是我们应该返回人类早期的那种诗的语言，返回家园。哲学无非是"诗意的思"，你不要以为哲学就是一套逻辑体系，即便它是逻辑体系，它后面仍然有诗意作为它的根基，哲学思维本质上就是一种诗，跟诗的创造是一样的。这跟我们有时候理解的相符合，就是说哲学家有时候也是艺术家，最高的哲学家都是艺术家，都是创造者，都是诗人；那些小一点儿的或者层次不高的哲学家放弃诗和艺术，他们还不是真正的哲学家。"诗意的思"，在海德格尔看来，它揭示了被我们所遗忘了的存在。那么诗也是语言，语言本来是具有诗意的，只要我们不把它抽象掉，不把它变成一种抽象的概念游戏，那么语言本身就具有诗意，在这种意义上，语言是存在的家。我们要回到语言，回到诗，这就回到了我们存在的家园。我们存在就是靠语言，靠那种带有诗意、带有活力的语言，我们才存在起来，这是海德格尔的观点。

海德格尔我们刚才讲他又是一个德国人，我们现在讲一个法国人，就是萨特。萨特也是存在主义的一个著名代表，在20世纪80年代我们中国非常流行他的思想，翻译了他的很多作品。那么，萨特的这个哲学也是从存在论、从存在和虚无引出来的，他最主要的代表作就是《存在与虚无》。他本来是胡塞尔、海德格尔的学生，特别是在海德格尔那里听了课以后，他建立了他自己的"现象学的本体论"。但是海德格尔不承认他，认为他整个理解太通俗化了。海德格尔还要追求一些神秘的东西，在萨特那里没有什么神秘的东西，一切都可以解释。他同样也是从人的直接感受和情绪出发的，这跟海德格尔一样。海德格尔讲人的畏、烦、死、操心，这些情绪；那么萨特也讲这些东西，讲焦虑，讲死亡意识，讲恶心、羞愧、孤独等等。但这些直接感受，他把它做了一个定位，就是说这些感受不单是伴随着人的意识，也不仅仅是无意识的。他不同意弗洛伊德所讲的潜意识或者无意识，他认为这些感觉都是有意识的，因为你事后可以想起来，你可以回忆起来。什么是无意识呢？无意识就是你回忆不起来，弗洛伊德要采取特殊的手段——精神分析，来诱使病人把他以前忘记的东西或是有意遗忘的东西回忆起来。但是萨特不同意这种说法，他认为一切都在意识中，一切都在我思中；但是有一种情绪是反思前的东西，像焦虑、恐惧、怕死、孤独这样一些情绪，在日常生活中不一定浮到面上来，但是它是人当下意识到的，人可以事后回忆起来，只是当时没有反思。所谓反思前的我思，就是未经反思的我思，并不是没有思，而是没有反思。他举了个很简单的例子，比如说，我们在看书的时候，想问题的时候，下意识地抽出一支烟来，在桌子上敲了两下，然后拿打火机把它点着了，抽了一口。这一切都好像是一种无意识的行为，但是突然回过头来再想：我刚才在干什么？突然一反思，我反思到我刚才在抽烟，我拿出一支烟来，而且用打火机点燃了，这一切习惯性的动作我都是受意识的控制的。为什么打火机没有烧到我的手，为什么我点燃了以后就抽了一口，这些你都不能说它是无意识的，但是我确实没有反思到它，又好像是无意识的，好像是下意识的。我们通常也这样讲，某某人下意识地做了一个动作，他是不是真的下意识呢？从他后来能够想起来，从他在做这个动作的时候他是用意识在控制的，他不会乱动，他不会完全像疯子一样手舞足蹈，可以看出来他还是在意识之中。所以人有一种状态是反思前的我思，萨特非常重视这个。那么这个反思前的我思在海德格尔那里他认为通常都被遮蔽了，只有通过形而上学的反思才能够揭示出来。但是萨特认为我们在日常生活中经常发生这种情况，不一定要是一个哲学家，一个普通的人在日常生活中也可以看出来。比如他举的抽烟的例子是每个人都可能经历过的，他强调它的日常性。所以在人的反思之前，我们讲作为意识本来就是反思的，但是在反思前的这种意识才是纯粹意识，它尚未来得及受到自我意识反思的控制和扭曲。所谓存在主义，所谓的非理性主义，就是对自我意识的这种强大的控制力采取一种反抗的态度。在自我意识反思之前我们已经有一种意识，这种意识就是纯粹意识。

在纯粹意识之中，人们还没有区分出主观和客观，意识和存在，我在习惯性地点上一支烟的时候，我还没有有意识地把主观和客观区分出来，你说这个动作是主观的还是客观的？很难说，它既是主观的又是客观的，因为它是反思前的我思，自我意识之前的意识。它不是自我意识，但它是意识，而这个意识又没有自我意识，所以它也不完全是主观的，它是主客观未分的。所以它不能够用自我意识完全笼罩，但是这样一种意识本身天然地具有一种意向性。所谓意向性是胡塞尔的术语，我们后面要讲到的。什么叫意向性？就是说凡是意识它都有一种指向性，一切意识都是关于某物的意识。我们刚才讲到，他在点燃烟的时候他是有意识的，有一种意识在支配自己的行动，去点烟，为的是去抽一口烟，它是有这种意向性的，是有指向的，或指向外物，或指向自我，这些他都意识到了。所以这样一种反思前的我思是一种没有经过反思、未加思考的情绪。那情绪本身是不是就是存在呢？萨特认为它本身还不是存在，但是它是存在的一种表现，是对存在的一种呼唤。这种存在包括他的下意识动作，也包括在下意识中对死的恐惧。我们经常下意识中有一种焦虑，对死有一种恐惧，我们不知道是什么，但是我们可以反思出来，也就是说经过反思我们可以发现原来它就在我们的意识之中，但我们不觉得。这样一种反思前的我思，它的意向性最终是指向存在的，是对存在的一种呼唤。平时我们都被自我意识控制着，隐藏着自己的真相；只有在这些不经意的情况下才暴露出我们的存在究竟是怎样的。他还举了一个例子，比如说恶心。恶心它是一种情绪，为什么感到恶心？是因为他感觉到那个客体它的自在性，它跟人的格格不入，我本来想把握这种客体，但是这个客体又跟我格格不入，于是我们就感到恶心。比如说，吃恶心的食物，本来你想吃，你的自我意识告诉你这是食物，但是那个食物你又不喜欢，你对它反感，觉得它拒斥你，它有它自己的自在，它跟你完全不对，所以你就感到恶心。还有其他的像羞愧、孤独、晕眩。晕眩也是不自觉的，有的人有恐高症，爬高就头晕，而且他真的会摔下来。其实如果他没有恐高症的话，他是很安全的，但是由于他的恐惧他真的会摔下来。比如说你在地上放一块木板，我们从木板上走过去非常自在，但是你如果把这个木板架在悬崖峭壁上面，底下是万丈深渊，哪怕自我意识告诉你这没有危险，但是你没有受过特殊训练是走不过去的，你走到中间多半会摔下去，由于你的情绪不受你的控制，可以说是下意识的。如果是一只山羊，它就会跑过去，一点事都没有，但是一个人上去，除非是杂技演员，一般的人都会控制不住要摔下去的。人的所有这些情绪都是对自我的存在的一种体验，我到底是个什么？通过这些情绪就体会到了，我的本真的存在就是如此。但是一般看不出来的，通常我们设想我们是个什么人，想得天花乱坠那都是假的，一到现场就暴露出来了。所以这种恐惧暴露出人事实上是什么样的存在，它是窥探我们存在的一个窗口。为什么人会这样？为什么人会这样存在？就因为人意识到他自己有无限的可能性。就是说一只羊从那个木板上走过去很安全，但如果是一个人，在那木板上走的时候，他随时想到他可能摔下去、他可能摔下去，他甚至也有可能自愿地跳下去，这都是完全有可能的。人就会想到这些可能性，这些可能性不是没有可能的，确实有可能。人在自杀的时候他就的确有可能跳下去。虽然你不想自杀，但是你有自杀的可能，这种可能一定会把你的心情、你的稳定性破坏掉。那么这种无限的可能是什么呢？就是人的自由。人之所以会摔下去就是因为人是自由的，人有这种可能跳下去，而羊就没有这种可能，它不是自由的，它有它的本能就完全可以依靠了。但是人不能依靠，人的存在是建立在自由之上的。所以这样一些情绪恰恰提醒的是，人的存在就是因为人的自由。当艺术家把这样一些情绪表达出来的时候，他就是在向人的自由发出呼吁，他就是在诱导人想到他的自由。在这个基础之上，萨特提出了他的文艺观和美学观。

他认为艺术虽然是通过物质的媒介和语言被人感知和认识的，但是就艺术的本性来说它是那些媒介后面更多的东西。也就是说艺术是建立在反思前的我思之上的，它的根是非理性的，甚至是非语言的，它是不可言说的。事后你可以想起来，你可以回忆到，你可以知道你是在艺术创造中还是在意识的控制之下，但是在当时你是下意识的，或者说没有自我意识、没有反思的。你在创作的时候你不要老是去反思，老是反思你就创作不了了，进行不下去了。所以媒介后面更多的东西不是从语言和媒介上面直接显现出来的，这更多东西的显现在于读者的阅读之中，这个又是他的一个重要的观点。就是艺术家的创造虽然是他对自由的呼吁，但是这个自由不仅仅是他个人的自由，他把自己的体会说出来不仅仅是对他自己个人自由的呼吁，而是对一般自由的呼吁。那么你是否表现出来了这种呼吁，要看读者的阅读。所以他认为文学客体是什么呢？文学客体就在读者的主观中，它存在于读者的阅读之中，因为自由这个东西它是社会性的，它不是你个人封闭的。你创造出一个作品来，这个作品严格说起来并不是你所创造的那个作品，而是那个作品身上所体现出来的你能够打动人的东西，那是一种精神的东西。文学的客体是一种精神的客体，作品的文字只是一种诱导物，是一种载体，它使得人的感情成为客体，但是文艺的创作就是要把这种感情和情绪传达给读者。但是这种传达、这种传递它必须诉之于读者的自由，你不能强迫读者接受你的情绪，读者不接受你的情绪，那你就失败了，你就没有唤起读者的自由。你诱发了读者的自由，读者不由自主地、自发地来欣赏你，那你就成功了。所以，萨特的文艺观比较强调读者和作者的互动，作品是读者和作者共同创造的，你光是有作者这一方是不够的。当然你在创作时不需要考虑读者，但是你是否成功最终要依赖于读者是否自发地欣赏，是否不由自主地跟你产生了共鸣。所以这种艺术的客体是由作者和读者自发的情感一起创造出来的，因此作者他必须要从自己的情感往后撤退一点，就是你不要主观性太强，你在创造作品的时候不要老是想用自己的情感去打动读者的情感，你老是想到这个，"我这样写会怎么样啊，人家会不会欣赏啊，我写的是不是会得到喝彩啊"，那你就写不下去了，即使勉强写下来也是个不成功的作品、媚俗的东西。你必须要沉浸于自己的自由创造之中，使它成为一种自由的情感，你不是去灌输情感，而是自己隐藏在背后，好像是在描述一个客观世界，一件客观的事情，你把这件事情说出来，你躲在后面。那么这种躲在后面就是对读者的一种提示，就是说作者我在这里是隐藏起来的，你不要顾及我为什么会写这个东西，想要说明一个什么问题，你要读作品本身，你只要看这件事情是否打动你就行了。所以这样一个作品是有待于读者自己去完成的，作者只提供这个作品，最后由读者去完成。现代艺术往往有这个特点，就是说，作品不再是作者个人的专利品，而是作者和读者共同创造的作品。当然作者本身也是读者，他也经常以读者的眼光来读自己的作品，但是他在创造的时候不要想到读者，他自己要隐藏起来，然后把他感到的情绪通过一种客观的描述展示出来。所以读者是受到作品的启发而自由地在完成这部作品，完成这个事件，但又是跟作者一起，离不开作者。所以他讲"阅读是作者与读者之间的一种慷慨大度的契约"。阅读作品是怎么回事儿呢？就是作者和读者在做一种契约，这是一种比喻了，其实就是一种共鸣，作者和读者的共鸣，但是"一种慷慨大度的契约"，就是说作者本身是慷慨大度的，他不是把自己的东西强加于人的，他是启发读者，让读者自己跟他发生共鸣。因此文学是向读者的自由提出了一种吁求、一种呼吁，每一件艺术作品都对读者的自由发出一种呼吁：你们来体会，你们来放开自己的心胸，不带偏见地、自由自发地来体会，看我写的作品怎么样。这样一种呼吁不是强加于人的，不是一种意识形态，不是要故意渲染、灌输一种什么东西，什么寓教于乐，这些都偏离了艺术的本质。艺术的本质完全是放开的、自由的、慷慨大度的。所以他讲我们的自由通过自身的展示，也展示了别人的自由。一个艺术家展示了自己自由的同时也展示了别人的自由，但是他是不是展示了自己的自由呢？那要看读者是否也在其中展示了自由。有时候他自己估计不了，我是不是把我的自由展示出来了？那么标准是什么呢？就是看读者，看别人是不是把他们的自由也展示出来了。如果读者都把他们的自由展示在你的作品上，他们感到了自己的自由，那么你的自由也就被展示出来了。

所以说文艺最终的目的就是展示人类的自由，这就是萨特的人本主义艺术观。萨特的存在主义是人道主义的，他非常鼓吹人的自由，哲学也好、艺术也好都是为了人道主义，都是为了解放人类的自由。所以他讲艺术的最终目的就是"通过使人看到世界的实际情况，让世界恢复本来的面目，但使人觉得它仿佛是扎根于人类自由之中的"。这个里头似乎有个矛盾，就是对世界要看到它本来的面目，但是它又扎根于人的自由之中，那么世界还是它本来的面目么？好像就不是了。人的自由是要改变世界，要支配世界，那世界就不是它本来的面目了。但是按照萨特的观点来说，这个里面并没有矛盾。就是说我们所以为的客观世界、客观形象，其实并不是客观的真相，客观世界的真相它是建立在人的自由之上的，包括人的科学，人的整个世界观，都是人自己诉之于人的自由所建立起来的。所以世界的实际情况就是我们所看到的那个情况，也就是我们自己所建立起来的那样，我们当然就看得到了。如果不是由我自己参与其中建立起来的那样一个世界，那并不是世界的实际情况，表面上好像是，但那只是令人恶心的世界的假相。那样一个世界，像牛顿物理学所设想的那样一个由原子、分子组成的、黑暗的、无声无色的、无感情的世界，那是令人恶心的自在之物，那不是人所能了解的世界，也不是真正世界的本相。世界的本相是丰富多彩的，应该是很亲切的，应该是天人合一的，应该是与感性的自然合为一体的。所以他的这样一种艺术观使世界重新回到人性，重新适应于人，使得全体人类都能够以自身最高自由的面目出现。所以艺术不是单纯地反映客观世界，好像是不带偏见、不带主观地反映这个客观世界——反映论，它不是那样的；而是通过艺术家自己的想象去表现一个丰富多彩的世界。他的前提本来就是立足于这一点，认为"世界永远充满着更多的自由"，这是一个信念，这是一个理想，也是一个假定，这个假定是非常人性化的。就是世界应该有自由，不是那种完全机械的、非人的、压迫人的必然性。萨特自己也是一个文学家，他写了好几部作品——包括小说、戏剧——来阐发他的哲学，我们以前出过关于萨特文学的文集，特别是他的长篇小说《恶心》这样一些文学作品，他通过这样一种文学创作来实践他的哲学和美学观点。萨特这个人是很了不起的，也是很奇特的，一个哲学家写那么高深的哲学，但是他仍然是一个文学家，仍然能够写小说，写戏剧，而且都取得了很高的成就。当然有的人认为他的戏剧好像不怎么成功，但我认为写得是相当的不错的，就艺术水平来说应该是很高的。

这就是非理性主义的表现主义，非理性主义的表现主义它们有个共同特点,就是对西方传统的科学主义表示了一种毫不留情的反抗。特别是在美学里,西方科学主义传统一直是主流。我们前面讲到,科学美学一直到现代,都是西方美学领域里面的主流,但是非理性主义的表现主义开始以一种非理性的方式来反抗主流。当然非理性不等于反理性,这些美学家有的还是推崇理性的,但是他们并不把理性看成是能够笼罩一切、统治一切的。他们不反理性,但是他们的立足点不是理性,所以我们把他们称为非理性主义。他们这些美学观点都是对传统美学的反抗,而这种反抗都是与人道主义、人本主义和人的自由息息相关的,不管是叔本华、尼采也好,其他人也好。尼采讲超人,很多人说他是不人道的,甚至把法西斯、纳粹也归咎于尼采哲学;但是实际上他的理论还是人道主义的,他说"我要教你们做超人",要把人类从末人的受奴役状态提升起来,这是他的理想。所以他的理想还是人道主义的。虽然他表现得十分个人主义,但个人主义也是一种人道主义,是与人的价值、人的自由、人的哲学本质息息相关的。尼采提出"一切价值重估",要把一切阻碍我们做超人的那种价值加以摧毁,把人从受奴役的状态里提升起来。这就是非理性主义的表现主义。

二、理性主义的表现主义

我们上次讲完了非理性主义的表现主义美学。应该说,当代美学除了那种实证的、技术性的分析以外,就是表现主义的美学——这是现代占据主流地位的美学思想,跟西方传统美学是大不一样的。但是在现代的表现主义美学里面,除了建立在非理性主义之上的这种表现主义以外还有一种理性主义的思潮,理性主义的表现主义,这跟非理性主义从立足点上来说是完全不同的,但它也是属于表现主义的,不再是以往的那种单纯的模仿论。当然模仿的界限在今天来说已经非常的模糊,表现本身也被看成一种模仿,而所谓的模仿现在都被从表现的立场上重新加以观察、加以理解。但是从总的大体的倾向来说，现代人更重视自我，更重视自我的表现，在艺术中、在欣赏中，他们比较容易接受的就是表现主义美学。那么理性主义的表现主义和非理性主义的表现主义的区别在什么地方呢？就是非理性主义的表现主义把这种表现诉诸个人的那种突发的天才灵感，或者是某种神秘的自发性，所以它在这方面不是用理性加以解释的。那么理性主义的表现主义呢，它还是要从里面寻求某些规律。就是说，艺术创造那种自发的灵感是自由的，不可预测、不可预料的，灵感来了就来了，什么时候来，那个你根本就没办法去预料；也没办法用一些外在手段去造成，它说来就来，说不来怎么都不来。但是，理性主义的表现主义还是想从这个里头找到一些普遍规律，用理性来加以分析，至少来加以解释。当然这种倾向从黑格尔就已经开始了，黑格尔是一个最大的理性主义者，他在讲美学的时候提出了所谓的情致说，也就是现代移情说的渊源。我们现代的移情说美学要从黑格尔那里算起。那么，非理性主义的表现主义里面也有一种倾向，就是谈了那么多非理性以后，还是有些人，例如前面讲过的哈特曼，想要为这种非理性的灵感，天才突然的、偶然的这样一些创造，为它们寻求某种可理解性，所以才导致了理性主义的表现主义。那么这样一个理性主义的表现主义美学流派，也可以说它对于艺术作品和艺术欣赏的解释力是最强的。非理性主义当然也可以说明很多现象，但是它不是解释，它只是描述，只是形容。那么为什么会是这样，有没有一般的规律？这个只有理性主义的表现主义能够解释，而且比较通俗。它不是诉诸不可理解的东西，那种神秘只有天才可以理解，读者如果没有那份天才，那你就觉得无法进入。但是理性主义的表现主义，可以给每个普通人进入审美的奥秘提供一条线索来。

1. 移情论的美学

首先我们来看看理性主义的表现主义的一个最大的学派——移情论。移情学派我们刚才讲了，在黑格尔的情致说里面有它的根源。那么在黑格尔派的美学家那里，其中特别要提到费肖尔父子。费肖尔，有的翻译成费希尔、费舍尔。这个大费肖尔（Friederich Theodor Vischer, 1807—1887）写了一部六卷本的美学，那是部头非常大的了。他是从黑格尔的美学出发的，其中特别强调了黑格尔有关自然的人化这样一个思想。自然的人化好像是个哲学的概念，但是说白了就是移情，把自然界比作人，那你不是把自己的情感转移到自然对象中去了么？所谓移情，就是把自己的情感转移到对象上去，把对象看作人。从另一方面来说，就是拟人，移情和拟人实际上是相通的。从主观上来说是移情，把情感移入对象；从客观上来说，就是拟人，把对象变成人，比拟为人。这个观点是移情论的一个基点。那么移情这个概念，Einfühlung 这个词是由他的儿子小费肖尔（Robert Vischer, 1847—1933）提出来的。这一派还有许多著名的代表，像赫尔曼·洛采（Hermann Lotze, 1817—1881），也是德国人；还有法国人尤金·魏朗（Eugène Véron, 1825—1889），也翻译成维农、威朗。这些人他们都借用了从黑格尔那里来的自然的人化或者人的自然化、人的对象化这样一些观点来展开自己的美学原理，也就是把自己的心情、把自己的情感甚至于把自己的灵魂都投射到自然界。Einfühlung 这个词有时候也翻译成投射。但是这一派美学家像魏朗，他在提出情感表现的同时，把这种表现和美对立起来了，这个是跟黑格尔不太一样的。就是说这种情感表现他认为跟美没什么关系，一般讲到美就是那种古典主义的形式美，和谐、比例、对称这种形式美，这跟移情是两码事。实际上移情是着重于内容方面，古典主义的美则着重于形式。那么移情派的美学强调内容、强调表现；而强调表现在一定意义上就要忽略模仿，忽略模仿就忽略了古典的形式美。所以魏朗认为，艺术价值不在于美而在于表现人的情感，艺术家完全凭自己的个性、自己的灵魂去点化一切。任何对象只有在艺术家心目中才能够变成可欣赏的。但是那已经不是美了，那只是情感的一种表现。古典主义的美在黑格尔那里还占有很大的分量，但是在这里已经开始被排斥。移情论不太重视美这个概念，它们重视的是情感的表现。当然，实际上在黑格尔那里，情感的表现也被囊括在美之下，而在现代美学里面，移情派美学把两者做了一个区分。所以他们一般不直接讨论美的问题，而是先讨论情感的移入、移情这样一个现象，然后在里面遇到了美的问题再去谈美。比如说，形式的美，形式的和谐，形式的对称。这只是移情现象中的一个特例，一种特殊的情况。在这种情况之下他们也谈到美，但是认为美不能概括一切移情现象，移情这个领域要大得多，它的原理要深刻得多。

前面讲的那些人都是移情派的先驱者，都是19世纪晚期到20世纪早期的人。但是到了20世纪特别是在30年代、40年代，开始兴起了所谓的新黑格尔主义。那么在美学方面，伴随着也兴起了这个现代移情学派，他们成了气候。那些先驱者还没有成气候，他们只是从黑格尔那里引出来了一条线索。那么正式被称为移情学派的有这样一些美学家，他们首先是从生理学、心理学入手，然后逐步地上升到哲学层次。最开始他们就是一些生理学家，然后是作为实验心理学家；实验心理学家研究了以后发现，美的问题、审美的问题要通过内省的心理学；那么通过内省的心理学研究以后发现还不够，还必须上升到哲学，关于人的哲学。他们走过了这样一个历程。我们现在看看第一个阶段，就是从生理学到实验心理学的阶段。

（1）**从生理学到实验心理学**　这个阶段有两个著名的代表人物，从实验心理学和生理学来研究审美。一个是卡尔·谷鲁斯（Karl Groos, 1861—1946），一个是浮龙·李（Vernon Lee, 1856—1935）。这两个人代表了第一个阶段。谷鲁斯首先提出了一个概念叫内模仿。内模仿概念也是流传很广的一个概念，因为它能解释很多审美和艺术的生理现象。他认为，人跟动物有一部分是相通的，比如说游戏本能，这是前面讲到游戏说时已经提出来了的；那么谷鲁斯是从生理学层面来考察这个问题的。再一个就是模仿本能，模仿本能在亚里士多德那里已经提出来了，人天生就会模仿。猴子也挺会模仿的，所以猴子像人，但是人比猴子更会模仿。那么模仿和游戏两种本能结合起来，就构成了审美活动。就是说，审美活动体现了一种游戏性的模仿本能，它虽然是一种本能，但是它没有什么功利性，它是游戏性的。我们人在日常生活中，经常会发现我们有一种模仿本能，比如说我们看一个圆球，我们看它的时候这个眼睛就做一个圆周运动，就是围绕圆或圆球的边线转一圈，这就是一种模仿本能。浮龙·李也提出来，我们看一个花瓶的时候，我们从上看到下，如果我们是在欣赏的状态之下，我们看到上面的时候我们是吸气，看到下面的时候是呼气。我们看到高的地方的时候我们的脚不自觉地就踮起来，看到下面时又不自觉地落下去。这都是由于一种模仿的本能，无形中把自己当作了花瓶，把自己当作是那个圆，圆球形。这种模仿它有什么功能呢？它当然有现实的功能。在模仿中，我们从小训练了我们的模仿能力，我们长大以后就可以带来一些现实的好处，就是你具有很强的模仿能力，学习能力首先就是模仿能力。但是，如果你把这种模仿当游戏来玩，那它就是审美了。所以从内容上来说，审美是模仿的游戏，从内容上来说它是一种游戏，但是是一种模仿性的游戏；从形式上来说，它是一种游戏性的模仿。这个好像是在玩文字游戏，模仿的游戏，游戏的模仿。但是它还是有它的意思，就是说，游戏和模仿它们分别属于审美活动的内容方面和形式方面。模仿是一种操作，你像画葫芦，照葫芦画瓢，这是一种操作；而游戏能给人带来愉快。所以，游戏属于内容方面，而模仿属于形式方面。那么所谓内模仿，谷鲁斯认为模仿要是完全从游戏的角度来理解，它就是一种内模仿，而不是外在的模仿。外在的模仿，它有现实功利的目的，它训练人的各方面的能力。而内模仿是在心灵里面做模仿，他不一定要做出动作来。我看一个花瓶，我不一定要真的踮起脚来，不一定要真的调整我的呼吸，只要有那个意思就行，我在内心想象中对它进行模仿。那么这种内模仿，只需要在内心有一种模拟的动作，而在外在表现方面几乎看不出来。谷鲁斯从生理学方面做了一些心理实验，他是从生理学到实验心理学做实验。他对做实验的那些人进行测量，他发现，他们在模仿的时候有一种轻微的肌肉兴奋，以及视觉器官和呼吸器官的运动，但是并不是真的去模仿，只在心中、在想象中进行模仿。所以这种内模仿实际上已经是一种移情学说了，就是把这些情感在想象中移到对象身上去，这是在心灵里面通过想象所做的一种模仿活动，而不是真的要在四肢或者身体各部分做出模仿的举动。但是这个移情的情呢，还只是一种生理上的情绪，一种激动，一种刺激。

那么浮龙·李呢，她比谷鲁斯来说更进了一步，就是谷鲁斯不管怎么样内模仿，他还是着眼于在模仿中你的外在的某些细微的表现，诸如你的呼吸，你的血压，你的这个眼球的运动，等等。浮龙·李更注重的是内脏的运动，在模仿的时候内脏的整体感觉，这在外面是完全看不到的。人的内脏运动本来是下意识的，但是内脏、内分泌腺分泌了什么东西，刺激了你以后，你就有一种感觉，整体上有一种感觉。浮龙·李更重视这样一种整体感觉，她认为美感就是内脏的运动，内部的运动，是相互之间的那种协调感。内部运动如果达到协调，那你就感到愉快，这就是一种美感了。相反，内部的运动如果不协调，那你就感觉受挫，就感不到美。所以浮龙·李跟谷鲁斯相比她更加内在化一些。那么鉴于更加内在化的要求，她就不满足于实验心理学，到了晚期她开始更倾向于内省心理学。

（2）从实验心理学到内省心理学　所以第二个阶段就是内省心理学阶段。同样是心理学，心理学有两大流派，一派是实验的，另一派是内省的。实验的就是做实验，做测试，找出各种各样的数据，把它们测出来。而内省心理学，就是诉之于每个人的内心感觉。当然也要做实验，但那个实验它不是用仪器来实验，它是根据受试者的诉说，它把一些人分别加以测试，拿一个图形给这个看给那个看，然后你们谈你们的感受，这叫内省测试，属于内省心理学。本来完全的内省是说不出来的，你只有自己内心才体会得到；但是如果你说出来，大部分人都可以体会得到。所以心理学更内在的方面就是内省心理学。从实验心理学转向内省心理学，代表人物有德国的一个心理学家西奥多·利普斯（Theodor Lipps，1851—1914）。利普斯对谷鲁斯那种生理学的观点是非常排斥的，他说这是把人当作动物来看，没有办法解释人的审美和艺术这些精神现象。所以他主张要把移情活动提高到内省这样一个水平上来研究，主张内省心理学的研究。因为移情它是一种精神的活动，而不是一种单纯的生理活动，美学不是说研究你的血压、你的脑电波、你的肌肉运动等等，这些都不相干，主要是研究一种精神的活动。那么精神活动的问题，他作为一个心理学家，认为可以用内省心理学来加以解决。每个人都有精神，每个人自己内心的精神自己都知道，而且在一定程度上都可以描述，都可以说出来。所以他认为，所谓的审美活动就是欣赏者把自己投入对象之中，使自己生活在对象之中，并且使自己在想象中化为那个对象。一个欣赏者当然不可能真的化为那个对象，但在内省中他觉得那个对象就是他，他觉得他就变成了那个对象。这是在审美中会经常遇到的、每个人都会遇到的一种现象。我们在欣赏一部小说、一部电影的时候，我们经常把自己设定为剧中人、主人公，我们与他同呼吸共命运。这种情况就是投入，就是移情。当然这种移情现象，在原始人类和儿童那里我们经常会发现，小孩子经常分不清自己和对象，也经常把对象当人看待。但是利普斯认为，这样一些移情作用、同情作用往往带有一些实用的目的。这些想象、这些同情当然也是移情，但是，它们是实用的移情，还不是真正的审美，它们可以说是审美的萌芽状态或者前审美状态，但是它们还带有一些实用目的。儿童，包括原始部落里面的那些人，他们的移情都有它的现实功利。至少是为了训练人的这样一种与自然界打交道的能力吧。儿童将来长大了要与各种各样的现象打交道，那么移情活动可以使他更迅速地把握对象。那么审美的移情，它跟这些活动有点区别，就是说它完全是超功利的，完全是在自己内心精神生活中所展开的一种活动。所以，在审美的快感里面就可以达到主体和客体的完全融合，主体成了对象，对象也成了主体，对象既成了我，我也成了对象。或者可以说，它完全没有了对象。在实用的移情里面，它还有一种对象，它的对象还是对象，它就是为了把握这个对象才把自己想象成对象，这样就更好把握了。如果这个对象完全是陌生的，完全是异己的，那就不太好把握。我体会这个对象，我想象自己就是这个对象，这就比较好把握这个对象。但在审美里面已经没有对象了，就是说我在欣赏对象的时候，在审美中，实际上我欣赏的是自己，美感是自己身上的那种价值感觉。所以自我和对象在审美中并不是对立的，并不是两回事，而是同一个自我。我的审美直接感到的就是我的经验，我感到的就是我本身。我所欣赏的对象，总起来形形色色的对象，它们都是我本身，它们就是我。这是利普斯对移情说的一个推进，就是把它从一种外在生理上的活动提升到了一种精神的活动、一种自我意识的活动。这个自我意识当然还是在内省的心理学之中提出来的，还没有形成哲学，还够不上哲学。自我意识当然它本身是个哲学问题，但是它也可以从心理学来进行考察、来加以研究。那么利普斯从这种理解出发，划分出了移情的四种类型。

第一个就是一般统觉的移情。一般统觉，这个统觉是从康德那里来的。康德也讲了自我意识的统觉，什么叫统觉？就是把所有的经验材料统摄起来，放在一个概念之下，这样一种能力叫统觉能力，这就是自我意识的能力。一般统觉的移情就是说，由于主体自我意识的这种统觉能力，所以它使得对象在人的心目中充满了生命。如果没有统起来，还是四分五裂的、零散的，那就没有生命；但是如果你在一个主体之下把它们统起来，你就赋予了它们内在的生命、内在的统一性。举个例子，比如说一条线段 AB，我们人在观赏它的时候，经常把它理解为"从 A 到 B"。就是一条很简单的线段，我们在统觉里把握它的时候，我们都把它把握成有方向的，里面似乎有一种方向性、有一种倾向性：从 A 到 B，就好像这条线段有个发展过程、有一种运动、有一种动态一样。形式主义美学也经常这样，把一些图形看作有生命的，看作有机的、和谐的等等。这是第一种移情的类型，就是我们把人的生命力灌注到了简单的图形里面去了。第二种是"使自然对象拟人化"。比如说风在咆哮，群山肃立，大海怒吼，等等，这样一些例子都说明，我们经常把自然的对象拟人化。小孩子也具有这样一种心理现象，小孩子听到外面刮风，他可能就会问，是不是风生气了？他就把生气这样一种人的性质赋予了对象。这是移情的第二种类型，使自然的对象拟人化。第三种就是"氛围移情"，那是更加抽象的、层次更高一点的。比如说一种单纯的色彩，一种音调，音乐中的和弦，等等。这样一些东西使人产生一种说不出来的情调，而且我们可以赋予它某种性格。梵高的一幅画，你不要去看他画的什么东西，你就注意它的色彩，它本身就会引起人的一种情感。你说梵高这幅画的色彩是"热烈的"，他的另一幅画的色彩是"疯狂的"，你就把人的情绪赋予了色彩。我们说梵高的黄色，那是一种令人发疯的黄色，一种疯狂的黄色，是一种充满了生命力和冲击力、具有生命的原始冲动的黄色。黄色本身并没有那些精神情调，但是我们人赋予了它某种人的情调、某种性格。第四种就是"人的外貌作为心灵的表现"。某某人面善，某某人长得很丑，我们甚至于说丑恶，丑恶的嘴脸；或者形象猥琐。一个形象，我们可以从里面看到善和恶，由此引起对他本身的反感，或者反过来被他所吸引。这个就更加说不清楚了，一个人的脸为什么吸引人，这个是很难说得清楚的，但是也是由于我们人把自己的情感赋予了它，所以它才具有审美的意义。我们说这个人长得很漂亮，长得很美，那个人长得很丑，我们用美丑这样一些概念来评价人的外貌。这其实都是作为一种移情的现象，我们主观上把人的外貌当作他心灵的一种表现了。其实外貌和心灵是不一样的，我们不能以貌取人。有的人长得很丑，甚至很吓人，但是心地很善良；有的人长得很美，但是心地很邪恶，这种情况多得很。但是审美不管这些，它就是看外貌，它就欣赏这个外貌，或者它就厌恶这个外貌，这是最难解释的。

所有这四种情况都是由于对象引起了人的情感。所以利普斯把审美的愉快规定为"一种令人愉快的同情感"。审美实际上是一种同情感,但是它产生了一种愉快,它引起了愉快,这种同情感就是美感。但是如何从根源上解释这种移情现象呢?利普斯始终有种动摇,就是解释不清楚。有时候他把它归结于人的一种心理联想,内省心理学经常就是要求助于联想,因为内省就是反省,反省活动它是一个间接的活动,它不是直接引起的,它首先要通过反思你的内心,再联想到一些情绪,才会引起这种愉快。但是在具体审美中,往往有些情况不是这样的,它并不依靠联想。我们有时候欣赏一个作品,就是第一眼——我们没有任何联想——一下子吸引了我的眼球。一幅画挂在那个地方,我猛地一眼就被它吸引住了,我甚至来不及联想。我根本还没有想到它还会带来什么样的情绪,它会使我联想到某种情境,或者某个人,这些都还没有,它就是直接地冲进了我的眼帘,抓住了我,这种情况你怎么解释?你要用内省心理学解释,但是还没来得及内省的时候它就已经产生了美感。所以利普斯有时候就倾向于回到生理上面找原因,生理是更直接的,是本能,你就是那样构造的,一旦碰到这样一种颜色,一旦听到这样的声音,你就被打动了,不需要联想。所以利普斯有时候又动摇了,回到了这种实验心理学甚至于生理学,认为美感是天生的生理结构导致的。但是有时候他又想上升到哲学去加以解释,但是又上不去,因为利普斯本人只是个心理学家,在哲学方面他没有更多的思考。

(3)从内省心理学到哲学 那么上升到哲学的是另外一个德国人伏尔盖特(Volkelt,1848—1930)。他把移情派美学从内省心理学提升到了哲学。伏尔盖特是个哲学家,他比较具有全局的观点,他反对利普斯实验心理学的方法,甚至认为内省心理学也还不够讨论美学问题。他认为美学主要不是研究移情现象,而是要通过移情现象来研究人的一般的审美态度。移情现象当然是美学研究的核心,但是它的目的并不是要研究移情心理,而是要把移情当作一个例证,来探讨人的本性,人的欣赏态度对人的哲学含义。人的欣赏态度不仅仅是用来解释人的欣赏心理，还要进一步解释艺术家的创作，艺术家的创作才更深刻地体现出了人的本质。所以他认为要从内省心理学上升到对人的本质、人的价值以及对整个世界的目的进行一种哲学的思考。这是他一个很大的提升。所以他主要是研究艺术，前面的那些内省，那些实验心理学，那些生理学，研究的主要是人的审美欣赏，但他认为艺术更重要，艺术更能体现出人的创造性本质。但是在艺术研究中，主观的美学应该是更根本的，客观的艺术的美学必须为主观的美学服务，主观美学的原理渗透在客观美学中，对于客观的美学能起一种指导作用。美学的基础就是关于人的价值的学说，所以他对美学的研究主要是建立在人的主体心灵的独创性这样一个基础之上的。正是这种独创性使得人把他周围的世界都人化了，这个是黑格尔已经提出的美学原则：人把他周围的环境人化了。伏尔盖特认为这个原理非常重要。由于人把他的环境人化了，所以他的这个自我和自然界在情感上融为一体。所谓人化就是把自然界当作有情物，是有情感的对象，那么就可以通过情感把自然和自我融为一体。在这里面他也区分了四种不同的审美价值层次，它们都有主观和客观两个不可分割的方面，其中主观的方面始终是起主导地位的，主体能动性是核心。

这四个层次中的第一个规范就是，主体在欣赏的时候充满了感情，而客体必须是形式和内容的统一。这个适用于传统的形式主义美学。形式主义美学讲到内容和形式的统一、和谐等等，说形式是有意味的形式。但是这种统一怎么来的呢？是由于主体充满了感情，主体充满感情地去观赏对象，就能够把内容灌注到对象中，使内容和形式成为统一的。在这里，对象的形式是为情感的内容服务的，是表达情感内容的、有意味的形式，而情感的内容也表达在形形色色的对象形式上面。这是第一个层次。第二个规范就是主观统摄地把握各个部分，而客体只是表现为一个完整的有机体。这也是形式主义美学强调的有机的统一原则，但是这个有机统一原则是来自于主体的统摄，它的统觉的统一作用，是主体发挥自己这种能动的统一作用的结果。这就把形式主义原则建立在内容的表现主义原则上了。第三个规范就是主体控制它自身实用的、道德的、认识性的冲动，而客体则转化为一种纯粹外观的静观世界。这也是从康德的所谓无利害的快感来的，康德审美的第一契机讲到的无利害的快感，不光是没有功利，而且跟道德的善也没有关系。此外康德也认为审美不是认识。那么伏尔盖特在这里解释说，这是由于主体控制了它自身的实用的、道德的和认识的冲动。无功利的也是非认识的。你不要老用科学的眼光去看待审美的对象，你也不要老用道德的眼光去评价审美的对象，你更不能用功利的眼光去算计审美的对象。这个跟布洛的距离说也相关，就是你要跟你的审美对象保持一种距离，你不要把认识的、道德的、功利的东西加在审美的对象之上。那么这个对象对于你来说就是一种静观的对象。所谓静观，审美的态度是静观的，就是排除了一切其他的考虑，闵斯特堡讲孤立说，也是这个意思，就是你排除一切科学知识的、道德的、功利的等等考虑，那么这个对象就活生生地向你呈现出来了，你只需要旁观就够了。第四就是主体从个人的自我扩展为全人类的大我，那么客体就上升到具有宗教的、道德的、科学的、艺术的等价值的对象。就是当静观把这些东西都排除了以后，并不是说完全取消了它们，而是在更高的层次上使它们超越了。当你这个主体把自己扩展为全人类的大我时，你就把审美提升到了一个大我的层次，这个大我不仅仅是全人类，而且包括全宇宙。移情就是你把全宇宙都看作你的自我，你的大我，那么这个时候你的审美欣赏就具有了更高的或者是最高的道德、科学、宗教、艺术的层次，成了人类最高的理想或者是宇宙的绝对目的的象征。他提出来像真、善、美、圣，就是这种理想。我们通常讲真善美，但是伏尔盖特认为还有一个圣，就是宗教，宗教信仰。而它们的本质就是人类普遍的爱，你爱人类，爱世界，爱整个宇宙，这在艺术中，在艺术欣赏、艺术创造中都可以体现出来。当你达到最高层次的时候就是这样一个层次。当然这第四个规范不是人人都能达到的,但是是一个理想。一切艺术家,真正的艺术家,都要朝这个理想靠拢,都要追求这样一个理想,最后达到真、善、美、圣,达到人类之大爱。这是伏尔盖特所提出的,这个层次完全就是哲学层次了,它跟心理学已经不可同日而语了。

应该说移情派的美学的历程,在经过了这三个阶段以后就已经完成了。从最低层次的生理学到最高层次的哲学,它的内容已经完全展现出来了。移情说,应该说它是无所不包的,它在每一个层次上面都有它的反映,但是各层次有一种等级上的不同。不过移情说还有一个弱点。虽然它能够解释几乎一切艺术现象、审美现象,但是它太内在,太主观。移情说缺乏一种客观的实证性。在客观方面,它对客观的物质产品,特别是艺术产品研究得不多。反正你拿给它一个艺术品,它就进行一种解释,它可以解释,但是这种解释不一定能够落实到产品的细节方面,一旦落实到细节方面就有点玄,你可以说它是人类的情感或是情绪的一种表现,但是它是如何表现的,这个还要经过一些具体的分析。于是移情学派又生出了另外一支,这一支也不一定自认为是移情学派,但是在审美理论上面,他们是服从移情学派的。他们认为美学除了审美理论以外还应该有一种补充,审美理论是内省的,是主观的,还应该有客观实证的东西对它加以补充。所以他们主张在美学理论之外还应该建立起一门艺术科学。

(4)基于移情的艺术科学 德国的艺术科学家德苏瓦尔(Dessoir,1867—1947)提出,理论的美学和实践的艺术科学这两者是有区别的,他不否认移情派的美学理论,但是那只是理论,而在实践方面我们要更加关注的是艺术科学。那些美学的原理,包括移情派的原理只有在艺术科学中,在对艺术作品的分析中,才能得到经验的支持,也才能得到实证。所以他专门去研究在自然界、在艺术或者是在人类文化中,能够产生美感经验的那些对象,它们具有什么样的物质属性、物质特性,这些研究是具有实证科学特色的。但是这些物质特性当然也渗透了移情论本身的一种解释，它不完全是像自然科学那样的，它是一种人文科学。艺术科学作为一种人文科学，它跟人的主观心理是分不开的。比如说这些审美对象有三种基本的要素，是他通过归纳分析得出来的。

　　一个是必须要有感性感。所谓感性感听起来有点别扭，就是说在欣赏对象的时候，有时候你不一定是通过分析，也不一定通过内省、反省，就是直接的感觉，就是直接的感性感，直接在对象上所感到的那种激动。那么一个艺术品我要对它进行分析，我就首先看它是否具有感性感。比如说一幅画，看它的色彩感怎么样；一首乐曲，我听它的乐感、韵律怎么样，这当然是通往形式主义的，但是它是通过直觉的感性。第二个是形式感，形式感是直接对应形式主义的，是对象的形式特征对于知觉所产生的直接的效果。我们经常也用形式感这个词。我们说这幅画它的形式感很强，它特别突出它的形式。比如说达·芬奇的《岩下圣母》，很多人分析它就是突出了一种三角形的稳定性，它是三角形构图，使整个画面体现出一种宁静、稳定甚至于永恒的情调。这是形式感。第三个是内容感。内容感就包括移情、联想，也包括移情学派讲的所有那些东西。他认为这三种要素都取决于物质对象本身的结构和形状，包括它的感性构成、它的色彩构成、它的颜料的用法、它的形式的构图等等，但是同时也和艺术家的素质有关，就是它不仅仅是外在的形式，客观的物质形式，而是由艺术家的素质所造成的。那么从客观事实上来看，你不一定能够看出这个艺术家的素质。从客观上你要分析一个艺术品的话，如果你完全是客观地来看的话，它表现不出艺术家的作品的独特之处，平庸的作品和天才的作品在形式上可能是差不多的。但是它还是作品，平庸的作品也是作品。所以德苏瓦尔认为，我们既然要研究客观的艺术作品，那么我们有时候就要忽略艺术家本身究竟是天才还是平庸，就要研究艺术品本身的某些规律。艺术科学嘛，什么样的形式能产生什么样的情感，这里头有一种规律性。至于它产生的情感是大还是小,是强烈还是一般,这个我们暂时不去管它。艺术科学暂时不管这些,欣赏的标准、作品的等级这些是由移情派的美学理论去管的;而艺术科学只是研究客观物质形式。那么艺术科学要研究的就是,这些客观物质的形式它们之间的相互区别,当然它也要涉及艺术家的素质,那么这些区别是由艺术家的哪一些素质造成的?比如说,某个艺术家,他是天才艺术家,他的艺术有种特别的情调,那么这种情调是由什么带来的呢?很多人就认为,那是因为那个艺术家有一种病态的人格。比如说梵高,梵高后来疯了,在他创作的时候他也处于半疯的状态,疯疯癫癫的状态,所以他就把他的这种状态带进了他的作品里面。但是这只是一个方面,艺术家的天才或者是病态或者是什么因素只是一个方面,还有很多很多的方面都影响艺术家的创作,不光是天才的艺术家,平庸的艺术家也有很多因素。有很多人往往就通过考察一个艺术家的生活经历,他在创作的时候所遇到的生活中的事件,比如说他的失恋,或者他的不幸,他的挫折,等等,用来解释那个艺术品上面的那些要素。一切偶然的影响艺术品的要素,艺术科学都要去探讨。那么这样的探讨实际上是没有止境的。你要探讨艺术科学,你把这些东西都考虑进去,那还有没有标准?移情派美学提供的是一个审美的标准,但是艺术科学,它研究艺术品,它研究的是各种各样的偶然的影响因素,那就没有标准了。它本来想建立一种艺术科学的规律,但这样一来就没有规律了,它不可能完成这一使命。

那么另外一位德国美学家乌提兹(Utitz, 1883—1965)提出,要建立一种艺术哲学,不仅仅是艺术科学,而是要把它提升到一种哲学,当然哲学在他这里也被理解为一种科学。艺术科学的哲学和美学是不同的,艺术科学研究艺术品,而美学不能解释所有的艺术现象,美学只管艺术欣赏的大原则,而艺术哲学要考察各种因素怎么样影响了艺术作品。在艺术的根本规律上,他认为不能像德苏瓦尔那样漫无边际地去研究,你再漫无边际地研究,最后还是要归结到一个最基本的原理上。什么是艺术品的基本原理?他认为最后还是要归结到唤起感情,艺术的根本目的就是要唤起感情。但是艺术家在创作的时候,几乎没有一个艺术家是完全以这个为他的目的的,他总会有些别的目的。比如说写首诗,有时候是应景的诗,李白的有些诗就是皇帝要他写的,他即时就写下了;有些是应酬的诗,有些是为了送给某个朋友;有一些是忧国忧民,杜甫的诗多是忧国忧民。还有些技术性的因素,物质条件的因素。例如画油画材料太贵,有些人就转而去画国画,搞木刻。所以它有很多因素,它不一定是要唤起感情,有很多因素造成了一个艺术品的表达。但是乌提兹认为,不能因为这样就漫无边际地去探讨,最后还是要归结到艺术哲学,就是要打动情绪和情感这样一个哲学原理。所有这些最后都是为了这个原理,虽然它不是直接的,也不是直接意识到的,不是有意的,但是最后都要归结到打动情感——移情。这是乌提兹对艺术科学做出的一种改进,不管是艺术科学也好,美学理论也好,最后都是要上升到哲学。这是移情派美学的最终的出发点,最终的基点,就是建立在有关人的哲学这点上的。

2. 精神分析学的美学

我们下面再看看精神分析学的美学。精神分析学的美学跟西格蒙德·弗洛伊德(Sigmund Freud,1856—1939)的名字是分不开的。弗洛伊德首先是个心理学家,是个医生、精神病学家,他对精神病人进行临床治疗。从他这里产生一派美学,就是要从医学的这种科学的眼光出发,试图给人的一切精神现象,包括审美现象找到一个科学的根据、一个本体模式,这也是一种理性主义的表现主义。艺术也好,梦幻也好,幻想也好,想象也好,各种精神现象,可以说都是表现的,都是表现论的,但是这个表现论底下有个理性的根据,有一个科学的根据。他们要在非理性的现象底下找出可以用科学的严密性来加以规定、加以解释的一种客观的结构,一种机制。弗洛伊德是一个严格的决定论者。他认为人的每一个下意识的动作都有根据,包括每一个念头,每一次偶然的失误,比如说口误，你为什么在这个时候发生了口误？那当事人本身不知道，那是偶然的口误，口误有什么可解释的，就是讲错了，但是弗洛伊德抓住不放，你为什么会口误，一定要说出一个原因来，这肯定有原因的。你说昨天晚上做了一个噩梦，你为什么会做这样一个噩梦，你说一说，你描述一下看，那么他就可以对你这个噩梦讲出一番道理来。你这个梦里面那条蛇代表什么，那盆水又代表什么，他都要讲出一番道理来。也就是说他是一个严格的科学主义者，科学决定论者，就是想把人的每一种幻觉也好，突发的念头也好，天才的灵感也好，一时兴起的那种心情也好，他都要归结到科学的根据。所以这是典型的理性主义的表现美学。他的解释就是说，艺术冲动并不是表面看起来的那种偶然的灵感。我们通常说灵感就是没办法解释的，它说来就来了，为什么来，你不知道，你也不知道怎么样才能够唤起它。写诗的人，你怎么知道自己什么时候能来灵感呢？这个是没法控制的。但是弗洛伊德说这是表面的，其实这些灵感都基于每个人内心的潜意识里面，是被他的自我压抑着的那种性欲冲动。这种冲动他称为 libido，我们翻译成力比多，也叫内驱力。在潜意识里每个人都有性欲冲动，但是由于他的社会性的自我高高在上，把它控制住了。人不是动物，人作为一个社会的人他是有理性的，这个理性主要就是自我意识，他的自我意识把他控制住，使他不得胡作非为，即使有这个冲动，他也要把它掩盖或者把它压抑住。所以这种力比多一旦爆发出来，就变成一种精神病，精神病人往往就是由性欲冲动的被压制而导致的。但性欲冲动有很多表现的形式，比如儿童时期的性欲受到了干扰，受到了压抑，于是长大了以后就埋下了精神病的种子，在某个时刻它就爆发出来了，人就会得精神病。弗洛伊德借助这样一种理论，确实他还治好了一些精神病人，所以他名气很大。那么这种精神病实际上是每个人内心的性欲冲动中已经隐藏着的一种机遇、一种契机，而艺术家在某种意义上也是一种精神病人。但是艺术家跟精神病人有点不同，他能够进行自我治疗，他能够自己把精神病治好，这就是通过艺术创造。弗洛伊德给精神病人治病，他也把自己当作一个艺术家，那么真正的艺术家不过是他自己能够当自己的医生。那怎么治疗呢？就是通过艺术的创作来发泄自己被压抑的本能冲动，把自己的本能冲动、性欲冲动改头换面，以另外一种方式把它表达出来。因为性欲冲动你长期压抑不让它宣泄的话，它就会在里面作怪，甚至导致抑郁症，导致歇斯底里。但是如果你能够采取一种渠道，让它不知不觉地发泄掉，把它净化掉，就像亚里士多德的净化说，讲艺术是一种净化，那么通过悲剧、诗歌、音乐，你就可以把内心的那种疾病净化掉，从而加以治愈。弗洛伊德认为这样就可以使内驱力的盲目冲动得到缓解，并且能够升华到艺术。当然升华不光是艺术，也包括哲学，甚至于科学，一切人类的精神创造都是由于力比多的这样一种升华作用而来的，是通过自我对力比多的压抑再到升华而产生出来的。压抑就是你不能赤裸裸地表现出来，否则你就是动物了；但是可以通过另外一种方式表现出来，就是通过创造艺术作品，或者不仅仅是艺术，还可以通过别的方式，通过在人类的各项成就方面表现你的天才。比如说体育，你有种攻击欲，你想要打人家，但是在文明社会中你不能够动手打人，于是你就去学拳击，在拳击场上你可以尽情发泄你的力比多，发泄你的动物本能，你发泄得越彻底你就越成功。这都是对人类高尚的事业做出贡献的一些人，这样一些天才人物，在弗洛伊德看来都是把力比多这种本能的东西，转化、升华成了人类高层次的精神成果。

艺术家通过这样一种发泄，他就能够从这种幻想的白日梦的精神病状态回到现实生活。他把自己潜意识里的东西发泄掉了，这些潜意识的东西促使他做白日梦，艺术家的创造好像是在做白日梦，他沉醉于自己的创造之中，沉醉于自己的幻想之中，那么创造完了以后他回到现实之中，他就成了一个正常人，这就是艺术家和精神病人的区别。弗洛伊德用这样一种方式解释了很多艺术作品，比如说《哈姆雷特》等，莎士比亚的一些作品，还有达·芬奇的《蒙娜丽莎》，总而言之，他是想要从科学的立场对于艺术创作这样一种非理性的冲动做出理性的解释。当然从我们的眼光看，弗洛伊德并没有成功。他想把一切偶然性都提升到必然性，所有的艺术创作冲动都是可以解释的，艺术天才也是可解释的，灵感也是可解释的，他以为这样就把偶然性变成了必然性；但实际上这种必然性反而被下降成了偶然性了。就是说这样一种解释是不是真的解释，就是很值得怀疑的，这只是一种解释而已。你用达·芬奇的性欲冲动，儿童时代的创伤来解释他的《蒙娜丽莎》，这只是你的一种解释，你的这种解释有何证据？达·芬奇死了几百年了，你怎么知道他就是这样一种内心呢？你又不能问他，而且你问他你也不能相信他说的。所以这只是一种猜测，他固然能够治好一些精神病人，但是这在某种程度上带有偶然性，而且是非理性的。你能够治好某些精神病人，但是如果精神病人预先看到了你的著作，你就治不好他了。精神病人一旦看了弗洛伊德的著作，弗洛伊德的治疗就不起作用了。所以他的这种理性的科学主义不具有可重复性。你说他讲的这一套很有道理，那么你去试试看，你去试就不一定成功，弗洛伊德他就成功了。为什么你就不能成功，但弗洛伊德以前能够成功，后来就不能成功了，自从他的书出版了以后就治不好了，所以他不具有科学的可重复性。因为人心这个东西是无底深渊，你不可能用一种科学的眼光把人心储藏的东西全部抖出来，全部检索一遍，固定在那里。人心它有无穷后退这样一种本质，当精神病人看了弗洛伊德的书，他就不吃你那一套了，他知道你在玩什么花招，所以他可以再退后一步，再退后一步站在你的立场上，你就跟他平起平坐了，你就不能居高临下了，你怎么能够给他治病呢？说不定他会以为你才有病！所以人心是不能够科学化的，也就是说科学主义不能解决，至少不能完全解决人心的问题，包括艺术的问题。

那么弗洛伊德的继承者就是卡尔·古斯塔夫·荣格（Carl Gustav Jung, 1875—1961）。荣格是弗洛伊德的学生，他对精神分析的原理进行了一种推进，把弗洛伊德从生理学和精神病学这样一个研究推进到了人类社会历史方面，他的眼界就更宽了。弗洛伊德基本上是个医生，而荣格除了是个医生以外，他的眼界既有社会学的、人类学的，还有历史学的、文化学的，他的眼界要宽得多。一个是他把意识冲动的根源从性本能扩大到了一切本能。弗洛伊德最重视的是性本能，但是荣格认为除了性本能以外，人的本能还有生本能、死本能，另外还有食欲，我们中国人讲食色性也，你至少还有食欲，哪儿仅仅是性本能？人的破坏欲就是出于人的死本能，想要破坏。有的小孩子从小就喜欢破坏。生本能和死本能是不能分的，如果光有生本能没有死本能，一个人也是没法活的，死本能也是必要的。比如说每个人睡觉以前，他就应该有一种死本能，打算使自己的意识丧失掉了，他要有这样一种本能他才能睡得了觉，不然他就睡不着觉，永远活着，那就是永远失眠了。所以人必须要有一种冒险去死这样的本能，他才能够正常的生存，因为每一次睡觉都有可能意味着再也醒不来了——今天晚上一睡，也许明天早上醒不来了，都是有可能的。每一次睡觉都是一种冒险。所以人有一种死本能，这也是很正常的。那么个人的潜意识也可能变成社会集体的潜意识，所以荣格特别强调的是集体潜意识，或者说集体无意识。儿童心理学当然可以加以研究，但是更值得研究的是人类学，原始民族的文化学，你要研究他们的集体无意识。很多原始民族在我们现在看来就像儿童一样，而且他们的意识都有共性，那么这种共性就是他们的潜意识，集体潜意识。我们讲国民性，也是讲这种集体潜意识，一个国家有国民性，他们总是这样思考问题，我们中国人有中国人的国民性，像阿Q精神就是我们的国民性。阿Q精神哪怕你意识到了你也摆脱不了，你还是有的，这是你的潜意识，整个国民的潜意识，你是个中国人你就有阿Q精神，这个没办法的，不管你在外国留洋多少年你还有，因为你还是中国人。所以荣格从这个角度来讲，他就比较宽阔了。回到讲艺术，他认为艺术就是要唤醒这种隐藏着的潜意识，这种原始的经验，从而使个体达到与群体和谐。要唤醒这种集体潜意识，这个唤醒当然可以使个体达到与群体的和谐，另一方面你也可以说达到集体的自我意识，比如说鲁迅讲的国民性批判，就有集体自我意识的这样一个作用。在这个潜意识中我们都是阿Q，但是我们在日常生活中都意识不到，以为阿Q就是未庄的那么一个贫苦农民，他身上的一些毛病与我无关。但是实际上反思下来，我们每个人都有一点，我们没意识到。鲁迅就强调，我们每个人都有，那么就达到了一种集体自我意识。达到自我意识以后，我们就可以对自己的集体潜意识加以提升，达到改造国民性的目的，不然就老是陷在里面出不来，吃了亏还不知道是为什么。这是荣格的一种观点，我们把它拿来解释很多事情，其实是非常有意义、非常有价值的，他超出了单纯的美学和艺术这样一个范围。

3. 现象学的美学

现象学的美学是建立在当代现象学哲学的基础之上的。现象学哲学的创始人是德国的埃德蒙德·胡塞尔（Edmund Husserl, 1859—1938）。胡塞尔现象学在今天是非常流行的，一提到西方现代哲学，不懂得胡塞尔几乎是寸步难行。当然这种流行不一定是胡塞尔自己的哲学体系，而是他提供了一种做哲学的方法，这个方法具有普遍的意义。

胡塞尔的现象学其实也不完全是他独创的，而是由整个西方哲学史所酝酿出来的。他也不是脱离传统的，他自认为，从古希腊一直到今天，西方人一直都在追求一种现象学的方法，但是胡塞尔第一次把它系统地展示出来了。而以往，这种现象学的方法总是被别的东西所遮盖、所掩蔽。那么什么是现象学的方法？胡塞尔提出来应该建立起一门严密科学的哲学。我们知道科学主义是西方哲学的一个传统，西方人从古希腊开始就想建立一门科学，特别是到了亚里士多德。但是，在胡塞尔看来西方传统的科学主义并不科学。西方的科学主义到牛顿物理学达到了典型的状态，就是一切都可以用科学中最少的几条定理来加以解释。在牛顿物理学里也将其规定为最少的几条定理。牛顿三定律、万有引力定律，最少的几条定理可以概括整个物理世界，整个自然界。但是，这样一种概括把自然界变成一种非感性的抽象的存在，比如说原子和分子的运动，那么自然界的其他东西都被抛弃了，比如说美，还有信仰、道德、正义，这些精神性的东西。当然我们可以说这是人类社会的东西，不是自然界的东西。但是，在我们看待自然界的时候，这些东西都呈现在我们面前。我们把美赋予自然界。但是在科学主义的眼光之下，这些东西都不存在，都没有意义。因此你要是用科学主义来解释一些现象，比如说审美现象，就根本解释不了。在解释这些现象的时候它是不严密的，比如说你要解释一首诗，你要用数学、逻辑来解释一首诗，那是非常不严密的。那么什么才是严密的科学？严密科学的哲学，胡塞尔认为应该对一切直接呈现出来的东西都能加以严格的解释。这个严格并不是定量化的解释，而是符合它原初的事物本身的形式，事物本身的显现。所以现象学就是显像学，就是对显示出来的东西能够就它本身来加以解释，你不要用外在的东西，你不要用逻辑框架。当然你也可以用逻辑，但是逻辑只是它的一个方面，而且不是本质的方面。你不要用逻辑来归结所有的现象。现象五花八门，它有丰富的色彩，丰富的内容，不是用一个单纯的科学逻辑能够归纳的。所以他对于理性主义在科学主义状态下的这种狭隘性进行了一种突破。胡塞尔也是理性主义者，而且比以往的理性主义更加理性主义，但他认为理性主义应该扩大它的视野，应该扩大到那些非理性的现象，对它们做一种合理的解释。

那么他首先要怎么做呢？他首先把以往的科学主义所崇尚的这种自然主义和心理主义排除掉了。以往的科学主义有两大致命的缺陷，一个是自然主义，物理主义，就是什么东西都要把它还原成物理学。一个是心理主义，你要讲审美，他就归结到人的心理结构，最后归结到人的生理结构或者归结到生理上的物理结构形式、几何形式。你要讲幻想，你要讲想象，你要讲信仰，甚至于讲伦理道德，科学主义都把它还原为人的一种生理结构、生物学结构，最终可以用物理的手段来处理。这是很可怕的。纳粹就是把道德正义这些东西最后都还原成人的生物学结构，即所谓生物学的达尔文主义。犹太人天生就是卑劣的民族，就是堕落的民族，就应该用物理的手段从肉体上消灭他们。那就不存在道德底线了，道德就被解构了。凡是用科学的东西来研究人的道德领域、社会正义的领域或者是审美的领域，都会对这些领域形成一种解构，都会把这些领域消解掉。

真正精确的科学、严密的科学，应该是能够把这些领域里面的内容原封不动地保存下来，并且对它加以解释的。所以，胡塞尔主张首先应该把科学主义放在括弧之内存而不论，把它叫作加括号，Epoché又被翻译成还原，Epoché本来是个希腊词，它的意思是分段，划分阶段。就是说你在谈高层次的事情时，低层次的东西不用谈，你要谈就谈事情本身。比如说我们在欣赏一个对象的时候，我们不要去追究那个对象的物理学构成、化学构成；我们不要追究主体的生理学结构，心理学的潜意识和本能冲动，那些东西都不在这个层次上。那些东西当然我不否认它，但是我要对它加括号，把它存而不论，存而不论不是否认它，而是说我暂时不谈。为什么不谈，因为它们不是在一个层次上。我们谈美的问题的时候，我们不要从生理学和物理学，甚至于包括经济学、伦理、道德、政治，不要从这些方面来谈，这些角度都不和审美在同一个层次上，必须把它们括起来存而不论。存而不论以后，美本身就显现出来了，这就是现象学。现象学就是显现学，那么你就现象论现象，你对它来进行一种结构分析，这就叫现象学的还原。

现象学的还原可以是本质的还原也可以是先验还原。所谓本质还原就是说，在这些现象里面你可以发现某种本质结构，就是说现象五花八门，但是万变不离其宗，在变中有它的不变，这个不变的仍然是现象，但是是现象中的本质，本质和现象不可分离。你可以通过还原让本质显现出来。比如说红色，红色有形形色色的红色，但是你比较了各种各样的红色，你发现不管哪种红色，你一眼就可以直观到它是红色而不是其他颜色，那么与其他颜色相区别的红色这个表象就是一切红色的本质。

红色不是一种概念，不是一个抽象，而是表现了这个红色结构的一个定位，一种变中之不变。不管你如何设想红色，有最深的红色也有最浅的红色。但是使它们被直观为红色的那种红色是固定的，是不变的本质。这就是本质还原。那么先验的还原就是说，任何一种红色你都可以把它看成是后天的，是通过我们的眼睛才看到的；但是一旦你看到，你就可以把它设想为一种先验的观念，一种普遍的表象。就是说，虽然是你这次看到的，但是以后千年万代也有可能被别人看到，以前也可能有无数的人看到过。所以，它就不仅仅是你这次的一种经验的表象，它是一种先验的表象，就是它是任何人都可能看到的，你这次的看不过是一切人可能的看的一个实例、一个例子。所以这样的红色就被理解成先验的了。先验的是什么意思呢？就是它是一种可能性。可能性要先于现实性。你这次看到的这个红色是现实的，但是如果它没有可能，你怎么可能看到呢？只有先有了这种红色的可能性，你才能现实地看到它。所以胡塞尔把这样一种现实看到的红色还原为一种先验的结构。就是说，凡是你看到的东西，它都有它的先验性，别人也可以看到，随时都可能有人看到。它是一种普遍的可能性，可能性哪怕没有实现，但是它是在先就可能的。所以，胡塞尔现象学他研究的是一个可能的世界，他不研究现实世界。当然他要从现实世界出发上升到可能性，但是他的目标是要研究一个可能的世界。我们这个世界上有哪些可能。有些可能也许没有实现，但它是可能的。包括理想，包括未来社会、乌托邦，这些都是可能的；包括幻想、想象，这都是可能的。想象的表象，别人也可能想到。包括梦幻，包括艺术。艺术也是一个可能的世界。艺术家就是用自己的艺术去探讨可能的世界，有什么样的可能？艺术家你去探讨。你把它发掘出来后，之所以能够得到其他人的认同、发生共鸣，就是因为别人也有此可能。我们在读一本小说的时候，我们把小说里面的人物当作是自己，因为那是我也可能经受的，人性是相通的。你为什么读《红楼梦》的时候，觉得那里面的人物故事那么真实可信呢？因为那确实是你可能经受的。当然不现实，他写出来的是假的，并不是真的有个贾宝玉，有个林黛玉，但是他们是人性的可能性。你读了这些东西以后，你的人性就大大地丰富了，你就知道人的内心有那么多可能性，那就不再是单一的你的生活，你的饮食起居、你的赚钱谋生、生老病死，那是非常单调的。但是人性就在于他可以不断地去探索无限的可能性。

这种可能性是一种意向性，这就是他提出的意向性概念，intention，凡是意识都是指向某物的意识，这就是意向性。意向性是意识的本质，凡是你有一个意识，不管是一闪念也好，一个印象也好，一种幻觉也好，只要你意识到了，它就是指向某物的。这个某物不一定是现实存在的某物，但是它是某个东西，你幻想的东西也是一个某物。《西游记》里面幻想的孙悟空不存在，猪八戒也不存在，但是它们是你幻想的意识的对象。那么你的意识就是指向这个对象的，它可以是现实实在的对象，也可以是不实在的对象，也可以是幻想的对象。总而言之，凡是有意向就有意向对象，凡是有意识就有意向。那么这个意向性它来自于自我意识，来自于先验的自我意识，就是人先验的有一种自我的指向性。我所指向的任何一个对象都是属于我的，这就是先验的自我意识。那么这个意向性的对象，就是我们的意识所指向的意义，就是所有的意识有一个对象它就具有意义，就是我的含义、我的所指，那就是意义。只有这种意义才是现象学所研究的对象，也是现象学的本体论或现象学的存在论。现象学的本体它不是外界的客观的一个什么东西，而是意义本体。现象学探讨可能的世界，也就是一个意义世界，这个意义不是抽象的而是非常直观的，带有一种明证性，一种清楚明白的体现，一种直观的、活生生的体现。那么在这样一个意义的世界里面，各种各样的意义都是平等的。比如说科学有科学的意义，道德有道德的意义，宗教有宗教的意义，审美有审美的意义。这些东西不能把一个归结为另外一个，你不能把审美的意义最后归结为科学的意义，那你就把审美毁掉了。这些意义相互之间形成一个互补的结构，它们一起构成了意义世界。所以现象学为一切人类精神的哲学研究开辟了一个平台，或者说开辟了一个视野，扩大了原来的那种科学主义的狭隘的视野，把它扩展到可以容纳一切非理性的东西，包括艺术、审美这些东西，包括童话、神话、幻想和不存在的东西。按照科学主义看起来这些东西都没有意义，但是按照胡塞尔现象学看起来这些都同样具有意义，价值、伦理道德、正义、理想、幻想、幻觉这些东西，都同样具有意义，你不能否定它的。因此他通过这种方式就拯救了人性。胡塞尔有一本书叫作《欧洲科学的危机与先验现象学》，欧洲科学的危机就是欧洲人性的危机。就是人被片面化了，那么通过现象学可以拯救这种危机。就是要把我们的视野打开，要把整个人性作为我们研究的对象，作为严密科学的对象，而不是仅仅把客观存在的物理世界作为我们的研究对象。在这种严密科学的研究中，物理学可以存而不论，心理学也要存而不论，因为心理学也是科学主义的，通过做实验、测试来掌握人性，来控制人性，这也是科学主义的。所以他主张把心理学和物理学都存而不论。那么这就能够提升到现象学的层次，只有在这个层次上，以此为基础，物理学、心理学和其他一切科学的范围才能得到限定，它们的真正的意义才能得到澄清。所以胡塞尔现象学在思想方式上有一种革命性的意义，我们今天如果要研究美学或者要研究精神科学，胡塞尔现象学是绕不过去的。当然非常难，它改变了我们一切传统的思维方式，就是科学主义的思维方式。我们要达到胡塞尔现象学，要理解他有一定的难度，但是我们还是必须要这么去做，去研究它。

那么胡塞尔现象学产生了德国的现象学美学。胡塞尔本人对现象学美学讨论不多，但是他的影响很大。德国现象学美学比较有规模的有两派，一个是主观派，一个是客观派。主观派的代表人物是莫里茨·盖格（Moritz Geiger, 1880—1937）。盖格认为，一般艺术观照的法则，也就是艺术欣赏的法则有三条，这三条法则都是隶属于主观的，这三条法则中一条是形式上的和谐，这是传统的形式主义、古典主义美学原则；再一条是模仿性,这是传统模仿论原则;第三条是人格性,人格化,这是现代移情派美学的原则。他认为这三种法则都是属于艺术观照的法则,但是它们其实都是自我意识的某种样式。盖格作为主观派,他把以往的一切形式主义的美学、模仿论美学和移情派美学全部归结为自我意识的样式,自我意识的表现形式,都是自我意识的意向性所建构起来的,这就跟胡塞尔的现象学有关了。这些样式都是先验意识的、直觉的、直观的体验,是直接观看到的一种明证性。所谓明证性,evidence,就是清楚明白,明证性有的翻译成明见性,都是一个意思,就是说直接看到的、无可怀疑的,它来自笛卡尔的名言"凡是我清楚明白地意识到的就是真的"。先验自我意识的直观的明证性是一种创造性的综合原理,所有那些形式法则、模仿原则和拟人化样式都是由先验自我意识直接的意向性构想出来的。那么只有从主观的主体的这样一个起点出发,我们才能够理解审美价值以及艺术作品,才能体会到它们的这种独一无二性、独特的个性。艺术家创造的作品为什么那么独特,那样的与众不同,如果跟别人的都差不多,那就不存在艺术作品了,艺术作品就是要标新立异,就是要与众不同。为什么是这样呢?就是因为它是从主观出发建立起来的一种独特个性的表现。

另外一派是客观派,客观派的代表是罗曼·因格尔顿(Roman Igarden,1893—1970),也翻译成因伽登。因格尔顿是反对主观派的,他主张艺术作品不能归结为人的主观要素,而必须去探求作品本身的客观样式。盖格是完全归结为主观自我意识的样式,因格尔顿则认为艺术作品本身有它的意向客体,有它的客观样式,这些样式可以划分成一些层次。以文学作品为例,每一个文学作品有四个这样的层次,这些层次就是客观的样式。第一个层次是语词和声音层面,那就是文学作品的音韵、音调、节奏。比如说一首诗,它的音韵层面,平仄押韵、节奏、格律形式,这些东西都属于语词和声音层面,是最表层的。这样一个层面使作品体现出它本身固有的美。第二个层次是意群,也就是意义单位,你用这样一些合乎平仄、合乎音律的语词表达的这个意思。这个意思首先是一个意义单位，一句句的话，它表达的什么意思，哪怕诗歌它也有意思在里面，那么你要追究它的意思结构。第三个层面就是由这些意思体现出来的想象中的世界，也就是所谓的第二自然。任何一个作品它都要表达出一个想象中的世界，展示出某种境界，我们中国人讲境界、意境，这是第二自然。最后就是这个世界所显示所暗示的方向，这个就更加要扩展开来了，不受这个诗歌本身、作品本身的限制，而是给你的想象力提供了一个无限扩张的基点。每个人读艺术作品的时候他都有自己的想象，他都不是局限于那个文本，而是根据自己的体会有自己的联想。但是所有这些自己的联想都要以那个文本为根据，所以是文本给你打开了一扇窗，使你的眼界扩展开来。那么这些客观的样式，它具有它的客观性，当然这些客观性不是完全排除主观的，它是要主观去体会的。于是，他认为这些客观的样式本身可以在一些审美范畴上面把它确定下来。

因格尔顿晚年做的一件事情，就是采取经验直观的方式到处去搜集这些审美范畴。比如说崇高、悲怆、妖媚、秀美、壮美等等。这些很多的，我们在日常用词里面有很多，在修辞里面也有很多这样的词汇。那么因格尔顿试图把这些词汇按照这四个层次来加以分层归类。这个其实我们中国古代也有很多，像刘勰的《文心雕龙》里面就有很多，如风骨、情采等等，有很多这样一些范畴。还有司空图的《二十四诗品》之类的划分。因格尔顿想把这些范畴用一种科学的方式，用胡塞尔意义上的严密科学的方式构成一个结构，一个体系，把这些概念按照它们的亲疏等级，把相同相近的归为一类，然后按照它们的层次一个一个排下去，最后构成一个庞大的审美范畴体系。这是他想做的工作，但是最后没有完成。他的客观派的影响也是很大的，甚至于比盖格的影响还大，盖格太主观化了。那么因格尔顿他是比较客观的，做了很多具体的工作，甚至于很多实证性的工作、经验性的工作，这个给很多人提供了一些解释的可能性。

再一个是主客统一派。主客统一派我们可以举米盖尔·杜夫海纳（Mikel Dufrenne，1901—1995）。杜夫海纳是法国的现象学美学家，他想要在主客观两方面达成某种一致。通过什么达成一致呢？通过情感，在这方面他沿袭了移情派的许多思想。他认为在情感上，主客两派可以达成一致，因为整个现象学的目的最终是要返回人和自然的最原始的关系。人和自然最原始的关系是什么关系呢？就是情感关系。这个从小孩子就可以看出来。小孩子稍微懂事，他就和周围的环境建立起了情感的关系，他对万物都有情感。那么现象学正是因为要回到这一点，所以它跟美学是不可分离的。杜夫海纳还有一个观点就是现象学最后归结于美学，即胡塞尔现象学最后要归结到美学上，因为它要归结到情感上面。他认为审美经验揭示了人和自然界、人和环境的最亲密最本质的关系，人和自然界最本质的关系就是情感关系。所以，其实用不着什么先验还原，本质还原。只要通过我们对于审美经验的分析，我们就可以完成现象学的还原。"审美经验在它是纯粹的那一瞬间，就完成了现象学的还原。"就是我们把一切归结到最原始的情感。人和自然界接触的那一刹那，那就是情感关系；这时我们还根本没有认识，也没有功利，也没有道德评价，我们就是一种情感关系，这就是事情本身。现象学要回到事情本身，这就是事情本身。所以这种审美的意向性不是科学，不是关于对象的知识，也不是实践和其他的关系，而是人类的情感。意向性就是一种情感的意向性。情感是指向一个对象的，爱、恨、关心、同情这些都是指向一个对象的。那么，杜夫海纳认为这种情感不仅仅是一种心理学上的情感，而是一种先验的情感，所谓先验的情感就是一种可能的情感。就是这个世界，当然从科学的眼光看这个世界哪有什么情感，只有人才有情感。但是世界的意义就在于它可能成为我们情感的对象。情感是世界的可能性，或者说，被作为情感的对象成为世界的可能性。世界的意义就在于它是一个情感的世界，你要离开情感，那个抽象的世界我们不知道，也不能理解。牛顿物理学那个世界，原子、分子在里面不知道怎么运动碰撞，那个世界其实是我们不知道的，是我们看不到的，我们看到的世界都是带有情感的。所以它是一个情感物，一个情感世界。那么这个情感，它是依赖于我们的自我体验以及我们的主体的想象的。客观世界有情感，但是这个情感又依赖于我们主体的想象，所以这是主客统一的情感。因此这样一种情感的关系，它既是人的本质同时也是世界的本质。这个是一个很奇怪的概念。我们通常讲移情，说世界本来没有情感，但我们把自己的情感移到上面去，这事先就假定了世界本身是没有情感的。但是，杜夫海纳认为情感恰恰是世界的本质，如果没有情感，你讲的这个世界是虚假的，是抽象的。我们真正能够看到的世界都是带有情感的，包括牛顿物理学。你要把原子、分子用今天的电子显微镜把它显示出来，我们就赋予了它情感。我们在显微镜里面看到的时候我们就赋予了它情感。所以真正的世界是带有情感的世界。这是一个很重要的观点。

4. 解释学的美学

最后我们看看解释学的美学。解释学美学也是20世纪兴起的，它建立在解释学哲学或者建立在哲学解释学这个基础之上。哲学解释学从海德格尔已经开始了，它的经典的表达方式是由伽达默尔（Gadamer, 1900—2002）做出的。伽达默尔哲学解释学就是从审美开始的，他把艺术经验视为哲学解释学的基础。伽达默尔的学生有好几个都是搞美学的，像德国的尧斯（Hans-Robert Jauss, 1921—1997），还有沃尔夫冈·伊泽尔（Wolfgang Iser, 1922—2007），瑙乌曼（Manfred Naumann）这些人。他们以伽达默尔的解释学为基础，提出我们应该从社会生活这样一个宏观角度来考察审美活动和艺术的效应。审美和艺术我们都不能仅仅局限于对艺术品或者是作家的研究，而必须要把它扩展到那些欣赏者，那些受众，所以他们把自己的美学称为接受美学。以往的美学要么从艺术品，要么从作者，从作者的天才、灵感这些方面去探讨审美和艺术。但是接受美学认为,更重要的是从受众出发,不是把艺术品当成作者个人的作品,而是当作最终由受众来完成的作品。他们认为语言所包含的意义总是有大量未说出来的东西,如同我们中国人讲的言不尽意、意在言外。这个语言当然很重要,包括艺术语言,特别是文学的语言;但是,其实有很多内容是没有说出来的,你不能够仅仅局限于语言的文本、语言的产品。通常谈诗歌就只注重于文本,讲绘画就注重于作品,听音乐就注重于乐曲,那当然是必要的,但是它们的意义并不完全直接就在这些里面呈现出来,而是有待于当时当地以及后来那些听众、读者、观者的解释。解释学重解释,解释甚至比创造在某种意义上还要重要。创作只是创作一个作品,而解释可以从这些作品里读出某种潜藏的意义,这个意义也许是作者本人都没有想到过的,只有这样一个作品才可以说完成了。一个作家凭自己的天才创造一个作品,后人的解释与他无关,也许他要站出来说这不是我的意思,但是人家不听他的,他不管你什么意思,这是读者读出来的意思。当然作家有时候经常愤愤不平,曹雪芹就讲《红楼梦》是"满纸荒唐言,一把辛酸泪。都云作者痴,谁解其中味?",觉得人家都不理解他。作家和艺术家往往有这种感受,就是没有人真正理解他。但事实上在解释学看来,你不能这样抱怨,你之所以不能被人家理解,是因为人家还没有从你这个角度来接受。也许有一天人家会从你这个角度来接受,你就被理解了,人家就会欣赏你了。所以很多作家出名是在死后多少年,人家才读懂了他,经常有这种情况。但其实这并不重要,你的角度也只是所有可能的角度中的一种而已,而且也许并不是最正确的角度。所以重要的是,我们怎么去读。解释学认为我们读者在读一个作品和文本的时候,应该设身处地去体会当时当地的那个社会环境、交往关系,并把这个作品理解为是对当时某种问题的回答。你不要单纯地把这个作品孤立起来看,你要把它放在当时当地的社会环境里面,它是在回答某些问题。既然有答复,也就有个提问者,提问者不是在这个作品里面出现的,但这个作品是对那个问题的一种回答。所以我们要通过环境的总体，来把握一个人的创造活动的全部意义，你要了解他的作品的全部意义必须要知人论世。而这个环境也不只是离开我们时代的环境，而是包括我们自己所处的时代在内的环境，所以我们自己也是提问者。一个文学作品你不能单纯地以作者的对象为对象，而必须要以读者的对象为对象，而且除了当时当地那些环境中的读者以外，还有一个后续的读者就是我们自己。当时的环境时过境迁，过去了，后来又有后来的环境。后来的人还要读这个作品，那么你也要关注。你除了对当时当地的情境设身处地以外，你还要追溯它的接受的历史，考察一部作品的接受史。《红楼梦》创造出来以后，历代的人对它做了那么多的评论，你要观察这些评论本身是怎么发展过来的。并不是说最初读到这部作品的人，他们的意见、他们的观点就是权威，那不一定。他们只是当时对某种问题的回答。但是后来又有一些新的问题。我们今天还在读《红楼梦》，因为《红楼梦》往往还在面对我们今天的问题。所以问题不断地生长出来，一个作品就是一个生长点，就像一株植物，它是一颗种子，作品的意义必须在不断生长的过程中增长、扩展。所以我们必须要对一个作品解读的历史加以研究，并且还要根据我们今天变化了的时代环境来对它重新解释。我们今天读古人的作品，我们有新的环境，我们一方面要理解古人的环境，同时我们要体会我们当今的时代精神，我们今天的环境向我们提出的新问题。那么这两个环境相互之间有一种融合，用伽达默尔的说法是视野的融合。我们今天的视野和古代的视野相互达成了一种融合，这种融合不是等同，而是体现为一个历史过程，在一个历史过程中，我们发现过去的视野慢慢演化到今天的视野。我们从今天的视野看过去，我们有些问题可以看得更清楚。所以，文学史是要不断重写的，文学史就是对文学作品的一些评价，这些评价本身就构成了文学的历史。每一个时代都必须重新写出它那个时代的文学史，站在今天的视野上对以往的视野加以评价。对这样一种接受美学，尧斯提出了七个纲领性的基本命题。

第一，打破仅仅研究作品本身结构的那种历史客观主义，"使传统的创造—表现的美学建立在一种接受—效应美学之上"。以往的美学都是创造的美学和表现的美学。研究作家，研究作品。那么今天的美学应该是研究接受和效应的美学，就是研究读者，研究当时的时代氛围，接受氛围，打破那种历史客观主义的偏见。这种偏见认为历史的作品有它固定的意义，我们今天不能乱去解释它，要按照它当时那种意义来解释。这是一种对美学家的外在的限制。第二，要避免主观主义和心理主义。你不要太主观，不要把它变成六经注我。我们对解释学有种误解，似乎对古人我们可以随便解释，我们今天充斥着对历史的戏说，不认为历史有任何客观性，那也不对。我们要看到历史的客观化的一种关系系统，就是对当时的情况我们要切身体会，设身处地，用当时的语言去理解，而对它是怎么发展过渡到我们今天的语境的这个体系、这个系统，我们也要了然于心，不能随便乱说。第三，我们可以历史地客观地描述读者的期待水平和作品之间的差距。也就是说，当我们了解了这种发展的历史、这种接受史以后，我们就了解到作品和我们的阅读之间是有差距的。作品放在那里，它一旦创造出来就是永远不变的了，你不可能改变它了。古代的《诗经》、屈原的《离骚》，你不能改一个字，它就在那里。但是对它的解释可以不断变化。什么样的变化更接近于原作，更能够穿透那个字面的符号而直达它的本意，这个是有一个距离的。最开始的理解、最开始的影响也许是表面的，但是后来我们的解释可以越来越深入到内部。所以，你掌握了这样一个解读的历史以后，你就可以客观地描述人们的期待水平。期待水平也就是每个时代读者的问题意识，我们指望从里面读出什么东西来，回答什么问题。那么作品事实上包含的可能性跟你这个期待水平之间是不一样的，是有一个差距的，而且是永远有差距的。你的期待水平永远都是某个时代的，但是真正伟大的作品是永恒的。第四，对一个作品过去的理解和今天的理解所做的解释性的区分，要展现出这部作品的接受的历史来。接受的历史取消了艺术作品的绝对主义。有人认为一个艺术品放这儿有绝对的意义。从古到今都是那一个意义。不对！它有一个接受的历史。《三国演义》《水浒传》有我们今天的解释。我们不能说过去的解释不对，我们也不能说今天的解释不对。过去的解释有它的合理性，我们今天的解释同样有它的合理性。我们解释潘金莲，当时的解释有当时的合理性，我们今天的解释有今天的合理性，这是历史的合理性，艺术品的绝对主义是非历史的，应该排除。第五，作品的接受历史反过来作用于当代的读者，使他们积极地去接受和创作。当代的读者在读这个历史的时候，你排除了绝对主义，那么你就会积极地去阅读。伽达默尔讲，我们在阅读任何作品的时候都有一种先入之见。这个先入之见以前是个贬义词，就是你抱有成见。但是，伽达默尔认为不一定是贬义词，它可能就是人类阅读的一种方式。任何阅读都带有成见，先入之见，这种先入之见使我们在阅读的时候有种积极的态度。我们不是被动地接受某种意义，我们是立足于从作品中创造性地阅读出新意来。而这个新意才能更深入到文本的深层意义，可以说，它就是文本本身的不断深化的一个过程。第六，我们可以把历时性的问题化为共时性的问题来对待。历时性的问题就是从古到今这样一个阅读，那么我们可以把它化为一个共时性的结构。就是说，古代的阅读是在作品的表面上阅读，而后来的阅读是越来越深入到深层结构上的阅读，这就随着时间的推移而变成了共时性的阅读，成了一个逻辑结构。一个作品有表层的意义，有深层意义，还有更深层的意义，我们今天的阅读越来越深入到它的更深层的意义，就更能够从一个具有纵深的立体的眼光来全面把握它的各个层次的意义。这是一个很新的观点。第七，这个结构本身又是一个更大的结构系统中的子系统。就是说，这样一个具有表层意义和深层意义的结构，它还只是一个子系统，它的母系统要更大，也就是整个社会，整个历史，整个文化和时代精神，它们和文学之间构成一个母子关系。文学它是回应社会历史时代文化所提出的问题，它做出回答。社会历史时代文化是由读者构成的，作者也是读者。那么在这样一种大范围的相互作用中，我们才能够使文学史的任务最后得到完成。当然这是个理想，因为人类历史永远没有尽头，不断地在延伸。这就是文学史的终极目标，它不仅仅是只停留在对作品的技术性的一些分析上，而是对人类理想、对人性的不断深入的一种追求。

　　这就是尧斯提出的接受美学的七条基本原则，这七条都是很值得我们去体会的，都很经得起细嚼的。现代美学已经不是西方传统美学可以相比的了，已经达到了一个非常深的层次，达到当今哲学的一个高度了，甚至已经可以和哲学合二为一了。有人甚至认为当今的哲学本质上就是美学，当今的美学也带有极其浓厚的哲学色彩。可是由于时间关系，我们对解释学美学只能介绍这么一个重点人物。当然现在美学还在继续地发展，我们要关注的话还可以提出来，比如说后现代，还有一些美学家，我们这里面就没有介绍。我们介绍的这些都是比较有代表性的，而且比较有定评的，大家都公认这是一些比较重要的美学思潮。但是目前这个美学在世界上还在发展，最近几十年，特别是21世纪以来，全球的美学可以说处于一个低潮。再没有很多非常新的东西出来，以前讲过的东西好像都讲过了。但是这个低潮里面还是有些新思想可能在酝酿，包括后现代的一些东西。后现代，当然整个来说还不成气候，但是里面有些爆发性的东西，有些反理性的，非理性的，试图要进行突破。西方人也想突破他的传统，包括胡塞尔现象学本身也是对传统的一大突破。后现代也想对传统进行突破，但是究竟突破到什么地步了目前还不太好下结论。目前能够下结论的就是20世纪一直到21世纪初，这样的一些美学流派，我们可以大致做这样一个评价，但新的东西还在不断地生长。

　　"西方美学史"的课到这里就算结束了，大家跟着我走了这么漫长的一个学期的历程，把整个西方哲学和西方美学的历史追溯了一遍。当然是非常粗线条的。我特别强调的就是，在我们读这些特别抽象的概念的时候，我们要结合我们的审美体验。因为美学这个东西不是单纯把握这些人物、概念、理论、法则就可以贯通的。我们在座的有兴趣来听西方美学史的，多多少少都有些审美体验，我希望大家从一种具体的审美感受的角度来把握这些概念。这些概念不是抽象的，每一条法则、每一个概念都跟我们日常生活中的审美体验有密切的联系，它本身表现出我们的审美经验的各个不同的侧面。每一个审美流派、美学流派可以说都有它的合理之处，但是如何把它们的合理变成一种结构，把它们安排到恰当的层次上？比如说某种观点它是表层的，一般来说早期的观点比较带有表层性，后期的观点越来越深入，越来越深入到人性的最深的本质、最深的奥秘，这是我们所重点关注的。西方美学在发展中越来越带有哲学意味，最开始只是一些创作经验和审美欣赏，一些经验的规律，后来发现，它越来越深入到了人的本质和世界的本质。所以，美学跟哲学的关系是非常紧密的，当然一方面它跟审美经验紧密结合在一起，但另一方面它和哲学结合在一起。所以美学的领域实际上对研究者的要求是非常高的，一方面它要求我们要有丰富的日常生活的审美体验以及艺术修养，另一方面又要求我们具有高深的哲学修养，它是哲学和艺术的一个交叉学科。我们听了"西方美学史"的课也可以感觉到，我们必须在这两方面齐头并进。就我本人来说，我当初选美学作为我的方向，最开始我的想法就是想从这个角度出发，能够把人性的两个极端做一个综合。就是美学它非常符合人性，一方面它非常具体，但另一方面它又非常的超越，非常的形而上，或者说非常抽象。最抽象的和最具体的只有在美学中才能够结合起来。我希望大家在课程以后，在这两方面多多少少能够有些收获。